工程造价编制疑难问题解答丛书

工业管道工程造价编制800问

本书编写组　编

中国建材工业出版社

图书在版编目(CIP)数据

工业管道工程造价编制800问/《工业管道工程造价编制800问》编写组编．—北京：中国建材工业出版社，2012.10

(工程造价编制疑难问题解答丛书)

ISBN 978-7-5160-0106-6

Ⅰ.①工…　Ⅱ.①工…　Ⅲ.①管道工程-工程造价-预算编制-问题解答　Ⅳ.①TU723.3-44

中国版本图书馆CIP数据核字(2012)第014006号

工业管道工程造价编制800问

本书编写组　编

出版发行：中国建材工业出版社
地　　址：北京市西城区车公庄大街6号
邮　　编：100044
经　　销：全国各地新华书店
印　　刷：北京紫瑞利印刷有限公司
开　　本：850mm×1168mm　1/32
印　　张：15
字　　数：432千字
版　　次：2012年10月第1版
印　　次：2012年10月第1次
定　　价：39.00元

本社网址：www.jccbs.com.cn
本书如出现印装质量问题，由我社发行部负责调换。电话：(010)88386906
对本书内容有任何疑问及建议，请与本书责编联系。邮箱：dayi51@sina.com

内 容 提 要

本书依据《建设工程工程量清单计价规范》（GB 50500—2008）和《全国统一安装工程预算定额》第六册《工业管道工程》（GYD—206—2000）进行编写，重点对管道工程造价编制时常见的疑难问题进行了详细解释与说明。全书主要内容包括工程造价概述、工业管道工程定额计价、工业管道工程工程量清单计价、管道安装工程量计算、管件连接工程量计算、阀门安装工程量计算、法兰安装工程量计算、板卷管与管件制作工程量计算、管道压力试验及表面处理工程量计算、管材表面及焊缝无损探伤工程量计算、其他项目工程工程量计算、工业管道工程造价编制与审核等。

本书对于管道工程造价编制疑难问题的讲解通俗易懂，理论与实践紧密结合，既可作为管道工程造价人员岗位培训的教材，也可供管道工程造价编制与管理人员工作时参考。

工业管道工程造价编制800问

编 写 组

主　编：高会芳

副主编：沈志娟　黄志安

编　委：秦礼光　郭　靖　梁金钊　方　芳
伊　飞　杜雪海　范　迪　马　静
侯双燕　郭　旭　葛彩霞　汪永涛
王　冰　徐梅芳　何晓卫　蒋林君
李良因

前言

工程造价涉及国民经济各部门、各行业，涉及社会再生产中的各个环节，其不仅是项目决策、制定投资计划和控制投资以及筹集建设资金的依据，也是评价投资效果的重要指标以及合理利益分配和调节产业结构的重要手段。编制工程造价是一项技术性、经济性、政策性很强的工作。要编制好工程造价，必须遵循事物的客观经济规律，按客观经济规律办事；坚持实事求是，密切结合行业特点和项目建设的特定条件并适应项目前期工作深度的需要，在调查研究的基础上，实事求是地进行经济论证；坚持形成有利于资源最优配置和效益达到最高的经济运作机制，保证工程造价的严肃性、客观性、真实性、科学性及可靠性。

工程造价编制有一套科学的、完整的计价理论与计算方法，不仅需要工程造价编制人员具有过硬的基本功，充分掌握工程定额的内涵、工作程序、子目包括的内容、工程量计算规则及尺度，同时也需要工程造价编制人员具备良好的职业道德和实事求是的工作作风，并深入工程建设第一线收集资料、积累知识。

为帮助广大工程造价编制人员更好地从事工程造价的编制与管理工作，快速培养一批既懂理论，又懂实际操作的工程造价工作者，我们组织工程造价领域有着丰富工作经验的专家学者，编写这套《工程造价编制疑难问题解答丛书》。本套丛书包括的分册有：《建筑工程造价编制800问》、《装饰装修工程造价编制800问》、《水暖工程造价编制800问》、《通风空调工程造价编制800问》、《建筑电气工程造价编制800问》、《市政工程造价编制800问》、《园林绿化工程造价编制800问》、《公路工程造价编制800问》、《水利水电工程造价编制800问》、《工业管道工程造价编制800问》。

本套丛书的内容是编者多年实践工作经验的积累，丛书从最基础的工程造价理论入手，采用一问一答的编写形式，重点介绍了工程造价的组成及编制方法。作为学习工程造价的快速入门级读物，丛书在阐述工程造价基础理论的同时，尽量辅以必要的实例，并深入浅出、循序渐进地进行讲解说明。丛书中还收集整理了工程造价编制方面的技巧、经验和相关数据资料，使读者在了解工程造价主要知识点的同时，还可快速掌握工程预算编制的方法与技巧，从而达到易学实用的目的。

本套丛书主要包括以下特点：

（1）丛书内容全面、充实、实用，对建设工程造价人员应了解、掌握及应用的专业知识，融会于各分册图书之中，有条理进行介绍、讲解与引导，使读者由浅入深地熟悉、掌握相关专业知识。

（2）丛书以“易学、易懂、易掌握”为编写指导思想，采用一问一答的编写形式。书中文字通俗易懂，图表形式灵活多样，对文字说明起到了直观、易学的辅助作用。

（3）丛书依据《建设工程工程量清单计价规范》（GB 50500—2008）及建设工程各专业概预算定额进行编写，具有一定的科学性、先进性、规范性，对指导各专业造价人员规范、科学地开展本专业造价工作具有很好的帮助。

由于编者水平及能力所限，丛书中错误及疏漏之处在所难免，敬请广大读者及业内专家批评指正。

编　者

目　录

第一章

·工程造价概述·

1. 什么是基本建设?

“基本建设”一词是1926年4月斯大林在一次报告中提出来的,其含义是资本建设或资金建设。英美等国称为固定资本投资或资本支出。日本称为建设投资。我国从1950年起正式使用“基本建设”这个词,其含义简单地讲,就是以扩大生产能力(或增加工程效益)为目的的综合经济活动。具体地讲,就是建造、购置和安装固定资产的活动以及与之相联系的工作,如征用土地、勘察设计、筹建机构、培训职工等。例如建设一个工厂即为基本建设,包括厂房的建造、机器设备的购置和安装以及土地征用、勘察设计、筹建机构、培训职工等工作。

2. 基本建设具有哪些特点?

基本建设是社会扩大再生产,加速四个现代化的重要手段,有其特殊性,是按照自己的内在规律来实现它的固定资产增值,它具有如下特点:

(1)它是一种消耗大、周期长的经济活动,在建设期只投入而不产出。由于基本建设的工程整体性强,构造复杂,形体庞大,建设周期长,人力、物力、财力投入大,因此整个建设过程必须有计划按步骤有序进行,亦即按基本建设程序运行,任何形式的中断、跨越、违序都意味着浪费和损失。

(2)它是一项涉及多学科的经济技术活动,具有很强的综合性。在工程建设过程中,需要国民经济许多部门提供产品、条件和服务,才能建成,建成后还需要大量的外部条件,才能充分发挥其预期效益。

(3)建设单位(业主)要介入整个建设过程。从项目建议、立项及方案确定、工程发包、工程质量进度、投资控制、设计管理、竣工验收,直到投产达标,建设单位都要承担直接责任,这种买方直接介入生产全过程的期货交易形式,与其他商品“一手交钱,一手交货”的交易形式完全不同。

(4)建设项目空间的不变性。建设工程都固定在选定的地点,建成后一般不再移动，项目的固定性直接影响生产的布局，若选址不当，将长期背包袱。

(5)组织建设的复杂性。工程多数是在露天作业，受季节、地质、气候影响，对建设条件、建设资源也要适时适量调配组织，因而使得组织规划建设工作非常复杂。

3. 基本建设由哪几部分组成？

(1)建筑工程。建筑工程指永久性和临时性建筑物、构筑物的土建工程，采暖、通风、给排水、照明工程，动力、电信管线的敷设工程，道路、桥涵的建设工程，农田水利工程，以及基础的建造、场地平整、清理和绿化工程等。

(2)安装工程。安装工程是指生产、动力、电信、起重、运输、医疗、实验等设备的装配工程和安装工程，以及附属于被安装设备的管线敷设、保温、防腐、调试、运转试车等工作。

(3)设备、工器具及生产用具的购置。指车间、实验室、医院、学校、宾馆、车站等生产、工作、学习所应配备的各种设备、工具、器具、家具及实验设备的购置。

(4)其他基本建设工作。包括上述内容以外的工作，如土地征用、建设用场地原有建构筑物拆迁、赔偿，建设单位设计、施工、投资管理工作、生产职工培训、生产准备等工作。

4. 基本建设项目可划分为哪些类别？

基本建设工程项目一般分为：建设项目、单项工程、单位工程、分部工程和分项工程等。

5. 什么是建设项目？

建设项目一般是指具有设计任务书和总体设计，经济上实行独立核算，行政上具有独立组织形式的基本建设单位。工业建设中，一般是以一个工厂、一座矿山为建设项目；民用建设中是以一个事业单位，如一所学校、一所医院等为建设项目。一个建设项目可以有几个甚至几十个单项工程，也可以只有一个单项工程。

6. 什么是单项工程？

单项工程也叫工程项目，是建设项目的组成部分，单项工程具有独立的设计文件,建成后可以独立发挥生产能力或效益,具有独立存在的意义。工业建设项目的单项工程,一般是指能独立生产的车间,它包括厂房建筑,设备购置及安装,以及工具、器具的购置等,非生产建设项目的单项工程,如一所学校的办公楼、图书馆、食堂、宿舍等。

7. 什么是单位工程?

单位工程是指具有单独设计,可以独立组织施工的工程,是单项工程的组成部分,它不能独立发挥生产能力。在一个单项工程中,按其构成可分为建筑及设备安装两类单位工程,每类单位工程可按专业性质分为若干单位工程。

(1)建筑工程。根据其中各组成部分的性质、作用可再分为如下几种单位工程:

1)一般土建工程。包括房屋和构筑物的各种结构工程和装饰工程等。

2)卫生工程。包括给排水管道、取暖、通风和民用煤气管道敷设工程。

3)工业管道工程。包括蒸汽、压缩空气、煤气、输油管道及其他工业介质输送管道工程。此项也有的列为安装工程。

4)构筑物和特殊构筑物工程。包括各种设备基础、冶金炉基础、烟囱、水塔、桥梁、涵洞工程等。

5)电气照明工程。包括室内外照明设备的安装、线路敷设、变电与配电设备的安装工程等。

(2)设备及其安装工程。根据设备的特性,通常可分为以下两类安装工程:

1)机械设备及其安装工程。包括各种工艺设备、起重运输设备、动力设备等的购置及安装工程。

2)电气设备及其安装工程。包括传动电气设备、吊车电气设备、起重控制设备等的购置及其安装工程。

8. 什么是分部工程?

分部工程是单位工程的组成部分,它是按工程部位、设备种类和型号、使用的材料和工种等的不同而分类的。如一般土建工程的房屋

(单位工程)可划分为:土石方分部工程、基础分部工程、楼地面分部工程、屋面分部工程、梁板柱分部工程等等。又如机械设备及其安装单位工程又可分为:切削设备及安装工程、锻压设备及安装工程、起重设备及安装工程、化工设备及安装工程等等。在分部工程中影响工、料、机械消耗多少的因素仍然很多。例如同样都是砖石工程的砌基础和砌墙体,但它们所消耗的工、料、机械相差很大。所以,还必须把分部工程再分解为分项工程。

9. 什么是分项工程?

分项工程是指通过较为简单的施工能完成的工程,并且可以采用适当的计量单位进行计算的建筑设备安装工程,是确定建筑安装工程造价的最基本的工程单位,是分部工程的组成部分。例如钢筋混凝土分部工程可分为模板、钢筋、混凝土等分项工程;给排水管道安装分部工程,又可分为焊接钢管及铸铁管的安装,焊接管的螺纹连接及其焊接,法兰安装,管道消毒冲洗等分项工程;照明器具分部工程又分为普通灯具的安装、荧光灯具的安装、工厂用灯及防水防尘灯的安装以及电铃风扇的安装等分项工程。

10. 基本建设的作用是什么?

基本建设是扩大再生产以提高人民物质、文化生活水平和加强经济和国防实力的重要手段。具体作用表现为以下几个方面:

(1)为国民经济各部门提供生产能力。

(2)影响和改变各产业部门内部之间、各部分之间的构成和比例关系。

(3)使全局生产力配置更趋合理。

(4)用先进的技术改造国民经济。

(5)基本建设还为社会提供住宅、文化设施和市政设施,为解决社会重大问题提供物质基础。

11. 什么是工程造价?

工程造价是指进行一个工程项目的建造所需要花费的全部费用,即从工程项目确定建设意向直至建成、竣工验收为止的整个建设期间所支出的总费用,这是保证工程项目建造正常进行的必要资金,是建设项目投资中的最主要的部分。工程造价主要由工程费用和工程其他费用组成。

12. 工程造价有哪些特点？

(1)大额性。能够发挥投资效用的任一项工程，不仅实物形体庞大，而且造价高昂。工程造价的大额性使其关系到有关各方面的重大经济利益，同时也会对宏观经济产生重大影响。

(2)个别性、差异性。任何一项工程都有特定的用途、功能、规模，因此对每一项工程的结构、造型、空间分割、设备配置和内外装饰都有具体的要求，从而使工程内容和实物形态都具有个别性、差异性。

(3)动态性。由于不可控因素的影响，在预计工程建设工期内，许多影响工程造价的动态因素会发生变化。这种变化必然会影响到造价的变动，所以工程造价在整个建设期中处于不确定状态，直至竣工决算后才能最终确定工程的实际造价。

(4)层次性。造价的层次性取决于工程的层次性。从造价的计算和工程管理的角度看，工程造价的层次性是非常突出的。

(5)兼容性。工程造价的兼容性主要表现在工程造价构成因素的广泛性和复杂性。

13. 工程造价的作用主要表现在哪几个方面？

(1)工程造价是项目决策的依据。

(2)工程造价是制定投资计划和控制投资的依据。

(3)工程造价是筹集建设资金的依据。

(4)工程造价是评价投资效果的重要指标。

(5)工程造价是合理利益分配和调节产业结构的手段。

14. 工程造价有哪些职能？

(1)预测职能。工程造价的大额性和多变性，无论是投资者或是承包商都要对拟建工程进行预先测算。

(2)控制职能。工程造价的控制职能表现在两方面：一是在投资的各个阶段对造价进行全过程、多层次的控制；二是对以承包商为代表的商品和劳务供应企业的成本控制。

(3)评价职能。工程造价是评价总投资和分项投资合理性和投资效益的主要依据之一，也是评价建筑安装企业管理水平和经营成果的重要依据。

(4)调节职能。工程建设直接关系到经济增长，也直接关系到国家重要资源分配和资金流向，对国计民生都产生重大影响。所以，国家需要通过工程造价来对工程建设中的物质消耗水平、建设规模、投资方向等进行调节。

15. 我国工程造价的构成主要包括哪些内容？

我国现行工程造价的构成主要划分为设备及工、器具购置费用，建筑安装工程费用，工程建设其他费用，预备费，建设期贷款利息，固定资产投资方向调节税等几项。具体构成内容如图 1-1 所示。

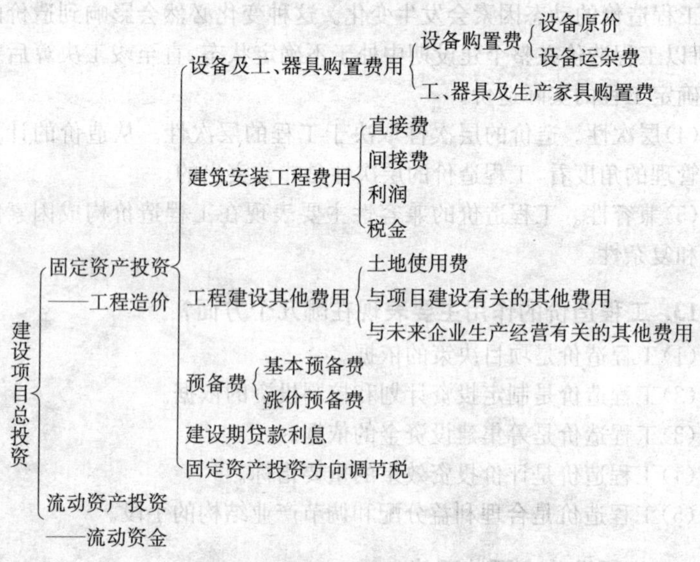

图 1-1　我国现行工程造价的构成

16. 什么是设备购置费？由哪些内容构成？

设备购置费是指为建设工程购置或自制的达到固定资产标准的设备及工、器具的费用。所谓固定资产标准，是指使用年限在一年以上，单位价值在国家或各主管部门规定的限额以上。(新建项目)和(扩建项目)的新建车间购置或自制的全部设备及工、器具，不论是否达到固定资产标

准,均计入设备及工、器具购置费中。设备购置费包括设备原价和设备运杂费,即

设备购置费=设备原价或进口设备抵岸价+设备运杂费

式中,设备原价系指国产标准设备、非标准设备的原价。设备运杂费系指设备原价中未包括的包装和包装材料费、运输费、装卸费、采购费及仓库保管费、供销部门手续费等。如果设备是由设备成套公司供应的,成套公司的服务费也应计入设备运杂费之中。

17. 什么是国产设备原价?

国产设备原价一般指的是设备制造厂的交货价,或订货合同价。它一般根据生产厂或供应商的询价、报价、合同价确定,或采用一定的方法计算确定。国产设备原价分为国产标准设备原价和国产非标准设备原价。

18. 什么是国产标准设备? 如何计算标准设备原价?

国产标准设备是指按照主管部门颁布的标准图纸和技术要求,由设备生产厂批量生产的,符合国家质量检验标准的设备。国产标准设备原价一般指的是设备制造厂的交货价,即出厂价。如设备系由设备成套公司供应,则以订货合同价为设备原价。有的设备有两种出厂价,即带有备件的出厂价和不带有备件的出厂价。在计算设备原价时,一般按带有备件的出厂价计算。

19. 什么是国产非标准设备?

国产非标准设备是指国家尚无定型标准,各设备生产厂不可能在工艺过程中采用批量生产,只能按一次订货,并根据具体的设计图纸制造的设备。

20. 如何计算非标准设备原价?

非标准设备原价有多种不同的计算方法,如成本计算估价法、系列设备插入估价法、分部组合估价法、定额估价法等。但无论采用哪种方法都应该使非标准设备计价接近实际出厂价,并且计算方法要简便。按成本计算估价法,非标准设备的原价由以下各项组成:

(1)材料费。其计算公式如下:

材料费＝材料净重×(1＋加工损耗系数)×每吨材料综合价

(2)加工费。包括生产工人工资和工资附加费、燃料动力费、设备折旧费、车间经费等，其计算公式如下：

加工费＝设备总质量(吨)×设备每吨加工费

(3)辅助材料费(简称辅材费)。包括焊条、焊丝、氧气、氩气、氮气、油漆、电石等费用，其计算公式如下：

辅助材料费＝设备总质量×辅助材料费指标

(4)专用工具费。按(1)～(3)项之和乘以一定百分比计算。

(5)废品损失费。按(1)～(4)项之和乘以一定百分比计算。

(6)外购配套件费。按设备设计图纸所列的外购配套件的名称、型号、规格、数量、质量，根据相应的价格加运杂费计算。

(7)包装费。按以上1)～6)项之和乘以一定百分比计算。

(8)利润。可按1)～5)项加第7)项之和乘以一定利润率计算。

(9)税金。主要指增值税，计算公式为：

增值税＝当期销项税额－进项税额

其中，当期销项税额＝销售额×适用增值税率，销售额为(1)～(8)项之和。

(10)非标准设备设计费：按国家规定的设计费收费标准计算。

综上所述，单台非标准设备原价可用下面的公式表达

单台非标准设备原价＝{[(材料费＋加工费＋辅助材料费)×(1＋专用工具费率)×(1＋废品损失费率)＋外购配套件费]×(1＋包装费率)－外购配套件费}×(1＋利润率)＋销项税金＋非标准设备设计费＋外购配套件费

21. 什么是进口设备原价?

进口设备原价是指进口设备的抵岸价，即抵达买方边境港口或边境车站，且交完关税等税费后形成的价格。进口设备抵岸价的构成与进口设备的交货方式有关。

22. 进口设备有哪几种交货方式?

进口设备的交货方式可分为内陆交货类、目的地交货类、装运港交货类，见表1-1。

表 1-1　　进口设备的交货类别

序　号	交货类别	说　　明
1	内陆交货类	内陆交货类即卖方在出口国内陆的某个地点交货。在交货地点，卖方及时提交合同规定的货物和有关凭证，并负担交货前的一切费用和风险；买方按时接受货物，交付货款，负担接货后的一切费用和风险，并自行办理出口手续和装运出口。货物的所有权也在交货后由卖方转移给买方
2	目的地交货类	目的地交货类即卖方在进口国的港口或内地交货，有目的港船上交货价、目的港船边交货价(FOS)和目的港码头交货价(关税已付)及完税后交货价(进口国的指定地点)等几种交货价。它们的特点是：买卖双方承担的责任、费用和风险是以目的地约定交货点为分界线，只有当卖方在交货点将货物置于买方控制下才算交货，才能向买方收取货款。这种交货类别对卖方来说承担的风险较大，在国际贸易中卖方一般不愿采用
3	装运港交货类	装运港交货类即卖方在出口国装运港交货，主要有装运港船上交货价(FOB)，习惯称离岸价格，运费在内价(C&F)和运费、保险费在内价(CIF)，习惯称到岸价格。它们的特点是：卖方按照约定的时间在装运港交货，只要卖方把合同规定的货物装船后提供货运单据便完成交货任务，可凭单据收回货款。 装运港船上交货价(FOB)是我国进口设备采用最多的一种货价。采用船上交货价时卖方的责任是：在规定的期限内，负责在合同规定的装运港口将货物装上买方指定的船只，并及时通知买方；负担货物装船前的一切费用和风险，负责办理出口手续；提供出口国政府或有关方面签发的证件；负责提供有关装运单据。买方的责任是：负责租船或订舱，支付运费，并将船期、船名通知卖方；负担货物装船后的一切费用和风险；负责办理保险及支付保险费，办理在目的港的进口和收货手续；接受卖方提供的有关装运单据，并按合同规定支付货款

23. 进口设备原价由哪几部分构成？

进口设备采用最多的是装运港船上交货价(FOB)，其抵岸价的构成可概括为

$$\text{进口设备原价}=\text{货价}+\text{国际运费}+\text{运输保险费}+\text{银行财务费}+\text{外贸手续费}+\text{关税}+\text{增值税}+\text{消费税}+\text{海关监管手续费}+\text{车辆购置附加费}$$

24. 什么是进口设备货价？怎样计算货价？

进口设备货价，一般指装运港船上交货价(FOB)。进口设备货价分为原币货价和人民币货价，原币货价一律折算为美元表示，人民币货价按

原币货价乘以外汇市场美元兑换人民币中间价确定。进口设备货价按有关生产厂商询价、报价、订货合同价计算。

25. 什么是国际运费？怎样计算？

国际运费是指从装运港(站)到达我国抵达港(站)的运费。我国进口设备大部分采用海洋运输，小部分采用铁路运输，个别采用航空运输。进口设备国际运费计算公式为

$$国际运费(海、陆、空)=原币货价(FOB)\times 运费率$$

$$国际运费(海、陆、空)=运量\times 单位运价$$

其中，运费率或单位运价参照有关部门或进出口公司的规定执行。

26. 什么是运输保险费？怎样计算？

运输保险费是由保险人(保险公司)与被保险人(出口人或进口人)订立保险契约，在被保险人交付议定的保险费后，保险人根据保险契约的规定对货物在运输过程中发生的承保责任范围内的损失给予经济上的补偿。这是一种财产保险，计算公式为

$$运输保险费=\frac{原币货价(FOB)+国外运费}{1-保险费率}\times 保险费率$$

其中，保险费率按保险公司规定的进口货物保险费率计算。

27. 什么是银行财务费？怎样计算？

银行财务费，一般是指中国银行手续费，可按下式简化计算

$$银行财务费=人民币货价(FOB)\times 银行财务费率$$

28. 什么是外贸手续费？怎样计算？

外贸手续费是指按规定的外贸手续费率计取的费用，外贸手续费率一般取1.5%，计算公式为

$$外贸手续费=[装运港船上交货价(FOB)+国际运费+运输保险费]\times 外贸手续费率$$

29. 什么是关税？怎样计算？

关税是指由海关对进出国境或关境的货物和物品征收的一种税，计算公式为

$$关税=到岸价格(CIF)\times 进口关税税率$$

其中,到岸价格(CIF)包括离岸价格(FOB)、国际运费、运输保险费等费用,它作为关税完税价格进口关税税率分为优惠和普通两种。优惠税率适用于与我国签订有关税互惠条款的贸易条约或协定的国家的进口设备;普通税率适用于与我国未订有关税互惠条款的贸易条约或协定的国家的进口设备。进口关税税率按我国海关总署发布的进口关税税率计算。

30. 什么是增值税?怎样计算?

增值税是指对从事进口贸易的单位和个人,在进口商品报关进口后征收的税种。我国增值税条例规定,进口应税产品均按组成计税价格和增值税税率直接计算应纳税额,即

$$进口产品增值税额=组成计税价格\times增值税税率$$

$$组成计税价格=关税完税价格+关税+消费税$$

增值税税率根据规定的税率计算。

31. 什么是消费税?怎样计算?

消费税,对部分进口设备(如轿车、摩托车等)征收,一般计算公式为

$$应纳消费税额=\frac{到岸价+关税}{1-消费税税率}\times消费税税率$$

其中,消费税税率根据规定的税率计算。

32. 什么是海关监管手续费?怎样计算?

海关监管手续费是指海关对进口减税、免税、保税货物实施监督、管理、提供服务的手续费。对于全额征收进口关税的货物不计本项费用,其公式如下

$$海关监管手续费=到岸价\times海关监管手续费率$$

33. 什么是车辆购置附加费?怎样计算?

车辆购置附加费是指进口车辆需缴进口车辆购置附加费,其公式如下

$$进口车辆购置附加费=(到岸价+关税+消费税+增值税)\times进口车辆购置附加费率$$

34. 设备运杂费由哪几部分构成?

(1)国产标准设备由设备制造厂交货地点起至工地仓库(或施工组织

设计指定的需要安装设备的堆放地点)止所发生的运费和装卸费。进口设备则由我国到岸港口、边境车站起至工地仓库(或施工组织设计指定的需要安装设备的堆放地点)止所发生的运费和装卸费。

(2)在设备出厂价格中没有包含的设备包装和包装材料器具费;在设备出厂价或进口设备价格中如已包括了此项费用,则不应重复计算。

(3)供销部门的手续费,按有关部门规定的统一费率计算。

(4)建设单位(或工程承包公司)的采购与仓库保管费,是指采购、验收、保管和收发设备所发生的各种费用,包括设备采购、保管和管理人员工资、工资附加费、办公费、差旅交通费、设备供应部门办公和仓库所占固定资产使用费、工具用具使用费、劳动保护费、检验试验费等。这些费用可按主管部门规定的采购保管费率计算。

一般来讲,沿海和交通便利的地区,设备运杂费率相对低一些;内地和交通不很便利的地区就要相对高一些,边远省份则要更高一些。对于非标准设备来讲,应尽量就近委托设备制造厂,以大幅度降低设备运杂费。进口设备由于原价较高,国内运距较短,因而运杂费比率应适当降低。

35. 怎样计算设备运杂费?

设备运杂费按设备原价乘以设备运杂费率计算,其公式为

设备运杂费=设备原价×设备运杂费率

其中,设备运杂费率按各部门及省、市等的规定计取。

36. 什么是工、器具及生产家具购置费?怎样计算?

工、器具及生产家具购置费是指新建或扩建项目初步设计规定的,保证初期正常生产必须购置的没有达到固定资产标准的设备、仪器、工卡模具、器具、生产家具和备品备件等的购置费用。一般以设备购置费为计算基数,按照部门或行业规定的工具、器具及生产家具费率计算。计算公式为

工、器具及生产家具购置费=设备购置费×定额费率

37. 建筑安装工程费由哪几部分构成?

我国现行建筑安装工程造价的构成,按原建设部、财政部共同颁发的建标[2003]206 号文件规定如图 1-2 所示。

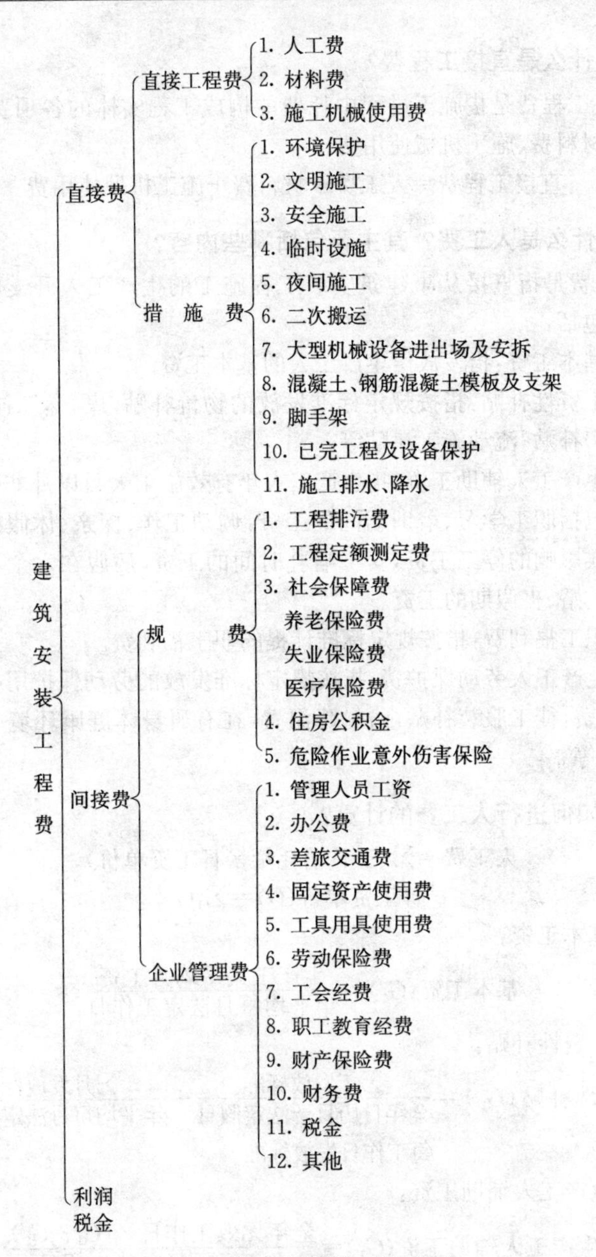

图 1-2　建筑安装工程费用项目组成

38. 什么是直接工程费？

直接工程费是指施工过程中耗费的构成工程实体的各项费用，包括人工费、材料费、施工机械使用费。

直接工程费＝人工费＋材料费＋施工机械使用费

39. 什么是人工费？其主要包括哪些内容？

人工费是指直接从事建筑安装工程施工的生产工人开支的各项费用，内容包括：

(1)基本工资：指发放给生产工人的基本工资。

(2)工资性补贴：指按规定标准发放的物价补贴，煤、燃气补贴，交通补贴，住房补贴，流动施工津贴等。

(3)生产工人辅助工资：指生产工人年有效施工天数以外非作业天数的工资，包括职工学习、培训期间的工资，调动工作、探亲、休假期间的工资，因气候影响的停工工资，女工哺乳时间的工资，病假在六个月以内的工资及产、婚、丧假期的工资。

(4)职工福利费：指按规定标准计提的职工福利费。

(5)生产工人劳动保护费：指按规定标准发放的劳动保护用品的购置费及修理费，徒工服装补贴，防暑降温费，在有碍身体健康环境中施工的保健费用等。

40. 如何进行人工费的计算？

$$人工费=\sum(工日消耗量\times日工资单价)$$

式中

$$日工资单价(G)=\sum_1^5 G$$

(1)基本工资：

$$基本工资(G_1)=\frac{生产工人平均月工资}{年平均每月法定工作日}$$

(2)工资性补贴：

$$工资性补贴(G_2)=\frac{\sum年发放标准}{全年日历日-法定假日}+\frac{\sum月发放标准}{年平均每月法定工作日}+每工作日发放标准$$

(3)生产工人辅助工资：

$$生产工人辅助工资(G_3)=\frac{全年无效工作日\times(G_1+G_2)}{全年日历日-法定假日}$$

(4)职工福利费：

$$职工福利费(G_4)=(G_1+G_2+G_3)\times 福利费计提比例(\%)$$

(5)生产工人劳动保护费：

$$生产工人劳动保护费(G_5)=\frac{生产工人年平均支出劳动保护费}{全年日历日-法定假日}$$

41. 什么是材料费？其主要包括哪些内容？

材料费是指施工过程中耗费的构成工程实体的原材料、辅助材料、构配件、零件、半成品的费用。内容包括：

(1)材料原价(或供应价格)。

(2)材料运杂费：指材料自来源地运至工地仓库或指定堆放地点所发生的全部费用。

(3)运输损耗费：指材料在运输装卸过程中不可避免的损耗。

(4)采购及保管费：指为组织采购、供应和保管材料过程中所需要的各项费用。包括：采购费、仓储费、工地保管费、仓储损耗。

(5)检验试验费：指对建筑材料、构件和建筑安装物进行一般鉴定、检查所发生的费用，包括自设试验室进行试验所耗用的材料和化学药品等费用。不包括新结构、新材料的试验费和建设单位对具有出厂合格证明的材料进行检验，对构件做破坏性试验及其他特殊要求检验试验的费用。

42. 如何进行材料费的计算？

$$材料费=\sum(材料消耗量\times 材料基价)+检验试验费$$

式中　$材料基价=\{(供应价格+运杂费)\times[1+运输损耗率(\%)]\}\times[1+采购保管费率(\%)]$

$$检验试验费=\sum(单位材料量检验试验费\times 材料消耗量)$$

43. 什么是施工机械使用费？其主要包括哪些内容？

施工机械使用费是指施工机械作业所发生的机械使用费以及机械安拆费和场外运费。内容包括：

(1)折旧费：指施工机械在规定的使用年限内，陆续收回其原值及购置资金的时间价值。

(2)大修理费：指施工机械按规定的大修理间隔台班进行必要的大修理，以恢复其正常功能所需的费用。

(3)经常修理费：指施工机械除大修理以外的各级保养和临时故障排除所需的费用。包括为保障机械正常运转所需替换设备与随机配备工具附具的摊销和维护费用，机械运转中日常保养所需润滑与擦拭的材料费用及机械停滞期间的维护和保养费用等。

(4)安拆费及场外运费：指施工机械在现场进行安装与拆卸所需的人工、材料、机械和试运转

费用以及机械辅助设施的折旧、搭设、拆除等费用；场外运费指施工机械整体或分体自停放地点运至施工现场或由一施工地点运至另一施工地点的运输、装卸、辅助材料及架线等费用。

(5)人工费：指机上司机(司炉)和其他操作人员的工作日人工费及上述人员在施工机械规定的年工作台班以外的人工费。

(6)燃料动力费：指施工机械在运转作业中所消耗的固体燃料(煤、木柴)、液体燃料(汽油、柴油)及水、电等。

(7)养路费及车船使用税：指施工机械按照国家规定和有关部门规定应缴纳的养路费、车船使用税、保险费及年检费等。

44. 如何进行施工机械使用费的计算?

施工机械使用费＝∑(施工机械台班消耗量×机械台班单价)

式中　台班单价＝台班折旧费＋台班大修费＋台班经常修理费＋台班安拆费及场外运费＋台班人工费＋台班燃料动力费＋台班养路费及车船使用税

45. 什么是措施费？其主要包括哪些内容?

措施费是指为完成工程项目施工，发生于该工程施工前和施工过程中非工程实体项目的费用。内容包括：

(1)环境保护费：是指施工现场为达到环保部门要求所需要的各项费用。

(2)文明施工费：是指施工现场文明施工所需要的各项费用。

(3)安全施工费：是指施工现场安全施工所需要的各项费用。

(4)临时设施费：是指施工企业为进行建筑工程施工所必须搭设的生活和生产用的临时建筑物、构筑物和其他临时设施费用等。临时设施包括临时宿舍、文化福利及公用事业房屋与构筑物，仓库、办公室、加工厂以

及规定范围内道路、水、电、管线等临时设施和小型临时设施。临时设施费用包括临时设施的搭设、维修、拆除费或摊销费。

(5)夜间施工增加费：夜间施工费是指因夜间施工所发生的夜班补助费、夜间施工降效、夜间施工照明设备摊销及照明用电等费用。

(6)二次搬运费：是指因施工场地狭小等特殊情况而发生的二次搬运费用。

(7)大型机械设备进出场及安拆费：是指机械整体或分体自停放场地运至施工现场或由一个施工地点运至另一个施工地点，所发生的机械进出场运输及转移费用及机械在施工现场进行安装、拆卸所需的人工费、材料费、机械费、试运转费和安装所需的辅助设施的费用。

(8)混凝土、钢筋混凝土模板及支架费：是指混凝土施工过程中需要的各种钢模板、木模板、支架等的支、拆、运输费用及模板、支架的摊销(或租赁)费用。

(9)脚手架搭拆费：脚手架费是指施工需要的各种脚手架搭、拆、运输费用及脚手架的摊销(或租赁)费用。

(10)已完工程及设备保护费：是指竣工验收前，对已完工程及设备进行保护所需费用。

(11)施工排水、降水费：是指为确保工程在正常条件下施工，采取各种排水、降水措施所发生的各种费用。

46. 如何进行环境保护费的计算？

环境保护费＝直接工程费×环境保护费费率(%)

$$环境保护费费率(\%)=\frac{本项费用年度平均支出}{全年建安产值\times直接工程费占总造价比例(\%)}$$

47. 如何进行文明施工费的计算？

文明施工费＝直接工程费×文明施工费费率(%)

$$文明施工费费率(\%)=\frac{本项费用年度平均支出}{全年建安产值\times直接工程费占总造价比例(\%)}$$

48. 如何进行安全施工费的计算？

安全施工费＝直接工程费×安全施工费费率(%)

$$安全施工费费率(\%)=\frac{本项费用年度平均支出}{全年建安产值\times直接工程费占总造价比例(\%)}$$

49. 如何进行临时设施费的计算？

临时设施费有以下三部分组成：

(1)周转使用临建费(如活动房屋)

$$周转使用临建费=\sum[\frac{临建面积\times每平方米造价}{使用年限\times365\times利用率(\%)}\times工期(天)]+一次性拆除费$$

(2)一次性使用临建费(如简易建筑)

$$一次性使用临建费=\sum临建面积\times每平方米造价\times[1-残值率(\%)]+一次性拆除费$$

(3)其他临时设施费(如临时管线)

$$临时设施费=(周转使用临建费+一次性使用临建费)\times[1+其他临时设施所占比例(\%)]$$

其他临时设施费在临时设施费中所占比例，可由各地区造价管理部门依据典型施工企业的成本资料经分析后综合测定。

50. 如何进行夜间施工增加费的计算？

$$夜间施工增加费=\left(1-\frac{合同工期}{定额工期}\right)\times\frac{直接工程费中的人工费合计}{平均日工资单价}\times每工日夜间施工费开支$$

51. 如何进行二次搬运费的计算？

$$二次搬运费=直接工程费\times二次搬运费费率(\%)$$

$$二次搬运费费率(\%)=\frac{年平均二次搬运费开支额}{全年建安产值\times直接工程费占总造价的比例(\%)}$$

52. 如何进行大型机械设备进出场及安拆费的计算？

$$大型机械进出场及安拆费=\frac{一次进出场及安拆费\times年平均安拆次数}{年工作台班}$$

53. 如何进行混凝土、钢筋混凝土模板及支架费的计算？

(1)模板及支架费=模板摊销量×模板价格+支、拆、运输费

其中

$$摊销量=一次使用量\times(1+施工损耗)\times[1+(周转次数-1)\times补损率/周转次数-(1-补损率)50\%/周转次数]$$

(2)租赁费＝模板使用量×使用日期×租赁价格＋支、拆、运输费

54. 如何进行脚手架搭拆费的计算?

(1)脚手架搭拆费＝脚手架摊销量×脚手架价格＋搭、拆、运输费

其中 $$脚手架摊销量=\frac{单位一次使用量\times(1-残值率)}{耐用期\div一次使用期}$$

(2)租赁费＝脚手架每日租金×搭设周期＋搭、拆、运输费

55. 如何进行已完工程及设备保护费的计算?

已完工程及设备保护费＝成品保护所需机械费＋材料费＋人工费

56. 如何进行施工排水、降水费的计算?

施工排水、降水费＝∑排水、降水机械台班费×排水、降水周期＋排水、降水使用材料费、人工费

57. 什么是规费? 其主要包括哪些内容?

规费是指政府和有关权力部门规定必须缴纳的费用(简称规费),包括:

(1)工程排污费:指施工现场按规定缴纳的工程排污费。

(2)工程定额测定费:指按规定支付工程造价(定额)管理部门的定额测定费。

(3)社会保障费,它包括:

①养老保险费:指企业按规定标准为职工缴纳的基本养老保险费。

②失业保险费:指企业按照国家规定标准为职工缴纳的失业保险费。

③医疗保险费:指企业按照规定标准为职工缴纳的基本医疗保险费。

(4)住房公积金:指企业按规定标准为职工缴纳的住房公积金。

(5)危险作业意外伤害保险:指按照建筑法规定,企业为从事危险作业的建筑安装施工人员支付的意外伤害保险费。

58. 什么是企业管理费? 其主要包括哪些内容?

企业管理费是指建筑安装企业组织施工生产和经营管理所需费用,包括:

(1)管理人员工资:指管理人员的基本工资、工资性补贴、职工福利费、劳动保护费等。

(2)办公费：指企业管理办公用的文具、纸张、账表、印刷、邮电、书报、会议、水电、烧水和集体取暖(包括现场临时宿舍取暖)用煤等费用。

(3)差旅交通费：指职工因公出差、调动工作的差旅费、住勤补助费，市内交通费和误餐补助费，职工探亲路费，劳动力招募费，职工离退休、退职一次性路费，工伤人员就医路费，工地转移费以及管理部门使用的交通工具的油料、燃料、养路费及牌照费。

(4)固定资产使用费：指管理和试验部门及附属生产单位使用的属于固定资产的房屋、设备仪器等的折旧、大修、维修或租赁费。

(5)工具用具使用费：指管理使用的不属于固定资产的生产工具、器具、家具、交通工具和检验、试验、测绘、消防用具等的购置、维修和摊销费。

(6)劳动保险费：指由企业支付离退休职工的易地安家补助费、职工退职金、六个月以上的病假人员工资、职工死亡丧葬补助费、抚恤费、按规定支付给离休干部的各项经费。

(7)工会经费：指企业按职工工资总额计提的工会经费。

(8)职工教育经费：指企业为职工学习先进技术和提高文化水平，按职工工资总额计提的费用。

(9)财产保险费：指施工管理用财产、车辆保险。

(10)财务费：指企业为筹集资金而发生的各种费用。

(11)税金：指企业按规定缴纳的房产税、车船使用税、土地使用税、印花税等。

(12)其他：包括技术转让费、技术开发费、业务招待费、绿化费、广告费、公证费、法律顾问费、审计费、咨询费等。

59. 间接费的计算主要有哪几种方法?

间接费的计算方法按取费基数的不同分为以下三种。

(1)以直接费为计算基础

间接费＝直接费合计×间接费费率(%)

(2)以人工费和机械费合计为计算基础

间接费＝人工费和机械费合计×间接费费率(%)

间接费费率(%)＝规费费率(%)＋企业管理费费率(%)

(3)以人工费为计算基础

间接费＝人工费合计×间接费费率(%)

60. 怎样确定规费费率？

根据本地区典型工程发承包价的分析资料综合确定规费计算中所需数据：

(1)每万元发承包价中人工费含量和机械费含量；

(2)人工费占直接费的比例；

(3)每万元发承包价中所含规费缴纳标准的各项基数。

规费费率的计算公式：

(1)以直接费为计算基础

$$规费费率(\%)=\frac{\sum 规费缴纳标准\times 每万元发承包价计算基数}{每万元发承包价中的人工费含量}\times 人工费占直接费的比例(\%)$$

(2)以人工费和机械费合计为计算基础

$$规费费率(\%)=\frac{\sum 规费缴纳标准\times 每万元发承包价计算基数}{每万元发承包价中的人工费含量和机械费含量}\times 100\%$$

(3)以人工费为计算基础

$$规费费率(\%)=\frac{\sum 规费缴纳标准\times 每万元发承包价计算基数}{每万元发承包价中的人工费含量}\times 100\%$$

61. 怎样确定企业管理费费率？

企业管理费费率的计算公式如下：

(1)以直接费为计算基础

$$企业管理费费率(\%)=\frac{生产工人年平均管理费}{年有效施工天数\times 人工单价}\times 人工费占直接费比例(\%)$$

(2)以人工费和机械费合计为计算基础

$$企业管理费费率(\%)=\frac{生产工人年平均管理费}{年有效施工天数\times\left(人工单价+每工日机械使用费\right)}\times 100\%$$

(3)以人工费为计算基础

$$企业管理费费率(\%)=\frac{生产工人年平均管理费}{年有效施工天数\times 人工单价}\times 100\%$$

62. 什么是利润？怎样计算？

利润是指施工企业完成所承包工程获得的盈利。利润的计算公式参见下面“建筑安装工程计价程序”中相应部分。

63. 什么是税金？

税金是指国家税法规定的应计入建筑安装工程造价内的营业税、城市维护建设税及教育费附加等。

根据 2009 年 1 月 1 日起实行的《中华人民共和国营业税暂行条例》，建筑业的营业税税额为营业额的 3%。营业额是指纳税人从事建筑、安装、修缮、装饰及其他工程作业收取的全部收入，还包括建筑、修缮、装饰工程所用原材料及其他物质和动力的价款在内，当安装的设备的价值作为安装工程产值时，也包括所安装设备的价款。但建筑工程分包给其他单位时，以其取的全部价款和价和价外费用扣除其支付给其他单位的分包款后的余额作为营业额。城市建设维护税。纳税人所在地为市区的，按营业税的 7%征收；纳税人所在地为县城镇，按营业税的 5%征收；纳税人所在地不为市区县城镇的，按营业税的 1%征收，并与营业税同时交纳。

教育费附加一律按营业税的 3%征收，也同营业税同时交纳。即使办有职工子弟学校的建筑安装企业，也应当先交纳教育费附加，教育部门可根据企业的办学情况，酌情返还给办学单位，作为对办学经费的补贴。

64. 怎样进行税金的计算？

现行应缴纳的税金计算公式如下：

$$税金=(税前造价+利润)\times 税率(\%)$$

税率的计算为：

(1)纳税地点在市区的企业

$$税率(\%)=\frac{1}{1-3\%-3\%\times 7\%-3\%\times 3\%}-1$$

(2)纳税地点在县城、镇的企业

$$税率(\%)=\frac{1}{1-3\%-3\%\times 5\%-3\%\times 3\%}-1$$

(3)纳税地点不在市区、县城、镇的企业

$$税率(\%)=\frac{1}{1-3\%-3\%\times 1\%-3\%\times 3\%}-1$$

65. 建筑安装工程计价程序主要哪几种类型?

根据原建设部第107号部令《建筑工程施工发包与承包计价管理办法》的规定,发包与承包价的计算方法分为工料单价法和综合单价法,计价程序主要有工料单价法计价程序和综合单价法计价程序两种类型。

66. 什么是工料单价法?

工料单价法是以分部分项工程量乘以单价后的合计为直接工程费,直接工程费以人工、材料、机械的消耗量及其相应价格确定。直接工程费汇总后另加间接费、利润、税金生成工程发承包价。

67. 如何按工料单价法计价程序进行计价?

工料单价法计价程序分为三种:

(1)以直接费为计算基础(表1-2)。

表1-2 以直接费为基础的工料单价法计价程序

序号	费用项目	计算方法	备注
1	直接工程费	按预算表	
2	措施费	按规定标准计算	
3	小计	1+2	
4	间接费	3×相应费率	
5	利润	(3+4)×相应利润率	
6	合计	3+4+5	
7	含税造价	6×(1+相应税率)	

(2)以人工费和机械费为计算基础(表1-3)。

表1-3 以人工费和机械费为基础的工料单价法计价程序

序号	费用项目	计算方法	备注
1	直接工程费	按预算表	
2	其中人工费和机械费	按预算表	
3	措施费	按规定标准计算	
4	其中人工费和机械费	按规定标准计算	

续表

序 号	费 用 项 目	计 算 方 法	备 注
5	小计	1+3	
6	人工费和机械费小计	2+4	
7	间接费	6×相应费率	
8	利润	6×相应利润率	
9	合计	5+7+8	
10	含税造价	9×(1+相应税率)	

(3)以人工费为计算基础(表1-4)。

表1-4 以人工费为基础的工料单价法的计价程序

序 号	费 用 项 目	计 算 方 法	备 注
1	直接工程费	按预算表	
2	直接工程费中人工费	按预算表	
3	措施费	按规定标准计算	
4	措施费中人工费	按规定标准计算	
5	小计	1+3	
6	人工费小计	2+4	
7	间接费	6×相应费率	
8	利润	6×相应利润率	
9	合计	5+7+8	
10	含税造价	9×(1+相应税率)	

68. 什么是综合单价法?

综合单价法是分部分项工程单价为全费用单价,全费用单价经综合计算后生成,其内容包括直接工程费、间接费、利润和税金(措施费也可按此方法生成全费用价格)。

各分项工程量乘以综合单价的合价汇总后,生成工程发承包价。

69. 如何按综合单价法计价程序进行计价?

由于各分部分项工程中的人工、材料、机械含量的比例不同,各分项工程可根据其材料费占人工费、材料费、机械费合计的比例(以字母"*C*"代表该项比值)在以下三种计算程序中选择一种计算其综合单价。

(1)当$C>C_0$(C_0为本地区原费用定额测算所选典型工程材料费占人工费、材料费、和机械费合计的比例)时,可采用以人工费、材料费、机械费合计为基数计算该分项的间接费和利润(表1-5)。

(2)当$C<C_0$值的下限时,可采用以人工费和机械费合计为基数计算该分项的间接费和利润(表1-6)。

表1-5　以直接费为基础的综合单价法计价程序

序号	费用项目	计算方法	备注
1	分项直接工程费	人工费+材料费+机械费	
2	间接费	1×相应费率	
3	利润	(1+2)×相应利润率	
4	合计	1+2+3	
5	含税造价	4×(1+相应税率)	

表1-6　以人工费和机械费为基础的综合单价计价程序

序号	费用项目	计算方法	备注
1	分项直接工程费	人工费+材料费+机械费	
2	其中人工费和机械费	人工费+机械费	
3	间接费	2×相应费率	
4	利润	2×相应利润率	
5	合计	1+3+4	
6	含税造价	5×(1+相应税率)	

(3)如该分项的直接费仅为人工费,无材料费和机械费时,可采用以人工费为基数计算该分项的间接费和利润(表1-7)。

表1-7　以人工费为基础的综合单价计价程序

序号	费用项目	计算方法	备注
1	分期直接工程费	人工费+材料费+机械费	
2	直接工程费中人工费	人工费	
3	间接费	2×相应费率	
4	利润	2×相应利润率	
5	合计	1+3+4	
6	含税造价	5×(1+相应税率)	

70. 什么是工程建设其他费用？可分为哪几种类型？

工程建设其他费用是指从工程筹建到工程竣工验收交付使用止的整个建设期间，除建筑安装工程费用和设备、工器具购置费以外的，为保证工程建设顺利完成和交付使用后能够正常发挥效用而发生的一些费用。

工程建设其他费用，按其内容大体可分为三类，第一类为土地使用费，由于工程项目固定于一定地点与地面相连接，必须占用一定量的土地，也就必然要发生为获得建设用地而支付的费用；第二类是与项目建设有关的费用；第三类是与未来企业生产和经营活动有关的费用。

71. 什么是土地使用费？

任何一个建设项目都固定于一定地点与地面相连接，必须占用一定量的土地，也就必然要发生为获得建设用地而支付的费用，这就是土地使用费。它是指通过划拨方式取得土地使用权而支付的土地征用及迁移补偿费，或者通过土地使用权出让方式取得土地使用权而支付的土地使用权出让金。

72. 什么是土地征用及迁移补偿费？其主要包括哪些内容？

土地征用及迁移补偿费是指建设项目通过划拨方式取得无限期的土地使用权，依照《中华人民共和国土地管理法》等规定所支付的费用。其总和一般不得超过被征土地年产值的 20 倍，土地年产值则按该地被征用前 3 年的平均产量和国家规定的价格计算。其内容包括：

(1)土地补偿费。征用耕地(包括菜地)的补偿标准，按政府规定，为该耕地年产值的若干倍，具体补偿标准由省、自治区、直辖市人民政府在此范围内制定。征用园地、鱼塘、藕塘、苇塘、宅基地、林地、牧场、草原等的补偿标准，由省、自治区、直辖市人民政府制定。征收无收益的土地，不予补偿。

(2)青苗补偿费和被征用土地上的房屋、水井、树木等附着物补偿费。这些补偿费的标准由省、自治区、直辖市人民政府制定。征用城市郊区的菜地时，还应按照有关规定向国家缴纳新菜地开发建设基金。

(3)安置补助费。征用耕地、菜地的，每个农业人口的安置补助费为该地每亩年产值的 2～3 倍，每亩耕地的安置补助费最高不得超过其年产值的 10 倍。

(4)缴纳的耕地占用税或城镇土地使用税、土地登记费及征地管理费等。县市土地管理机关从征地费中提取土地管理费的比率，要按征地工作量大小，视不同情况，在1%～4%幅度内提取。

(5)征地动迁费。包括征用土地上的房屋及附属构筑物、城市公共设施等拆除、迁建补偿费、搬迁运输费，企业单位因搬迁造成的减产、停工损失补贴费，拆迁管理费等。

(6)水利水电工程水库淹没处理补偿费。包括农村移民安置迁建费，城市迁建补偿费，库区工矿企业、交通、电力、通信、广播、管网、水利等的恢复、迁建补偿费，库底清理费，防护工程费，环境影响补偿费用等。

73. 取得国有土地使用费包括哪些内容？

取得国有土地使用费包括土地使用权出让金、城市建设配套费、拆迁补偿与临时安置补助费等。

(1)土地使用权出让金。指建设工程通过土地使用权出让方式，取得有限期的土地使用权，依照《中华人民共和国城镇国有土地使用权出让和转让暂行条例》规定，支付的土地使用权出让金。

(2)城市建设配套费。指因进行城市公共设施的建设而分摊的费用。

(3)拆迁补偿与临时安置补助费。此项费用由两部分构成，即拆迁补偿费和临时安置补助费或搬迁补助费。拆迁补偿费是指拆迁人对被拆迁人，按照有关规定予以补偿所需的费用。拆迁补偿的形式可分为产权调换和货币补偿两种形式。产权调换的面积按照所拆迁房屋的建筑面积计算；货币补偿的金额按照被拆迁人或者房屋承租人支付搬迁补助费。在过渡期内，被拆迁人或者房屋承租人自行安排住处的，拆迁人应当支付临时安置补助费。

74. 与项目建设有关的其他费用主要包括哪些内容？

根据项目的不同，与项目建设有关的其他费用的构成也不尽相同，一般包括建设单位管理费、勘察设计费、研究试验费、建设单位临时设施费、工程监理费、工程保险费、引进技术和进口设备其他费用、工程承包费。在进行工程估算及概算中可根据实际情况进行计算。

75. 什么是建设单位管理费？其主要包括哪些内容？

建设单位管理费是指建设项目从立项、筹建、建设、联合试运转、竣工验收、交付使用及后评估等全过程管理所需的费用。内容包括：

(1)建设单位开办费。指新建项目为保证筹建和建设工作正常进行所需办公设备、生活家具、用具、交通工具等购置费用。

(2)建设单位经费。包括工作人员的基本工资、工资性补贴、职工福利费、劳动保护费、劳动保险费、办公费、差旅交通费、工会经费、职工教育经费、固定资产使用费、工具用具使用费、技术图书资料费、生产人员招募费、工程招标费、合同契约公证费、工程质量监督检测费、工程咨询费、法律顾问费、审计费、业务招待费、排污费、竣工交付使用清理及竣工验收费、后评估等费用。不包括应计入设备、材料预算价格的建设单位采购及保管设备材料所需的费用。

76. 怎样计算建设单位管理费？

建设单位管理费按照单项工程费用之和(包括设备工、器具购置费和建筑安装工程费用)乘以建设单位管理费率计算。

建设单位管理费率按照建设项目的不同性质、不同规模确定。有的建设项目按照建设工期和规定的金额计算建设单位管理费。

77. 什么是勘察设计费？其主要包括哪些内容？

勘察设计费是指为本建设项目提供项目建议书、可行性研究报告及设计文件等所需费用，内容包括：

(1)编制项目建议书、可行性研究报告及投资估算、工程咨询、评价以及为编制上述文件所进行勘察、设计、研究试验等所需费用。

(2)委托勘察、设计单位进行初步设计、施工图设计及概预算编制等所需费用。

(3)在规定范围内由建设单位自行完成的勘察、设计工作所需费用。

78. 什么是研究试验费？其主要包括哪些内容？

研究试验费是指为建设项目提供和验证设计参数、数据、资料等所进行的必要的试验费用以及设计规定在施工中必须进行试验、验证所需费用。包括自行或委托其他部门研究试验所需人工费、材料费、试验设备及仪器使用费等。这项费用按照设计单位根据本工程项目的的需要提出的研究试验内容和要求计算。

79. 什么是建设单位临时设施费？其主要包括哪些内容？

建设单位临时设施费是指建设期间建设单位所需临时设施的搭设、维修、摊销费用或租赁费用。临时设施包括临时宿舍、文化福利及公用事业房屋与构筑物、仓库、办公室、加工厂以及规定范围内的道路、水、电、管线等临时设施和小型临时设施。

80. 什么是工程监理费？怎样计算？

工程监理费是指建设单位委托工程监理单位对工程实施监理工作所需费用。根据原国家物价局、建设部《关于发布工程建设监理费用有关规定的通知》([1992]价费字479号)等文件规定，选择下列方法之一计算：

(1)一般情况应按工程建设监理收费标准计算，即按所监理工程概算或预算的百分比计算。

(2)对于单工种或临时性项目可根据参与监理的年度平均人数按3.5～5万元/人·年计算。

81. 什么是工程保险费？其主要包括哪些内容？怎样计算？

工程保险费是指建设项目在建设期间根据需要实施工程保险所需的费用。包括以各种建筑工程及其在施工过程中的物料、机器设备为保险标的的建筑工程一切险，以安装工程中的各种机器、机械设备为保险标的的安装工程一切险，以及机器损坏保险等。根据不同的工程类别，分别以其建筑安装工程费乘以建筑、安装工程保险费率计算。

82. 引进技术和进口设备其他费用主要包括哪些内容？

引进技术及进口设备其他费用包括出国人员费用、国外工程技术人员来华费用、技术引进费、分期或延期付款利息、担保费以及进口设备检验鉴定费。

(1)出国人员费用。指为引进技术和进口设备派出人员在国外培训和进行设计联络，设备检验等的差旅费、制装费、生活费等。这项费用根据设计规定的出国培训和工作的人数、时间及派往国家，按财政部、外交部规定的临时出国人员费用开支标准及中国民用航空公司现行国际航线票价等进行计算，其中使用外汇部分应计算银行财务费用。

(2)国外工程技术人员来华费用。指为安装进口设备,引进国外技术等聘用外国工程技术人员进行技术指导工作所发生的费用,包括技术服务费、外国技术人员的在华工资、生活补贴、差旅费、医药费、住宿费、交通费、宴请费、参观游览等招待费用。这项费用按每人每月费用指标计算。

(3)技术引进费。指为引进国外先进技术而支付的费用,包括专利费、专有技术费(技术保密费)、国外设计及技术资料费、计算机软件费等。这项费用根据合同或协议的价格计算。

(4)分期或延期付款利息。指利用出口信贷引进技术或进口设备采取分期或延期付款的办法所支付的利息。

(5)担保费。指国内金融机构为买方出具保函的担保费。这项费用按有关金融机构规定的担保费率计算(一般可按承保金额的0.5%计算)。

(6)进口设备检验鉴定费用。指进口设备按规定付给商品检验部门的进口设备检验鉴定费。这项费用按进口设备货价的0.3%～0.5%计算。

83. 什么是工程承包费？如何计算？

工程承包费是指具有总承包条件的工程公司,对工程建设项目从开始建设至竣工投产全过程的总承包所需的管理费用。具体内容包括组织勘察设计、设备材料采购、非标设备设计制造与销售、施工招标、发包、工程预决算、项目管理、施工质量监督、隐蔽工程检查、验收和试车直至竣工投产的各种管理费用。该费用按国家主管部门或省、自治区、直辖市协调规定的工程总承包费取费标准计算。如无规定时,一般工业建设项目为投资估算的6%～8%,民用建筑(包括住宅建设)和市政项目为4%～6%。不实行工程承包的项目不计算本项费用。

84. 什么是联合试运转费？如何计算？

联合试运转费是指新建企业或新增加生产工艺过程的扩建企业在竣工验收前,按照设计规定的工程质量标准,进行整个车间的负荷或无负荷联合试运转发生的费用支出大于试运转收入的亏损部分。费用内容包括试运转所需的原料、燃料、油料和动力的费用,机械使用费用,低值易耗品及其他物品的购置费用和施工单位参加联合试运转人员的工资等。试运转收入包括试运转产品销售和其他收入。不包括应由设备安装工程费项下开支的单台设备调试费及试车费用。联合试运转费一般根据不同性质的项目按需要试运转车间的工艺设备购置费的百分比计算。

85. 什么是生产准备费？如何计算？

生产准备费是指新建企业或新增生产能力的企业，为保证竣工交付使用进行必要的生产准备所发生的费用。费用内容包括：

(1)生产人员培训费包括自行培训、委托其他单位培训的人员的工资、工资性补贴、职工福利费、差旅交通费、学习资料费、学习费、劳动保护费等。

(2)生产单位提前进厂参加施工、设备安装、调试等以及熟悉工艺流程及设备性能等人员的工资、工资性补贴、职工福利费、差旅交通费、劳动保护费等。

生产准备费一般根据需要培训和提前进厂人员的人数及培训时间，按生产准备费指标进行估算。

应该指出，生产准备费在实际执行中是一笔在时间上、人数上、培训深度上很难划分的、活口很大的支出，尤其要严格掌握。

86. 什么是办公和生活家具购置费？如何计算？

办公和生活家具购置费是指为保证新建、改建、扩建项目初期正常生产、使用和管理所必需购置的办公和生活家具、用具的费用。改、扩建项目所需的办公和生活用具购置费，应低于新建项目。其范围包括办公室、会议室、资料档案室、阅览室、文娱室、食堂、浴室、理发室、单身宿舍和设计规定必须建设的托儿所、卫生所、招待所、中小学校等家具用具购置费。这项费用按照设计定员人数乘以综合指标计算，一般为 600～800 元/人。

87. 预备费包括哪些内容？

按我国现行规定，预备费包括基本预备费和涨价预备费。

88. 什么是基本预备费？如何计算？

基本预备费是指在初步设计及概算内难以预料的工程费用，费用内容包括：

(1)在批准的初步设计范围内，技术设计、施工图设计及施工过程中所增加的工程费用；设计变更、局部地基处理等增加的费用。

(2)一般自然灾害造成的损失和预防自然灾害所采取的措施费用。实行工程保险的工程项目费用应适当降低。

(3)竣工验收时为鉴定工程质量对隐蔽工程进行必要的挖掘和修复费用。

基本预备费是按设备及工具、器具购置费，建筑安装工程费用和工程建设其他费用三者之和为计取基础，乘以基本预备费率进行计算。

基本预备费＝(设备及工具、器具购置费＋建筑安装工程费用＋工程建设其他费用)×基本预备费率

基本预备费率的取值应执行国家及部门的有关规定。

89. 什么是涨价预备费？如何计算？

涨价预备费是指建设项目在建设期间内由于价格等变化引起工程造价变化的预测预留费用。费用内容包括人工、设备、材料、施工机械的价差费；建筑安装工程费及工程建设其他费用调整；利率、汇率调整等增加的费用。

涨价预备费的测算方法，一般根据国家规定的投资综合价格指数，按估算年份价格水平的投资额为基数，采用复利方法计算，计算公式为：

$$PF = \sum_{t=1}^{n} I_t[(1+f)^t - 1]$$

式中 PF——涨价预备费；

n——建设期年份数；

I_t——建设期中第 t 年的投资计划额，包括设备及工器具购置费、建筑安装工程费、工程建设其他费用及基本预备费；

f——年均投资价格上涨率。

90. 什么是固定资产投资方向调节税？

为了贯彻国家产业政策，控制投资规模，引导投资方向，调整投资结构，加强重点建设，促进国民经济持续稳定协调发展，国家将根据国民经济的运行趋势和全社会固定资产投资的状况，对进行固定资产投资的单

位和个人开征或暂缓征收固定资产投资方的调节税(该税征收对象不含中外合资经营企业、中外合作经营企业和外资企业)。

投资方向调节税根据国家产业政策和项目经济规模实行差别税率,税率分为0%,5%,10%,15%,30%五个档次,各固定资产投资项目按其单位工程分别确定适用的税率。计税依据为固定资产投资项目实际完成的投资额,其中更新改造项目为建筑工程实际完成的投资额。投资方向调节税按固定资产投资项目的单位工程年度计划投资额预缴。年度终了后,按年度实际投资结算,多退少补。项目竣工后按全部实际投资进行清算,多退少补。

91. 基本建设项目投资方向调节税适用什么税率?

(1)国家急需发展的项目投资,如农业、林业、水利、能源、交通、通信、原材料,科教、地质、勘探、矿山开采等基础产业和薄弱环节的部门项目投资,适用零税率。

(2)对国家鼓励发展但受能源、交通等制约的项目投资,如钢铁、化工、石油、水泥等部分重要原材料项目,以及一些重要机械、电子、轻工工业和新型建材的项目,实行5%的税率。

(3)为配合住房制度改革,对城乡个人修建、购买住宅的投资实行零税率;对单位修建、购买一般性住宅投资,实行5%的低税率;对单位用公款修建、购买高标准独门独院、别墅式住宅投资,实行30%的高税率。

(4)对楼堂馆所以及国家严格限制发展的项目投资,课以重税,税率为30%。

(5)对不属于上述四类的其他项目投资,实行中等税负政策,税率15%。

92. 更新改造项目投资方向调节税适用什么税率?

(1)为了鼓励企事业单位进行设备更新和技术改造,促进技术进步,对国家急需发展的项目投资,予以扶持,适用零税率;对单纯工艺改造和设备更新的项目投资,适用零税率。

(2)对不属于上述提到的其他更新改造项目投资,一律适用10%的税率。

93. 什么是建设期贷款利息？如何计算？

建设期投资贷款利息是指建设项目使用银行或其他金融机构的贷款，在建设期应归还的借款的利息。建设项目筹建期间借款的利息，按规定可以计入购建资产的价值或开办费。贷款机构在贷出款项时，一般都是按复利考虑的。作为投资者来说，在项目建设期间，投资项目一般没有还本付息的资金来源，即使按要求还款，其资金也可能是通过再申请借款来支付。当项目建设期长于一年时，为简化计算，可假定借款发生当年均在年中支用，按半年计息，年初欠款按全年计息，这样，建设期投资贷款的利息可按下式计算：

$$q_j = \left(P_{j-1} + \frac{1}{2}A_j\right) \cdot i$$

式中 q_j——建设期第 j 年应计利息；

P_{j-1}——建设期第($j-1$)年末贷款累计金额与利息累计金额之和；

A_j——建设期第 j 年贷款金额；

i——年利率。

94. 什么是流动资金？

流动资金是指生产经营性项目投产后，为进行正常生产运营，用于购买原材料、燃料，支付工资及其他经营费用等所需的周转资金。

流动资金一般在投产前开始筹措。在投产第一年开始按生产负荷进行安排，其借款部分按全年计算利息。流动资金利息应计入财务费用。项目计算期末回收全部流动资金。

95. 怎样进行流动资金的估算？

流动资金估算一般是参照现有同类企业的状况采用分项详细估算法，个别情况或者小型项目可采用扩大指标法。

(1)分项详细估算法。对计算流动资金需要掌握的流动资产和流动负债这两类因素应分别进行估算。在可行性研究中，为简化计算，仅对存货、现金、应收账款这三项流动资产和应付账款这项流动负债进行估算。

(2)扩大指标估算法。

1)按建设投资的一定比例估算，例如国外化工企业的流动资金，一般是按建设投资的15%～20%计算。

2)按经营成本的一定比例估算。

3)按年销售收入的一定比例估算。

4)按单位产量占用流动资金的比例估算。

96. 工程造价的计价依据有哪些?

工程造价的计价依据主要包括工程量计算规则、工程定额、工程价格信息以及工程造价相关法律法规等。

97. 工程造价计价依据有哪些作用?

工程造价计价依据的主要作用表现在以下几个方面:

(1)是计算确定工程造价的重要依据。从投资估算、设计概算、施工图预算,到承包合同价、结算价、竣工决算都离不开工程造价计价依据。

(2)是投资决策的重要依据。投资者利用工程造价计价依据预测投资额,进而对项目作出财务评价,提高投资决策的科学性。

(3)是工程投标和促进施工企业生产技术进步的工具。投标时根据政府主管部门和咨询机构公布的计价依据,得以了解社会平均的工程造价水平,再结合自身条件,作出合理的投标决策。由于工程造价计价依据较准确地反映了工料机消耗的社会平均水平,这对于企业贯彻按劳分配、提高设备利用率、降低工程成本都有重要作用。

(4)是政府对工程建设进行宏观调控的依据。在社会主义市场经济条件下,政府可以运用工程造价依据等手段,计算人力、物力、财力的需要量,恰当地调控投资规模。

98. 制定统一工程量计算规则的意义有哪些?

2000年3月17日,建设部以建标[2000]60号文发布了《全国统一安装工程预算工程量计算规则》。该规则的发布有以下意义:

(1)有利于统一全国各地的工程量计算规则,打破了各自为政的局面,为该领域的交流提供了良好条件。

(2)有利于“量价分离”。固定价格不适用于市场经济,因为市场经济的价格是变动的,必须进行价格的动态计算,把价格的计算依据动态化，变成价格信息。因此，需要把价格从定额中分离出来，使时效性差的工程量、人工量、材料量、机械量的计算与时效性强的价格分离开来。统一的工程量计算规则的产生，既是量价分离的产物，又是促进量价分离的要素，更是建筑工程造价计价改革的关键一步。

(3)有利于工料消耗定额的编制，为计算工程施工所需的人工、材料、机械台班消耗水平和市场经济中的工程计价提供依据。工料消耗定额的编制是建立在工程量计算规则统一化、科学化的基础之上的。工程量计算规则和工料消耗定额的出台，共同形成了量价分离后完整的“量”的体系。

(4)有利于工程管理信息化。统一的计量规则有利于统一计算口径，也有利于统一划项口径；而统一的划项口径又有利于统一信息编码，进而可实现统一的信息管理。

《建设工程工程量清单计价规范》(GB 50500—2008)也对工程量的计算规则进行了规定。作为编制工程量清单和利用工程量清单进行投标报价的依据。

99.《全国统一安装工程预算工程量计算规则》主要包括哪些内容？

《全国统一安装工程预算工程量计算规则》包括：①机械设备安装工程；②电气设备安装工程；③热力设备安装工程；④炉窑砌筑工程；⑤静置设备与工艺金属结构制作安装工程；⑥工业管道工程；⑦消防及安全防范设备安装工程；⑧给排水、采暖、燃气工程；⑨工业管道工程；⑩自动化控制仪表安装工程；⑪刷油、防腐蚀、绝热工程。

为说明问题，现将《全国统一安装工程预算工程量计算规则》中的工业管道工程工程量的计算规则摘录如下：

第7.5.1条　低、中、高压管道、管件、法兰、阀门上的各种法兰安装，应按不同压力、材质、规格和种类，分别以“副”为计量单位。压力等级按设计图纸规定执行相应定额。

第7.5.2条　不锈钢、有色金属的焊环活动法兰安装，可执行翻过活动法兰安装相应定额，但应将定额中的翻边短管换为焊环，并另行计算其价值。

第7.5.3条　中、低压法兰安装的垫片是按石棉橡胶板考虑的，如设计有特殊要求时可作调整。

第7.5.4条　法兰安装不包括安装后系统调试运转中的冷、热态紧固内容，发生时可另行计算。

第7.5.5条　高压碳钢螺纹法兰安装，包括了螺栓涂二硫化钼工作内容。

第7.5.6条　高压对焊法兰包括了密封面涂机油工作内容，不包括螺栓涂二硫化钼、石墨机油或石墨粉。硬度检查应按设计要求另行计算。

第7.5.7条　中压螺纹法兰安装，按低压螺纹法兰项目乘以系数1.2。

第7.5.8条　用法兰连接的管道安装，管道与法兰分别计算工程量，执行相应定额。

第7.5.9条　在管道上安装的节流装置，已包括了短管装拆工作内容，执行法兰安装相应定额乘以系数0.8。

第7.5.10条　配法兰的盲板只计算主材费，安装费已包括在单片法兰安装中。

第7.5.11条　焊接盲板（封头）执行管件连接相应项目乘以系数0.6。

第7.5.12条　中压平焊法兰执行低压平焊法兰项目乘以系数1.2。

100. 清单工程量计算规则主要包括哪些内容？

《建设工程工程量清单计价规范》(GB 50500—2008)中的工程量计算规则共分为6部分，他们是附录A建筑工程工程量清单项目及计算规则；附录B装饰装修工程工程量清单项目及计算规则；附录C安装工程工程量清单项目及计算规则，附录D市政工程工程量清单项目及计算规则；附录E园林绿化工程工程量清单项目及计算规则及附录F矿山工程工程量清单项目及计算规则。

为说明问题，现将《建设工程工程量清单计价规范》附录C安装工程工程量清单项目及计算规则中低压法兰的清单项目设置及工程量计算规则摘录如下：

C.6.10　低压法兰。工程量清单项目设置及工程量计算规则，应按表1-8的规定执行。

表 C. 6. 10　　低压法兰(编码:030610)

项目编码	项目名称	项目特征	计量单位	工程量计算规则	工程内容
030610001	低压碳钢螺纹法兰	1. 材质 2. 结构形式 3. 型号、规格 4. 绝热及保护层设计要求	副	按设计图示数量计算 注:1. 单片法兰、焊接盲板和封头按法兰安装计算,但法兰盲板不计安装工程量 2. 不锈钢、有色金属材质的焊环活动法兰按翻边活动法兰安装计算	1. 安装 2. 绝热及保温盒制作、安装、除锈、刷油
030610002	低压碳钢平焊法兰				
030610003	低压碳钢对焊法兰				
030610004	低压不锈钢平焊法兰				1. 安装 2. 绝热及保温盒制作、安装、除锈、刷油 3. 焊口充氩保护
030610005	低压不锈钢翻边活动法兰				1. 安装 2. 绝热及保温盒制作、安装、除锈、刷油 3. 翻边活动法兰短管制作 4. 焊口充氩保护
030610006	低压不锈钢对焊法兰				
030610007	低压合金钢平焊法兰				1. 安装 2. 绝热及保温盒制作、安装、除锈、刷油 3. 焊口充氩保护
030610008	低压铝管翻边活动法兰				1. 安装 2. 焊口预热及后热 3. 绝热及保温盒制作、安装、除锈、刷油 4. 翻边活动法兰短管制作 5. 焊口充氩保护
030610009	低压铝、铝合金法兰				
030610010	低压铜法兰				1. 安装 2. 焊口预热及后热 3. 绝热及保温盒制作、安装、除锈、刷油
030610011	铜管翻边活动法兰				

101. 什么是工程定额？其作用是什么？

工程定额是指按国家有关产品标准、设计标准、施工质量验收标准(规范)等确定的施工过程中完成规定计量单位产品所消耗的人工、材料、机械等消耗量的标准，其作用如下：

(1)工程定额具有促进节约社会劳动和提高生产效率的作用。企业用定额计算工料消耗、劳动效率、施工工期并与实际水平对比，衡量自身的竞争能力，促使企业加强管理，厉行节约的合理分配和使用资源，以达到节约的目的。

(2)工程定额提供的信息，为建筑市场供需双方的交易活动和竞争创造条件。

(3)工程定额有助于完善建筑市场信息系统。定额本身是大量信息的集合，既是大量信息加工的结果，又向使用者提供信息。工程造价就是依据定额提供的信息进行的。

102. 工程单价信息和费用信息主要有哪些类型？

在计划经济条件下，工程单价信息和费用是以定额形式确定的，定额具有指令性；在市场经济下，它们不具有指令性，只具有参考性。对于发包人和承包人以及工程造价咨询单位来说，都是十分重要的信息来源。单价亦可从市场上调查得到，还可以利用政府或中介组织提供的信息。

单价有以下几种：

(1)人工单价。指一个建筑安装工人一个工作日在预算中应计入的全部人工费用，它反映了建筑安装工人的工资水平和一个工人在一个工作日中可以得到的报酬。

(2)材料单价。指材料由供应者仓库或提货地点到达工地仓库后的出库价格，包括材料原价、供销部门手续费、包装费、运输费及采购保管费。

(3)机械台班单价。指一台施工机械，在正常运转条件下每工作一个台班应计入的全部费用，包括折旧费、大修理费、经常修理费、安拆费及场外运输费、燃料动力费、人工费、运输机械养路费、车船使用税及保险费。

103. 什么是工程价格指数？

工程价格指数是反映一定时期由于价格变化对工程价格影响程度的

指标,它是调整工程价格差价的依据。工程价格指数是报告期与基期价格的比值,可以反映价格变动趋势,用来进行估价和结算,估计价格变动对宏观经济的影响。

104. 工程价格指数有哪几种类型?

工程价格指数因分类标准的不同可分为以下不同的种类,具体如下:

(1)按工程范围、类别和用途分类,可分为单项价格指数和综合价格指数。单项价格指数分别反映各类工程的人工、材料、施工机械及主要设备等报告期价格对基期价格的变化程度。综合价格指数综合反映各类项目或单项工程人工费、材料费、施工机械使用费和设备费等报告期价格对基期价格变化而影响造价的程度,反映造价总水平的变动趋势。

(2)按工程价格资料期限长短分类,可分为时点价格指数、月指数、季指数和年指数。

(3)按不同基期分类,可分为定基指数和环比指数。前者指各期价格与其固定时期价格的比值;后者指各时期价格与前一期价格的比值。

105. 怎样进行工程价格指数的编制?

工程价格指数可以参照下列公式进行编制:

(1)人工、机械台班、材料等要素价格指数的编制

$$\text{材料(设备、人工、机械)价格指数}=\frac{\text{报告期预算价格}}{\text{基期预算价格}}$$

(2)建筑安装工程价格指数的编制

建筑安装工程价格指数=人工费指数×基期人工费占建筑安装工程价格的比例+∑(单项材料价格指数×基期该材料费占建筑安装工程价格比例)+∑(单项施工机械台班指数×基期该机械费占建筑安装工程价格比例)+(其他直接费、间接费综合指数)×(基期其他直接费、间接费占建安工程价格比例)

106. 工程造价按用途可分为哪几种类型?

工程造价按用途分类包括招标控制价、投标价格、中标价格、直接发包价格、合同价格和竣工结算价格。

107. 什么是招标控制价？

招标控制价是招标人根据国家或省级、行业建设主管部门颁发的有关计价依据和办法，按设计施工图纸计算的，对招标工程限定的最高工程造价。国有资金投资的工程建设项目应实行工程量清单招标，并应编制招标控制价。

108. 什么是中标价格？

《招标投标法》第四十一条规定，中标人的投标应符合下列两个条件之一：一是“能最大限度地满足招标文件中规定的各项综合评价标准”；二是“能够满足招标文件的实质性要求，并且经评审的投标价格最低，但是投标价低于成本的除外”。这第二项条件主要是说的中标报价。

109. 什么是直接发包价格？

直接发包价格是由发包人与指定的承包人直接接触，通过谈判达成协议签订施工合同，而不需要像招标承包定价方式那样，通过竞争定价。直接发包方式计价只适用于不宜进行招标的工程，如军事工程、保密技术工程、专利技术工程及发包人认为不宜招标而又不违反《招标投标法》第三条（招标范围）的规定的其他工程。

直接发包方式计价首先提出协商价格意见的可能是发包人或其委托的中介机构，也可能是承包人提出价格意见交发包人或其委托的中介组织进行审核。无论由哪一方提出协商价格意见，都要通过谈判协商，签订承包合同，确定为合同价。

直接发包价格是以审定的施工图预算为基础，由发包人与承包人商定增减价的方式定价。

110. 什么是合同价格？

《建筑工程施工发包与承包计价管理办法》第十二条规定：“合同价可采用以下方式：（一）固定价。合同总价或者单价在合同约定的风险范围内不可调整。（二）可调价。合同总价或者单价在合同实施期内，根据合同约定的办法调整。（三）成本加酬金。”《办法》第十三条规定：“发承包双方在确定合同价时，应当考虑市场环境和生产要素价格变化对合同价的影响。”

111. 固定合同价可分为哪几种类型？

固定合同价可分为固定合同总价和固定合同单价两种。

(1)固定合同总价。指承包整个工程的合同价款总额已经确定，在工程实施中不再因物价上涨而变化，所以，固定合同总价应考虑价格风险因素，也须在合同中明确规定合同总价包括的范围。这类合同价可以使发包人对工程总开支做到大体心中有数，在施工过程中可以更有效地控制资金的使用。但对承包人来说，要承担较大的风险，如物价波动、气候条件恶劣、地质地基条件及其他意外困难等，因此合同价款一般会高些。

(2)固定合同单价。指合同中确定的各项单价在工程实施期间不因价格变化而调整，而在每月(或每阶段)工程结算时，根据实际完成的工程量结算，在工程全部完成时以竣工图的工程量最终结算工程总价款。

112. 可调合同价可分为哪几种类型？

(1)可调合同总价。合同中确定的工程合同总价在实施期间可随价格变化而调整。发包人和承包人在商订合同时，以招标文件的要求及当时的物价计算出合同总价。如果在执行合同期间，由于通货膨胀引起成本增加达到某一限度时，合同总价则作相应调整。可调合同价使发包人承担了通货膨胀的风险，承包人则承担其他风险。一般适合于工期较长(如 1 年以上)的项目。

(2)可调合同单价。合同单价可调，一般是在工程招标文件中规定。在合同中签订的单价，根据合同约定的条款，如在工程实施过程中物价发生变化等，可作调整。有的工程在招标或签约时，因某些不确定性因素而在合同中暂定某些分部分项工程的单价，在工程结算时，再根据实际情况和合同约定对合同单价进行调整，确定实际结算单价。

113. 可调合同价的价格调整方法主要有哪几种？

(1)按主材计算价差。发包人在招标文件中列出需要调整价差的主要材料表及其基期价格(一般采用当时当地工程造价管理机构公布的信息价或结算价)，工程竣工结算时按竣工当时当地工程造价管理机构公布的材料信息价或结算价，与招标文件中列出的基期价比较计算材料差价。

(2)主料按抽料法计算价差，其他材料按系数计算价差。主要材料按施工图预算计算的用量和竣工当月当地工程造价管理机构公布的材料结算价或信息价与基价对比计算差价。其他材料按当地工程造价管理机构公布的竣工调价系数计算方法计算差价。

(3)按工程造价管理机构公布的竣工调价系数及调价计算方法计算差价。

114. 成本加酬金确定的合同价主要有哪几种形式?

合同中确定的工程合同价,其工程成本部分按现行计价依据计算,酬金部分则按工程成本乘以通过竞争确定的费率计算,将两者相加,确定出合同价。一般分为成本加固定百分比酬金确定的合同价、成本加固定酬金确定的合同价、成本加浮动酬金确定的合同价、目标成本加奖罚确定的合同价四种形式。

115. 如何确定成本加固定百分比酬金合同价?

这种合同价是发包人对承包人支付的人工、材料和施工机械使用费、措施费、施工管理费等按实际直接成本全部据实补偿,同时按照实际直接成本的固定百分比付给承包人一笔酬金,作为承包方的利润,其计算方法为:

$$C = C_a(1 + P)$$

式中 C——总造价;

C_a——实际发生的工程成本;

P——固定的百分数。

从算式中可以看出,总造价 C 将随工程成本 C_a 而水涨船高,显然不能鼓励承包商关心缩短工期和降低成本,因而对建设单位是不利的。现在这种承包方式已很少被采用。

116. 如何确定成本加固定酬金合同价?

工程成本实报实销,但酬金是事先商定的一个固定数目,计算式为

$$C = C_a + F$$

式中 F 代表酬金,通常按估算的工程成本的一定百分比确定,数额是固定不变的。这种承包方式虽然不能鼓励承包商关心降低成本;但从尽快取得酬金出发,承包商将会关心缩短工期,这是其可取之处。为了鼓励承包单位更好地工作,也有在固定酬金之外,再根据工程质量、工期和降低成本情况另加奖金的。在这种情况下,奖金所占比例的上限可大于固

定酬金，以充分发挥奖励的积极作用。

117. 如何确定成本加浮动酬金合同价？

这种承包方式要事先商定工程成本和酬金的预期水平。如果实际成本恰好等于预期水平，工程造价就是成本加固定酬金；如果实际成本低于预期水平，则增加酬金；如果实际成本高于预期水平，则减少酬金。这三种情况可用算式表示如下：

$$C = C_a + F \quad (C_a = C_0)$$

$$C = C_a + F + F \quad (C_a < C_0)$$

$$C = C_a + F - F \quad (C_a > C_0)$$

式中 C_0——预期成本；

F——酬金增减部分，可以是一个百分数，也可以是一个固定的绝对数。

采用这种承包方式通常规定，当实际成本超支而减少酬金时，以原定的固定酬金数额为减少的最高限度。也就是在最坏的情况下，承包人将得不到任何酬金，但不必承担赔偿超支的责任。

从理论上讲，这种承包方式既对承发包双方都没有太多风险，又能促使承包商关心降低成本和缩短工期；但在实践中准确地估算预期成本比较困难，所以要求当事双方具有丰富的经验并掌握充分的信息。

118. 如何确定目标成本加奖罚合同价？

在仅有初步设计和工程说明书即迫切要求开工的情况下，可根据粗略估算的工程量和适当的单价表编制概算，作为目标成本；随着详细设计逐步具体化，工程量和目标成本可加以调整，另外规定一个百分数作为酬金；最后结算时，如果实际成本高于目标成本并超过事先商定的界限（例如 5%），则减少酬金，如果实际成本低于目标成本（也有一个幅度界限），则加给酬金。用算式表示为：

$$C = C_a + P_1 C_0 + P_2 (C_0 - C_a)$$

式中 C_0——目标成本；

P_1——基本酬金百分数；

P_2——奖罚百分数。

此外，还可另加工期奖罚。

这种承包方式可以促使承包商关心降低成本和缩短工期，而且目标成本是随设计的进展而加以调整才确定下来的，故建设单位和承包商双方都不会承担多大风险，这是其可取之处。当然也要求承包商和建设单位的代表都须具有比较丰富的经验和充分的信息。

119. 选择合同计价方式时应考虑哪些因素？

在工程实践中，采用哪一种合同计价方式，是选用总价合同、单价合同还是成本加酬金合同，采用固定价还是可调价方式，应根据建设工程的特点，业主对筹建工作的设想，对工程费用、工期和质量的要求等，综合考虑以下因素后进行确定。

(1)项目的复杂程度。

(2)工程设计工作的深度。

(3)工程施工的难易程度。

(4)工程进度要求的紧迫程度

第二章

·工业管道工程定额计价·

1. 什么是定额?

定额是在正常的施工生产条件下,完成单位合格产品所必需的人工、材料、施工机械设备及其资金消耗的数量标准。不同的产品有不同的质量要求,因此不能把定额看成是单纯的数量关系,而应看成是质和量的统一体。考察个别的生产过程中的因素不能形成定额,只有从考察总体生产过程中的各生产因素,归结出社会平均必需的数量标准,才能形成定额。同时,定额反映一定时期的社会生产力水平。

2. 什么是建设工程定额?

建设工程定额是专门为建设生产而制定的一种定额,是生产建设产品消耗资源的限额规定。具体而言,建设工程定额是指在正常的施工条件下,以及在合理的劳动组织、合理使用材料和机械的条件下,完成建设工程单位合格产品所必须消耗的各种资源(人工、材料、机械、资金)的数量标准。定额中同时也规定了分部分项工程的工作内容、质量标准和安全要求等。

3. 什么是定额水平?

定额水平是指规定消耗在单位产品上的劳动、机械和材料数量的多寡。施工定额的水平应直接反映劳动生产率水平,也反映劳动和物质消耗水平。

4. 定额的作用可表现为哪几个方面?

在工程建设和企业管理中,确定和执行先进合理的定额是技术和经济管理工作中的重要一环。在工程项目的计划、设计和施工中,定额具有以下几方面的作用。

(1)定额是编制计划的基础。

(2)定额是确定工程造价的依据和评价设计方案经济合理性的尺度。

(3)定额是组织和管理施工的工具。

(4)定额是总结先进生产方法的手段。

5. 定额按其反映的生产要素消耗内容可分为哪几种类型?

工程建设定额按其反映的生产要素可划分为劳动消耗定额、机械消耗定额和材料消耗定额三种。

(1)劳动消耗定额。简称劳动定额(也称为人工定额),是指完成一定的合格产品(工程实体或劳务)规定活劳动消耗的数量标准。为了便于综合和核算,劳动定额大多采用工作时间消耗量来计算劳动消耗的数量。所以劳动定额主要表现形式是时间定额,但同时也表现为产量定额。时间定额与产量定额互为倒数。

(2)机械消耗定额。我国机械消耗定额是以一台机械一个工作班为计量单位,所以又称为机械台班定额。机械消耗定额是指为完成一定合格产品(工程实体或劳务)所规定的施工机械消耗的数量标准。机械消耗定额的主要表现形式是机械时间定额,但同时也以产量定额表现。

(3)材料消耗定额。简称材料定额,是指完成一定合格产品所需消耗材料的数量标准。材料消耗定额在很大程度上可以影响材料的合理调配和使用。在产品生产数量和材料质量一定的情况下,材料的供应计划和需求都会受到材料定额的影响。重视和加强材料定额管理,制定合理的材料消耗定额,是组织材料的正常供应,保证生产顺利进行,以及合理利用资源、减少积压、浪费的必要前提。

6. 定额按其编制程序和用途可分为哪几种类型?

工程建设定额按其编制程序和用途可分为施工定额、预算定额、概算定额、概算指标、投资估算指标等五种。

(1)施工定额。它是以同一性质的施工过程——工序作为研究对象,表示生产产品数量与时间消耗综合关系编制的定额。施工定额是施工企业(建筑安装企业)组织生产和加强管理在企业内部使用的一种定额,属于企业定额的性质。为了适应组织生产和管理的需要,施工定额的项目划分很细,是工程建设定额中分项最细、定额子目最多的一种定额,也是工程建设定额中的基础性定额。

(2)预算定额。它是以建筑物或构筑物各个分部分项工程为对象编制的定额。其内容包括劳动定额、机械台班定额、材料消耗定额三个基本部分，并列有工程费用，是一种计价的定额。从编制程序上看，预算定额是以施工定额为基础综合扩大编制的，同时它也是编制概算定额的基础。

(3)概算定额。它是以扩大的分部分项工程为对象编制的，计算和确定该工程项目的劳动、机械台班、材料消耗量所使用的定额，同时它也列有工程费用，也是一种计价性定额。概算定额是编制扩大初步设计概算、确定建设项目投资额的依据。概算定额的项目划分粗细，与扩大初步设计的深度相适应，一般是在预算定额的基础上综合扩大而成的，每一综合分项概算定额都包含了数项预算定额。

(4)概算指标。它是概算定额的扩大与合并，它是以整个建筑物和构筑物为对象，以便为扩大的计量单位来编制的。概算指标的内容包括劳动、机械台班、材料定额三个基本部分，同时还列出了各结构分部的工程量及单位建筑工程(以体积计或面积计)的造价，是一种计价定额。

(5)投资估算指标。它是在项目建设书和可行性研究阶段编制投资估算、计算投资需要量时使用的一种定额。它非常概略，往往以独立的单项工程或完整的工程项目为计算对象，编制内容是所有项目费用之和。它的概略程度与可行性研究阶段相适应。投资估算指标往往根据历史的预、决算资料和价格变动等资料编制，但其编制基础仍然离不开预算定额、概算定额。

7. 定额按投资的费用性质可分为哪几种类型?

工程建设定额按照投资的费用性质可分为建筑工程定额、设备安装工程定额、建筑安装工程费用定额、工器具定额以及工程建设其他费用定额等。

8. 定额按适用范围可分为哪几种类型?

工程建设定额按照适用范围可分为全国通用定额、行业通用定额和专业专用定额三种。全国通用定额是指在部门间和地区间都可以使用的定额;行业通用定额是指具有专业特点在行业部门内可以通用的定额;专业专用定额是特殊专业的定额，只能在制定的范围内使用。

9. 定额按主编单位和管理权限可分为哪几种类型？

工程建设定额按主编单位和管理权限可以分为全国统一定额、行业统一定额、地区统一定额、企业定额、补充定额五种。

(1)全国统一定额是由原国家建设行政主管部门，综合全国工程建设中技术和施工组织管理的情况编制，并在全国范围内执行的定额。

(2)行业统一定额，是考虑到各行业部门专业工程技术特点，以及施工生产和管理水平编制的。一般是只在本行业和相同专业性质的范围内使用。

(3)地区统一定额包括省、自治区、直辖市定额。地区统一定额主要是考虑地区性特点和全国统一定额水平作适当调整和补充编制的。

(4)企业定额是指由施工企业考虑本企业具体情况，参照国家、部门或地区定额的水平制定的定额。企业定额只在企业内部使用，是企业素质的一个标志。企业定额水平一般应高于国家现行定额，才能满足生产技术发展、企业管理和市场竞争的需要。

(5)补充定额是指随着设计、施工技术的发展，现行定额不能满足需要的情况下，为了补充缺陷所编制的定额。补充定额只能在制定的范围内使用，可以作为以后修订定额的基础。

10. 定额具有哪些特点？

(1)权威性。工程建设定额具有很大权威，这种权威在一些情况下具有经济法规性质。权威性反映统一的意志和统一的要求，也反映信誉和信赖程度以及反映定额的严肃性。

(2)科学性。工程建设定额的科学性首先表现在定额是在认真研究客观规律的基础上，自觉地遵守客观规律的要求，实事求是地制定的。定额的科学性还表现在制定定额所采用的方法上，通过不断吸收现代科学技术的新成就，不断完善，形成一套严密的确定定额水平的科学方法。

(3)统一性。工程建设定额的统一性，主要是由国家对经济发展的有计划的宏观调控职能决定的。为了使国民经济按照既定的目标发展，就需要借助于某些标准、定额、参数等，对工程建设进行规划、组织、调节、控制。而这些标准、定额、参数必须在一定的范围内是一种统一的尺度，才能实现上述职能，才能利用它对项目的决策、设计方案、投标报价、成本控制进行比选和评价。

(4)稳定性与时效性。工程建设定额中的任何一种都是一定时期技术发展和管理水平的反映,因而在一段时间内都表现出稳定的状态。稳定的时间有长有短,一般在5～10年之间。保持定额的稳定性是维护定额的权威性所必需的,更是有效的贯彻定额所必要的。如果某种定额处于经常修改变动之中,那么必然造成执行中的困难和混乱,使人们感到没有必要去认真对待它,很容易导致定额权威性的丧失。工程建设定额的不稳定也会给定额的编制工作带来极大的困难。

但是工程建设定额的稳定性是相对的。当生产力向前发展了,定额就会与已经发展了的生产力不相适应。这样,它原有的作用就会逐步减弱以至消失,需要重新编制或修订。

(5)系统性。工程建设定额是相对独立的系统,它是由多种定额结合而成的有机的整体。它的结构复杂,有鲜明的层次,有明确的目标。

11. 什么是工程定额计价?

在我国,长期以来在工程价格形成中采用定额计价模式,即按预算定额规定的分部分项子目,逐项计算工程量,套用预算定额单价(或单位估价表)确定直接费,然后按规定的取费标准确定其他直接费、现场经费、间接费、计划利润和税金,加上材料调差系数和适当的不可预见费,经汇总后即为工程预算或标底,而标底则作为评标定标的主要依据。

以定额单价法确定工程造价,是我国采用的一种与计划经济相适应的工程造价管理制度。定额计价实际上是国家通过颁布统一的估算指标、概算指标,以及概算、预算和有关定额,来对建筑产品价格进行有计划的管理。国家以假定的建筑安装产品为对象,制定统一的预算和概算定额。计算出每一单元子项的费用后,再综合形成整个工程的价格。

12. 工程定额计价具有哪些性质?

在不同经济发展时期,建筑产品有不同的价格形式,不同的定价主体,不同的价格形成机制,而一定的建筑产品价格形式产生、存在于一定的工程建设管理体制和一定的建筑产品交换方式之中。我国建筑产品价格市场化经历了“国家定价—国家指导价—国家调控价”三个阶段。定额计价是以概预算定额、各种费用定额为基础依据,按照规定的计算程序确定工程造价的特殊计价方法。因此，利用工程建设定额计算工程造价就价格形成而言，介于国家指导价和国家调控价之间。

13. 工程定额计价基本程序是怎样的？

工程造价定额计价的基本程序如图 2-1 所示。

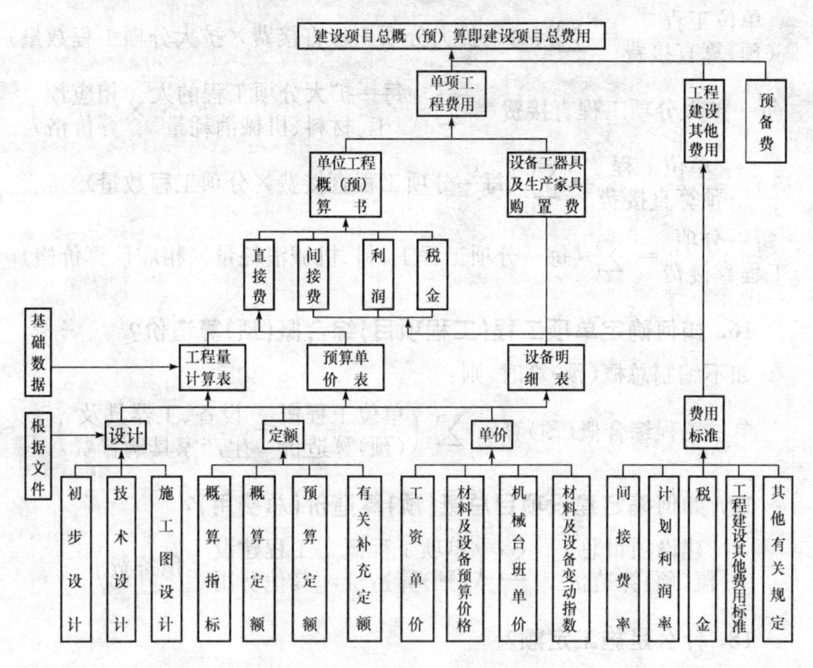

图 2-1 工程造价定额计价程序示意图

14. 工程造价定额计价的过程是怎样的？

从工程造价定额计价程序示意图中可以看出，编制建设工程造价最基本的过程有两个：工程量计算和工程计价。为统一口径，工程量的计算均按照统一的项目划分和工程量计算规则计算。工程量确定以后，就可以按照一定的方法确定出工程的成本及盈利，最终就可以确定出工程预算造价（或投标报价）。定额计价方法的特点就是一个量与价结合的问题。概预算的单位价格的形成过程，就是依据概预算定额所确定的消耗量乘以定额单价或市场价，经过不同层次的计算达到量与价的最优结合过程。

15. 如何确定单位工程概(预)算造价?

$$\text{单位工程概(预)算造价}=\text{单位工程概(预)算直接费}+\text{间接费}+\text{利润}+\text{税金}$$

式中

$$\text{单位工程概(预)算直接费}=\sum(\text{每一扩大分项工程直接费}\times\text{扩大分项工程数量})$$

$$\text{每一扩大分项工程直接费}=\sum\left(\text{每一扩大分项工程的人工、材料、机械消耗量}\times\text{相应预算价格}\right)$$

$$\text{单位工程预算直接费}=\sum(\text{每一分项工程直接费}\times\text{分项工程数量})$$

$$\text{每一分项工程直接费}=\sum(\text{每一分项工程工、料、机械消耗量}\times\text{相应预算价格})$$

16. 如何确定单项工程(工程项目)综合概(预)算造价?

如不编制总概(预)算时,则:

$$\text{单项工程综合概(预)算}=\sum\left(\text{单位工程概(预)算造价}+\text{设备、工器具及生产家具购置费}\right)$$

17. 如何确定建设项目总概(预)算造价(总费用)?

$$\text{建设项目总概(预)算造价}=\sum\left(\text{单项工程概(预)算造价}+\text{工程建设其他费用}+\text{预备费}\right)$$

18. 什么是施工定额?

施工定额是以同一性质的施工过程或工序为测定对象,确定建筑安装工人在正常施工条件下,为完成单位合格产品所需劳动、机械、材料消耗的数量标准,建筑安装企业定额一般称为施工定额。施工定额是施工企业直接用于建筑工程施工管理的一种定额。施工定额是由劳动定额、材料消耗定额和机械台班定额组成,是最基本的定额。

19. 施工定额的作用主要表现在哪几个方面?

施工定额是施工企业进行科学管理的基础。施工定额的作用体现在:

(1)施工定额是施工企业编制施工预算,进行工料分析和"两算对比"的基础;

(2)施工定额是编制施工组织设计、施工作业设计和确定人工、材料及机械台班需要量计划的基础；

(3)施工定额是施工企业向工作班(组)签发任务单、限额领料的依据；

(4)施工定额是组织工人班(组)开展劳动竞赛、实行内部经济核算、承发包、计取劳动报酬和奖励工作的依据；

(5)施工定额是编制预算定额和企业补充定额的基础。

20. 什么是劳动定额?

劳动定额又称人工定额，是建筑安装工人在正常的施工(生产)条件下、在一定的生产技术和生产组织条件下、在平均先进水平的基础上制定的。它表明每个建筑安装工人生产单位合格产品所必需消耗的劳动时间，或在单位时间所生产的合格产品的数量。

21. 劳动定额的作用主要表现在哪几个方面?

劳动定额的作用主要表现在以下几个方面。

(1)劳动定额是编制施工作业计划的依据。

(2)劳动定额是贯彻按劳分配原则的重要依据。

(3)劳动定额是开展社会主义劳动竞赛的必要条件。

(4)劳动定额是企业经济核算的重要基础。

22. 劳动定额有哪几种表现形式?

劳动定额按照用途不同，可以分为时间定额和产量定额两种形式。

(1)时间定额就是某种专业(工种)、某种技术等级的工人小组或个人，在合理的劳动组合、合理的使用材料、合理的施工机械配合条件下，生产某一单位合格产品所必需的工作时间，包括准备与结束时间、基本生产时间、辅助生产时间、不可避免的中断时间以及工人必要的休息时间。

时间定额以工日为单位，每一工日按八小时计算，其计算公式如下：

$$\text{单位产品时间定额(工日)}=\frac{1}{\text{每工产量}}$$

或

$$\text{单位产品时间定额(工日)}=\frac{\text{小组成员工日数总和}}{\text{台班产量}}$$

(2)产量定额就是在合理的劳动组合、合理的使用材料、合理的机械配合条件下，某种专业（工种）、某种技术等级的工人小组或个人，在单位工日中所完成的合格产品的数量。

产量定额根据时间定额计算，其计算公式如下：

$$每工产量=\frac{1}{单位产品时间定额（工日）} \tag{4-3}$$

或

$$台班产量=\frac{小组成员工日数的总和}{单位产品时间定额（工日）}$$

产量定额的计量单位，通常以自然单位或物理单位来表示，如台、套、个、米、平方米、立方米等。

产量定额的高低与时间定额成反比，两者互为倒数。生产某一单位合格产品所消耗的工时越少，则在单位时间内的产品产量就越高；反之就越低。

$$时间定额\times产量定额=1$$

或

$$时间定额=\frac{1}{产量定额}$$

$$产量定额=\frac{1}{时间定额}$$

所以两种定额中，无论知道哪一种定额，都可以很容易计算出另一种定额。

23. 劳动定额的编制应按怎样的程序进行？

劳动定额的编制应按以下程序进行：

（1）分析基础资料，拟定编制方案。

（2）确定正常的施工条件。

（3）确定劳动定额消耗量的方法。

24. 影响工时消耗确定的因素有哪些？

（1）技术因素：包括完成产品的类别；材料、构配件的种类和型号等级；机械和机具的种类、型号和尺寸；产品质量等。

（2）组织因素：包括操作方法和施工的管理与组织；工作地点的组织；人员组成和分工；工资与奖励制度；原材料和构配件的质量及供应的组织；气候条件等。

25. 编制劳动定额时，怎样整理计时观察资料？

整理观察资料的方法大多是采用平均修正法。平均修正法是一种在对测时数列进行修正的基础上，求出平均值的方法。修正测时数列，就是剔除或修正哪些偏高、偏低的可疑数值。目的是保证不受哪些偶然性因素的影响。

如果测时数列受到产品数量的影响时，采用加权平均值则是比较适当的。因为采用加权平均值可在计算单位产品工时消耗时，考虑到每次观察中产品数量变化的影响，从而使我们也能获得可靠的值。

26. 编制劳动定额时应积累哪些资料？

编制劳动定额时，日常积累的资料主要有：

(1)现行定额的执行情况及存在问题的资料。

(2)企业和现场补充定额资料，如因现行定额漏项而编制的补充定额资料，因解决采用新技术、新结构、新材料和新机械而产生的定额缺项所编制的补充定额资料。

(3)已采用的新工艺和新的操作方法的资料。

(4)现行的施工技术规范、操作规程、安全规程和质量标准等。

27. 劳动定额的编制方案主要包括哪些内容？

劳动定额编制方案的内容包括：

(1)提出对拟编定额的定额水平总的设想。

(2)拟定定额分章、分节、分项的目录。

(3)选择产品和人工、材料、机械的计量单位。

(4)设计定额表格的形式和内容。

28. 编制劳动定额时应如何确定正常的施工条件？

(1)拟定工作地点的组织：工作地点是工人施工活动场所。拟定工作地点的组织时，要特别注意使人在操作时不受妨碍，所使用的工具和材料应按使用顺序放置于工人最便于取用的地方，以减少疲劳和提高工作效率，工作地点应保持清洁和秩序井然。

(2)拟定工作组成：拟定工作组成就是将工作过程按照劳动分工的可能划分为若干工序，以达到合理使用技术工人。可以采用两种基本方法。一种是把工作过程中个简单的工序，划分给技术熟练程度较低的工人去完成；一种是分出若干个技术程度较低的工人，去帮助技术程度较高的工人工作。采用后一种方法就把个人完成的工作过程，变成小组完成的工作过程。

(3)拟定施工人员编制:拟定施工人员编制即确定小组人数、技术工人的配备,以及劳动的分工和协作。原则是使每个工人都能充分发挥作用,均衡地担负工作。

29. 如何确定劳动定额消耗量?

劳动定额消耗量是在拟定基本工作时间、辅助工作时间、不可避免中断时间、准备与结束的工作时间,以及休息时间的基础上制定的。

(1)拟定基本工作时间:基本工作时间在必需消耗的工作时间中占的比重最大。在确定基本工作时间时,必须细致、精确。基本工作时间消耗一般应根据计时观察资料来确定。其做法是,首先确定工作过程每一组成部分的工时消耗,然后再综合出工作过程的工时消耗。如果组成部分的产品计量单位和工作过程的产品计量单位不符,就需先求出不同计量单位的换算系数,进行产品计量单位的换算,然后再相加,求得工作过程的工时消耗。

(2)拟定辅助工作时间和准备与结束工作时间:辅助工作和准备与结束工作时间的确定方法与基本工作时间相同。但是,如果这两项工作时间在整个工作班工作时间消耗中所占比重不超过5%~6%,则可归纳为一项,以工作过程的计量单位表示,确定出工作过程的工时消耗。

(3)拟定不可避免的中断时间:在确定不可避免中断时间的定额时,必须注意由工艺特点所引起的不可避免中断才可列入工作过程的时间定额。不可避免中断时间也需要根据测时资料通过整理分析获得,也可以根据经验数据或工时规范,以占工作日的百分比表示此项工时消耗的时间定额。

(4)拟定休息时间:休息时间应根据工作班作息制度、经验资料、计时观察资料,以及对工作的疲劳程度作全面分析来确定。同时,应考虑尽可能利用不可避免中断时间作为休息时间。

(5)拟定定额时间:确定的基本工作时间、辅助工作时间、准备与结束工作时间、不可避免中断时间和休息时间之和,就是劳动定额的时间定额。

利用工时规范,可以计算劳动定额的时间定额,计算公式为:

作业时间=基本工作时间+辅助工作时间

$$规范时间=准备与结束工作时间+不可避免的中断时间+休息时间$$

$$工序作业时间=基本工作时间+辅助工作时间$$

$$=基本工作时间/[1-辅助时间(\%)]$$

$$定额时间=\frac{作业时间}{1-规范时间(\%)}$$

30. 什么是材料消耗定额?

材料消耗定额是指在正常的施工(生产)条件下,在节约和合理使用材料的情况下,生产单位合格产品所必需消耗的一定品种、规格的材料、半成品、配件等的数量标准。

材料消耗定额是编制材料需要量计划、运输计划、供应计划、计算仓库面积、签发限额领料单和经济核算的根据。制定合理的材料消耗定额,是组织材料的正常供应,保证生产顺利进行,以及合理利用资源,减少积压、浪费的必要前提。

31. 施工中材料的消耗可分为哪几种类型?

施工中材料的消耗,可分为必须的材料消耗和损失的材料两类性质。

必须消耗的材料,是指在合理用料的条件下,生产合格产品所需消耗的材料,它包括直接用于建筑和安装工程的材料;不可避免的施工废料;不可避免的材料损耗。

必须消耗的材料属于施工正常消耗,是确定材料消耗定额的基本数据,其中直接用于建筑和安装工程的材料,编制材料净用量定额;不可避免的施工废料和材料损耗,编制材料损耗定额。

材料各种类型的损耗量之和称为材料损耗量,除去损耗量之后净用于工程实体上的数量称为材料净用量,材料净用量与材料损耗量之和称为材料总消耗量,损耗量与总消耗量之比称为材料损耗率,它们的关系用公式表示就是

$$损耗率=\frac{损耗量}{总消耗量}\times 100\%$$

$$损耗量=总消耗量-净用量$$

$$净用量=总消耗量-损耗量$$

$$总消耗量=\frac{净用量}{1-损耗率}$$

或　　　　　　　总消耗量＝净用量＋损耗量

为了简便，通常将损耗量与净用量之比，作为损耗率。即：

$$损耗率=\frac{损耗量}{净用量}\times 100\%$$

$$总消耗量=净用量\times(1+损耗率)$$

32. 工业管道工程主要材料的损耗率应怎样确定？

工业管道工程主要材料的损耗率见表2-1。

表2-1　　　　　　　　主要材料损耗率表

序号	名　　称	损耗率(%)	序号	名　　称	损耗率(%)
1	低、中压碳钢管	4.0	13	承插铸铁管	2.0
2	高压碳钢管	3.6	14	法兰铸铁管	1.0
3	碳钢板卷管	4.0	15	塑料管	3.0
4	低、中压不锈钢管	3.6	16	玻璃管	4.0
5	高压不锈钢管	3.6	17	玻璃钢管	2.0
6	不锈钢板卷管	4.0	18	冷冻排管	2.0
7	高、中、低压合金钢管	3.6	19	预应力混凝土管	1.0
8	无缝铝管	4.0	20	螺纹管件	
9	铝板卷管	4.0	21	螺纹阀门　*DN*20 以下	2.0
10	无缝铜管	4.0	22	螺纹阀门　*DN*20 以上	1.0
11	铜板卷管	4.0	23	螺栓	3.0
12	衬里钢管	4.0			

33. 材料消耗定额的制定方法有哪几种？

材料消耗定额必须在充分研究材料消耗规律的基础上制定。科学的材料消耗定额应当是材料消耗规律的正确反映。材料消耗定额是通过施工生产过程中对材料消耗进行观测、试验以及根据技术资料的统计与计算等方法制定的。

34. 如何利用观测法制定材料消耗定额？

观测法亦称现场测定法，是在合理使用材料的条件下，在施工现场按一定程序对完成合格产品的材料耗用量进行测定，通过分析、整理，最后得出一定的施工过程单位产品的材料消耗定额。

利用现场测定法主要是编制材料损耗定额，也可以提供编制材料净用量定额的数据。其优点是能通过现场观察、测定，取得产品产量和材料消耗的情况，为编制材料定额提供技术根据。

观测法的首要任务是选择典型的工程项目，其施工技术、组织及产品质量，均要符合技术规范的要求；材料的品种、型号、质量也应符合设计要求；产品检验合格，操作工人能合理使用材料和保证产品质量。

在观测前要充分做好准备工作，如选用标准的运输工具和衡量工具，采取减少材料损耗措施等。观测的结果，要取得材料消耗的数量和产品数量的数据资料。

观测法是在现场实际施工中进行的。观测法的优点是真实可靠，能发现一些问题，也能消除一部分消耗材料不合理的浪费因素。但是，用这种方法制定材料消耗定额，由于受到一定的生产技术条件和观测人员的水平等限制，仍然不能把所消耗材料不合理的因素都揭露出来。同时，也有可能把生产和管理工作中的某些与消耗材料有关的缺点保存下来。

对观测取得的数据资料要进行分析研究，区分哪些是合理的，哪些是不合理的，哪些是不可避免的，以制定出在一般情况下都可以达到的材料消耗定额。

35. 如何利用试验法制定材料消耗定额?

试验法是指在材料试验室中进行试验和测定数据。例如：以各种原材料为变量因素，求得不同强度等级混凝土的配合比，从而计算出每立方米混凝土的各种材料耗用量。

利用试验法，主要是编制材料净用量定额。通过试验，能够对材料的结构、化学成分和物理性能以及按强度等级控制的混凝土、砂浆配比作出科学的结论，为编制材料消耗定额提供有技术根据的、比较精确的计算数据。

但是，试验法不能取得在施工现场实际条件下，由于各种客观因素对材料耗用量影响的实际数据，这是该法的不足之处。

试验室试验必须符合国家有关标准规范，计量要使用标准容器和称量设备，质量要符合施工与验收规范要求，以保证获得可靠的定额编制依据。

36. 如何利用统计法制定材料消耗定额?

统计法是指通过对现场进料、用料的大量统计资料进行分析计算,获得材料消耗的数据。这种方法由于不能分清材料消耗的性质,因而不能作为确定材料净用量定额和材料损耗定额的精确依据。

对积累的各分部分项工程结算的产品所耗用材料的统计分析,是根据各分部分项工程拨付材料数量、剩余材料数量及总共完成产品数量来进行计算。

采用统计法,必须要保证统计和测算的耗用材料和相应产品一致。在施工现场中的某些材料,往往难以区分用在各个不同部位上的准确数量。因此,要有意识地加以区分,才能得到有效的统计数据。

用统计法制定材料消耗定额一般采取两种方法:

(1)经验估算法。指以有关人员的经验或以往同类产品的材料实耗统计资料为依据,通过研究分析并考虑有关影响因素的基础上制定材料消耗定额的方法。

(2)统计法。它是对某一确定的单位工程拨付一定的材料,待工程完工后,根据已完产品数量和领退材料的数量,进行统计和计算的一种方法。这种方法的优点是不需要专门人员测定和实验。由统计得到的定额有一定的参考价值,但其准确程度较差,应对其分析研究后才能采用。

37. 如何利用理论计算法制定材料消耗定额?

理论计算法是根据施工图,运用一定的数学公式,直接计算材料耗用量。计算法只能计算出单位产品的材料净用量,材料的损耗量仍要在现场通过实测取得。采用这种方法必须对工程结构、图纸要求、材料特性和规格、施工及验收规范、施工方法等先进行了解和研究。计算法适宜于不易产生损耗,且容易确定废料的材料,如木材、钢材、砖瓦、预制构件等材料。因为这些材料根据施工图纸和技术资料从理论上都可以计算出来,不可避免的损耗也有一定的规律可找。

理论计算法是材料消耗定额制定方法中比较先进的方法。但是,用这种方法制定材料消耗定额,要求掌握一定的技术资料和各方面的知识,以及有较丰富的现场施工经验。

38. 如何确定周转性材料消耗量？

在编制材料消耗定额时，某些工序定额、单项定额和综合定额中涉及周转材料的确定和计算；如劳动定额中的架子工程、模板工程等。

周转性材料在施工过程中不是通常的一次性消耗材料，而是可多次周转使用，经过修理、补充才逐渐消耗尽的材料；如模板、钢板桩、脚手架等，实际上它亦是作为一种施工工具和措施；在编制材料消耗定额时，应按多次使用、分次摊销的办法确定。

39. 怎样计算周转性材料消耗的定额量？

周转性材料消耗的定额量是指每使用一次摊销的数量，其计算必须考虑一次使用量、周转使用量、回收价值和摊销量之间的关系。

(1)一次使用量是指周转性材料一次使用的基本量，即一次投入量。周转性材料的一次使用量根据施工图计算，其用量与各分部分项工程部位、施工工艺和施工方法有关。

(2)周转使用量是指周转性材料在周转使用和补损的条件下，每周转一次的平均需用量，根据一定的周转次数和每次周转使用的损耗量等因素来确定。

(3)周转回收量是指周转性材料在周转使用后除去损耗部分的剩余数量，即尚可以回收的数量。

(4)周转性材料摊销量是指完成一定计量单位产品，一次消耗周转性材料的数量，其计算公式为：

$$材料的摊销量=一次使用量\times摊销系数$$

其中

$$一次使用量=材料的净用量\times(1-材料损耗率)$$

$$摊销系数=\frac{周转使用系数-[(1-损耗率)\times回收价值率]}{周转次数\times100\%}$$

$$周转使用系数=\frac{(周转次数-1)\times损耗率}{周转次数\times100\%}$$

$$回收价值率=\frac{一次使用量\times(1-损耗率)}{周转次数\times100\%}$$

40. 什么是周转次数？

周转次数是指周转性材料从第一次使用起可重复使用的次数。它与不同的周转性材料、使用的工程部位、施工方法及操作技术有关。正确规定周转次数，对准确计算用料，加强周转性材料管理和经济核算起重要作用。

41. 如何确定周转材料的周转次数?

为了使周转材料的周转次数确定接近合理，应根据工程类型和使用条件，采用各种测定手段进行实地观察，结合有关的原始记录、经验数据加以综合取定。影响周转次数的主要因素有以下几方面：

(1)材质及功能对周转次数的影响，如金属制的周转材料比木制的周转次数多10倍，甚至百倍。

(2)使用条件的好坏，对周转材料使用次数的影响。

(3)施工速度的快慢，对周转材料使用次数的影响。

(4)对周转材料的保管、保养和维修的好坏，也对周转材料使用次数有影响等。

42. 怎样计算周转材料的损耗量?

周转材料损耗量是周转性材料使用一次后由于损坏而需补损的数量，故在周转性材料中又称“补损量”，按一次使用量的百分数计算。该百分数即为损耗率。

43. 什么是机械台班使用定额?

在建筑安装工程中，有些工程产品或工作是由工人来完成的，有些是由机械来完成的，有些则是由人工和机械配合共同完成的。由机械或人机配合来完成的产品或工作中，就包含一个机械工作时间。

机械台班使用定额或称机械台班消耗定额，是指在正常施工条件下，合理的劳动组合和使用机械，完成单位合格产品或某项工作所必需的机械工作时间，包括准备与结束时间、基本工作时间、辅助工作时间、不可避免的中断时间以及使用机械的工人生理需要与休息时间。

44. 机械台班使用定额有哪几种表现形式?

机械台班使用定额的形式按其表现形式不同，可分为时间定额和产量定额。

(1)机械时间定额是指在合理劳动组织与合理使用机械条件下，完成单位合格产品所必需的工作时间，包括有效工作时间（正常负荷下的工作时间和降低负荷下的工作时间）、不可避免的中断时间、不可避免的无负荷工作时间。机械时间定额以“台班”表示，即一台机械工作一个作业班时间（一个作业班时间为8小时）。

$$单位产品机械时间定额(台班)=\frac{1}{台班产量}$$

由于机械必须由工人小组配合，所以完成单位合格产品的时间定额，同时列出人工时间定额。即

$$单位产品人工时间定额(工日)=\frac{小组成员总人数}{台班产量}$$

（2）机械产量定额是指在合理劳动组织与合理使用机械条件下，机械在每个台班时间内应完成合格产品的数量：

$$机械台班产量定额=\frac{1}{机械时间定额(台班)}$$

机械时间定额和机械产量定额互为倒数关系。

复式表示法有如下形式：

$$\frac{人工时间定额}{机械台班产量}或\frac{人工时间定额}{机械台班产量}\Bigg|台班车次$$

45. 机械台班使用定额的编制程序是怎样的？

机械台班使用定额的编制应按以下程序进行：

（1）确定正常的施工条件。

（2）确定机械1小时纯工作正常生产率。

（3）确定施工机械的正常利用系数。

（4）计算施工机械台班定额。

46. 编制机械台班使用定额时应如何确定正常的施工条件？

拟定机械工作正常条件，主要是拟定工作地点的合理组织和合理的工人编制。

工作地点的合理组织，就是对施工地点机械和材料的放置位置、工人从事操作的场所，做出科学合理的平面布置和空间安排。它要求施工机械和操纵机械的工人在最小范围内移动，但又不阻碍机械运转和工人操作；应使机械的开关和操纵装置尽可能集中地装置在操纵工人的近旁，以

节省工作时间和减轻劳动强度；应最大限度发挥机械的效能，减少工人的手工操作。

拟定合理的工人编制，就是根据施工机械的性能和设计能力，工人的专业分工和劳动工效，合理确定操纵机械的工人和直接参加机械化施工过程的工人的编制人数。

拟定合理的工人编制，应要求保持机械的正常生产率和工人正常的劳动工效。

47. 编制机械台班使用定额时应如何确定机械 1 小时纯工作正常生产率？

确定机械正常生产率时，必须首先确定出机械纯工作 1 小时的正常生产率。

机械纯工作时间，就是指机械的必需消耗时间。机械 1 小时纯工作正常生产率，就是在正常施工组织条件下，具有必需的知识和技能的技术工人操纵机械 1 小时的生产率。

根据机械工作特点的不同，机械 1 小时纯工作正常生产率的确定方法，也有所不同。对于循环动作机械，确定机械纯工作 1 小时正常生产率的计算公式如下：

$$\text{机械一次循环的正常延续时间} = \sum \left(\text{循环各组成部分正常延续时间} \right) - \text{交叠时间}$$

$$\text{机械纯工作 1 小时循环次数} = \frac{60 \times 60(\text{s})}{\text{一次循环的正常延续时间}}$$

$$\text{机械纯工作 1 小时正常生产率} = \text{机械纯工作 1 小时正常循环次数} \times \text{一次循环生产的产品数量}$$

从公式中可以看到，计算循环机械纯工作 1 小时正常生产率的步骤是：根据现场观察资料和机械说明书确定各循环组成部分的延续时间；将各循环组成部分的延续时间相加，减去各组成部分之间的交叠时间，求出循环过程的正常延续时间；计算机械纯工作 1 小时的正常循环次数；计算循环机械纯工作 1 小时的正常生产率。

对于连续动作机械，确定机械纯工作 1 小时正常生产率要根据机械的类型和结构特征，以及工作过程的特点来进行，计算公式为

$$\text{连续动作机械纯工作 1 小时正常生产率} = \frac{\text{工作时间内生产的产品数量}}{\text{工作时间(小时)}}$$

工作时间内的产品数量和工作时间的消耗，要通过多次现场观察和机械说明书来取得数据。

对于同一机械进行作业属于不同的工作过程，如挖掘机所挖土壤的类别不同，碎石机所破碎的石块硬度和粒径不同，均需分别确定其纯工作1小时的正常生产率。

48. 编制机械台班使用定额时应如何确定施工机械的正常利用系数？

确定施工机械的正常利用系数，是指机械在工作班内对工作时间的利用率。机械的利用系数和机械在工作班内的工作状况有着密切的关系，所以要确定机械的正常利用系数，首先要拟定机械工作班的正常工作状况，保证合理利用工时。

确定机械正常利用系数，要计算工作班正常状况下准备与结束工作，机械启动、机械维护等工作所必需消耗的时间，以及机械有效工作的开始与结束时间。从而进一步计算出机械在工作班内的纯工作时间和机械正常利用系数。机械正常利用系数的计算公式为

$$\text{机械正常利用系数}=\frac{\text{机械在一个工作班内纯工作时间}}{\text{一个工作班延续时间(8小时)}}$$

49. 怎样计算施工机械台班定额？

计算施工机械定额是编制机械定额工作的最后一步。在确定了机械工作正常条件、机械1小时纯工作正常生产率和机械正常利用系数之后，采用下列公式计算施工机械的产量定额：

$$\text{施工机械台班产量定额}=\text{机械1小时纯工作正常生产率}\times\text{工作班纯工作时间}$$

或

$$\text{施工机械台班产量定额}=\text{机械1小时纯工作正常生产率}\times\text{工作班延续时间}\times\text{机械正常利用系数}$$

$$\text{施工机械时间定额}=\frac{1}{\text{机械台班产量定额指标}}$$

50. 什么是安装工程预算定额？

在安装工程生产过程中，完成某一分项工程的生产，必须消耗一定数量的劳动力、材料和机械台班。安装工程预算定额是指按社会平均必要

劳动量确定的安装工程合格产品所消耗的物化劳动和活劳动的数量标准。

51. 什么是《全国统一安装工程预算定额》?

《全国统一安装工程预算定额》是由原国家计委组织编制的一套较完整、适用的标准定额,它适用于全国同类工程的新建、改建、扩建工程。它是编制安装工程预算的依据,也是编制概算定额、概算指标的基础。对于实行招标的工程,也是编制招标控制价的依据。

52.《全国统一安装工程预算定额》的作用是什么?

《全国统一安装工程预算定额》的作用主要表现为以下几个方面:

(1)《全国统一安装工程预算定额》是完成规定计量单位分项工程计价所需的人工、材料、机械台班的消耗量标准,是统一全国安装工程预算工程量计算规则、项目划分、计量单位的依据。

(2)《全国统一安装工程预算定额》是编制安装工程地区单位估价表、施工图预算、招标工程招标控制价(标底)、确定工程造价的依据。

(3)《全国统一安装工程预算定额》是编制概算定额(指标)、投资估算指标的基础;也可作为制定企业定额和投标报价的基础。

53.《全国统一安装工程预算定额》的适用范围是什么?

《全国统一安装工程预算定额》适用于各类工业建筑、民用建筑、扩建项目的安装工程。

54.《全国统一安装工程预算定额》适用哪些条件?

《全国统一安装工程预算定额》是按正常施工条件进行编制的,所以只适用于正常施工条件。正常施工条件主要包括:

(1)设备、材料、成品、半成品及构件完整无损,符合质量标准和设计要求,附有合格证书和实验记录。

(2)安装工程和土建工程之间的交叉作业正常。

(3)安装地点、建筑物、设备基础、预留孔洞等均符合安装要求。

(4)水、电供应均满足安装施工正常使用。

(5)正常的气候、地理条件和施工环境。

当在非正常施工条件下施工时,如在高原、高寒地区、洞库、水下等特殊自然地理条件下施工，应根据有关规定增加其费用。

55.《全国统一安装工程预算定额》有哪些分册？

《全国统一安装工程预算定额》是由建设部组织修订和批准执行的。《全国统一安装工程预算定额》共分十三册，即

第一册《机械设备安装工程》(GYD—201—2000)；

第二册《电气设备安装工程》(GYD—202—2000)；

第三册《热力设备安装工程》(GYD—203—2000)；

第四册《炉窑砌筑工程》(GYD—204—2000)；

第五册《静置设备与工艺金属结构制作安装工程》(GYD—205—2000)；

第六册《工业管道工程》(GYD—206—2000)；

第七册《消防及安全防范设备安装工程》(GYD—207—2000)；

第八册《给排水、采暖、燃气工程》(GYD—208—2000)；

第九册《通风空调工程》(GYD—209—2000)；

第十册《自动化控制仪表安装工程》(GYD—210—2000)；

第十一册《刷油、防腐蚀、绝热工程》(GYD—211—2000)；

第十二册《通信设备及线路工程》(GYD—212—2000)；

第十三册《建筑智能化系统设备安装工程》(GYD—213—2003)。

56.《全国统一安装工程预算定额》有哪些特点？

全统定额与过去颁发的预算定额比较具有以下几个特点：

(1)全统定额扩大了适用范围。全统定额基本实现了各有关工业部门之间的共性较强的通用安装定额，在项目划分、工程量计算规则、计量单位和定额水平等方面的统一，改变了过去同类安装工程定额水平相差悬殊的状况。

(2)全统定额反映了现行技术标准规范的要求。随着国家和有关部门先后发布了许多新的设计规范和施工验收规范、质量标准等。全统定额根据现行技术标准、规范的要求，对原定额进行了修订、补充，从而使全统定额更为先进合理，有利于正确确定工程造价和提高工程质量。

(3)全统定额尽量做到了综合扩大、少留活口。如脚手架搭拆费，由原来规定按实际需要计算改为按系数计算或计入定额子目；又如场内水

平运距，全统定额规定场内水平运距是综合考虑的，不得因实际运距与定额不同而进行调整；再如金属桅杆和人字架等一般起重机具摊销费，经过测算综合取定了摊销费列入定额子目，各个地区均按取定值计算，不允许调整。

(4)凡是已有定点批量生产的产品，全统定额中未编制定额，应当以商品价格列入安装工程预算。如非标准设备制作，采用了原机械部和化工部联合颁发的非标准设备统一计价办法，保温用玻璃棉毡、席、岩棉瓦块以及仪表接头加工件等，均按成品价格计算。

(5)全统定额增加了一些新的项目，使定额内容更加完善，扩大了定额的覆盖面。

(6)根据现有的企业施工技术装备水平，在全统定额中合理地配备了施工机械，适当提高了机械化水平，减少了工人的劳动强度，提高了劳动效率。

57.《全国统一安装工程预算定额》主要包括哪些内容?

《全国统一安装工程预算定额》共分十三册，每册均包括总说明、册说明、目录、章说明、定额项目表、附录。

(1)总说明。总说明主要说明定额的内容、适用范围、编制依据、作用，定额中人工、材料、机械台班消耗量的确定及其有关规定。

(2)册说明。册说明主要介绍该册定额的适用范围、编制依据、定额包括的工作内容和不包括的工作内容、有关费用(如脚手架搭拆费、高层建筑增加费)的规定以及定额的使用方法和使用中应注意的事项和有关问题。

(3)目录。目录开列定额组成项目名称和页次，以方便查找相关内容。

(4)章说明。章说明主要说明定额章中以下几方面的问题：

1)定额适用的范围。

2)界线的划分。

3)定额包括的内容和不包括的内容。

4)工程量计算规则和规定。

(5)定额项目表。定额项目表是预算定额的主要内容，主要包括以下内容：

1)分项工程的工作内容(一般列入项目表的表头)。

2)一个计量单位的分项工程人工、材料、机械台班消耗量。

3)一个计量单位的分项工程人工、材料、机械台班单价。

4)分项工程人工、材料、机械台班基价。

(6)附录。附录放在每册定额表之后,为使用定额提供参考数据,主要内容包括以下几个方面:

1)工程量计算方法及有关规定。

2)材料、构件、元件等质量表,配合比表,损耗率。

3)选用的材料价格表。

4)施工机械台班单价表。

5)仪器仪表台班单价表等。

58.《全国统一安装工程预算定额》基价由哪些内容组成?

定额基价是一个计量单位的分项工程的基础价格。《全国统一安装工程预算定额》定额基价是由人工费、材料费、机械台班使用费组成的。

59.《全国统一安装工程预算定额》中对设备、材料的水平运输距离是如何考虑的?

(1)材料、成品、半成品的水平运输距离是指自施工单位现场仓库或指定堆放地点运至安装地点的距离。定额综合取定为300m。

(2)设备水平运输距离是指自指定堆放地点运至安装地点的距离,定额综合取定为100m。

60.《全国统一安装工程预算定额》中对设备、材料的垂直运输距离是如何考虑的?

《全国统一安装工程预算定额》中已通过子目基价及高层建筑增加费考虑了设备、材料的垂直运输费,在工程造价计算时不再另计设备、材料的垂直超运距费用。

61.《全国统一安装工程预算定额》中对试运转费是如何考虑的?

《全国统一安装工程预算定额》中考虑了施工验收规范规定的试漏、试压、试验和单体试车等工作内容,不包括生产系统(小型站除外)的负荷联动试运转费用。生产系统的负荷(无负荷)联动试运转工作,应以建设单位为主,施工单位配合。施工单位配合试运转的费用,应按试车方案或国家行业主管部门的规定计取。

62. 如何确定安装工程预算定额基价?

(1)人工工日消耗量的确定。定额中的人工工日不分列工种和技术等级,一律以综合工日表示,内容包括基本用工和人工幅度差。

(2)材料消耗量的确定。

1)定额中的材料消耗量包括直接消耗在安装工作内容中的主要材料、辅助材料和零星材料等,并计入了相应损耗,其内容和范围包括:从工地仓库、现场集中堆放地点或现场加工地点到操作或安装地点的运输损耗、施工操作损耗、施工现场堆放损耗。

2)凡定额中材料数量内带有括号(　)的材料均为主材。

(3)施工机械台班消耗量的确定。

1)定额中的机械台班消耗量是按正常合理的机械配备、机械施工工效测算确定的。

2)凡单位价值在 2000 元以内、使用年限在 2 年以内的、不构成固定资产的低值易耗的小型机械未列入定额,应在建筑安装工程费用定额中考虑。

(4)施工仪器仪表台班消耗量的确定。

1)定额中的施工仪器仪表台班消耗量是按正常合理的仪器仪表配备、仪器仪表施工工效测算综合取定的。

2)凡单位价值在 2000 元以内、使用年限在 2 年以内的、不构成固定资产的低值易耗的小型仪器仪表未列入定额,应在建筑安装工程费用定额中考虑。

(5)关于水平和垂直运输。

1)设备:包括自安装现场指定堆放地点运至安装地点的水平和垂直运输。

2)材料、成品、半成品:包括自施工单位现场仓库或现场指定堆放地点运至安装地点的水平和垂直运输。

3)垂直运输基准面:室内以室内地平面为基准面,室外以安装现场地平面为基准面。

63.《工业管道工程》定额适用范围是怎样的?

《工业管道工程》(GYD—206—2000)适用于新建、扩建项目中厂区范围内的车间、装置、站、罐区及其相互之间各种生产用介质输送管道,厂区第一个连接点以内的生产用(包括生产与生活共用)给水、排水、蒸汽、煤气输送管道的安装工程。其中,给水以入口水表井为界,排水以厂区围墙外第一个污水井为界,蒸汽和煤气以入口第一个计量表(阀门)为界,锅炉房、水泵房以墙皮为界。

64.《工业管道工程》定额主要编制依据有哪些?

(1)《工业金属管道工程施工规范》(GB 50235—2010)。

(2)《现场设备、工业管道焊接工程施工规范》(GB 50236—2011)。

(3)《金属熔化焊焊接接头射线照相》(GB 3323—2005)。

(4)《气焊、焊条电弧焊、气体保护焊和高能束焊的推荐坡口》(GB/T 985.1—2008)。

(5)《埋弧焊的推荐坡口》(GB/T 985.2—2008)。

(6)《全国统一施工机械台班费用定额》(1998)。

(7)《全国统一安装工程基础定额》(2006)。

(8)《全国统一建筑安装劳动定额》(1998)。

65.《工业管道工程》定额中不包括哪些内容?

(1)单体和局部试运转所需的水、电、蒸汽、气体、油(油脂)、燃气等。

(2)配合局部联动试车费。

(3)管道安装完成的充气保护和防冻保护。

(4)设备、材料、成品、半成品、构件等在施工现场范围以外的运输费用。

66.《工业管道工程》定额对于相关费用的取定是怎样规定的?

(1)脚手架搭拆费按人工费的7%计算,其中人工工资占25%(单独承担的埋地管道工程,不计取脚手架费用)。

(2)厂外运距超过1km时,其超过部分的人工和机械乘以系数1.1。

(3)车间内整体封闭式地沟管道,其人工和机械乘以系数1.2(管道安装后盖板封闭地沟除外)。

(4)超低碳不锈钢管执行不锈钢管项目,其人工和机械乘以系数

1.15，焊条消耗量不变，单价可以换算。

(5)高合金钢管执行合金钢管项目，其人工和机械乘以系数1.15，焊条消耗量不变，单价可以换算。

(6)安装与生产同时进行增加的费用，按人工费的10%计取。

(7)在有害身体健康的环境中施工增加的费用，按人工费的10%计算。

67.《工业管道工程》定额中定额说明主要包括哪些内容？

(1)定额管道压力等级的划分。

1)低压：0<P≤1.6MPa；中压：1.6MPa<P≤10MPa；高压：10MPa<P≤42MPa。

2)蒸汽管道P≥9MPa、工作温度≥500℃时为高压。

(2)定额中各类管道适用材质范围。

1)碳钢管适用于焊接钢管、无缝钢管、16Mn钢管。

2)不锈钢管除超低碳不锈钢管按定额说明外，适用于各种材质。

3)碳钢板卷管安装适用于低压螺旋钢管、16Mn钢板卷管。

4)铜管适用于紫铜、黄铜、青铜管。

5)管件、阀门、法兰适用范围参照管道材质。

6)合金钢管除高合金钢管按定额说明计算外，适用于各种材质。

(3)定额中的材料用量，凡注明“设计用量”者应为施工图工程量，凡注明“施工用量”者应为设计用量加规定的损耗量。

(4)定额是按管道集中预制后运往现场安装与直接在现场预制安装综合考虑的。执行定额时，现场无论采用何种方法，均不作调整。

(5)定额的管道壁厚是考虑了压力等级所涉及的壁厚范围综合取定的。执行定额时，当得调整。

(6)直管安装按设计压力及介质执行定额，管件、阀门及法兰按设计公称压力及介质执行定额。

(7)方形补偿器弯头、直管执行定额中的相应项目。

(8)空分装置冷箱内的管道属设备本体管道，执行全统定额《静置设备与工艺金属结构制作安装工程》分册相应项目。

(9)设备本体管道，随设备带来的，并已预制成型，其安装包括在设备安装定额内；主机与附属设备之间连接的管道，按材料或半成品进货的，执行全统定额《工业管道工程》分册相应项目。

(10)生产、生活共用的给水、排水、蒸汽、煤气输送管道，执行全统定额《工业管道工程》分册相应项目；民用的各种介质管道执行全统定额《给排水、采暖、燃气工程》分册相应项目。

(11)单件质量在100kg以上的管道支架，管道预制钢平台的搭拆，执行全统定额《静置设备与工艺金属结构制作安装工程》分册相应项目。

(12)管道刷油漆、绝热、防腐蚀、衬里等，执行全统定额《刷油漆、防腐蚀、绝热工程》分册相应项目。

(13)地下管道的管道沟、土石方及砌筑工程，执行《全国统一建筑工程基础定额》。

68.《建设工程计价设备材料划分标准》制定的意义是什么？

《建设工程计价设备材料划分标准》(GB/T 50531—2009)是中华人民共和国住房和城乡建设部、中华人民共和国国家质量监督检验检疫总局联合发布的。该标准是在国家有关设备材料划分资料的基础上，结合建设工程实际情况和各行业有关设备材料划分的规定制定的。

该标准是在以往有关资料或待议文件，并综合工业和交通有关工程造价管理机构相关规定的基础上编制的，主要是为了统一建设工程计价文件编制时设备材料的归类，以及营业税、城乡建设维护税及教育费附加的计算口径。

69.《建设工程计价设备材料划分标准》的作用是什么？

建设工程的设备与材料合理划分直接影响着建设工程的准确计价，《建设工程计价设备材料划分标准》(GB/T 50531—2009)为统一建设工程计价活动中的设备与材料的合理划分，规范建设项目的工程计价，提供了依据。

70.《建设工程计价设备材料划分标准》是如何对设备材料进行归类计算的？

在编制投资估算、工程概算、工程预算等工程计价文件时一般无法明确设备的供应方式(建设单位供货或施工单位供货)，这时建筑设备费用应作为计算营业税、城乡建设维护税及教育费附加的基数，工艺设备和工艺性主要材料费用不应作为计算建筑安装工程营业税、城乡建设维护税及教育费附加的基数。而在编制招标控制价、投标报价、工程结算等文件时，设备的供应方式已经明确，根据《中华人民共和国营业税条例》的规定，计算营业税时应扣除建设单位供应的设备费用。因此，为与税法有关规定相统一，凡明确建设单位供应的设备，可不计算建筑安装工程营业税、城乡建设维护税及教育费附加。

71.《建设工程计价设备材料划分标准》对工业管道安装工程的设备材料是怎样划分的？

工业管道安装工程的设备与材料的划分见表 2-2。

表 2-2　工业管道安装工程的设备与材料的划分

类别	设　备	材　料
管道工程	压力≥10MPa，且直径≥600mm 的高压阀门； 直径≥600mm 的各类阀门、膨胀节、伸缩器； 距离≥25km 金属管道及其管段、管件（弯头、三通、冷弯管、绝缘接头）、清管器、收发球管筒、机泵、加热炉、金属容器； 各类电动阀门，工艺有特殊要求的合金阀、真空阀及衬特别耐磨、耐腐蚀材料的专用阀门	一般管道、管件、阀门、法兰、配件及金属结构等

72. 人工单价主要由哪些内容构成？如何计算？

人工工日单价是指一个工人一个工作日在预算中应计入的全部人工费用。当前，生产工人的工日单价组成如下：

(1)生产工人基本工资。根据有关规定，生产工人基本工资应执行岗位工资和技能工资制度。根据有关部门制定的《全民所有制大中型建筑安装企业的岗位技能工资试行方案》，生产工人基本工资按照岗位工资、技能工资和年功工资（按职工工作年限确定的工资）计算。

(2)生产工人工资性补贴。是指为了补偿工人额外或特殊的劳动消耗及为了保证工人的工资水平不受特殊条件影响，而以补贴形式支付给工人的劳动报酬，它包括按规定标准发放的物价补贴，煤、燃气补贴，交通费补贴，住房补贴，流动施工津贴及地区津贴等。

(3)生产工人辅助工资。是指生产工人年有效施工天数以外非作业天数的工资,包括职工学习、培训期间的工资,调动工作、探亲、休假期间的工资,因气候影响的停工工资,女工哺乳时间的工资,病假在六个月以内的工资及产、婚、丧假期的工资。

(4)职工福利费。是指按规定标准计提的职工福利费。

(5)生产工人劳动保护费。是指按规定标准发放的劳动保护用品的购置费及修理费,徒工服装补贴,防暑降温费,在有碍身体健康环境中施工的保健费用等。

人工工日单价组成内容,在各部门、各地区并不完全相同,但其中每一项内容都是根据有关法规、政策文件的精神,结合本部门、本地区的特点,通过反复测算最终确定的。

近几年国家陆续出台了养老保险、医疗保险、住房公积金、失业保险等社会保障的改革措施,新的工资标准正逐步将其纳入到人工预算单价中。

73. 影响人工单价的因素主要有哪些?

(1)社会平均工资水平。工人人工单价必然和社会平均工资水平趋同。社会平均工资水平取决于经济发展水平。由于我国改革开放以来经济迅速增长,社会平均工资也有大幅增长,从而使人工单价的大幅提高。

(2)生活消费指数。生活消费指数的提高会使人工单价的提高,以减少生活水平的下降,或维持原来的生活水平。生活消费指数的变动决定于物价的变动,尤其决定于生活消费品物价的变动。

(3)人工单价的组成内容。例如住房消费、养老保险、医疗保险、失业保险等列入人工单价,会使人工单价提高。

(4)劳动力市场供需变化。在劳动力市场如果需求大于供给,人工单价就会提高;供给大于需求,市场竞争激烈,人工单价就会下降。

(5)政府推行的社会保障和福利政策也会影响人工单价。

74. 什么是材料预算价格?

材料预算价格即是由材料交货地点到达施工工地(或堆放地材料地点)后的出库价格。因为材料的来源地点、供应和运输方式不同,从交货地点、发货开始,到用料地点仓库后出库为止,要经过材料采购、装卸、包装、运输、保管等过程，在这些过程中，都需要支付一定的费用，由这些费用组成材料预算价格。

在建筑安装工程中，材料、设备费约占整个造价的 70%，它是工程直接费的主要组成部分。材料、设备价格的高低，将直接影响到工程费用的大小，因此，必须加以正确细致的计算，并且要克服价格计算中偏高、偏低等不合理现象，方能如实反映工程造价，有利于准确地编制基本建设计划和落实投资计划，有利于促进企业的经济核算，改进管理。

75. 材料预算价格主要由哪几部分组成？

按现行规定，材料预算价格由材料原价、供销部分手续费、包装费、运杂费、采购及保管费组成。

76. 什么是材料原价？怎样计算？

材料原价是指材料的出厂价格，或者是销售部门的批发牌价和市场采购价格（或信息价）。预算价格中的材料原价按出厂价、批发价、市场价综合考虑。

在确定原价时，凡同一种材料因来源地、交货地、供货单位、生产厂家不同，而有几种价格（原价）时，根据不同来源地供货数量比例，采取加权平均的方法确定其综合原价，计算公式为：

$$加权平均原价=\frac{K_1C_1+K_2C_2+\cdots+K_nC_n}{K_1+K_2+\cdots+K_n}$$

式中 $K_1,K_2,\cdots,K_n$——各不同供应地点的供应量或各不同使用地点的需求量；

$C_1,C_2,\cdots,C_n$——各不同供应地点的原价。

77. 什么是供销部门手续费？怎样计算？

供销部门手续费是指根据国家现行的物资供应体制，不能直接向生产厂采购、订货，需通过物资部门供应而发生的经营管理费用。不经物资供应部门的材料，不计供销部门手续费。

供销部门手续费按费率计算，其费率由地区物资管理部门规定，一般为 1%～3%，计算公式为

供销部门手续费＝材料原价×供销部门手续费率×供销部门供应比重

或　供销部门手续费＝材料净重×供销部门单位重量手续费×供应比重

材料供应价＝材料原价＋供销部门手续费

78. 什么是包装费？怎样计算？

包装费是指为了便于材料运输或为保护材料而进行包装所需要的费用。包括水运、陆运中的支撑、篷布等。凡由生产厂负责包装，其包装费已计入材料原价者，不再另行计算，但包装品有回收价值者，应扣回包装回收值。

简易包装应按下式计算：

$$包装费＝包装材料原价－包装材料回收价值$$

$$包装材料回收价值＝包装原价×回收量比例×回收价值比例$$

容器包装应按下式计算：

$$包装材料回收价值＝\frac{包装材料原价×回收量比例×回收价值比例}{包装容器标准容重}$$

$$包装费＝\frac{包装材料原价×(1－回收量比例×回收价值比例)＋使用期间维修费}{周转使用次数×包装容器标准容重}$$

79. 什么是运杂费？

运杂费是指材料由来源地（交货地）起至工地仓库或施工工地（或预制厂）材料堆放点（包括经材料中心仓库转运）为止的全部运输过程中所发生的费用。包括车船等的运输费、调车费、出入库费、装卸费和运输过程中分类整理、堆放的附加费，超长，超重增加费，腐蚀、易碎、危险性物资增加费、笨重、轻浮物资附加费及各种经地方政府物价部门批准的收费站标准收费和合理的运输损耗费等。

80. 运杂费的计算应遵循哪些原则？

(1)材料运杂费的项目及各种费用标准，均按当地运输管理部门公布的现行价格和方法计算。运输方法和车种比例，各地可根据当地运输情况确定并按照各种材料的不同特征、性能确定计算各车种的综合运价和单一车种运价。轻浮物资或怕挤压物资按容积核定装载量。工程大宗材料应考虑整车运输，工程用量较少的材料可以分别采用整车、零担或整车与零担各占一定比例的运输方式计算。

(2)运杂费的运距应根据运输管理部门规定的运输里程计算办法计

算，凡同一种材料有不同供货地点时，应根据建设区域内的工程分布（按造价或建筑面积）比重，确定一个或几个中心点，计算到达中心点的平均里程或采用统一运输系统计算。

(3)计算材料运输费时，运输管理部门规定运输容重（比重）的材料，按其规定计算运输质量，机械装卸或人工装卸应按材料特征和性能，各地根据实际情况确定。

(4)运输损耗费计算指材料在运达工地仓库过程中的合理运输和装卸所发生的损耗价值，应计入材料运输费用中。

81. 怎样计算运杂费？

运杂费通常按照外埠运费和市内运费两段计算。

外埠运输费是指材料由来源地（交货地）运至本市仓库的全部费用，包括调车费、装卸费、车船运费、保险费等。一般是通过公路、铁路和水路运输，有时是水路、铁路混合运输。计算长途运输的平均运输费，主要考虑：由于供应者不同而引起的同一材料的运距和运输方式不同；每个供应者供应的材料数量不同；公路、水路运输按交通部门规定的运价计算；铁路运输按铁道部门规定的运价计算。

市内运费是由本市仓库至工地仓库的运费。由于各个城市运输方式和运输工具不一样，因此运输费的计算也不统一。运输的计算按当地运输公司的运输里程来确定，然后再按货物所属等级，从运价表上查出运价，两者相乘，再加上装卸费即为运杂费。

82. 同一种材料有多个来源地时应怎样计算运杂费？

对同一种材料有多个来源地时，应采用加权平均的方法确定其平均运输距离或平均运输费用，其计算公式如下：

(1)加权平均运输距离计算公式：

$$\overline{S}=\frac{S_1P_1+S_2P_2+S_3P_3\cdots+S_nP_n}{P_1+P_2+P_3\cdots+P_n}$$

式中 $\overline{S}$——加权平均运输距离(km)；

$S_1,S_2,S_3,\cdots,S_n$——自材料交货地点至卸货中心地点的运输距离(km)；

$P_1,P_2,P_3,\cdots,P_n$——由各交货地点启运的材料数量占该种材料总量的比重(%)。

(2)加权平均运杂费计算公式：

$$\overline{Y}=\frac{Y_1Q_1+Y_2Q_2+Y_3Q_3\cdots+Y_nQ_n}{Q_1+Q_2+Q_3\cdots+Q_n}$$

式中　　$\overline{Y}$——加权平均运输费用(元)；

$Y_1,Y_2,Y_3,\cdots,Y_n$——自材料各交货地点至卸货中心地点的运杂费(元)；

$Q_1,Q_2,Q_3,\cdots,Q_n$——由各交货地点启运的同一种材料数量(t)。

83. 什么是材料采购及保管费？

材料采购及保管费。采购及保管费是指材料供应部门(包括工地仓库及其以上各级材料主管部门)在组织采购、供应和保管材料过程中所需的各项费用。

采购及保管费一般按照材料到库价格以费率取定。材料采购及保管费计算公式如下：

采购及保管费＝材料运到工地仓库价格×采购及保管费率

或 采购及保管费＝(材料原价＋供销部门手续费＋包装费＋运杂费＋运输损耗费)×采购及保管费率

84. 怎样计算材料预算价格？

材料预算价格的一般计算公式如下：

材料预算价格＝(材料原价＋供销部门手续费＋包装费＋运杂费＋运输损耗费)×(1＋采购及保管的费率)－包装材料回收价值

85. 影响材料预算价格的因素主要有哪些？

影响材料预算价格变动的因素主要有以下几点：

(1)市场供需变化。材料原价是材料预算价格中最基本的组成。市场供大于求价格就会下降；反之，价格就会上升。从而也就会影响材料预算价格的涨落。

(2)材料生产成本的变动直接涉及材料预算价格的波动。

(3)流通环节的多少和材料供应体制也会影响材料预算价格。

(4)运输距离和运输方法的改变会影响材料运输费用的增减，从而也会影响材料预算价格。

(5)国际市场行情会对进口材料价格产生影响。

86. 为什么要对材料预算价格进行调整？

材料预算价格编制完毕颁发执行，就可作为编制工程预（结）算、工程标价及甲乙双方进行工程价款结算的依据，但由于市场供求关系的变化，价格执行区域、时间的变化，材料供应地点、运输工具的变化及运输费率的调整等原因，材料实际价格与预算价格之间就会出现差异，这就是我们常说的材料差价，材料差价超过一定幅度，应进行调整，以使材料预算价格符合实际价格水平，保证工程造价的真实性。

87. 材料预算价格调整主要有哪几种方法？

材料预算价格调整的方法主要有系数调差法、单项调差法、单项调差与综合系数调差相结合法。

88. 什么是系数调差？怎样运用系数调差法对材料预算价格进行调整？

系数调差是指根据工程造价管理部门制定的统一调价综合系数调差，以控制工程造价。因材料预算价格是以中心城市或重点建设区域为适用范围编制的，周围邻近地区执行该价格或者由于编制时间间隔过长，市场价格变动较大，以及由于政策性原因需要调整时，工程造价管理部门根据本地区工程情况和材料的差价定期测算综合系数，公布实行。为计算方便，该系数可按占直接费（也可按占预算定额造价）的百分比确定，供编制预算时进行一次性调整。

材料差价调整综合系数计算公式为

$$\text{差价调整系数}=\frac{\left[\begin{matrix}\sum\text{调价单项材}\\\text{料定额耗用量}\end{matrix}\times\left(\begin{matrix}\text{现场预算价格}\\-\text{现行预算价格}\end{matrix}\right)\right]}{\text{直接费（总造价）}}\times 100\%$$

材料差价调整额计算公式为

需调整材料差价额＝直接费（或总造价）×差价调整系数

89. 什么是单项调差？怎样运用单项调差法对材料预算价格进行调整？

单项调差，也叫直接调整法，在市场经济中，有些材料受市场供求关系变化影响大，价格变化频繁，幅度大，控制调整不能及时反映材料价格的变动情况。采用单项调差，在价格发生变动时，直接进行单项材料的差

价调整，为及时反映市场材料价格变化，工程造价管理部门定期公布材料价格信息，供材料调整参考。单项调差的计算公式为

单项材料差价＝(现场预算价格－现行预算价格)×定额材料耗用量

上述两种材料调差，很少单独使用，一般只适用材料品种较少，价格变化大的专业工程或分部分项工程，如修缮工程、构筑物、装饰工程等。

90. 工程报价及结算时如何选用材料价格调整的方法？

工程报价及结算时材料价格的调整，采用单项调差与综合系数调差相结合的办法计算，即对主要材料及用量大，对造价影响较大的材料采用实际单项调差的方法，其余小型材料采用系数调差。

91. 什么是施工机械台班单价？由哪几部分组成？

施工机械台班单价是指一台施工机械，在正常运转条件下一个工作班中所发生的全部费用，每台班按 8h 工作制计算。正确制定施工机械台班单价是合理控制工程造价的重要方面。

施工机械台班单价由七项费用组成，包括折旧费、大修理费、经常修理费、安拆费及场外运费、燃料动力费、人工费、养路费及车船使用税等。

92. 什么是折旧费？怎样计算？

折旧费是指机械在规定的寿命期(使用年限或耐用总台班)内，陆续收回其原值的费用及支付贷款利息的费用，其计算公式为

$$台班折旧费=\frac{机械预算价格\times(1-残值率)\times贷款利息系数}{耐用总台班}$$

93. 如何确定国产机械预算价格？

国产机械预算价格是指机械出厂价格加上从生产厂家(或销售单位)交货地点运至使用单位机械管理部门验收入库的全部费用。

国产机械出厂价格(或销售价格)的收集途径：

(1)全国施工机械展销会上各厂家的订货合同价；

(2)全国有关机械生产厂家函询或面询的价格；

(3)组织有关大中型施工企业提供当前购入机械的账面实际价格；

(4)建设部门价格信息网络中的本期价格。

根据上述资料列表对比分析，合理取定。对于少量无法取到实际价格的机械，可用同类机械或相近机械的价格采用内插法和比例法取定。

94. 如何确定进口机械预算价格?

进口机械预算价格是由进口机械到岸完税价格(即包括机械出厂价格和到达我国口岸之前的运费、保险费等一切费用)加上关税、外贸部门手续费、银行财务费以及由口岸运至使用单位机械管理部门验收入库的全部费用,其计算公式为

进口运输机械预算价格=[到岸价格×(1+关税税率+增值税税率)]×(1+购置附加费率+外贸部门手续费率+银行财务费率+国内一次运杂费费率)

95. 什么是残值率? 怎样确定?

残值率是指施工机械报废时其回收的残余价值占机械原值(即机械预算价格)的比率,《全国统一施工机械台班费用定额》根据有关规定,结合施工机械残值回收实际情况,将各类施工机械的残值率确定如下:

运输机械	2%
特大型机械	3%
中、小型机械	4%
掘进机械	5%

96. 什么是贷款利息系数? 怎样计算?

贷款利息系数是指为补偿企业贷款购置机械设备所支付的利息,从而合理反映资金的时间价值,以大于1的贷款利息系数,将贷款利息(单利)分摊在台班折旧费中,其计算公式为:

$$贷款利息系数=1+\frac{(n+1)}{2}i$$

式中 n——机械的折旧年限;

i——设备更新贷款年利率。

折旧年限是指国家规定的各类固定资产计提折旧的年限。

设备更新贷款年利率是以定额编制当年的银行贷款年利率为准。

97. 什么是耐用总台班? 怎样计算?

耐用总台班是指机械在正常施工作业条件下,从投入使用起到报废止,按规定应达到的使用总台班数。机械耐用总台班即机械使用寿命,一

般可分为机械技术使用寿命、经济使用寿命和合理使用寿命。

《全国统一施工机械台班费定额》中的耐用总台班是以经济使用寿命为基础，并依据国家有关固定折旧年限规定，结合施工机械工作对象和环境以及年能达到的工作台班确定。

机械耐用总台班的计算公式为

耐用总台班＝折旧年限×年工作台班

＝大修间隔台班×大修周期

年工作台班是根据有关部门对各类主要机械最近三年的统计资料分析确定。

大修间隔台班是指机械自投入使用起至第一次大修止或自上一次大修后投入使用起至下一次大修止，应达到的使用台班数。

大修周期是指机械正常的施工作业条件下，将其寿命期(即耐用总台班)按规定的大修理次数划分为若干个周期，其计算公式为：

大修周期＝寿命期大修理次数＋1

98. 什么是大修理费？怎样计算？

大修理费指机械设备按规定的大修间隔台班进行必要的大修理，以恢复机械正常功能所需的全部费用。台班大修理费则是机械寿命期内全部大修理费之和在台班费用中的分摊额。

(1)一次大修理费。指机械设备按规定的大修理范围和修理工作内容，进行一次全面修理所需消耗的工时、配件、辅助材料、油燃料以及送修运输等全部费用。

(2)寿命期大修理次数。指机械设备为恢复原机功能按规定在使用期限内需要进行的大修理次数。

99. 什么是经常修理费？怎样计算？

经常修理费指机械设备除大修理以外必须进行的各级保养(包括一、二、三级保养)以及临时故障排除和机械停置期间的维护保养等所需各项费用；为保障机械正常运转所需替换设备、随机工具附具的摊销及维护费用；机械运转及日常保养所需润滑、擦拭材料费用。机械寿命期内上述各项费用之和分摊到台班费中，即为台班经常修理费，其计算公式为

$$台班经常修理费=\frac{\sum\left(\begin{matrix}各级保养\\一次费用\end{matrix}\times\begin{matrix}寿命期各级\\保养总次数\end{matrix}\right)+\begin{matrix}临时故障\\排除费用\end{matrix}}{耐用总台班}+$$

$$替换设备台班摊销费+$$

$$工具附具台班摊销费+例保辅料费$$

为简化计算，也可采用下列公式：

$$台班经常修理费=台班大修费\times K$$

$$K=\frac{机械台班经常修理费}{机械台班大修理费}$$

100. 什么是各级保养(一次)费用？

各级保养(一次)费用是指分别指机械在各个使用周期内为保证机械处于完好状况，必须按规定的各级保养间隔周期、保养范围和内容进行的一、二、三级保养或定期保养所消耗的工时、配件、辅料、油燃料等费用。

101. 什么是寿命期各级保养总次数？

寿命期各级保养总次数是指一、二、三级保养或定期保养在寿命期内各个使用周期中保养次数之和。

102. 什么是机械临时故障排除费及机械停置期间维护保养费？

机械临时故障排除费及机械停置期间维护保养费是指机械除规定的大修理及各级保养以外，临时故障所需费用以及机械在工作日以外的保养维护所需润滑擦拭材料费，可按各级保养(不包括例保辅料费)费用之和的 3%计算，即

$$\begin{matrix}机械临时故障排除费及\\机械停置期间维护保养费\end{matrix}=\sum\left(\begin{matrix}各级保养\\一次费用\end{matrix}\times\begin{matrix}寿命期各级\\保养总次数\end{matrix}\right)\times 3\%$$

103. 什么是替换设备及工具附具台班摊销费？

替换设备及工具附具台班摊销费是指轮胎、电缆、蓄电池、运输皮带、钢丝绳、胶皮管、履带板等消耗性设备和按规定随机配备的全套工具附具的台班摊销费用，其计算公式为：

$$\begin{matrix}替换设备及工具\\附具台班摊销费\end{matrix}=\sum[(各类替换设备数量\times单价\div耐用台班)+(各类随机工具附具数量\times单价\div耐用台班)]$$

104. 什么是例保辅料费？

例保辅料费，即机械日常保养所需润滑擦拭材料的费用。

105. 什么是安拆费及场外运输费？

安拆费是指机械在施工现场进行安装、拆卸所需的人工、材料、机械费及试运转费，以及安装所需要的辅助设施的费用；场外运费是指机械整体或分件自停放场地运至施工现场所发生的费用，包括机械的装卸、运输、辅助材料费和机械在现场使用期需回基地大修理的运费。

106. 如何计算安拆费及场外运输费？

定额安拆费及场外运输费，均分别按不同机械、型号、质量、外形体积，不同的安拆和运输方法测算其工、料，机械的耗用量综合计算取定，除地下工程机械外，均按年平均 4 次运输，运距平均 25km 以内考虑。但金属切削加工机械，由于该类机械安装在固定的车间内，无须经常安拆运输，所以不能计算安拆费及场外运输费。特大型机械的安拆费及场外运输费，由于其费用较大，应单独编制每安拆一次或运输一次的费用定额。

安拆费及场外运输费的计算公式如下：

$$\text{台班安拆费}=\frac{\text{机械一次安拆费}\times\text{年平均安拆次数}}{\text{年工作台班}}+\text{台班辅助设施摊销费}$$

$$\text{台班辅助设施摊销费}=\frac{\text{辅助设施一次费用}\times(1-\text{残值率})}{\text{辅助设施使用台班}}$$

$$\text{台班场外运费}=\frac{\left(\begin{matrix}\text{一次运输}\\\text{及装卸费}\end{matrix}+\begin{matrix}\text{辅助材料}\\\text{一次摊销费}\end{matrix}+\begin{matrix}\text{一次}\\\text{架线费}\end{matrix}\right)\times\begin{matrix}\text{年平均场外}\\\text{运输次数}\end{matrix}}{\text{年工作台班}}$$

107. 什么是燃料动力费？

燃料动力费指机械设备在运转施工作业中所耗用的固体燃料（煤炭、木材）、液体燃料（汽油、柴油）、电力、水和风力等费用。

108. 燃料动力消耗量的确定主要有哪几种方法？

燃料动力消耗量的确定可采取以下几种方法：

(1)实测方法。即通过对常用机械，在正常的工作条件下，8h 工作时间内，经仪表计量所测得的燃料动力消耗量，加上必要的损耗后的数量。

以耗油量为例，一般包括如下内容：①正常施工作业时间耗油量；②准备与结束时间的耗油量，包括加水、加油、发动、升温，就位及作业结束离开现场等；③附加休息时间的耗油量，包括中途加油、施工交底、中间检验、交接班等；④不可避免的空转时间的耗油量；⑤工作前准备和结束后清理保养时间即无油耗时间。

以上各项油耗(V)之和与时间(t)之和的比值即为台时耗油量，即

$$台时耗油量=\frac{V_1+V_2+V_3\cdots\cdots+V_n}{t_1+t_2+t_3\cdots\cdots+t_n}$$

台时耗油时间＝8h－无油耗时间

台时耗油量＝台时耗油量×8(h)×0.8

(2)现行定额燃料动力消耗量平均法。根据全国统一安装工程机械台班费定额及各省、市、自治区、国务院有关部门预算定额相同机械的消耗量取其平均值。

(3)调查数据平均法。根据历年统计资料的相同机械燃料动力消耗量取其平均值。为了准确地确定施工机械台班燃料动力的消耗量，在实际工作中，往往将三种办法结合起来，以取得各种数据，然后取其平均值，其计算公式为

$$台班燃料动力消耗量=\frac{实测数\times4+定额平均值+调查平均值}{6}$$

《全国统一施工机械台班费用定额》的燃料动力消耗量就是采取这种方法确定的。

台班燃料动力费＝台班燃料动力消耗量×各省、市、自治区规定的相应单价

109. 施工机械台班费中的人工费指什么？怎样计算？

施工机械台班费中的人工费指机上司机、司炉和其他操作人员的工作日工资以及上述人员在机械规定的年工作台班以外的基本工资和工资性质的津贴(年工作台班以外机上人员工资指机械保管所支出的工资，以“增加系数表示”)。

工作台班以外机上人员人工费用，以增加机上人员的工日数形式列入定额，按下列公式计算：

台班人工费＝定额机上人工工日×日工资单价

定额机上人工工日＝机上定员工日×(1＋增加工日系数)

增加工日系数＝(年日历天数－规定节假公休日－辅助工资中年非工作日－机械年工作台班)÷机械年工作台班

增加工日系数取定0.25。

110. 什么是养路费及车船使用费？怎样计算？

养路费及车船使用税指按照国家有关规定应交纳的运输机械养路费和车船使用税，按各省、自治区、直辖市规定标准计算后列入定额，其计算公式为

$$\text{台班养路费及车船使用税}=\frac{\begin{matrix}\text{载重量}\\\text{(或核定吨位)}\end{matrix}\times\left[\begin{matrix}\text{养路费}\\\text{(元/吨·月)}\end{matrix}\times 12+\begin{matrix}\text{车船使用税}\\\text{(元/吨·年)}\end{matrix}\right]}{\text{年工作台班}}$$

核定吨位：运输车辆按载质量计算；汽车吊、轮胎吊、装载机按自重计算。

第三章

·工业管道工程工程量清单计价·

1. 什么是工程量清单？

工程量清单是招标文件的组成部分，用以表现拟建工程的分部分项工程项目、措施项目、其他项目名称和相应数量的明细清单，包括分部分项工程量清单、措施项目清单、其他项目清单、规费项目清单、税金项目清单。它由招标人负责编制，或由其委托具有相应资质的工程造价咨询人编制，其准确性和完整性由招标人负责，作为编制招标控制价、投标报价、计算工程量、支付工程款、调整合同价款、办理竣工结算以及工程索赔等的依据之一。

2. 什么是工程量清单计价？

工程量清单计价是指由投标人按照由招标人提供的工程量清单逐一填报单价并计算出的全部费用，包括分部分项工程费、措施项目费、其他项目费和规费、税金。

工程量清单计价采用"综合单价"法计价。综合单价是指完成规定计量单位分项工程所需的人工费、材料费、施工机械使用费、管理费、利润，并考虑了风险因素的一种单价。

3. 工程量清单计价具有哪些特点？

工程量清单计价的特点具体体现在以下几个方面：

(1)统一计价规则。通过制定统一的建设工程工程量清单计价方法、统一的工程量计量规则、统一的工程量清单项目设置规则，达到规范计价行为的目的。这些规则和办法是强制性的，建设各方面都应该遵守，这是工程造价管理部门首次在文件中明确政府应管什么，不应管什么。

(2)有效控制消耗量。通过由政府发布统一的社会平均消耗量指导标准，为企业提供一个社会平均尺度，避免企业盲目或随意大幅度减少或扩大消耗量，从而达到保证工程质量的目的。

(3)彻底放开价格。将工程消耗量定额中的工、料、机价格和利润、管理费全面放开，由市场的供求关系自行确定价格。

(4)企业自主报价。投标企业根据自身的技术专长、材料采购渠道和管理水平等，制定企业自己的报价定额，自主报价。企业尚无报价定额的，可参考使用造价管理部门颁布的《建设工程消耗量定额》。

(5)市场有序竞争形成价格。通过建立与国际惯例接轨的工程量清单计价模式，引入充分竞争形成价格的机制，制定衡量投标报价合理性的基础标准，在投标过程中，有效引入竞争机制，淡化标底的作用，在保证质量、工期的前提下，按国家《招标投标法》及有关条款规定，最终以“不低于成本”的合理低价者中标。

4. 推行工程量清单计价有哪些意义？

推行工程量清单计价有着十分重要的意义，具体可表现出为以下几个方面：

(1)推行工程量清单计价是深化工程造价管理改革，推进建设市场化的重要途径。

(2)在建设工程招标投标中实行工程量清单计价是规范建筑市场秩序的治本措施之一，适应社会主义市场经济的需要。

(3)推行工程量清单计价是与国际接轨的需要。

(4)实行工程量清单计价，是促进建设市场有序竞争和企业健康发展的需要。

(5)实行工程量清单计价，有利于我国工程造价政府职能的转变。

5. 我国现行的清单计价规范是什么时候颁布执行的？

为改革工程造价计价方法，推行工程量清单计价，原建设部标准定额研究所受原建设部标准定额司的委托，于2002年2月开始组织有关部门和地区工程造价专家编制《全国统一工程量清单计价办法》，为了增强工程量清单计价办法的权威性和强制性，最后改为《建设工程工程量清单计价规范》(GB 50500—2003)，经原建设部批准为国家标准，于2003年7月1日正式实施。经过五年的使用后，由改革后的中华人民共和国住房和城乡建设部以及中华人民共和国国家质量监督检验检疫总局于2008年7月9日联合发布《建设工程工程量清单计价规范》(GB 50500—2008)，2008年12月1日正式执行，原2003年发布的清单计价规范同时作废。

6.《建设工程工程量清单计价规范》主要包括哪些内容？

《建设工程工程量清单计价规范》(GB50500—2008)主要由正文和附录两部分组成，两者具有同等效力，缺一不可。

(1)正文部分。正文部分共五章，包括总则、术语、工程量清单编制、工程量清单计价、工程量清单计价表格。分别就“计价规范”的适应范围、遵循的原则，编制工程量清单应遵循原则、工程量清单计价活动的规则、工程清单及其计价格式作了明确规定。

(2)附录部分。附录包括附录 A:建筑工程工程量清单项目及计算规则；附录 B:装饰装修工程工程量清单项目及计算规则；附录 C:安装工程工程量清单项目及计算规则；附录 D:市政工程工程量清单项目及计算规则；附录 E:园林绿化工程工程量清单项目及计算规则；附录 F:矿山工程工程量清单项目及计算规则。这些附录中包括项目编码、项目名称、项目特征、计量单位、工程量计算规则和工程内容，其中项目编码、项目名称、计量单位、工程量计算规则作为“四个统一”的内容，要求招标人在编制工程量清单时必须执行。

7.《建设工程工程量清单计价规范》的编制原则有哪些？

《建设工程工程量清单计价规范》编制的主要原则如下：

(1)政府宏观调控。

(2)企业自主报价、市场竞争形成价格。

(3)与现行定额既有机结合，又有区别的原则。

(4)既考虑我国工程造价管理的现状，又尽可能与国际惯例接轨的原则。

8.《建设工程工程量清单计价规范》具有哪些特点？

(1)强制性。强制性主要表现在：一是由建设主管部门按照强制性国家标准的要求批准颁布，规定全部使用国有资金或国有资金投资为主的大、中型建设工程按清单计价规范规定执行。二是明确工程量清单是招标文件的部分，并规定了招标人在编制工程量清单时必须遵守的规则，做到了“四个统一”。

(2)实用性。工程量清单项目及计算规则的项目名称表现的是工程实体项目，项目明确清晰，工程量计算规则简洁明了；特别还有项目特征和工程内容，易于编制工程量清单时确定项目名称和投标报价。

(3)竞争性。竞争性表现在两个方面：①使用工程量清单计价时，《建设工程工程量清单计价规范》中的措施项目中，投标人具体采用什么措施，由投标人根据企业的施工组织设计，视具体情况报价。②《建设工程工程量清单计价规范》将报价权交给企业。

(4)通用性。采用工程量清单计价将与国际惯例接轨，符合工程量清单计算方法标准化、工程量计算规则统一化、工程造价确定市场化的规定。

9. 工程量清单计价的招投标模式是怎样的？

(1)工程建设项目在招投标的程序中，将产生一系列重要的招投标文件，这些文件资料将直接影响工程造价的确定与控制。招标方应注意招标文件的编制，表达清楚，准确体现业主的意愿，做到与工程量清单相互对应与衔接，口径应一致，否则如果出现漏洞，就会成为施工单位追加工程款的突破口，从而造成纠纷，引起索赔。

(2)工程量清单报价由投标方进行编制，投标人应响应招标人发出的工程量清单，并遵照工程量清单，结合施工现场的实际情况，选定施工方案与施工组织设计，根据企业定额计算出综合单价，其中其他费用、间接成本、利润根据工程情况和市场行情决定，各种规费和税金按国家规定计算，另外还要考虑相应的风险费用。

(3)工程量清单报价的评标过程中，价格是关键，是竞争的核心，要在公平竞争的市场环境下，实行合理低价中标，防止由于串标引起的高价中标，也要防止低于成本中标引起的一系列问题，切实保护业主自身的利益。

在具体审查投标单位报价时，应将各投标单位的报价进行汇总分析，与招标控制价进行对比，应核查是否有单价过高或过低，尤其重点研究工程量大的单价，因为投标单位通常可以在保持总价不变的情况下，降低变化小的项目的单价，增大变化大的项目的单价，从而可以最终达到增加工程款的目的，核查工程单价可以避免发生这种情况；同时不能只看单价，不看工作内容，不看施工方案，应对照施工方案的内容重点审查含有措施费用的项目单价。总之，要对工程总价，各项目单价组成要素的合理性进行分析、测算，有不合理的地方要求施工单位作出解释并更改，最终选择最优报价的单位作为中标单位。

10. 工程量清单计价与定额计价有哪些差别?

(1)编制工程量的单位不同。传统定额预算计价办法是:建设工程的工程量分别由招标单位和投标单位按图计算。工程量清单计价是:工程量由招标单位统一计算或委托有工程造价咨询资质的单位统一计算,各投标单位根据招标人提供的"工程量清单",自主填写报单价。

(2)编制工程量清单时间不同。传统的定额预算计价法是在发出招标文件后编制(招标与投标人同时编制或投标人编制在前,招标人编制在后)。工程量清单报价法必须在发出招标文件前编制。工程量清单在招标前由招标人编制。

(3)表现形式不同。采用传统的定额预算计价法一般是总价形式。工程量清单报价法采用综合单价形式。

(4)编制依据不同。传统的定额预算计价法依据图纸。工程量清单报价法标底的编制根据招标文件中的工程量清单和有关要求、施工现场情况、合理的施工方法以及按建设行政主管部门制定的有关工程造价计价方法编制。

(5)费用组成不同。传统预算定额计价法的工程造价由直接费、间接费、利润、税金组成。工程量清单计价法工程造价包括分部分项工程费、措施项目费、其他项目费、规费、税金。

(6)评标所用的方法不同。传统预算定额计价投标一般采用百分制评分法。采用工程量清单计价法投标,一般采用合理低报价中标法,既要对总价进行评分,还要对综合单价进行分析评分。

(7)项目编码不同。采用传统的预算定额项目编码,全国各省市采用不同的定额子目,采用工程量清单计价全国实行统一编码。

(8)合同价调整方式不同。传统的定额预算计价合同价调整方式有:变更签证、定额解释、政策性调整。工程量清单计价法合同价调整方式主要是索赔。

(9)投标计算口径不同。因为各投标单位都根据统一的工程量清单报价,达到了投标计算口径统一。不再是传统预算定额招标,各投标单位各自计算工程量,各投标单位计算的工程量均不一致。

(10)索赔事件发生的概率不同。因承包商对工程量清单单价包含的工作内容一目了然,故凡建设方不按清单内容施工的,任意要求修改清单的,都会增加施工索赔的因素。

11. 工程量清单项目的设置原则是什么?

(1)工程量清单项目的设置或划分是以形成工程实体为原则,它也是计量的前提。因此项目名称均以工程实体命名。所谓实体是指形成生产或工艺作用的主要实体部分,对附属或次要部分均不设置项目。项目必须包括完成或形成实体部分的全部内容。如工业管道安装工程项目,实体部分指管道,完成这个项目还包括:防腐刷油、绝热保温、管道脱脂、酸洗、试压、探伤检查等。刷油漆、保温层及保护壳也是实体,但对管道安装而言,它们就是附属的次要项目了,只能在综合单价中考虑,而不另列项计价。脱脂酸洗、试压等不构成实体更不需列项单计,只存在于综合单价中,但也有个别工程项目,既不能形成实体,又不能综合在某一个实物量中,如消防系统的调试、自动控制仪表工程、采暖工程、通风工程的系统调试项目,它们是多台设备、组件由网络(指管线)连接、组成一个系统,在设备安装的最后阶段,根据工艺要求,进行参数整定,标准测试调整,以达到系统运行前的验收要求。它是某些设备安装工程不可或缺的一个内容,没有这个过程便无法验收。因此,计价规范对系统调试项目,均作为工程量清单项目单列。

(2)工程量清单项目设置的不能重复,完全相同的项目,只能相加后列一项,用同一编码,即一个项目只有一个编码,只有一个对应的综合单价。

12. 工程量清单计价应采用哪种计价方式?

工程量清单计价应采用综合单价计价方式。综合单价计价应包括完成规定计量单位、合格产品所需的全部费用。考虑我国的现实情况,综合单价包括除规费、税金以外的全部费用,它不但适用于分部分项工程量清单,也适用于措施项目清单、其他项目清单等。这不同于现行定额工料单价计价形式,而是达到简化计价程序的作用,实现与国际接轨。

13. 清单计价模式下的费用主要由哪些内容构成?

工程量清单计价模式的费用构成包括分部分项工程费、措施项目费、其他项目费以及规费和税金。

工程量清单计价模式下的建筑安装工程费用构成见图 3-1 所示。

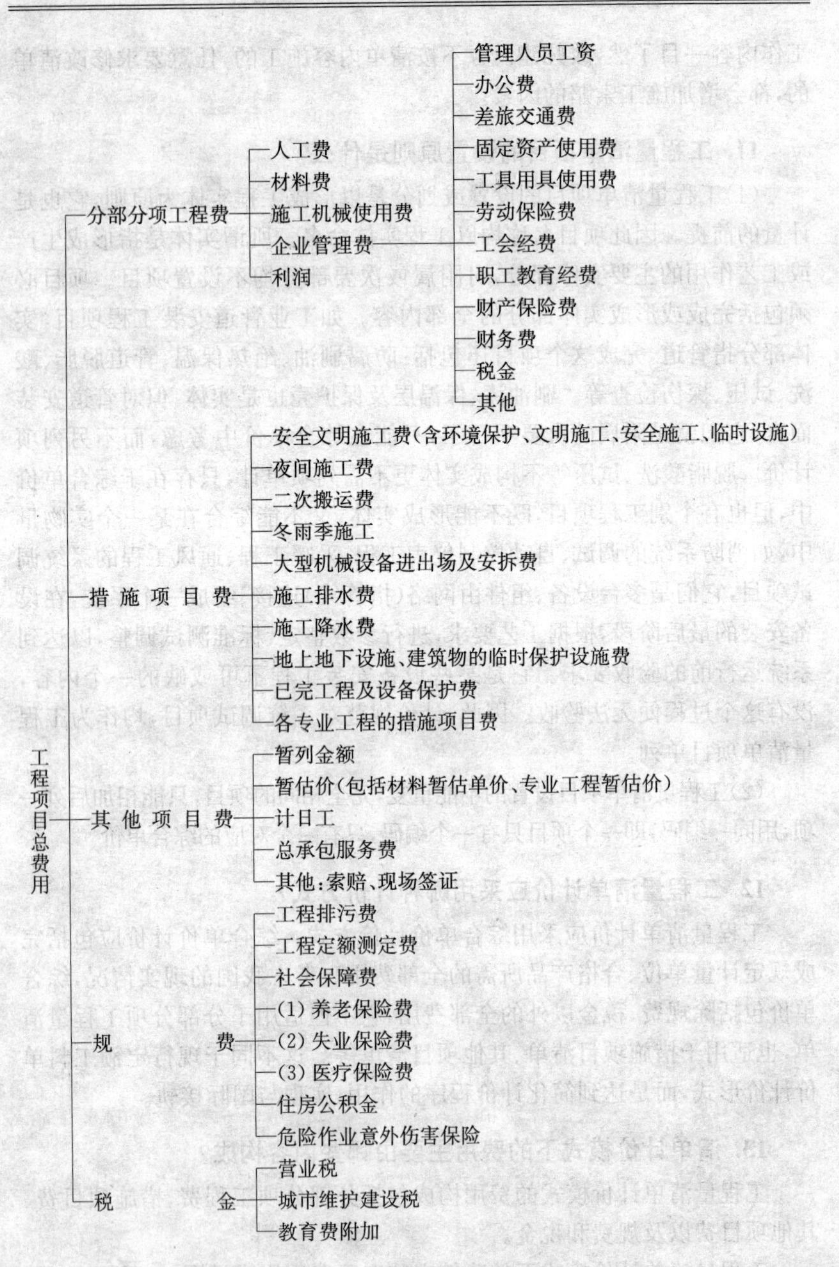

图 3-1 清单计价费用构成

14. 分部分项工程费由哪几部分组成?

分部分项工程费的组成包括人工费、材料费和施工机械使用费、管理费和利润等项目。其中,人工费、材料费和施工机械使用费是指在工程施工过程中直接耗费的构成工程实体和有助于工程实体形成的各项费用,是构成工程量清单中分部分项工程费的主体费用,共有两种计算模式:利用现行的概预算定额计价模式、动态的计价模式的计价方法及在投标报价中的应用。

15. 清单计价中人工费是否包括管理人员、辅助服务人员及现场保安等开支费用?

人工费中不包括管理人员(管理人员一般包括项目经理、施工队长、工程师、技术员、财会人员、预算人员、机械师等)、辅助服务人员(一般包括生活管理员、炊事员、医务人员、翻译人员、小车司机和勤杂人员等)、现场保安等开支费用。

16. 清单计价中人工费用的计算有哪几种模式?

根据工程量清单"彻底放开价格"和"企业自主报价"的特点,结合当前我国建筑市场的状况,以及现今各投标企业的投标策略,人工费的计算模式主要有利用现行的概、预算定额计价模式与动态的计价模式两种。

17. 如何利用现行概、预算定额计算清单人工费?

根据工程量清单提供的清单工程量,利用现行的概、预算定额,计算出完成各个分部分项工程量清单的人工费,并根据本企业的实力及投标策略,对各个分部分项工程量清单的人工费进行调整,然后汇总计算出整个投标工程的人工费,其计算公式为

人工费=∑[Δ(概预算定额中人工工日消耗量×相应等级的日工资综合单价)]

这种方法是当前我国大多数投标企业所采用的人工费计算方法,具有简单、易操作、速度快,并有配套软件支持的特点。其缺点是竞争力弱,不能充分发挥企业的特长。

18. 如何利用动态计价模式计算清单人工费?

动态的计价模式人工费的通常计算方法是:首先根据工程量清单提供的清单工程量,结合本企业的人工效率和企业定额,计算出投标工程消耗的工日数;其次根据现阶段企业的经济、人力、资源状况和工程所在地的实际生活水平,以及工程的特点,计算工日单价;然后根据劳动力来源及人员比例,计算综合工日单价;最后计算人工费,其计算公式为

人工费=∑(人工工日消耗量×综合工日单价)

动态的计价模式人工费的另一种计算方法是:用国家工资标准即概、预算人工单价的调整额,作为计价的人工工日单价,用它乘以依据"企业定额"计算出的工日消耗量计算人工费,其计算公式为

人工费=∑(Δ概预算定额人工工日单价×人工工日消耗量)

动态的计价模式能准确地计算出本企业承揽拟建工程所需发生的人工费,对企业增强竞争力,提高企业管理水平及增收创利具有十分重要的意义。它适用于实力雄厚、竞争力强的企业,也是国际上比较流行的一种报价模式。这种报价模式与利用概预算定额报价相比,缺点是工作量相对较大、程序复杂,且企业应拥有自己的企业定额及各类信息数据库。

19. 工程用工量应怎样计算?

工程用工量(人工工日消耗量)的计算,应根据指标阶段和招标方式来确定。就当前我国建筑市场而言,有的在初步设计阶段进行招标,有的在施工图阶段进行招标。由于招标阶段不同,工程用工工日数的计算方法也不同。目前国际承包工程项目计算用工的方法基本有两种:一是分析法;二是指标法。

20. 如何利用分析法计算用工工日数?

利用分析法计算用工工日数多数用于施工图阶段,以及扩大的初步设计阶段的招标。招标人在此阶段招标时,在招标文件中提出施工图(或初步设计图纸)和工程量清单,作为投标人计算投标报价的依据。

分析法计算工程用工量,最准确的计算是依据投标人自己施工工人的实际操作水平,加上对人工工效的分析来确定,俗称企业定额。但是,由于我国大多数施工企业没有自己的"企业定额",其计价行为是以现行

的建设部或各行业颁布的概、预算定额为计价依据，所以在利用分析法计算工程用工量时，应根据下列公式计算：

$$DC=R \cdot K$$

式中　DC——人工工日数；

R——用国内现行的概、预算定额计算出的人工工日数；

K——人工工日折算系数。

人工工日折算系数，是通过对本企业施工工人的实际操作水平、技术装备、管理水平等因素进行综合评定计算出的生产工人劳动生产率与概、预算定额水平的比率来确定，计算公式为：

$$K=V_q/V_0$$

式中　K——人工工日折算系数；

V_q——完成某项工程本企业应消耗的工日数；

V_0——完成同项工程概、预算定额消耗的工日数。

一般来讲，有实力参与建设工程投标竞争的企业，其劳动生产率水平要比社会平均劳动生产率高，亦即 K 的数值一般<1，所以 K 又称为"人工工日折减系数"。

在投标报价时，人工工日折减系数可以分土木建筑工程和安装工程来分别确定两个不同的"K 值"；也可以对安装工程按不同的专业，分别计算多个"K 值"。投标人应根据自己企业的特点和招标书的具体要求灵活掌握。

21. 如何利用指标法计算用工工日数？

指标法计算用工工日数，是当工程招标处于可行性研究阶段时，采用的一种用工量的计算法。

这种方法是利用工业和民用建设工程用工指标计算用工量。工业和民用建设工程用工指标是该企业根据历年来承包完成的工程项目，按照工程性质、工程规模、建筑结构形式，以及其他经济技术参数等控制因素，运用科学的统计分析方法分析出的用工指标。这种方法不适用于我国目前实施的工程量清单投标报价。

22. 什么是综合工日单价？其由哪些内容组成？

综合工日单价可以理解为从事建设工程施工生产的工人日工资水

平。从企业支付的角度看，即为一个从事建设工程施工的本企业生产工人的工资，其构成应包括以下几部分：

(1)本企业待业工人最低生活保障工资：这部分工资是企业中从事施工生产和不从事施工生产(企业内待业或失业)的每个职工都必须具备的；其标准不低于国家关于失业职工最低生活保障金的发放标准。

(2)由国家法律规定的、强制实施的各种工资性费用支出项目，包括职工福利费、生产工人劳动保护费、住房公积金、劳动保险费、医疗保险费等。

(3)投标单位驻地至工程所在地生产工人的往返差旅费：包括短途和长途公共汽车费、火车费、旅馆费、路途及住宿补助费、市内交通及补助费。此项费用可根据投标人所在地至建设工程所在地的距离和路线调查确定。

(4)外埠施工补助费：由企业支付给外埠施工生产工人的施工补助费。

(5)夜餐补助费：是指推行三班作业时，由企业支付给夜间施工生产工人的夜间餐饮补助费。

(6)医疗费：对工人轻微伤病进行治疗的费用。

(7)法定节假日工资：法定节假日休息，如“五一”“十一”支付的工资。

(8)法定休假日工资：法定休假日休息支付的工资。

(9)病假或轻伤不能工作时间的工资。

(10)因气候影响的停工工资。

(11)危险作业意外伤害保险费：按照建筑法规定，为从事危险作业的建筑施工人员支付的意外伤害保险费。

(12)效益工资(奖金)：工人奖金原则应在超额完成任务的前提下发放，费用可在超额结余的资金款项中支付，鉴于当前我国发放奖金的具体状况，奖金费用应归入人工费。

(13)应包括在工资中未明确的其他项目。

其中第(1)、(2)、(11)项是由国家法律强制规定实施的，综合工日单价中必须包含此3项，且不得低于国家规定标准；第(3)项费用可以按管理费处理，不计入人工费中；其余各项由投标人自主决定选用的标准。

23. 综合工日单价的计算可分为哪几个步骤?

综合工日单价的计算过程可分为下列几个步骤：

(1)根据总施工工日数(即人工工日数)及工期(日)计算总施工人数。

工日数、工期(日)和施工人数存在着下列关系：

总工日数＝工程实际施工工期(日)×平均总施工人数

因此，当招标文件中已经确定了施工工期时，

平均总施工人数＝总工日数/工程实际施工工期(日)

当招标文件中未确定施工工期，而由投标人自主确定工期时，

最优化的施工人数或工期(日)＝$\sqrt{\text{总工日数}}$

(2)确定各专业施工人员的数量及比重，其计算方法为

某专业平均施工人数＝某专业消耗的工日数/工程实际施工工期(日)

总工日和各专业消耗的工日数是通过“企业定额”或公式 $DC=R\cdot K$ 计算出来的，前面已经叙述过，这里不再赘述。总施工人数和各专业施工人数计算出后，其比重亦可计算出。

(3)确定各专业劳动力资源的来源及构成比例。劳动力资源的来源一般有下列 3 种途径：

1)来源于本企业：这一部分劳动力是施工现场劳动力资源的骨干。投标人在投标报价时，要根据本企业现有可供调配使用生产工人数量、技术水平、技术等级及拟承建工程的特点，确定各专业应派遣的工人人数和工种比例。

2)外聘技工：这部分人员主要是解决本企业短缺的具有特殊技术职能和能满足特殊要求的技术工人。由于这部分人的工资水平比较高，所以人数不宜多。

3)当地劳务市场招聘的力工：由于当地劳务市场的力工工资水平较低，所以，在满足工程施工要求的前提下，提倡尽可能多地使用这部分劳动力。

上述三种劳动力资源的构成比例的确定，应根据本企业现状、工程特点及对生产工人的要求和当地劳务市场的劳动力资源的充足程度、技能水平及工资水平综合评价后，进行合理确定。

(4)综合工日单价的确定。一个建设项目施工，一般可分为土建、结构、设备、管道、电气、仪表、通风空调、给排水、采暖、消防，以及防腐绝热等专业。各专业综合工日单价的计算可按下列公式计算：

某专业综合工日单价＝∑(本专业某种来源的人力资源人工单价×构成比重)

综合工日单价的计算就是将各专业综合工日单价按加权平均的方法计算出一个加权平均数作为综合工日单价，其计算公式为

综合工日单价＝∑(某专业综合工日单价×权数)

其中权数的取定，是根据各专业工日消耗量占总工日数的比重取定的。

此外，还应对报价中所使用的各种基础数据和计算资料进行整理存档，以备以后投标使用。

24. 清单计价时材料费的计算方法有哪几种？

在投标报价的过程中，材料费的计算，是一个至关重要的问题。因为，对于建筑安装工程来说，材料费占整个建筑安装工程费用的60％～70％。处理好材料费用，对一个投标人在投标过程中能否取得主动，以致最终能否一举中标都至关重要。

要做好材料费的计算，首先要了解材料费的计算方法。比较常用的材料费计算有三种模式：利用现行的概、预算定额计价模式，全动态的计价模式，半动态的计价模式。其各自的计算方法可参见人工费计算的相关叙述。

25. 清单计价时如何合理确定材料的消耗量？

(1)主要材料和消耗材料的消耗量。根据《建设工程工程量清单计价规范》的规定，招标人要在招标书中提供投标人投标报价用的“工程量清单”。在工程量清单中，已经提供了一部分材料的名称、规格、型号、材质和数量，这部分材料应按使用量和消耗量之和进行计价。

对于工程量清单中没有提供的材料，投标人应根据工程的需要(包括工程特点和工程量大小)，以及以往承担工程的经验自主进行确定，包括材料的名称、规格、型号、材质和数量等，材料的数量应是使用量和消耗量之和。

(2)部分周转性材料摊销量。在工程施工过程中，有部分材料作为手段措施没有构成工程实体，其实物形态也没有改变，但其价值却被分批逐步地消耗掉，这部分材料称为周转性材料。周转性材料被消耗掉的价值，应当摊销在相应清单项目的材料费中(计入措施费的周转性材料除外)。摊销的比例应根据材料价值、磨损的程度、可被利用的次数以及投标策略等诸因素进行确定。

(3)低值易耗品。在施工过程中,一些使用年限在规定时间以下,单位价值在规定金额以内的工、器具,称为低值易耗品。这部分物品的计价办法是:概、预算定额中将其费用摊销在具体的定额子目当中;在工程量清单"动态计价模式"中,可以按概、预算定额的模式处理,也可以把它放在其他费用中处理,原则是费用不能重复计算,并能增强企业投标的竞争力。

26. 清单计价时如何确定材料的单价?

建筑安装工程材料价格是指材料运抵现场材料仓库或堆放点后的出库价格。材料单价的计算公式为

材料单价=材料原价+包装费+采购保管费用+运输费用+材料的检验试验费用+其他费用+风险

材料的消耗量和材料单价确定后,材料费用便可用下式计算:

材料费=∑(材料消耗量×材料单价)

27. 什么是施工机械使用费?

施工机械使用费是指使用施工机械作业所发生的机械使用费以及机械安、拆和进出场费。施工机械不包括为管理人员配置的小车以及用于通勤任务的车辆等不参与施工生产的机械设备台班费。

28. 怎样计算施工机械使用费?

施工机械使用费的计算公式为:

施工机械使用费=∑(工程施工中消耗的施工机械台班量×机械台班综合单价)+施工机械进出场费及安拆费(不包括大型机械)

29. 清单计价时如何合理确定施工机械的种类和消耗量?

要根据承包工程的地理位置、自然气候条件的具体情况以及工程量、工期等因素编制施工组织设计和施工方案,然后根据施工组织设计和施工方案、机械利用率、概预算定额或企业定额及相关文件等,确定施工机械的种类、型号、规格和消耗量。

(1)根据工程量,利用概预算定额或企业定额,粗略地计算出施工机械的种类、型号、规格和消耗量。

(2)根据施工方案和其他有关资料对机械设备的种类、型号、规格进行筛选，确定本工程需配备的施工机械具体明细项目。

(3)根据本企业的机械利用率指标，确定本工程中实际需要消耗的机械台班数量。

30. 施工机械台班综合单价的确定主要有哪几个步骤？

(1)确定施工机械台班单价。

(2)确定租赁机械台班费。

(3)优化平衡，确定机械台班综合单价。

通过综合分析，确定各类施工机械的来源及比例，计算机械台班综合单价。其计算公式为

机械台班综合单价＝∑(不同来源的同类机械台班单价×权数)

其中权数是根据各不同来源渠道的机械占同类施工机械总量的比重取定的。

第二种方法是计入相应施工机械的机械台班综合单价中。机上人工费台班单价可参照“人工工日单价”的计算方法确定。

(4)安拆费及场外运输费的计算。施工机械的安装、拆除及场外运输可编制专门的方案。

根据方案计算费用，并以此进一步优化方案，优化后的方案也可作为施工方案的组成部分。

(5)折旧费和维修费的计算。选择施工机械最经济使用年限作为折旧年限，再确定折旧方法，最后计算台班折旧额和台班维修费。组成施工机械台班单价的各项费用额确定以后，机械台班综合单价也就确定了。

所以，选择施工机械最经济使用年限作为折旧年限，是降低机械台班单价，提高机械使用效率最有效、最直接的方法。确定了折旧年限后，再确定折旧方法，最后计算台班折旧额和台班维修费。

组成施工机械台班单价的各项费用额确定以后，机械台班单价也就确定了。

还有一种机械台班单价的确定方法是根据国家及有关部门颁布的机械台班定额进行调整求得。

31. 如何确定租赁机械台班费?

租赁机械台班费是指根据施工需要向其他企业或租赁公司租用施工机械所发生的台班租赁费。

在投标工作的前期,应进行市场调查,调查的内容包括:租赁市场可供选择的施工机械种类、规格、型号、完好性、数量、价格水平以及租赁单位信誉度等,并通过比较选择拟租赁的施工机械的种类、规格、数量及单位,并以施工机械台班租赁价格作为机械台班单价。一般除必须租赁的施工机械外,其他租赁机械的台班租赁费应低于本企业的机械台班单价。

32. 如何确定大型机械设备使用费、进出场费及安拆费?

在工程量清单计价模式下,大型机械设备的使用费作为机械台班使用费,按相应分项工程项目分摊计入直接工程费的施工机械使用费中。大型机械设备进出场费及安拆费作为措施费用计入措施费用项目中。

33. 什么是管理费? 其主要包括哪些内容?

管理费是指组织施工生产和经营管理所需的费用。

现场管理费的高低在很大程度上取决于管理人员的多少。管理人员的多少,不仅反映了管理水平的高低,影响到管理费,而且还影响临设费用和调遣费用(如果招标书中无调遣费一项,这笔费用应该计算到人工费单价中,在直接费中人工费的计算已叙述)。

由管理费开支的工作人员包括管理人员、辅助服务人员和现场保安人员。

34. 清单计价时管理费的计算有哪几种方法?

为了有效地控制管理费开支,降低管理费标准,增强企业的竞争力,在投标初期就应严格控制管理人员和辅助服务人员的数量,同时合理确定其他管理费开支项目的水平。

工程量清单计价中,管理费的计算方法主要有公式计算法和费用分析法。

35. 如何利用公式计算管理费?

利用公式计算管理费的方法比较简单,也是投标人经常采用的一种计算方法,其计算公式为:

管理费＝计算基数×施工管理费率(%)

其中管理费率的计算因计算基数不同，分为 3 种。即：

(1)以直接费为计算基础

$$\text{企业管理费费率}(\%)=\frac{\text{生产工人年平均管理费}}{\text{年有效施工天数}\times(\text{人工单价}+\text{每一工日机械使用费})}\times 100\%$$

(2)以人工费和机械费合计为计算基础

$$\text{企业管理费费率}(\%)=\frac{\text{生产工人年平均管理费}}{\text{年有效施工天数}\times(\text{人工单价}+\text{每一工日机械使用费})}\times 100\%$$

(3)以人工费为计算基础

$$\text{企业管理费费率}(\%)=\frac{\text{生产工人年平均管理费}}{\text{年有效施工天数}\times\text{人工单价}}\times 100\%$$

公式中的基本数据应通过以下途径来合理取定：

(1)分子与分母的计算口径应一致，即分子的生产工人年平均管理费是指每一个建安生产工人年平均管理费，分母中的有效工作天数和建安生产工人年均直接费也是指每一个建安生产工人的有效工作天数和每一个建安生产工人年均直接费。

(2)生产工人年平均管理费的确定，应按照工程管理费的划分，依据企业近年有代表性的工程会计报表中的管理费的实际支出，剔除其不合理开支，分别进行综合平均核定全员年均管理费开支额，然后分别除以生产工人占职工平均人数的百分比，即得每一生产工人年均管理费开支额。

(3)生产工人占职工平均人数的百分比的确定，按照计算基础、项目特征，充分考虑改进企业经营管理，减少非生产人员的措施进行确定。

(4)有效施工天数的确定，必要时可按不同工程、不同地区适当区别对待。在理论上，有效施工天数等于工期。

(5)人工单价，是指生产工人的综合工日单价。

(6)人工费占直接工程费的百分比，应按专业划分，不同建筑安装工程人工费的比重不同，按加权平均计算核定。

另外，利用公式计算管理费时，管理费率可以按照国家或有关部门以及工程所在地政府规定的相应管理费率进行调整确定。

36. 如何利用费用分析法计算管理费？

用费用分析法计算管理费，就是根据管理费的构成，结合具体的工程

项目,确定各项费用的发生额,计算公式为

管理费＝管理人员及辅助服务人员的工资＋办公费＋差旅交通费＋固定资产使用费＋工具用具使用费＋保险费＋税金＋财务费用＋其他费用

在计算管理费之前,应确定以下基础数据,这些数据是通过计算直接工程费和编制施工组织设计和施工方案取得的,这些数据包括:生产工人的平均人数、施工高峰期生产工人人数、管理人员及辅助服务人员总数、施工现场平均职工人数、施工高峰期施工现场职工人数、施工工期。

管理人员及辅助服务人员总数的确定,应根据工程规模、工程特点、生产工人人数、施工机具的配置和数量,以及企业的管理水平进行确定。

37. 怎样确定管理人员及辅助服务人员工资?

管理人员及辅助服务人员的工资的计算公式为:

管理人员及辅助服务人员的工资＝管理人员及辅助服务人员数×综合人工工日单价×工期(日)

38. 清单计价时怎样确定办公费?

办公费按每名管理人员每月办公费消耗标准乘以管理人员人数,再乘以施工工期(月)。管理人员每月办公费消耗标准可以从以往完成的施工项目的财务报表中分析取得。

39. 清单计价时怎样确定差旅交通费?

(1)因公出差、调动工作的差旅费和住勤补助费、市内交通费和误餐补助费、探亲路费、劳动力招募费、离退休职工一次性路费、工伤人员就医路费、工地转移费的计算可按“办公费”的计算方法确定。

(2)管理部门使用的交通工具的油料燃料费和牌照费。

油料燃料费＝机械台班动力消耗×动力单价×工期(日)×综合利用率(%)

牌照费按当地政府规定的月收费标准乘以施工工期(月)。

40. 清单计价时怎样确定固定资产使用费?

根据固定资产的性质、来源、资产原值、新旧程度,以及工程结束后的处理方式确定固定资产使用费。

41. 清单计价时怎样确定工具用具使用费？

工具用具使用费的计算公式为：

工具用具使用费＝年人均使用额×施工现场平均人数×工期（年）

工具用具年人均使用额可以从以往完成的施工项目的财务报表中分析取得。

42. 清单计价时怎样确定保险费？

通过保险咨询，确定施工期间要投保的施工管理用财产和车辆应缴纳的保险费用。

43. 清单计价时怎样确定税金？

税金是指企业按规定缴纳的房产税、车船使用税、土地使用税、印花税等。税金的计算可以根据国家规定的有关税种和税率逐项计算，也可以根据以往工程的财务数据推算取得。

44. 清单计价时怎样计算财务费用？

财务费用是指企业为筹集资金而发生的各种费用，包括企业经营期间发生的短期贷款利息支出、汇兑净损失、调剂外汇手续费、金融机构手续费，以及企业筹集资金而发生的其他财务费用。

财务费计算按下列公式执行：

$$\text{财务费}=\text{计算基数}\times\text{财务费费率}(\%)$$

财务费费率依据下列公式计算：

（1）以直接工程费为计算基础：

$$\text{财务费费率}(\%)=\frac{\text{年均存贷款利息净支出}+\text{年均其他财务费用}}{\text{全年产值}\times\text{直接工程费占总造价比例}(\%)}\times100\%$$

（2）以人工费为计算基础：

$$\text{财务费费率}(\%)=\frac{\text{年均存贷款利息净支出}+\text{年均其他财务费用}}{\text{全年产值}\times\text{人工费占总造价比例}(\%)}\times100\%$$

（3）以人工费和机械费合计为计算基础：

$$\text{财务费费率}(\%)=\frac{\text{年均存贷款利息净支出}+\text{年均其他财务费用}}{\text{全年产值}\times\text{人工费和机械费之和占总造价比例}(\%)}\times100\%$$

另外，财务费用还可以从以往的财务报表及工程资料中，通过分析平衡估算取得。

45. 清单计价时怎样确定其他费用?

工程量清单计价中,其他费用可根据以往工程的经验估算。

46. 什么是利润? 清单计价时如何确定利润?

利润是指施工企业完成所承包工程应收回的酬金。从理论上讲,企业全部劳动成员的劳动,除掉因支付劳动力按劳动力价格所得的报酬以外,还创造了一部分新增的价值,这部分价值凝固在工程产品之中,这部分价值的价格形态就是企业的利润。

在工程量清单计价模式下,利润不单独体现,而是被分别计入分部分项工程费、措施项目费和其他项目费当中。具体计算方法可以以“人工费”或“人工费加机械费”或“直接费”为基础乘以利润率。

利润的计算公式为:

$$利润=计算基础\times利润率(\%)$$

利润是企业最终的追求目标,企业的一切生产经营活动都是围绕着创造利润进行的。利润是企业扩大再生产、增添机械设备的基础,也是企业实行经济核算,使企业成为独立经营、自负盈亏的市场竞争主体的前提和保证。因此,合理地确定利润水平(利润率)对企业的生存和发展是至关重要的。在投标报价时,要根据企业的实力、投标策略,以发展的眼光来确定各种费用水平,包括利润水平,使本企业的投标报价既具有竞争力,又能保证其他各方面的利益的实现。

47. 什么是措施费用?

措施费用是指工程量清单中,除工程量清单项目费用以外,为保证工程顺利进行,按照国家现行有关建设工程施工及验收规范、规程要求,必须配套完成的工程内容所需的费用。

48. 什么是实体措施费? 其计算方法有哪几种?

实体措施费是指工程量清单中,为保证某类工程实体项目顺利进行,按照国家现行有关建设工程施工及验收规范、规程要求,必须配套完成的工程内容所需的费用。实体措施费计算方法有两种:

(1)系数计算法。系数计算法是用于措施项目有直接关系的工程项目直接工程费(或人工费或人工费与机械费之和)合计作为计算基数,乘以实体措施费用系数。实体措施费用系数是根据以往有代表性工程的资料，通过分析计算取得的。

(2)方案分析法。方案分析法是通过编制具体的措施实施方案，对方案所涉及的各种经济技术参数进行计算后，确定实体措施费用。

49. 什么是配套措施费？其计算方法有哪几种？

配套措施费不是为某类实体项目，而是为保证整个工程项目顺利进行，按照国家现行有关建设工程施工及验收规范、规程要求，必须配套完成的工程内容所需的费用。

配套措施费计算方法也包括系数计算法和方案分析法两种。

(1)系数计算法。系数计算法是用整体工程项目直接工程费(或人工费，或人工费与机械费之和)合计作为计算基数，乘以配套措施费用系数。

配套措施费用系数是根据以往有代表性工程的资料，通过分析计算取得的。

(2)方案分析法。方案分析法是通过编制具体的措施实施方案，对方案所涉及的各种经济技术参数进行计算后，确定配套措施费用。

50. 清单计价其他项目费用包括哪些内容？

其他项目费包括暂列金额、暂估价(包括材料暂估单价、专业工程暂估价)、计日工、总承包服务费以及其他费用(如：索赔、现场签证等)。

51. 什么是暂列金额？其应如何列项？

暂列金额是招标人在工程量清单中暂定并包括在合同价款中的一笔款项。暂列金额在《建设工程工程量清单计价规范》(GB 50500—2003)中称为“预留金”，但由于《建设工程工程量清单计价规范》(GB 50500—2003)中对“预留金”的定义不是很明确，发包人也不能正确认识到“预留金”的作用，因而发包人往往回避“预留金”项目的设置。新版《建设工程工程量清单计价规范》(GB 50500—2008)明确规定暂列金额用于施工合同签订时尚未确定或者不可预见的所需材料、设备、服务的采购，施工中可能发生的工程变更、合同约定调整因素出现时的工程价款调整以及发生的索赔、现场签证确认等的费用。

另外，暂列金额列入合同价格不等于就属于承包人所有了，即使是总价包干合同，也不等于列入合同价格的所有金额就属于承包人，是否属于承包人应得金额取决于具体的合同约定，只有按照合同约定程序实际发生后，才能成为承包人的应得金额，纳入合同结算价款中。扣除实际发生金额后的暂列金额余额仍属于发包人所有。设立暂列金额并不能保证合同结算价格就不会再出现超过合同价格的情况，是否超出合同价格完全取决于工程量清单编制人暂列金额预测的准确性，以及工程建设过程是否出现了其他事先未预测到的事件。

52. 什么是暂估价？其应如何列项？

暂估价是指招标阶段直至签订合同协议时，招标人在招标文件中提供的用于支付必然发生但暂时不能确定价格的材料以及专业工程的金额。暂估价包括材料暂估单价和专业工程暂估价。暂估价类似于FIDIC合同条款中的Prime Cost Items(原始成本项目)，在招标阶段预见肯定要发生，只是因为标准不明确或者需要由专业承包人完成，暂时无法确定价格。暂估价数量和拟用项目应当结合工程量清单中的“暂估价表”予以补充说明。

为方便合同管理，需要纳入分部分项工程量清单项目综合单价中的暂估价应只是材料费，以方便投标人组价。

专业工程的暂估价一般应是综合暂估价，应当包括除规费和税金以外的管理费、利润等取费。总承包招标时，专业工程设计深度往往是不够的，一般需要交由专业设计人设计，国际上，出于提高可建造性考虑，一般由专业承包人负责设计，以发挥其专业技能和专业施工经验的优势。这类专业工程交由专业分包人完成是国际工程的良好实践，目前在我国工程建设领域也已经比较普遍。公开透明地合理确定这类暂估价的实际开支金额的最佳途径，就是通过施工总承包人与工程建设项目招标人共同组织的招标。

53. 计日工的作用及适用范围是什么？

计日工在《建设工程工程量清单计价规范》(GB 50500—2003)中称为“零星项目工作费”。计日工是为解决现场发生的零星工作的计价而设立的，其为额外工作和变更的计价提供了一个方便快捷的途径。计日工适用的所谓零星工作一般是指合同约定之外的或者因变更而产生的、工程量清单中没有相应项目的额外工作，尤其是那些时间不允许事先商定价格的额外工作。计日工以完成零星工作所消耗的人工工时、材料数量、机械台班进行计量，并按照计日工表中填报的适用项目的单价进行计价支付。

54. 什么是总承包服务费？

总承包服务费是为了解决招标人在法律、法规允许的条件下进行专业工程发包，以及自行供应材料、设备，并需要总承包人对发包的专业工程提供协调和配合服务，对供应的材料、设备提供收、发和保管服务以及进行施工现场管理时发生，并向总承包人支付的费用。招标人应预计该项费用并按投标人的投标报价向投标人支付该项费用。

55. 工程量清单的编制依据有哪些？

(1)《建设工程工程量清单计价规范》(GB 50500—2008)。

(2)国家或省级、行业建设主管部门颁发的计价依据和办法。

(3)建设工程设计文件。

(4)与建设工程项目有关的标准、规范、技术资料。

(5)招标文件及其补充通知、答疑纪要。

(6)施工现场情况、工程特点及常规施工方案。

(7)其他相关资料。

56. 清单项目特征的意义主要表现在哪几个方面？

工程量清单的项目特征是确定一个清单项目综合单价不可缺少的主要依据。对工程量清单项目的特征描述具有十分重要的意义，其主要体现在以下几方面：

(1)项目特征是区分清单项目的依据。工程量清单项目特征是用来表述分部分项清单项目的实质内容，用于区分计价规范中同一清单条目下各个具体的清单项目。没有项目特征的准确描述，对于相同或相似的清单项目名称，就无从区分。

(2)项目特征是确定综合单价的前提。由于工程量清单项目的特征决定了工程实体的实质内容，必然直接决定了工程实体的自身价值。因此，工程量清单项目特征描述得准确与否，直接关系到工程量清单项目综合单价的准确确定。

(3)项目特征是履行合同义务的基础。实行工程量清单计价，工程量清单及其综合单价是施工合同的组成部分，因此，如果工程量清单项目特征描述不清或漏项、错误，施工过程中的更改，引起分歧，甚至导致纠纷。

正因如此，在编制工程量清单时，必须对项目特征进行准确而且全面的描述。准确描述工程量清单的项目特征，对于准确确定工程量清单项目的综合单价具有决定性的作用。

57. 清单项目特征与工程内容有什么区别？

在按《建设工程工程量清单计价规范》(GB 50500—2008)的附录对工程量清单项目的特征进行描述时，应注意“项目特征”与“工程内容”的区别。"项目特征"是工程项目的实质，决定着工程量清单项目的价值大小，而"工程内容"主要讲的是操作程序，是承包人完成能通过验收的工程项目所必须操作的工序。在《建设工程工程量清单计价规范》中，工程量清单项目与工程量计算规则、工程内容具有一一对应的关系，当采用清单计价规范进行计价时，工作内容既有规定，无需再对其进行描述。而"项目特征"栏中的任何一项都影响着清单项目的综合单价的确定，招标人应高度重视分部分项工程量清单项目特征的描述，任何不描述或描述不清，均会在施工合同履约过程中产生分歧，导致纠纷、索赔。

58. 工程量清单封面的格式是怎样的？

工程量清单封面的表格格式，见表3-1。

表3-1　　工程量清单封面

______________工程

工 程 量 清 单

	工程造价
招 标 人：______________	咨 询 人：______________
（单位盖章）	（单位资质专用章）
法定代表人 或其授权人：______________	法定代表人 或其授权人：______________
（签字或盖章）	（签字或盖章）
编 制 人：______________	复 核 人：______________
（造价人员签字盖专用章）	（造价工程师签字盖专用章）
编制时间：　年　月　日	复核时间：　年　月　日

59. 工程量清单封面的填写应符合哪些要求？

(1)本封面由招标人或招标人委托的工程造价咨询人编制工程量清单时填写。

(2)招标人自行编制工程量清单时，由招标人单位注册的造价人员编制。招标人盖单位公章，法定代表人或其授权人签字或盖章；编制人是造价工程师的，由其签字盖执业专用章；编制人是造价员的，在编制人栏签字盖专用章，应由造价工程师复核，并在复核人栏签字盖执业专用章。

(3)招标人委托工程造价咨询人编制工程量清单时，由工程造价咨询人单位注册的造价人员编制。工程造价咨询人盖单位资质专用章，法定代表人或其授权人签字或盖章；编制人是造价工程师的，由其签字盖执业专用章；编制人是造价员的，在编制人栏签字盖专用章，应由造价工程师复核，并在复核人栏签字盖执业专用章。

60. 如何填写工程量清单总说明？

工程量清单总说明的内容包括：

(1)工程概况：建设规模、工程特征、计划工期、施工现场实际情况、交通运输情况、自然地理条件、环境保护要求等。

(2)工程招标和分包范围。

(3)工程量清单编制依据。

(4)工程质量、材料、施工等的特殊要求。

(5)其他需要说明的问题。

某车间管道安装工程的工程量清单总说明见表3-2。

表3-2 总 说 明

工程名称：××车间管道安装工程　　　　第　页　共　页

1. 工程批准文号。
2. 建设规模。
3. 计划工期。
4. 资金来源。
5. 施工现场特点。
6. 交通质量要求。
7. 交通条件。
8. 环境保护要求。
9. 主要技术参数。
10. 工程量清单编制依据。
11. 其他。

表一01

61. 分部分项工程量清单表格填写应符合哪些要求?

(1)分部分项工程量清单应包括项目编码、项目名称、项目特征、计量单位和工程量。这是构成分部分项工程量清单的五个要件,在分部分项工程量清单的组成中缺一不可。

(2)分部分项工程量清单应根据《建设工程工程量清单计价规范》(GB 50500—2008)中附录规定的项目编码、项目名称、项目特征、计量单位和工程量计算规则进行编制。

(3)分部分项工程量清单的项目编码应采用十二位阿拉伯数字表示。其中一、二位为工程分类顺序码,建筑工程为01,装饰装修工程为02,安装工程为03,市政工程为04,园林绿化工程为05,矿山工程为06;三、四位为专业工程顺序码;五、六位为分部工程顺序码;七、八、九位为分项工程项目名称顺序码;十至十二位为清单项目名称顺序码,应根据拟建工程的工程量清单项目名称设置,同一招标工程的项目编码不得有重码。

在编制工程量清单时应注意对项目编码的设置不得有重码,特别是当同一标段(或合同段)的一份工程量清单中含有多个单项或单位工程且工程量清单是以单项或单位工程为编制对象时,应注意项目编码中的十至十二位的设置不得重码。

(4)分部分项工程量清单的项目名称应按《建设工程工程量清单计价规范》(GB 50500—2008)附录的项目名称结合拟建工程的实际确定。

(5)分部分项工程量清单中所列工程量应按《建设工程工程量清单计价规范》(GB 50500—2008)附录中规定的工程量计算规则计算。工程量的有效位数应遵守下列规定:

1)以“t”为单位,应保留三位小数,第四位小数四舍五入。

2)以“m^3”“m^2”“m”“kg”为单位,应保留两位小数,第三位小数四舍五入。

3)以“个”“项”等为单位,应取整数。

(6)分部分项工程量清单的计量单位应按《建设工程工程量清单计价规范》(GB 50500—2008)附录中规定的计量单位确定,当计量单位有两个或两个以上时,应根据拟建工程项目的实际,选择最适宜表现该项目特征并方便计量的单位。

(7)分部分项工程量清单项目特征应按《建设工程工程量清单计价规

范》(GB 50500—2008)附录中规定的项目特征,结合拟建工程项目的实际予以描述。

但有些项目特征用文字往往又难以准确和全面描述清楚。因此,为达到规范、简捷、准确、全面描述项目特征的要求,在描述工程量清单项目特征时应按以下原则进行。

1)项目特征描述的内容应按《建设工程工程量清单计价规范》(GB 50500—2008)附录中的规定,结合拟建工程的实际,能满足确定综合单价的需要。

2)若采用标准图集或施工图纸能够全部或部分满足项目特征描述的要求,项目特征描述可直接采用详见××图集或××图号的方式。对不能满足项目特征描述要求的部分,仍应用文字描述。

(8)在对分部分项工程量清单项目特征描述时。

涉及正确计量、结构要求、材质要求和安装方式的内容必须描述,对计量计价没有实质影响的内容和应由投标人根据施工方案、当地材料和施工要求、施工措施确定的可以不描述,对于无法准确描述的、施工图纸和标准图集标注明确的、在项目特征描述中已注明由投标人自定的可不详细描述。对规范中没有项目特征要求的个别项目,但又必须描述的应予描述。

(9)编制工程量清单出现《建设工程工程量清单计价规范》(GB 50500—2008)附录中未包括的项目,编制人应作补充,并报省级或行业工程造价管理机构备案,省级或行业工程造价管理机构应汇总报住房和城乡建设部标准定额研究所。

补充项目的编码由附录的顺序码与B和三位阿拉伯数字组成,并应从XB001起顺序编制,同一招标工程的项目不得重码。工程量清单中需附有补充项目的名称、项目特征、计量单位、工程量计算规则、工程内容。

62. 措施项目清单表格填写应符合哪些要求?

(1)措施项目清单应根据拟建工程的实际情况列项。通用措施项目可按表3-3选择列项,专业工程的措施项目可按表3-4规定的项目选择列项。若出现表3-3和表3-4中未列的项目,可根据工程实际情况补充。

表 3-3 通用措施项目一览表

序号	项目名称
1	安全文明施工(含环境保护、文明施工、安全施工、临时设施)
2	夜间施工
3	二次搬运
4	冬雨季施工
5	大型机械设备进出场及安拆
6	施工排水
7	施工降水
8	地上、地下设施,建筑物的临时保护设施
9	已完工程及设备保护

表 3-4 安装工程措施项目一览表

序号	项目名称
3.1	组装平台
3.2	设备、管道施工的防冻和焊接保护措施
3.3	压力容器和高压管道的检验
3.4	焦炉施工大棚
3.5	焦炉烘炉、热态工程
3.6	管道安装后的充气保护措施
3.7	隧道内施工的通风、供水、供气、供电、照明及通讯设施
3.8	现场施工围栏
3.9	长输管道临时水工保护措施
3.10	长输管道施工便道
3.11	长输管道跨越或穿越施工措施
3.12	长输管道地下穿越地上建筑物的保护措施
3.13	长输管道工程施工队伍调遣
3.14	格架式抱杆

(2)措施项目中可以计算工程量的项目清单宜采用分部分项工程量清单的方式编制,列出项目编码、项目名称、项目特征、计量单位和工程量计算规则;不能计算工程量的项目清单,以"项"为计量单位。

(3)《建设工程工程量清单计价规范》(GB 50500—2008)将实体性项目划分为分部分项工程量清单,非实体性项目划分为措施项目。所谓非实体性项目,一般来说,其费用的发生和金额的大小与使用时间、施工方法或者两个以上工序相关,与实际完成的实体工程量的多少关系不大,典型的是大中型施工机械、文明施工和安全防护、临时设施等。但有的非实体性项目,则是可以计算工程量的项目,用分部分项工程量清单的方式采用综合单价,有利于措施费的确定和调整,更有利于合同管理。

63. 其他项目清单表格填写应符合哪些要求?

(1)编制工程量清单,应汇总"暂列金额"和"专业工程暂估价",以提供给投标人报价。

(2)暂列金额在实际履约过程中可能发生,也可能不发生。暂列金额明细表要求招标人应将暂列金额与拟用项目列出明细,但如确实不能详列,也可只列暂定金额总额,投标人应将上述暂列金额计入投标总价中。

(3)材料暂估价是在招标阶段预见肯定要发生,只是因为标准不明确或者需要由专业承包人完成,暂时无法确定具体价格。暂估价数量和拟用项目应当在本表备注栏给予补充说明。

(4)计日工以完成零星工作所消耗的人工工时、材料数量、机械台班进行计量,并按照计日工表中填报的适用项目的单价进行计价支付。在编制工程量清单时,"项目名称"、"计量单位"、"暂估数量"由招标人填写。

64. 规费、税金项目清单表格填写应符合哪些要求?

(1)规费项目清单中应按下列内容列项:

1)工程排污费。

2)工程定额测定费。

3)社会保障费:包括养老保险费、失业保险费、医疗保险等。

4)住房公积金。

5)危险作业意外伤害保险。

(2)税金项目清单应按下列内容列项:

1)营业税。

2)城市维护建设税。

3)教育费附加。

65. 招标控制价的编制依据有哪些?

招标控制价的编制应根据下列依据进行:

(1)《建设工程工程量清单计价规范》(GB 50500—2008)。

(2)国家或省级、行业建设主管部门颁发的计价定额和计价办法。

(3)建设工程设计文件及相关资料。

(4)招标文件中的工程量清单及有关要求。

(5)与建设项目相关的标准、规范、技术资料。

(6)工程造价管理机构发布的工程造价信息;工程造价信息没有发布的参照市场价。

(7)其他的相关资料。

66. 编制招标控制价应注意哪些事项?

(1)使用的计价标准、计价政策应是国家或省级、行业建设主管部门颁布的计价定额和相关政策规定。

(2)采用的材料价格应是工程造价管理机构通过工程造价信息发布的材料单价,工程造价信息未发布材料单价的材料,其材料价格应通过市场调查确定。

(3)国家或省级、行业建设主管部门对工程造价计价中费用或费用标准有规定的,应按规定执行。

(4)招标控制价的作用决定了招标控制价不同于标底,无须保密。为体现招标的公平、公正,防止招标人有意抬高或压低工程造价,招标人应在招标文件中如实公布招标控制价,不得对所编制的招标控制价进行上浮或下调。招标人在招标文件中公布招标控制价时,应公布招标控制价各组成部分的详细内容,不得只公布招标控制价总价。同时,招标人应将招标控制价报工程所在地的工程造价管理机构备查。

(5)投标人经复核认为招标人公布的招标控制价未按照《建设工程工程量清单计价规范》(GB 50500—2008)的规定进行编制的,应在开标前5天向招标投标监督机构或(和)工程造价管理机构投诉。

(6)招标投标监督机构应会同工程造价管理机构对投诉进行处理,发现确有错误的,应责成招标人修改。

67. 招标控制价封面的格式是怎样的?

招标控制价封面的格式,见表3-5。

表3-5 招标控制价封面

________工程

招标控制价

招标控制价(小写):________

(大写):________

招标人:________ (单位盖章)	工程造价 咨询人:________ (单位资质专用章)
法定代表人 或其授权人:________ (签字或盖章)	法定代表人 或其授权人:________ (签字或盖章)
编制人:________ (造价人员签字盖专用章)	复核人:________ (造价工程师签字盖专用章)
编制时间: 年 月 日	复核时间: 年 月 日

68. 招标控制价封面的填写应符合哪些要求？

该封面由招标人或招标人委托的工程造价咨询人编制招标控制价时填写。

(1)招标人自行编制招标控制价时，由招标人单位注册的造价人员编制。招标人盖单位公章，法定代表人或其授权人签字或盖章；编制人是造价工程师的，由其签字盖执业专用章；编制人是造价员的，由其在编制人栏签字盖专用章，应由造价工程师复核，并在复核人栏签字盖执业专用章。

(2)招标人委托工程造价咨询人编制招标控制价时，由工程造价咨询人单位注册的造价人员编制。工程造价咨询人盖单位资质专用章，法定代表人或其授权人签字或盖章；编制人是造价工程师的，由其签字盖执业专用章；编制人是造价员的，在编制人栏签字盖专用章，应由造价工程师复核，并在复核人栏签字盖执业专用章。

69. 招标控制价编制总说明应包括哪些内容？

(1)采用的计价依据。

(2)采用的施工组织设计。

(3)采用的材料价格来源。

(4)综合单价中风险因素、风险范围(幅度)。

(5)其他等。

70. 什么是投标报价？

投标报价是指承包商计算、确定和报送招标工程投标总价格的活动。它是业主选择中标者的主要依据，同时也是业主和承包商就工程标价进行承包合同谈判的基础，并直接关系到承包商投标的成败。报价是进行工程投标的核心。报价过高会失去承包机会，而报价过低虽可得标，但会给工程带来亏本的风险。因此，标价过高或过低都不可取，如何做出合适的投标报价，是投标者能否中标的最关键的问题。

71. 清单投标报价的编制依据有哪些？

(1)《建设工程工程量清单计价规范》(GB 50500—2008)。

(2)国家或省级、行业建设主管部门颁发的计价办法。

(3)企业定额,国家或省级、行业建设主管部门颁发的计价定额。

(4)招标文件、工程量清单及其补充通知、答疑纪要。

(5)建设工程设计文件及相关资料。

(6)施工现场情况、工程特点及拟定的投标施工组织设计或施工方案。

(7)与建设项目相关的标准、规范等技术资料。

(8)市场价格信息或工程造价管理机构发布的工程造价信息。

(9)其他的相关资料。

72. 清单投标报价编制应注意哪些事项?

(1)投标报价中除《建设工程工程量清单计价规范》(GB 50500—2008)中规定的规费、税金及措施项目清单中的安全文明施工费应按国家或省级、行业建设主管部门的规定计价,不得作为竞争性费用外,其他项目的投标报价由投标人自主决定。

(2)投标人的投标报价不得低于成本。《中华人民共和国反不正当竞争法》第十一条规定:“经营者不得以排挤竞争对手为目的,以低于成本的价格销售商品。”《中华人民共和国招标投标法》第四十一规定:“中标人的投标应当符合下列条件……(二)能够满足招标文件的实质性要求,并且经评审的投标价格最低;但是投标价格低于成本的除外。”《评标委员会和评标方法暂行规定》(国家计委等七部委第 12 号令)第二十一条规定:“在评标过程中,评标委员会发现投标人的报价明显低于其他投标报价或者在设有标底时明显低于标底的,使得其投标报价可能低于其个别成本的,应当要求该投标人作出书面说明并提供相关证明材料。投标人不能合理说明或者不能提供相关证明材料的,由评标委员会认定该投标人以低于成本报价竞标,其投标应作废标处理。”

(3)投标报价应由投标人或受其委托具有相应资质的工程造价咨询人编制。

(4)实行工程量清单招标,招标人在招标文件中提供工程量清单,其目的是使各投标人在投标报价中具有共同的竞争平台。因此,要求投标人在投标报价中填写的工程量清单的项目编码、项目名称、项目特征、计量单位、工程数量必须与招标人招标文件中提供的一致。

73. 投标总价封面的格式是怎样的?

投标总价封面的格式,见表 3-6。

表 3-6　　投标总价封面

投 标 总 价

招　　标　　人:________________

工 程 名 称:________________

投标总价(小写):________________

　　　　(大写):________________

投　标　人:________________

(单位盖章)

法定代表人
或其授权人:________________

(签字或盖章)

编　制　人:________________

(造价人员签字盖专用章)

编 制 时 间:　　年　　月　　日

74. 投标总价封面的填写应符合哪些要求?

(1)本封面由投标人编制投标报价时填写。

(2)投标人编制投标报价时,由投标人单位注册的造价人员编制。由投标人盖单位公章,法定代表人或其授权人签字或盖章;编制的造价人员(造价工程师或造价员)签字盖执业专用章。

75. 竣工结算总价封面的格式是怎样的?

竣工结算总价封面的格式,见表 3-7。

表 3-7　竣工结算总价封面

______________________工程

竣工结算总价

中标价(小写):______________　(大写):______________

结算价(小写):______________　(大写):______________

发 包 人:________　承 包 人:________　工程造价咨询人:________

(单位盖章)　(单位盖章)　(单位资质专用章)

法定代表人或其授权人:________　法定代表人或其授权人:________　法定代表人或其授权人:________

(签字或盖章)　(签字或盖章)　(签字或盖章)

编 制 人:______________　核 对 人:______________

(造价人员签字盖专用章)　(造价工程师签字盖专用章)

编制时间:　年　月　日　核对时间:　年　月　日

76. 竣工结算总价封面的填写应符合哪些要求？

（1）承包人自行编制竣工结算总价，由承包人单位注册的造价人员编制。承包人盖单位公章，法定代表人或其授权人签字或盖章；编制的造价人员（造价工程师或造价员）在编制人栏签字盖执业专用章。

（2）发包人自行核对竣工结算时，由发包人单位注册的造价工程师核对。发包人盖单位公章，法定代表人或其授权人签字或盖章，造价工程师在核对人栏签字盖执业专用章。

（3）发包人委托工程造价咨询人核对竣工结算时，由工程造价咨询人单位注册的造价工程师核对。发包人盖单位公章，法定代表人或其授权人签字或盖章；工程造价咨询人盖单位资质专用章，法定代表人或其授权人签字或盖章，造价工程师在核对人栏签字盖执业专用章。

（4）除非出现发包人拒绝或不答复承包人竣工结算书的特殊情况，竣工结算办理完毕后，竣工结算总价封面发、承包双方的签字、盖章应当齐全。

77. 工程项目招标控制价/投标报价汇总表的格式是怎样的？

工程项目招标控制价/投标报价汇总表的格式，见表3-9。

表3-9　　工程项目招标控制价/投标报价汇总表

工程名称：　　　　第　页共　页

序号	单项工程名称	金额/元	其　中		
			暂估价/元	安全文明施工费/元	规费/元
合　计					

注：本表适用于工程项目招标控制价或投标报价的汇总。

78. 工程项目招标控制价/投标报价汇总表的填写应符合哪些要求?

(1)由于编制招标控制价和投标价包含的内容相同,只是对价格的处理不同,因此,招标控制价和投标报价汇总表使用同一表格。实践中,对招标控制价或投标报价可分别印制本表格。

(2)使用本表格编制投标报价时,汇总表中的投标总价与投标中标函中投标报价金额应当一致。如不一致时以投标中标函中填写的大写金额为准。

79. 单项工程招标控制价/投标报价汇总表的格式是怎样的?

单项工程招标控制价/投标报价汇总表的格式,见表 3-10。

表 3-10　　单项工程招标控制价/投标报价汇总表

工程名称:　　　　　　　　　　　　　　　　第　页共　页

序号	单位工程名称	金额/元	其中		
			暂估价/元	安全文明施工费/元	规费/元
合计					

注:本表适用于单项工程招标控制价或投标报价的汇总。暂估价包括分部分项工程中的暂估价和专业工程暂估价。

80. 单位工程招标控制价/投标报价汇总表的格式是怎样的？

单位工程招标控制价/投标报价汇总表的格式，见表3-11。

表3-11　单位工程招标控制价/投标报价汇总表

工程名称：　标段：　第　页共　页

序号	汇总内容	金额/元	其中：暂估价/元
1	分部分项工程		
1.1			
1.2			
1.3			
1.4			
1.5			
2	措施项目		—
2.1	安全文明施工费		—
3	其他项目		—
3.1	暂列金额		—
3.2	专业工程暂估价		—
3.3	计日工		—
3.4	总承包服务费		—
4	规费		—
5	税金		—
招标控制价合计=1+2+3+4+5			

注：本表适用于单位工程招标控制价或投标报价的汇总，如无单位工程划分，单项工程也使用本表汇总。

81. 工程项目竣工结算汇总表的格式是怎样的？

工程项目竣工结算汇总表的格式，见表3-12。

表 3-12　　工程项目竣工结算汇总表

工程名称：　　　　第　页共　页

序号	单项工程名称	金额/元	其中	
			安全文明施工费/元	规费/元
合计				

82. 单项工程竣工结算汇总表的格式是怎样的?

单项工程竣工结算汇总表的格式,见表 3-13。

表 3-13　　单项工程竣工结算汇总表

工程名称：　　　　第　页共　页

序号	单位工程名称	金额/元	其中	
			安全文明施工费/元	规费/元
合计				

83. 单位工程竣工结算汇总表的格式是怎样的?

单位工程竣工结算汇总表的格式,见表3-14。

表3-14 **单位工程竣工结算汇总表**

工程名称: 标段: 第 页共 页

序号	汇总内容	金额/元
1	分部分项工程	
1.1		
1.2		
1.3		
1.4		
1.5		
2	措施项目	
2.1	安全文明施工费	
3	其他项目	
3.1	专业工程结算价	
3.2	计日工	
3.3	总承包服务费	
3.4	索赔与现场签证	
4	规费	
5	税金	
竣工结算总价合计=1+2+3+4+5		

注:如无单位工程划分,单项工程也使用本表汇总。

84. 分部分项工程量清单与计价表的格式是怎样的?

分部分项工程量清单与计价表的格式,见表3-15。

表3-15　　分部分项工程量清单与计价表

工程名称:　　　　　　　　标段:　　　　　　　　第　页共　页

序号	项目编码	项目名称	项目特征描述	计量单位	工程量	金额/元		
						综合单价	合价	其中:暂估价
本页小计								
合　计								

注:根据建设部、财政部发布的《建筑安装工程费用项目组成》(建标[2003]206号)的规定,为计取规费等的使用,可在表中增设其中:“直接费”、“人工费”或“人工费+机械费”。

85. 分部分项工程量清单与计价表的填写应符合哪些要求？

(1)该表是编制工程量清单、招标控制价、投标价和竣工结算的最基本用表。

(2)编制工程量清单时，使用本表在"工程名称"栏应填写详细具体的工程称谓，对于房屋建筑而言，习惯上并无标段划分，可不填写"标段"栏，但相对于管道敷设、道路施工、则往往以标段划分，此时，应填写"标段"栏，其他各表涉及此类设置，道理相同。"项目编码"栏应按规定另加3位顺序填写。"项目名称"栏应按规定根据拟建工程实际确定填写。"项目特征"栏应按规定根据拟建工程实际予以描述。

(3)编制招标控制价时，使用本表"综合单价"、"合计"以及"其中：暂估价"按《建设工程工程量清单计价规范》(GB 50500—2008)的规定填写。

(4)编制投标报价时，投标人对表中的"项目编码""项目名称""项目特征""计量单位""工程量"均不应作改动。"综合单价""合价"自主决定填写，对其中的"暂估价"栏，投标人应将招标文件中提供了暂估材料单价的暂估价进入综合单价，并应计算出暂估单价的材料在"综合单价"及其"合价"中的具体数额，因此，为更详细反应暂估价情况，也可在表中增设一栏"综合单价"其中的"暂估价"。

(5)编制竣工结算时，使用本表可取消"暂估价"。

86. 工程量清单综合单价分析表的格式是怎样的？

工程量清单综合单价分析表的格式，见表3-16。

表3-16　　工程量清单综合单价分析表

工程名称：　　　　标段：　　　　第　页共　页

<table>
<tr><td colspan="2">项目编码</td><td colspan="3"></td><td colspan="2">项目名称</td><td colspan="2"></td><td colspan="2">计量单位</td><td colspan="2"></td></tr>
<tr><td colspan="12">清单综合单价组成明细</td></tr>
<tr><td rowspan="2">定额编号</td><td rowspan="2">定额名称</td><td rowspan="2">定额单位</td><td rowspan="2">数量</td><td colspan="4">单　价</td><td rowspan="2">人工费</td><td rowspan="2">材料费</td><td rowspan="2">机械费</td><td rowspan="2">管理费和利润</td></tr>
<tr><td>人工费</td><td>材料费</td><td>机械费</td><td>管理费和利润</td></tr>
<tr><td></td><td></td><td></td><td></td><td></td><td></td><td></td><td></td><td></td><td></td><td></td><td></td></tr>
<tr><td></td><td></td><td></td><td></td><td></td><td></td><td></td><td></td><td></td><td></td><td></td><td></td></tr>
</table>

续表

人工单价	小计						
元/工日	未计价材料费						
清单项目综合单价							
材料费明细	主要材料名称、规格、型号	单位	数量	单价/元	合价/元	暂估单价/元	暂估合价/元
	其他材料费			—		—	
	材料费小计			—		—	

注：1. 如不使用省级或行业建设主管部门发布的计价依据，可不填定额项目、编号等。

2. 招标文件提供了暂估单价的材料，按暂估的单价填入表内“暂估单价”栏及“暂估合价”栏。

87. 工程量清单综合单分析表的填写应符合哪些要求？

(1)工程量清单单价分析表是评标委员会评审和判别综合单价组成和价格完整性、合理性的主要基础，对因工程变更调整综合单价也是必不可少的基础价格数据来源。

(2)该表集中反映了构成每一个清单项目综合单价的各个价格要素的价格及主要的“工、料、机”消耗量。投标人在投标报价时，需要对每一个清单项目进行组价，为了使组价工作具有可追溯性(回复评标质疑时尤其需要)，需要表明每一个数据的来源。

(3)该表一般随投标文件一同提交，作为竞标价的工程量清单的组成部分。以便中标后，作为合同文件的附属文件。投标人须知中需要就分析表提交的方式作出规定，该规定需要考虑是否有必要对分析表的合同地位给予定义。

(4)编制招标控制价，使用本表应填写使用的省级或行业建设主管部门发布的计价定额名称。

(5)编制投标报价，使用本表可填写使用的省级或行业建设主管部门发布的计价定额，如不使用，不填写。

88. 措施项目清单与计价表的格式是怎样的?

措施项目清单与计价表的格式,见表3-17和表3-18。

表3-17　　措施项目清单与计价表(一)

工程名称:　　　　标段:　　　　第　页共　页

序号	项 目 名 称	计算基础	费率(%)	金额/元
1	安全文明施工费			
2	夜间施工费			
3	二次搬运费			
4	冬雨季施工			
5	大型机械设备进出场及安拆费			
6	施工排水			
7	施工降水			
8	地上、地下设施、建筑物的临时保护设施			
9	已完工程及设备保护			
10	各专业工程的措施项目			
11				
合　计				

注:1. 本表适用于以“项”计价的措施项目。

2. 根据建设部、财政部发布的《建筑安装工程费用项目组成》(建标[2003]206号)的规定,“计算基础”可为“直接费”、“人工费”或“人工费+机械费”。

表3-18　　措施项目清单与计价表(二)

工程名称:　　　　标段:　　　　第　页共　页

序号	项目编码	项目名称	项目特征描述	计量单位	工程量	金额/元	
						综合单价	合价
本页小计							
合　计							

注:本表适用于以综合单价形式计价的措施项目。

89. 措施项目清单与计价表的填写应符合哪些要求?

(1)编制工程量清单时,表中的项目可根据工程实际情况进行增减。

(2)编制招标控制价时,计费基础、费率应按省级或行业建设主管部门的规定计取。

(3)编制投标报价时,除"安全文明施工费"必须按本规范的强制性规定,按省级、行业建设主管部门的规定计取外,其他措施项目均可根据投标施工组织设计自主报价。

90. 其他项目清单与计价汇总表的格式是什么?

其他项目清单与计价汇总表的格式,见表3-19。

表3-19　　其他项目清单与计价汇总表

工程名称:　　　　标段:　　　　第　页共　页

序号	项目名称	计量单位	金额/元	备　注
1	暂列金额			明细详见表3-20
2	暂估价			
2.1	材料暂估价		—	明细详见表3-21
2.2	专业工程暂估价			明细详见表3-22
3	计日工			明细详见表3-23
4	总承包服务费			明细详见表3-24
5				
合　计				—

注:材料暂估单价进入清单项目综合单价,此处不汇总。

91. 其他项目清单与计价汇总表的填写应符合哪些要求?

(1)编制工程量清单,应汇总"暂列金额"和"专业工程暂估价",以提供给投标人报价。

(2)编制招标控制价,应按有关计价规定估算"计日工"和"总承包服务费"。如工程量清单中未列"暂列金额"和"专业工程暂估价",应按有关规定编列。

(3)编制投标报价,应按招标文件工程量清单提供的“暂列金额”和“专业工程暂估价”填写金额,不得变动。“计日工”、“总承包服务费”自主确定报价。

(4)编制或核对竣工结算,“专业工程暂估价”按实际分包结算价填写,“计日工”、“总承包服务费”按双方认可的费用填写,如发生“索赔”或“现场签证”费用,按双方认可的金额计入本表。

92. 暂列金额明细表的格式是怎样的?

暂列金额明细表的格式,见表3-20。

表3-20 暂列金额明细表

工程名称: 标段: 第 页共 页

序号	项目名称	计量单位	暂定金额/元	备注
1				
2				
3				
4				
5				
6				
7				
8				
9				
10				
11				
合计				—

注:此表由招标人填写,如不能详列,也可只列暂定金额总额,投标人应将上述暂列金额计入投标总价中。

93. 暂列金额明细表的填写应符合哪些要求?

暂列金额在实际履约过程中可能发生,也可能不发生。本表要求招标人能将暂列金额与拟用项目列出明细,但如确实不能详列也可只列暂定金额总额,投标人应将上述暂列金额计入投标总价中。

94. 材料暂估单价表的格式是怎样的？

材料暂估单价表的格式，见表3-21。

表3-21 材料暂估单价表

工程名称： 标段： 第 页共 页

序号	材料名称、规格、型号	计量单位	单价/元	备 注

注：1. 此表由招标人填写，并在备注栏说明暂估价的材料拟用在哪些清单项目上，投标人应将上述材料暂估单价计入工程量清单综合单价报价中。

2. 材料包括原材料、燃料、构配件以及按规定应计入建筑安装工程造价的设备。

95. 材料暂估单价表的填写应符合哪些要求?

暂估价是在招标阶段预见肯定要发生,只是因为标准不明确或者需要由专业承包人完成,暂时无法确定具体价格。暂估价数量和拟用项目应当在本表备注栏给予补充说明。

96. 专业工程暂估价表的格式是怎样的?

专业工程暂估价表的格式,见表3-22。

表3-22　　**专业工程暂估价表**

工程名称:　　标段:　　第　页共　页

序号	工　程　名　称	工程内容	金额/元	备　注
合　计				—

注:此表由招标人填写,投标人应将上述专业工程暂估价计入投标总价中。

97. 计日工表的格式是怎样的？

计日工表的格式，见表3-23。

表3-23　　计日工表

工程名称：　　标段：　　第　页共　页

编号	项目名称	单位	暂定数量	综合单价	合价
一	人工				
1					
2					
3					
4					
人工小计					
二	材料				
1					
2					
3					
4					
材料小计					
三	施工机械				
1					
2					
3					
4					
施工机械小计					
总计					

注：此表项目名称、数量由招标人填写，编制招标控制价时，单价由招标人按有关计价规定确定；投标时，单价由投标人自主报价，计入投标总价中。

98. 计日工表的填写应符合哪些要求？

（1）编制工程量清单时，“项目名称”“计量单位”“暂估数量”由招标人填写。

(2)编制招标控制价时,人工、材料、机械台班单价由招标人按有关计价规定填写并计算合价。

(3)编制投标报价时,人工、材料、机械台班单价由投标人自主确定,按已给暂估数量计算合价计入投标总价中。

99. 总承包服务费计价表的格式是怎样的?

总承包服务费计价表的格式,见表3-24。

表3-24 总承包服务费计价表

工程名称: 标段: 第 页共 页

序号	项目名称	项目价值/元	服务内容	费率(%)	金额/元
1	发包人发包专业工程				
2	发包人供应材料				
合计					

100. 总承包服务费计价表的填写应符合哪些要求?

(1)编制工程量清单时,招标人应将拟定进行专业分包的专业工程、自行采购的材料设备等决定清楚,填写项目名称、服务内容,以便投标人决定报价。

(2)编制招标控制价时,招标人按有关计价规定计价。

(3)编制投标报价时,由投标人根据工程量清单中的总承包服务内容,自主决定报价。

101. 索赔与现场签证计价汇总表的格式是怎样的?

索赔与现场签证计价汇总表的格式,见表3-25。

表 3-25 **索赔与现场签证计价汇总表**

工程名称： 标段： 第 页共 页

序号	签证及索赔项目名称	计量单位	数量	单价/元	合价/元	索赔及签证依据
本页小计						—
合 计						—

注：签证及索赔依据是指经双方认可的签证单和索赔依据的编号。

102. 费用索赔申请(核准)表的格式是怎样的？

费用索赔申请(核准)表的格式，见表 3-26。

表 3-26　费用索赔申请(核准)表

工程名称：　　　　标段：　　　　第　页共　页

<table>
<tr><td colspan="2">致：________________________________（发包人全称）
根据施工合同条款第____条的约定，由于__________原因，我方要求索赔金额（大写）__________元，（小写）________元，请予核准。
附：1. 费用索赔的详细理由和依据：
2. 索赔金额的计算：
3. 证明材料：
承包人（章）
承包人代表________
日　　期________</td></tr>
<tr><td>复核意见：
根据施工合同条款第____条的约定，你方提出的费用索赔申请经复核：
□不同意此项索赔，具体意见见附件。
□同意此项索赔，索赔金额的计算，由造价工程师复核
监理工程师________
日　　期________</td><td>复核意见：
根据施工合同条款第____条的约定，你方提出的费用索赔申请经复核，索赔金额为（大写）____元，（小写）____元。
造价工程师________
日　　期________</td></tr>
<tr><td colspan="2">审核意见：
□不同意此项索赔。
□同意此项索赔，与本期进度款同期支付。
发包人（章）
发包人代表________
日　　期________</td></tr>
</table>

注：1. 在选择栏中的“□”内作标识“√”。

2. 本表一式四份，由承包人填报，发包人、监理人、造价咨询人、承包人各存一份。

103. 费用索赔申请(核准)表的填写应符合哪些要求?

填写本表时，承包人代表应按合同条款的约定，阐述原因，附上索赔证据、费用计算报发包人，经监理工程师复核（按照发包人的授权不论是监理工程师或发包人现场代表均可），经造价工程师（此处造价工程师可以是发包人现场管理人员，也可以是发包人委托的工程造价咨询企业的人员)复核具体费用,经发包人审核后生效,该表以在选择栏中"□"内作标识"√"表示。

104. 现场签证表的格式是怎样的?

现场签证表的格式,见表3-27。

表3-27　　　　现场签证表

工程名称:　　　　　　　　标段:　　　　　　　　第　页共　页

<table>
<tr><td>施工部位</td><td></td><td>日期</td><td></td></tr>
<tr><td colspan="4">致:＿＿＿＿＿＿＿＿＿＿＿＿＿＿＿＿(发包人全称)
根据＿＿＿＿(指令人姓名)　　年　月　日的口头指令或你方＿＿＿＿(或监理人)　　年　月　日的书面通知,我方要求完成此项工作应支付价款金额为(大写)＿＿元,(小写)＿＿＿元,请予核准。
附:1. 签证事由及原因:
　2. 附图及计算式:
承包人(章)
承包人代表＿＿＿＿
日　　期＿＿＿＿</td></tr>
<tr><td colspan="2">复核意见:
你方提出的此项签证申请经复核:
□不同意此项签证,具体意见见附件。
□同意此项签证,签证金额的计算,由造价工程师复核。
监理工程师＿＿＿＿
日　　期＿＿＿＿</td><td colspan="2">复核意见:
□此项签证按承包人中标的计日工单价计算,金额为(大写)＿＿元,(小写)＿＿元。
□此项签证因无计日工单价,金额为(大写)＿＿元,(小写)＿＿。
造价工程师＿＿＿＿
日　　期＿＿＿＿</td></tr>
<tr><td colspan="4">审核意见:
□不同意此项签证。
□同意此项签证,价款与本期进度款同期支付。
发包人(章)
发包人代表＿＿＿＿
日　　期＿＿＿＿</td></tr>
</table>

注:1. 在选择栏中的"□"内作标识"√"。

2. 本表一式四份,由承包人在收到发包人(监理人)的口头或书面通知后填写,发包人、监理人、造价咨询人、承包人各存一份。

105. 现场签证表的填写应符合哪些要求？

本表是对“计日工”的具体化，考虑到招标时，招标人对计日工项目的预估难免会有遗漏，带来实际施工发生后，无相应的计日工单价时，现场签证只能包括单价一并处理，因此，在汇总时，有计日工单价的，可归并于计日工，如无计日工单价，归并于现场签证，以示区别。

106. 规费、税金项目清单与计价表的格式是怎样的？

规费、税金项目清单与计价表的格式，见表 3-28。

表 3-28　规费、税金项目清单与计价表

工程名称：　　标段：　　第　页共　页

序号	项目名称	计算基础	费率(%)	金额/元
1	规费			
1.1	工程排污费			
1.2	社会保障费			
(1)	养老保险费			
(2)	失业保险费			
(3)	医疗保险费			
1.3	住房公积金			
1.4	危险作业意外伤害保险			
1.5	工程定额测定费			
2	税金	分部分项工程费＋措施项目费＋其他项目费＋规费		
合计				

注：根据原建设部、财政部发布的《建筑安装工程费用项目组成》(建标[2003]206 号)的规定，“计算基础”可为“直接费”、“人工费”或“人工费＋机械费”。

107. 规费、税金项目清单与计价表的填写应符合哪些要求？

本表按原建设部、财政部印发的《建筑安装工程费用项目组成》(建标[2003]206 号)列举的规费项目列项，在施工实践中，有的规费项目，如工程排污费，并非每个工程所在地都要征收，实践中可作为按实计算的费用处理。此外，按照国务院《工伤保险条例》，工伤保险建议列入，与"危险作业意外伤害保险"一并考虑。

108. 工程款支付申请(核准)表的格式是怎样的？

工程款支付申请(核准)表的格式，见表 3-29。

表 3-29　工程款支付申请(核准)表

工程名称：　　　　标段：　　　　第　页共　页

致：________________________(发包人全称)

我方于____至____期间已完成了__________工作，根据施工合同的约定，现申请支付本期的工程款额为(大写)____元，(小写)____元，请予核准。

序号	名　称	金额/元	备　注
1	累计已完成的工程价款		
2	累计已实际支付的工程价款		
3	本周期已完成的工程价款		
4	本周期完成的计日工金额		
5	本周期应增加和扣减的变更金额		
6	本周期应增加和扣减的索赔金额		
7	本周期应抵扣的预付款		
8	本周期应扣减的质保金		
9	本周期应增加或扣减的其他金额		
10	本周期实际应支付的工程价款		

承包人(章)

承包人代表________

日　　期________

续表

<table>
<tr>
<td>复核意见：
□与实际施工情况不相符，修改意见见附件。
□与实际施工情况相符，具体金额由造价工程师复核。
监理工程师＿＿＿＿
日　期＿＿＿＿</td>
<td>复核意见：
你方提出的支付申请经复核，本期间已完成工程款额为（大写）＿＿元，（小写）＿＿元。本期间应支付金额为（大写）＿＿元，（小写）＿＿。
造价工程师＿＿＿＿
日　期＿＿＿＿</td>
</tr>
<tr>
<td colspan="2">审核意见：
□不同意。
□同意，支付时间为本表签发后的 15 天内。
发包人（章）　　发包人代表＿＿＿＿　　日　期＿＿＿＿</td>
</tr>
</table>

注：1. 在选择栏中的“□”内作标识“√”。

2. 本表一式四份，由承包人填报，发包人、监理人、造价咨询人、承包人各存一份。

109. 工程款支付申请（核准）表的填写应符合哪些要求？

本表由承包人代表在每个计量周期结束后，向发包人提出，由发包人授权的现场代表复核工程量（本表中设置为监理工程师），由发包人授权的造价工程师（可以是委托的造价咨询企业）复核应付款项，经发包人批准实施。

第四章

·管道安装工程量计算·

1. 什么是管道公称直径?

管道工程中公称直径又称公称通径,是管子和管道附件的标准直径,它是就内径而言的标准,只近似于内径而不是实际内径。常用字母 *DN* 表示,后加公称通径尺寸,其单位为 mm。各种管子与附件的通用口径,同一公称直径的管子与管路附件均能相互连接、具有互换性。在许多情况下管子和管路附件的实际内径尺寸与公称直径是相等的,但在一般情况下,公称直径既不是内径,也不是外径,而是一个与内径相近的整数。

对采用螺纹连接的管子(主要是钢管和镀锌钢管),公称通径习惯上用英制管螺纹尺寸(in)表示,公称通径尺寸所相当的管螺纹尺寸如表 4-1 所示。

表 4-1　　公称通径尺寸所相当的管螺纹尺寸

mm	in	mm	in	mm	in	mm	in	mm	in
8	$\frac{1}{4}$	20	$\frac{3}{4}$	40	$1\frac{1}{2}$	80	3	150	6
10	$\frac{3}{8}$	25	1	50	2	100	1	200	8
15	$\frac{1}{2}$	32	$1\frac{1}{4}$	65	$2\frac{1}{2}$	125	5	250	10

2. 什么是管道的公称压力?

公称压力是生产管子和附件的强度方面的标准。在管子与管路附件中流动的介质,都具有一定的压力和温度。用不同材料制造的管子与管路附件,其所能承受的压力受介质工作温度的影响,随着温度的升高,材料的强度要降低。同一制品在不同温度下,具有不同的耐压强度。所以,必须以某一温度下制品所允许承受的压力，作为耐压强度判别值。在工程上为了达到统一，都以介质工作温度在0℃时，制品所允许承受的工作压力作为该制品的耐压强度标准，称为“公称压力”，用符号 *PN* 表示，压力单位为兆帕，符号用“MPa”。

3. 什么是管道的试验压力?

试验压力是在常温下检验管子及附件机械强度及严密性能的压力标准。管子与管路附件在出厂前，必须进行压力试验，检查其强度和密封性，对制品进行强度试验的压力称为强度试验压力，用符号 Ps 表示，如试验压力为 6MPa，记为 Ps 6MPa。

4. 什么是管道的工作压力?

工作压力是指管道内流动介质的工作压力，用字母 P 表示。某一公称压力的制品能适用于何种工作压力(介质的实际压力)，要由介质的工作温度来决定。随着介质温度的升高，材料强度要降低．同一制品在不同温度下，具有不同的耐压强度。在每一个温度等级下，都有相应的允许承受的最大工作压力。材料在不同温度条件下具有不同的机械强度，因而其允许承受的介质工作压力是随介质温度不同而不同的。

5. 什么是管道的工作温度?

工作温度通常是指管子和管道附件的最高耐温限度或称耐热温度。工作温度与工作压力是不可分开考虑的，一般来说，介质工作压力愈高，管子和管道附件的允许工作温度越低；反之，介质的工作温度越低，管子和管道附件的工作压力允许值越高。

6. 工业管道按管道公称压力可分为哪几种类型?

工业管道按管道公称压力分类，见表 4-2。

表 4-2　按管道公称压力分类

序号	分类名称	压力值/MPa	序号	分类名称	压力值/MPa
1	真空管道	$P<0$	4	高压管道	$10<P\leqslant 100$
2	低压管道	$0<P\leqslant 1.6$	5	超高压管道	$P>100$
3	中压管道	$1.6<P\leqslant 10$			

7. 工业管道按管道工作温度可分为哪几种类型?

工业管道按管道工作温度分类,见表4-3。

表4-3 按管道工作温度分类

序号	分类名称	温度值/℃	序号	分类名称	温度值/℃
1	常温管道	工作温度为-40～120	3	中温管道	工作温度为121～450
2	低温管道	工作温度为-40	4	高温管道	工作温度为超过450

注:管道在介质温度作用下,应满足以下主要要求。

1. 管材耐热的稳定性。管材在介质温度的作用下必须稳定可靠,对于同时承受介质、温度和压力作用的管道,必须从耐热性能和机械强度两个方面满足工作条件的要求。
2. 管道热应变的补偿。管道在介质温度及外界温度变化作用下,将产生热变形,并使管子承受热应力的作用。所以,输送热介质的管道,应设有补偿器,以便吸收管子的热变形,减少管道热应力。
3. 管道的绝热保温。为了减少管壁的热交换和温差应力,输送冷介质和热介质的管道,在一般情况下管外应设绝热层。

8. 工业管道按管道介质的性质可分为哪几种类型?

工业管道按管道介质的性质分类,见表4-4。

表4-4 按管道介质特性分类

分类名称	介质种类	对管道的要求
汽、水介质管道	过热水蒸气、饱和水蒸气和冷、热水	根据工作压力和温度进行选材,保证管道具有足够的机械强度和耐热的稳定性
腐蚀性介质管道	硫酸、硝酸、盐酸、磷酸、苛性碱、氯化物、硫化物等	所有管材必须具有耐腐蚀的化学稳定性
化学危险品介质管道	毒性介质(氯、氰化钾、氨、沥青、煤焦油等)、可燃与易燃、易爆介质(油品、油气、水煤气、氢气、乙炔、乙烯、丙烯、甲醇、乙醇等),以及窒息性、刺激性、腐蚀性、易挥发性介质等	输送这类介质的管道,除必须保证足够机械强度外,还应满足以下要求: (1)密封性好; (2)安全性高; (3)放空与排泄快

续表

分类名称	介质种类	对管道的要求
易凝固、易沉淀介质管道	重油、沥青、苯、尿素溶液	对输送这类介质的管道，应采取以下的特殊措施： 采取管外保温和另外加装伴热管的办法，来保持介质温度。此外，还应采取蒸汽吹洗的办法，进行扫线
粉粒介质管道	一些固体物料、粉粒介质	(1)选用合适的输送速度； (2)管道的受阻部件和转弯处，应做成便于介质流动的形状，并适当加厚管壁或敷设耐磨材料

9. 工业管道按管道材质可分为哪几种类型？

工业管道按管道材质分类，见表4-5。

表4-5　按管道材质分类

分类名称	内　容
金属管道	钢管、铸铁管、铜管、铝管、铅管、钛管等
非金属管道	钢筋混凝土管、混凝土管、陶瓷(土)管、塑料管、玻璃管、胶管等
复合管道	衬铅管、衬胶管、玻璃钢管等

10. 工业管道按介质毒性与易燃程度如何分级？

工业管道按介质毒性与易燃程度分级，见表4-6。

表4-6　按介质毒性与易燃程度分级

管道级别	适　用　范　围
A类管道	(1)输送剧毒介质的管道； (2)高压管道

续表

管道级别	适用范围
B类管道	(1)1.6MPa≤P<10MPa输送无毒或易燃介质的管道。 (2)动力蒸汽系统管道
C类管道	(1)P<1.6MPa,输送有毒或易燃介质管道。 (2)P<1.6MPa,且设计温度低于-29℃或高于186℃,输送无毒或非易燃介质的管道。 (3)1.6MPa≤P<10MPa输送无毒或非易燃介质的管道
D类管道	P<1.6MPa,设计温度为-29~186℃,输送有毒或非易燃介质管道

11. 钢管可分为哪些种类?

钢管通常可分为无缝钢管和焊接钢管两种。管道工程中,常用的无缝钢管的材质为优质碳素钢,有时也可采用普通低合金钢或铬钼结构钢;常用的焊接钢管的材质为普通碳素钢。

12. 什么是无缝钢管?

无缝钢管是用一定尺寸的钢坯经过穿孔机、热轧或冷拔等工序制成的中空而横截面封闭的无焊接缝的钢管。无缝钢管有热轧和冷拔两种。无缝钢管比有焊缝的钢管(焊接钢管)有较高的强度,一般能承受32~70MPa的压力,常用于生活及生产用给水、燃气、蒸汽等管道工程中。

13. 什么是焊接钢管?

焊接钢管又称黑铁管,它是由钢板卷成管状用炉焊法或者高频焊法焊接而成的。焊缝形状有直缝和螺旋缝两种,螺旋缝又分单面螺旋缝和双面螺旋缝。焊接钢管一般用于低压流体或气体的输送,如给水、暖气、燃气等。

14. 焊接钢管公称直径与无缝钢管管径的对应关系如何?

焊接钢管公称直径与无缝钢管管径的对应关系见表4-7。

表 4-7　　焊接钢管公称直径与无缝钢管管径的对应关系

焊接钢管	公称直径/mm	15	20	25	32	40	50	65	80	100	125	150	200
无缝钢管	外径×壁厚/mm	20	25	32	38	45	57	76	89	108	133	159	219

15. 低压流体输送焊接钢管的质量怎样计算？

低压流体输送焊接钢管的质量计算方法为：计算出管道长度后，根据设计的公称直径和壁厚得出每米理论质量即可计算出管道的总质量。低压流体输送焊接钢管的常用规格所对应的理论质量，见表 4-8。

表 4-8　　低压流体输送焊接钢管的常用规格和理论质量

公称直径 DN/mm	普通焊接钢管		加厚焊接钢管		镀锌钢管比焊接钢管增加的质量系数	
	壁厚/mm	理论质量/(kg/m)	壁厚/mm	理论质量/(kg/m)	普通镀锌钢管	加厚镀锌钢管
15	2.75	1.26	3.25	1.45	1.047	1.039
20	2.75	1.63	3.50	2.01	1.046	1.039
25	3.25	2.42	4.00	2.91	1.039	1.032
25	3.25	2.42	4.00	2.91	1.039	1.032
32	3.25	3.13	4.00	3.78	1.039	1.032
40	3.50	3.84	4.25	4.58	1.036	1.030
50	3.50	4.88	4.50	7.88	1.034	1.028
65	3.75	6.64	4.50	7.88	1.034	1.028
80	4.00	8.34	4.75	9.81	1.032	1.027
100	4.00	10.85	5.00	13.44	1.032	1.026

16. 普通无缝钢管的常用规格及理论质量是怎样的?

普通无缝钢管的常用规格及理论质量见表 4-9。

表 4-9　普通无缝钢管的常用规格及理论质量

公称直径 /mm	外径 /mm	壁厚 /mm	内孔截面积 /cm^2	理论质量 /(kg/m)
10	14	3	0.5	0.814
15	18	3	1.13	1.11
20	25	3	2.8	1.63
25	32	3.5	4.9	2.46
32	38	3.5	7.6	2.98
40	45	3.5	11.3	3.58
50	57	3.5	19.3	4.62
65	76	4	36.3	7.10
80	89	4	51.4	8.38
		6	46.5	12.28
100	108	4	78.5	10.26
		6	72.4	15.09
		8	66.0	19.73
		10	61.0	24.17
200	219	6	336.5	31.52
		8	324	41.63
		10	311	51.42
		12	298	61.26
		15	280	75.46
225	245	17	350	95.50
		22	317	120.99

续表

公称直径 /mm	外径 /mm	壁厚 /mm	内孔截面积 /cm²	理论质量 /(kg/m)
250	273	8	519	52.58
		11	495	71.07
		12	487	72.24
		16	456	101.41
		19	434	119.02
		24	397	147.38
350	377	8	1024	72.8
		10	1001	90.51
		12	979	108.02
		15	945	133.91
400	426	9	1307	92.55
		11	1282	111.58
		13	1257	132.41

17. 管道工程中使用的无缝钢管及焊接钢管采用什么形式标注?

管道工程中的无缝钢管采用外径乘壁厚的形式标注。如 $\phi89\times4$ 表示无缝钢管的外径为89mm,壁厚为4mm时;焊接钢管采用公称直径或公称直径乘壁厚标注。如 *DN*20 表示钢管的公称直径为20mm;*DN*20×2.75 表示钢管的公称直径为20mm,管子壁厚为2.75mm。

18. 非铁金属管分为哪几类?其主要用途是什么?

非铁金属管包括铜管、铝管、铅管、钛管等及其合金管,由于非铁金属管及其合金管具有独特的性能,如质轻、耐腐蚀及特殊的电、磁、热膨胀等物理性能,所以在工业管道中,非铁金属管主要用于输送带有腐蚀性的物质。

19. 铜及铜合金管道有哪些规格?其用途是什么?

铜管主要由T2、T3及脱氧铜经拉制或挤压而成。常用的规格为

$\phi5\sim\phi80$mm(外径),壁厚为0.75～5mm。黄铜管由H62、H68等牌号制造。常用规格为$\phi5\sim\phi80$mm(外径),壁厚为0.75～5mm。

钢管用来制作热交换设备、氟利昂制冷设备以及对介质清洁度要求较高的管道。

20. 钛及钛合金管道具有哪些优点？其用途是什么？

钛和钛合金管道具有密度小、强度高、耐腐蚀性能好的优点。随着工业的发展,钛及钛合金管道已广泛用于航空工业、宇宙开发、核工业、海洋工程、石油、化工、轻工、食品加工、冶金、电力、医药卫生、仪器仪表等各个领域。

21. 什么是铸铁管？有哪些类型？其主要用途是什么？

铸铁管通常是由灰口铸铁或球墨铸铁熔化后浇注而成。铸铁管根据使用要求的不同,一般分为承插式接头形式与法兰盘式接头两种类型。

灰口铸铁制成的管道及管件常用于给水排水管道工程,球墨铸铁制成的管道及管件常用于给水管道和燃气管道工程,因为球墨铸铁的抗拉强度优于灰口铸铁。

22. 排水铸铁管的规格有哪些？

排水铸铁管的规格见表4-10。

表4-10　排水铸铁管(双承直管)的规格　mm

内　径	l_1	l_2	质量/(kg/个)	备　注
50	1500	60	11.2	承口尺寸同承插口
75		65	16.5	
100		70	21.2	
125		75	31.7	
150		75	37.6	
200		80	57.9	

23. 球墨铸铁管的规格有哪些？

球墨铸铁管的规格见表4-11。

表 4-11　　球墨铸铁承插直管的规格

<table>
<tr><th rowspan="2">公称直径
/mm</th><th rowspan="2">壁厚
/mm</th><th rowspan="2">有效管长
/mm</th><th rowspan="2">制造方法</th><th colspan="2">质量/kg</th></tr>
<tr><th>直部每米质量</th><th>每根管总质量</th></tr>
<tr><td>500</td><td>8.5</td><td rowspan="7">6000</td><td rowspan="5">离心铸造</td><td>99.2</td><td>650</td></tr>
<tr><td>600</td><td>10</td><td>139</td><td>905</td></tr>
<tr><td>700</td><td>11</td><td>178</td><td>1160</td></tr>
<tr><td>800</td><td>12</td><td>222</td><td>1440</td></tr>
<tr><td>900</td><td>13</td><td>270</td><td>1760</td></tr>
<tr><td>1000</td><td>14.5</td><td rowspan="2">连续铸造</td><td>334</td><td>2180</td></tr>
<tr><td>1200</td><td>17</td><td>469</td><td>3060</td></tr>
</table>

24. 塑料管的种类有哪些？其主要用途是什么？

塑料管的种类有聚氯乙烯管（PVC 管）、聚丙烯（PP）、管丙烯腈一丁二烯一苯乙烯（ABS）管等。

聚氯乙烯塑料管是以聚氯乙烯为主要原料，配以稳定剂、润滑剂、颜料、填充剂、加工改良剂和增塑剂，以热塑的方法在制管机内经挤压而成，分为硬聚氯乙烯管及软聚氯乙烯管两种。它有较高的化学稳定性，并有一定的机械强度，广泛用于给排水工程和化工防腐蚀工程。

聚丙烯管有无规共聚聚丙烯管（PP—R）、嵌段共聚聚丙烯管（PP—B）两种。目前工程中常用无规共聚聚丙烯管（PP—R），其常用规格为 ϕ20～110mm，适用于输送介质温度不大于 70℃的生活给水、热水、饮用冷水系统。

丙烯腈一丁二烯一苯乙烯管是一种有韧性和抗冲击的塑料管，它的耐腐蚀性、耐冲击性均优于聚氯乙烯管，适用于输送腐蚀性强的工业废水。

25. 什么是玻璃钢管？具有哪些特点？其用途是什么？

玻璃钢又叫玻璃纤维增强塑料，玻璃钢管是以酚醛、环氧树脂为粘合剂，以玻璃纤维制品为增强材料，在圆柱模心上经缠绕成型。由于它集中了合成树脂和玻璃纤维的特点，具有比强度高、耐温、隔热、隔声、耐腐蚀及良好的工艺性能，因此广泛应用于机械制造、车辆、航空及石油化工等工业，这是一种新型的非金属防腐蚀材料，发展速度较快，用它可以制造管子、管件和设备等。

玻璃钢管具有机械强度较高、重量轻、耐高温、耐腐蚀等特点，可以用来输送盐酸、硫酸、醋酸和碱类等腐蚀性较强的介质。

26. 混凝土管有哪些类型？其用途是什么？

混凝土管有素混凝土管、钢筋混凝土管、自应力钢筋混凝土管、预应力钢筋混凝土管等。素混凝土管一般用于市政排水；钢筋混凝土管可代替铸铁管和钢管，输送低压给水和气；自应力钢筋混凝土管和预应力钢筋混凝土管主要用于输送水。

27. 橡胶管有哪些种类？其用途是什么？

橡胶管按结构不同可分为五种，即普通生胶管、橡胶夹布压力胶管、橡胶夹布吸引胶管、棉线编织胶管、铠装胶管。橡胶管按用途不同分为输水胶管、输送蒸汽胶管、耐酸碱胶管、耐油胶管、专用胶管等。橡胶管可用来输送水、蒸汽，也可输送酸碱、油。

28. 陶瓷管有哪些种类？其用途是什么？

陶瓷管按照配方和焙烧温度的不同，可分为耐酸陶瓷管、耐酸耐温陶瓷管和工业陶瓷管三种类型。陶瓷管的耐腐蚀性较好，除一些强酸（如氢氟酸、氟硅酸）外，能输送各种浓度的无机酸、有机酸和有机溶剂等。

29. 什么情况下采用衬里管道？衬里的材料有哪些？

金属管道强度较高，冲击性能好，但耐腐蚀性差。非金属管耐腐蚀性虽好，但强度低，质脆，容易因冲击而损坏。为了获得高强与耐腐蚀的管材，可采用各种衬里的金属管道。目前，除大量采用水泥砂浆衬里外，还有衬铸石、衬胶、衬塑、衬玻璃、衬石墨等。

30. 铸石衬里管道有哪些特点？

铸石是一种硅酸盐结晶材料，是以玄武岩、辉绿岩等天然岩石，或是以某些工业废料（如冶金渣、煤矸石等）为主要原料，经配料，熔融，浇注成型和热处理而得的制品，铸石管是其主要制品中的一种。

铸石具有较高的耐磨性和化学稳定性。其耐磨性在一定条件下比合金钢、普通钢、铸铁高几倍、十几倍、甚至几十倍。在化学稳定性方面，除氢氟酸和过热磷酸外，铸石的耐酸、耐碱度都在 90％以上。

因为铸石管材的冲击韧性较低，所以一般很少单独使用，主要作为金属管道的内衬用于水力输送和气力输送工程。铸石管与流动介质直接接触，铸石管受摩擦或受腐蚀，或受二者的共同作用，金属管在工作中只起保护铸石管的作用，保护管除用金属管外，也可用钢筋混凝土管。

31. 橡胶衬里管道有哪些特点？其使用范围是怎样的？

橡胶衬里管道是一种使用范围很广的衬里管道。由于它具有较强的耐蚀能力，不仅可防止管道被强氧化剂（硝酸、铬酸、浓硫酸、过氧化氢等）及有机溶剂破坏，而且对大多数的无机酸、有机酸及各种醇类、盐类等具有很好的耐腐蚀性能。其使用范围如下：

（1）介质腐蚀性强，但温度变化不大，无机械振动的管道、管件，宜用 1～2 层硬橡胶衬里，总厚度约为 3～6mm。

（2）对于腐蚀气体，用两层硬橡胶衬里为宜，以免气体的扩散渗透作用。

（3）介质含有固体悬浮物必须考虑耐磨问题，可采用厚 2mm 硬橡胶作底层，再用软橡胶做面层的复合衬里。

（4）当管道、设备外表面可能受撞击时，可采用软橡胶做底层，半硬橡胶做面层的复合衬里。

（5）在真空条件下，通常不采用橡胶衬里。

（6）在有剧烈振动的场合，不应使用橡胶衬里。

（7）不能同时用硫化条件不同的两种硬橡胶或软橡胶在同一管道和管件上进行衬里。

（8）各种橡胶衬里的结构形式和适用范围见表 4-12。

表 4-12　橡胶衬里结构形式和使用范围

结构形式		适用范围
橡胶种类	橡胶厚度/mm	
硬橡胶	2～6	管件、搅拌器、贮槽、塔、反应罐、离心机
联合衬里 硬橡胶（底层）	2	管件、泵、离心机，排风机、槽车、贮罐、反应罐
联合衬里 半硬橡胶（面层）	2	
半硬橡胶	2　6	

32. 玻璃衬里管道有哪些特点？其使用范围是怎样的？

衬玻璃管是为了弥补玻璃管强度不高的缺点，采用一定方法将玻璃衬在金属管内壁。玻璃具有良好的耐腐蚀性能，但它的耐热稳定性和强度较差，把它衬到赤红的钢管里，由于钢管冷却收缩，使玻璃处于应力状态下，借助压应力的作用和底釉的作用，使玻璃和管胎紧密地结合在一起，形成一个整体。衬玻璃管的耐热稳定性和机械强度都得以较玻璃大大提高。其使用范围如下：

(1)压力使用范围。衬玻璃管道只要焊口和管壁不坏，玻璃衬里就不会炸裂。一般碰撞，玻璃衬里也不会炸裂脱落，特别是喷涂玻璃衬管结合得更牢固，玻璃衬里管最高使用压力可达 2MPa，一般使用压力小于或等于 0.6MPa。

(2)温度使用范围。衬玻璃管温度使用范围见表 4-13。表中“冷冲击”是指由热突然变冷，“热冲击”是指由冷突然变热。另外，衬里用的玻璃是指硼硅玻璃。

表 4-13　　衬玻璃管道温度使用范围

管道型式	吹制衬玻璃管	膨胀衬玻璃管	喷涂玻璃管
使用温度(℃)	0～150	0～280	0～280
耐温急变冷冲击/MPa	8	20	20
耐温急变热冲击/MPa	12	25	25

33. 什么是热力管道？有哪些类型？

热力管道通常是指输送蒸汽或过热水等热介质的管道。热力管道输送的热介质具有温度高、压力大、流速快等特点，因而给管道带来了较大的膨胀力。在管道安装中必须解决好管道伸缩补偿、各种固定和活动管道支吊架的设置、管道坡度、疏、排水阀和放气装置等问题。根据管道输送介质的工作压力，可将热力管道分为高、中、低压三类，见表 4-14。

表 4-14 热力管道按介质工作压力分类

管道类别	介质工作压力/MPa	
	蒸汽	热水
高 压	6.1～10.0	10.0～18.4
中 压	2.6～6.0	4.1～9.9
低 压	≤2.5	4.0

34. 燃气有哪些特点？燃气管道有哪些种类？

燃气就是用作燃料的气体，它的种类很多，其共同特点就是发热量大，清洁无烟，燃烧温度高，容易点燃和调节。各种燃气在民用生活和工业生产得以广泛应用，是理想的气体燃料，而且有些种类的燃气还可作为重要的化工原料。

城市燃气管道可根据用途、敷设方式和输气压力的不同进行分类，见表 4-15。

表 4-15 燃气管道分类

序号	分类方法	种类及说明
1	根据用途分类	(1)长距离输气管线。其干管及支管作为供应城市或大型工业企业的气源。 (2)城市燃气管道。由进入城市街区和庭院的分配管道、到用户室内的引人管(到总阀门处)，以及分配到室内每个燃具的室内管道组成。 (3)工业企业燃气管道。由厂引入管、厂区管道、车间管道和炉前管道组成
2	根据敷设方式分类	(1)地下管道。在城市中常用地下敷设方式。 (2)架空管道。在工厂区为管理和维修方便采用架空敷设方式

续表

序号	分类方法	种类及说明
3	根据压力分类	(1)高压管道,其工作压力大于0.3MPa,等于或小于0.8MPa。 (2)次高压管道,其工作压力大于0.15MPa,等于或小于0.3MPa。 (3)中压管道,其工作压力大于0.005MPa,等于或小于0.15MPa。 (4)低压管道,其工作压力等于或小于0.005MPa。 通往用气点的管道属于低压管道。输送液化石油气时,低压燃气管道压力应不大于0.005MPa;输送人工煤气时,压力应不大于0.002MPa;输送天然气时,压力应不大于0.0035MPa

城市燃气管道和工矿企业的厂区燃气管道一般以低压和中压管道为主。必须经调压室降压后,中压、次高压和高压管道才能供应工业或民用用户。

35. 什么是压缩空气管道?有哪些种类?

压缩空气是指用空气压缩机对空气进行压缩之后的空气,它把机械能转变为压力能。压缩空气管道是指输送这种压力能的管道。按工作压力,压缩空气管道可分为:

(1)低压管道。介质工作压力0.2～1.0MPa。

(2)中压管道。介质工作压力1.0～10.0MPa。

(3)高压管道。介质工作压力10.0MPa。

36. 氧气管道管材的选用应符合哪些要求?

氧元素非常活泼,是强烈的助燃剂和氧化剂。被压缩后的氧气在管道输送过程中,如有油脂、铁屑或小粒可燃烧物存在,可能会因氧气流与管道内壁的摩擦或撞击而产生局部高温,导致油脂或可燃物的燃烧。

一般情况下,氧气管道多选用碳素钢管,但在某些管段上需用不锈钢管、铜管或铝合金管，这是因为在低温条件下(低于－40℃)碳素钢管会变脆，失去韧性，同时，也由于它在氧气中会锈蚀、燃烧等。此外，管材还应符合以下要求：

(1)超过1.6MPa工作压力的氧气管道选用碳素钢管时，为避免气流通过阀门或孔板时产生火花，引起事故，在沿气流方向在阀门或流量孔板后需装一段长度5倍于直径(但不小于1.5m)的铜管。

(2)调节阀组的管道宜采用不锈钢管或铜管。

(3)如温度低于－40℃时，输送任何压力的氧气管道，均应选用有色金属制造的管材，原因就是钢管在低于－40℃时，其塑性降低而变脆。

(4)直接埋地的氧气管道均采用无缝钢管，不论其压力大小。

37. 制氧站内常用氧气管道有哪些种类?

制氧站内氧气管道常用的管子种类，见表4-16。

表4-16　氧气站内氧气管道常用管子种类

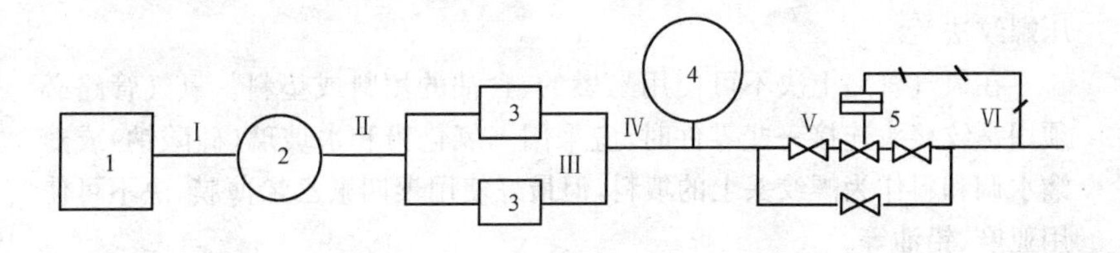

管段					
Ⅰ	Ⅱ	Ⅲ	Ⅳ	Ⅴ	Ⅵ
精馏塔至缓冲罐	缓冲罐至氧压机	氧压机各及各机之间	机器间去中压贮气罐	压力调节阀组	去用户的管道(室外及车间)
卷焊管 螺焊管 无缝钢管	卷焊管 螺焊管 无缝钢管	无缝钢管 不锈钢管 铜管	无缝钢管	无缝钢管 不锈钢管 铜管	无缝钢管 螺焊管

注：图中符号意义：1—精馏塔；2—缓冲罐；3—氧压机；4—中压贮气罐；5—压力调节阀组。

38. 氧气管道管件的选用应注意哪些问题？

氧气管道常用的管件有阀门、法兰、弯头和三通等，其选用时应注意以下问题：

(1)阀门。必须保证用于氧气管路的阀门的各部件是没有油和油脂的。当工作压力小于或等于 3MPa 时，阀门可采用可煅铸铁、球墨铸铁或钢制阀体。严禁在阀门与氧气接触部分用可燃材料。应采用以有色金属、不锈钢或聚四氟乙烯等材料制成的阀门密合圈。应采用除油处理过后用石墨处理的石棉或聚四氟乙烯等材料作为填料。大于 3MPa 工作压力时，阀门应采用铜合金或不锈钢材料制成的。

如果在没有专用于氧气的低压、中压较大通径阀门的情况下，也可以选用普通闸阀、截止阀。这些阀门的阀体等主要部件符合输氧要求，但是其中填料一项，使用时应逐个检查，更换为石墨处理的石棉盘根或聚四氟乙烯材料。这是因为有些厂的产品采用油浸石棉盘根，不符合安全要求。

(2)法兰。最常用的四种法兰是平焊法兰、对焊法兰、松套法兰和高压螺纹法兰。

在氧气管路上决不可使用易燃的、含油的填料或垫料。氧气管路必须用螺纹接头连接一些零件时，应采用一氧化铅和水玻璃(硅酸钠)或蒸馏水调和料作为螺纹头上的填料，但最好使用聚四氟乙烯薄膜，决不可使用亚麻、铅油等。

(3)弯头、三通等管件。对于小于或等于 1.6MPa 工作压力的氧气管道，在管径小于 *DN*50 和需要用螺纹连接处，可以采用可锻铸铁配件。采用黄粉(一氧化铅)调以甘油或蒸馏水作为螺纹填料，或用聚四氟乙烯生料带做填料，但不可用麻丝。

大于 1.6MPa 工作压力的氧气管道可采用有色金属或钢制的配件。大于或等于 10MPa 工作压力的氧气管道，必须用符合高压技术条件的配件。

应采用专供氧气使用的禁油的压力表作为氧气管道所用的压力表。

39. 乙炔为什么易燃易爆？其输送管道有哪些种类？

乙炔是一种易燃易爆气体，爆炸的原因是由乙炔发生氧化、分解或化合而引起的。当乙炔与空气或氧气混合达到一定容积比之后，遇到静电火花或明火，并达到一定着火温度时，就会发生氧化爆炸。

根据输送乙炔管道的压力等级不同，可分为以下三种类型：

(1)低压。属于低压管道的工作压力范畴是等于或低于0.02MPa。在这个压力范围内，不易产生乙炔分解反应。

(2)中压。属于中压管道的工作压力范畴是0.02～0.15MPa。中压乙炔管道不应超过80mm的内径。

(3)高压。属于高压管道的工作压力范畴是0.15～2.5MPa。高压乙炔管道不应超过20mm的内径。

40. 乙炔管道管材的选用应符合哪些要求？

(1)低压乙炔管道不得采用镀锌钢管，因为锌与乙炔接触后起化学作用，可生成易爆炸的化合物，只宜采用无缝钢管或焊接钢管。

(2)中压乙炔管道应采用管道内径不应超过80mm而且管壁厚度不应小于表4-17的规定的无缝钢管。

表4-17　中压乙炔管道无缝钢管最小壁厚　mm

管材外径	≤22	28～32	38～45	57	73～76	89
最小壁厚	2	2.5	3	3.5	4	4.5

(3)高压乙炔管道应采用管道内径不应超过20mm而且管壁厚度不应小于表4-18的规定的无缝钢管(20号钢，正火状态供货)。

表4-18　高压乙炔管道无缝钢管最小壁厚　mm

管材外径	≤10	12～16	18～20	22	25～28	32
最小壁厚	2	3	4	4.5	5	6

41. 乙炔管道管件的选用应符合哪些要求？

乙炔管道所需的阀门和附件应采用钢、球墨铸铁或可煅铸铁制造，或采用不超过70%含铜量的铜合金产品。阀件的公称压力等级应高于乙炔管道的压力等级：

(1)低压乙炔管道宜采用0.6MPa公称压力的阀门和附件。

(2)中压乙炔管道，当管道内径不大于50mm时，宜采用1.6MPa公称压力的阀门、附件；管道内径为 65～80mm 时，宜采用 2.5MPa 公称压力的阀门、附件；不应在乙炔管道上采用闸阀，以降低盲板效应。

(3)高压乙炔管道用的阀门、附件，规定不应小于 25MPa 公称压力等级。

42. 什么是流体输送管道？

流体输送管道是指设计单位在综合考虑了流体性质、操作条件以及其他构成管路设计等基础因素后，在设计文件中所规定的输送各种流体的管道。流体可分为剧毒流体、有毒流体、可燃流体、非可燃流体和无毒流体。

43. 燃油管道及管件的选用应符合哪些要求？

(1)燃油管道一般采用无缝钢管的管材；对于大口径 $DN>200$mm 以上的远距离输送油管线也可以用螺旋缝卷焊钢管。

(2)燃油管的管径与流量和流速有关，应根据黏度的大小来选定流速。黏度还与温度有关，温度越高，黏度越小，所以输送的油品温度较高时，应当加大流速；温度较低时，可适当减小油品的流速。燃料油为 29.8～80mm^2/s 的运动黏度时，泵吸入管线推荐流速为 0.3～1.5m/s，泵出管线流速为 0.5～2.0s/s；运动黏度为 80～480mm^2/s 时，泵吸入管线推荐流速为 0.3～1.0m/s，泵出管线为 0.5～1.2m/s。

(3)选用燃油站的阀门：

1)燃油站的卸油贮油系统均属低压 $PN\leqslant 1.0$MPa 的系统，一般均采用闸板阀。

2)对于送油系统压力 $PN\geqslant 1.0$MPa 的阀门，一般均选用钢质截止阀，保温夹套截止阀也可被采用。

3)燃油站的加热吹扫用蒸汽阀门均采用截止阀。

44. 燃油管道布置敷设应符合哪些要求？

(1)一般采用架空敷设室外燃油管道，并尽可能与其他热力管道共架敷设。只要条件许可，也能采用沿地面低支座敷设，而在特殊情况下，还可以采用地沟敷设。

(2)燃油管道架空或地沟敷设时，参考表 4-19 管间净距。

表 4-19　燃油管道的布置间距　mm

项　目	管道敷设方式	
	架空或沿地面	地沟
管道保温层外表面的最小净距	150	150
管道保温层外表面与墙之间的最小净距	150	—
管道保温层外表面与梁、柱、或设备间最小净距	100	—
管道保温层外表面与沟壁的最小净距	—	150
管道保温层外表面与沟底的最小净距	—	150
管道保温支外表面与沟顶的最小净距	—	100

注：当采用 100mm 时，在靠近梁、柱或设备处不宜有焊缝。

如采用外伴热蒸汽管时，可适当增大最小净距，但不大于 200mm。

(3)采用地沟敷设室外燃油管道时，地沟顶部埋深一般不小于 0.5m。地沟坡度应与油管坡度相一致，并应把排水装置设在地沟的最低点。

(4)应按照以下规定来确定架空油管路跨越铁路、公路以及人行道的最小垂直净距：管底至铁路铁轨顶不小于 6m；管底至公路路面不小于 4.5m；管底至人行道地面不小于 2.2m。

(5)通过铁路、公路时，埋地输油管道应敷设在套管或地沟内，要求套管或地沟的外伸长度符合如下条件：铁路(以铁轨中心为起点)不小于 20m；公路(以路肩外侧为起点)不小于 20m。

上述套管或地沟顶距铁路轨底不应小于 1.0m 的最小垂直净距，距公路路基槽底不应小于 0.5m。

(6)油管道不应小于 0.003 的敷设坡度，自流油管道的坡度则不得小于 0.005。

(7)燃油管道的补偿器必须按规定设置。

45. 管道敷设的方式有哪些？其施工顺序是怎样的？

管道敷设大体上可划分为室外管道敷设和室内管道敷设两大类。

一般情况下，管道敷设的施工顺序是：先地下，后地上；先大管道，后小管道；先高空管道，后低空管道；先金属管道，后非金属管道；先干管，后支管。

46. 室外工业管道的敷设形式有哪几类？各有什么优缺点？

室外管道的敷设形式可分为地下敷设和地上敷设两大类。

(1)地下敷设分为无沟敷设和地沟敷设。无沟敷设又称埋地敷设，是工程中最常见的管道敷设方法之一，其施工程序是测量放线、沟槽开挖、管基处理、下管前预制及防腐、下管、管道连接、压力试验、回填土。地沟敷设分通行地沟、半通行地沟和不通行地沟三种，地沟采用混凝土底板，沟壁用钢筋混凝土或红砖砌筑，盖板用钢筋混凝土预制板。

(2)地上敷设是将管道安装在架空支架上，又称为架空敷设，其优点是易于安装、维修，对交叉管道，防腐绝热问题又比较容易解决。缺点是管道常年裸露在外，管道的防腐绝热易遭破坏。

47. 室内工业管道的敷设有哪几种形式？各有什么优缺点？

室内工业管道的敷设形式有明装和暗装两种。

(1)管道明装是指管道沿墙、梁、柱、板进行敷设裸露在建筑物内。管道明装的优点：便于施工和维修；缺点：这种敷设方式占用较多的建筑物空间，影响室内观感效果，有时不可避免地影响室内协调。

(2)管道暗装是指工程完工并投入使用后，从外面看不到管道的安装方式。管道暗装优点：管道隐蔽、不占用空间、管线距离短、节省材料；缺点：不便检修、维护。

48. 工业管道工程常用图例符号有哪些？

工业管道工程常用图例符号见表4-20。

表4-20 管道工程图例符号

图 例	名 称	图 例	名 称
—— Z ——	蒸汽管(不分类)	—— Z_2 ——	采暖蒸汽管
—— Z_1 ——	生产、生活蒸汽管	—— Z_3 ——	生产蒸汽专用管
—— Z_4 ——	蒸汽吹扫管	—— YS ——	压缩空气管
—— Z_5 ——	蒸汽伴随管	—— YQ ——	氧气管
—— Z_6 ——	二次蒸汽管	—— Yi ——	乙炔管

续表

图　例	名　称	图　例	名　称
——FZ——	废气管	——E——	二氧化碳管
——N——	凝结水管(不分类)	——H——	氢气管
——N_1——	余压凝结水管	——YD——	氮气管
——N_2——	自流凝结水管	——Y——	油管
——N_3——	V压力凝结水管	——S——	上水管
——N_4——	浊凝结水管	——X——	下水管
——R——	热水管	——f——	放散管(不分类)
——R_1——	热水采暖供水管		内螺纹截止阀
——R_2——	热水采暖回水管		截止阀
——M——	煤气管		闸阀
——Mf——	煤气放散管		旋塞
	三通旋塞		开启式及密闭式重锤安全阀
	角阀		自动放气阀
	压力调节阀		立管及立管上阀门
	升降式止回阀		撬板阀
	旋启式止回阀		疏水器
	减压阀		门形补偿器
	电动闸阀		套管补偿器
	液动闸阀		波形、鼓形补偿器

续表

图　例	名　称	图　例	名　称
	自动截门		异径管
	带手动装置的自动截门		偏心异径管
	浮力调节阀		盲板
	放气阀		法兰
	密闭式弹簧安全阀		法兰连接
	开启式弹簧安全阀		丝堵
RK	人孔		自动记录流量表
	流量孔板		文氏管
	放气(汽)管		过滤器
	防雨罩		二次蒸发箱
	地漏		安全水封
	压力表		水柱式水封
	U形压力表		离心水泵
P	自动记录压力表		电动机
	水银温度计		蒸汽活塞泵
	电阻温度计		手摇泵

续表

图 例	名 称	图 例	名 称
	热电偶		齿轮油泵
	温包		喷射器
	温度控制器		热交换器
	流量表		连续式煤气排水器
	卧式集水器		地沟安装孔
	防爆阀		地沟进风口
	立式油水分离器(用于压缩空气)DN≤80		地沟排风口
	卧式油水分离器(用于压缩空气)DN≥100		地沟内固定支架
	单、双、三接头立式集水器(用于压缩空气)		室外架空管道支架
	表压软管接头		室外架空管道固定支架
	表压软管接头	M	室外架空煤气管道单片支架
	乙炔水隔器	M	室外架空煤气管道摇摆支架
	乙炔耗气点		室外埋地敷设管道

续表

图　例	名　称	图　例	名　称
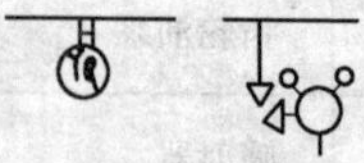	氧气耗气点	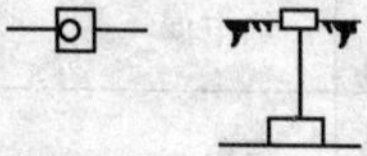	漏气检查点
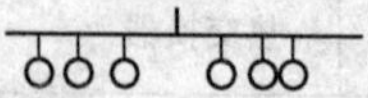	氧气、乙炔汇流排	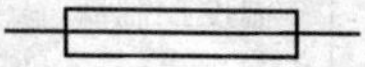	套管
	防火器	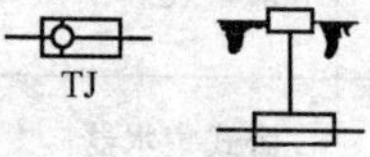 TJ	带检查点的套管
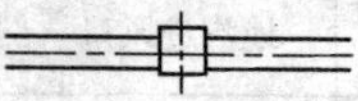	地沟及检查井	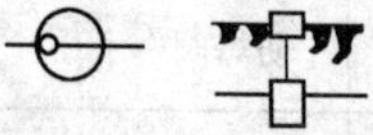	埋地敷设管道排水器
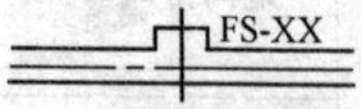 FS-XX	地沟 U 形膨胀穴	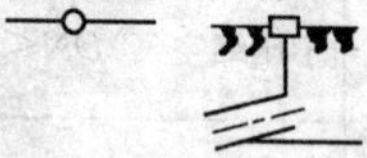	杂散电流检查点
	管道坡度	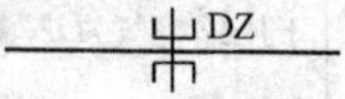 DZ	导向支架
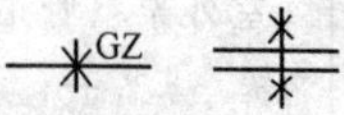 GZ	固定支架	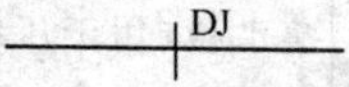 DJ	吊架
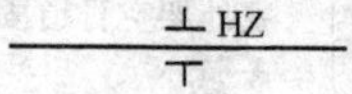 HZ	滑动支架	 TZ(TD)	弹簧支(吊)架
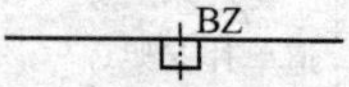 BZ	摆动支架		

49. 如何利用锤击进行钢管校圆?

锤击校圆如图 4-1 所示,校圆用锤均匀敲击椭圆的长轴两端附近范围,并用圆弧样板检验校圆结果。

50. 如何利用特制外圆对口器进行钢管校圆？

外圆对口器适用于大口径（*DN*426 以上）并且椭圆度较轻的管口，在对口的同时进行校圆。

管口外圆对口器的结构如图 4-2 所示，把圆箍（内径与管外径相同，制成两个半圆以易于拆装）套在圆口管的端部，并使管口探出约 30mm，使之与椭圆的管口相对。在圆箍的缺口内打入楔铁，通过楔铁的挤压把管口挤圆，然后点焊。

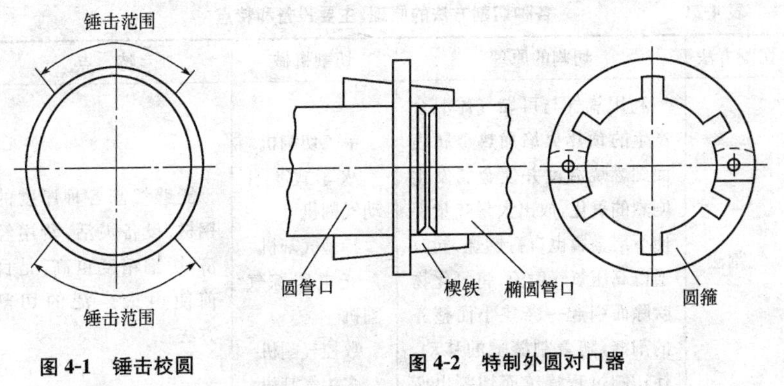

图 4-1　锤击校圆　　图 4-2　特制外圆对口器

51. 什么情况下可利用内校圆器进行钢管校圆？

如果管子的变形较大或有瘪口现象，可采用图 4-3 所示的内校圆器校圆。

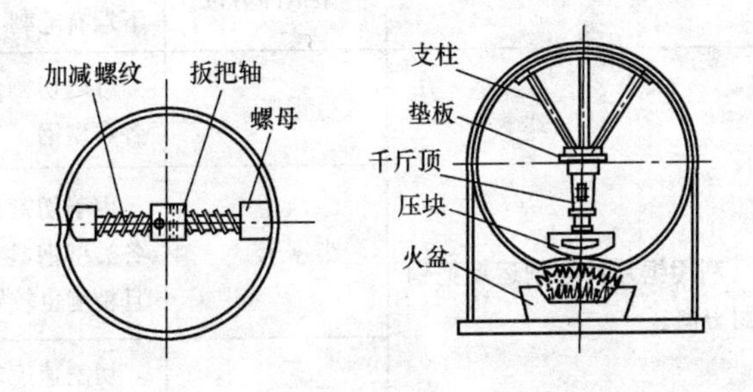

图 4-3　内校圆器

52. 常用管道切割方法有哪几种?

在管道安装过程中,经常要结合现场的条件,对管子进行切断加工。常用的切割方法有手工切割、机械切割、气割、爆破切割等多种方法。机械切割又分为锯割、刀割、磨割、机床切割、等离子切割等。

53. 各类管道切割方法的原理是什么? 各有哪些特点?

各类切割方法的原理、主要设备及其特点见表 4-21。

表 4-21　各种切割方法的原理、主要设备和特点

切割方法	切割的原理	切割机械	特　点
气割法	利用氧气与可燃气体混合产生的预热火焰加热金属表面到燃烧温度并使金属发生剧烈的氧化,放出大量热量促使下层金属也自行燃烧,同时通以高压氧气射流,将氧化物吹除而引起一条狭小而整齐的割缝,随着割缝嘴的移动,使切割过程连续而切割出所需的形状	手工切割机 火车式半自动气割机 特型气割机 光电跟踪气割机 数控气割机 多头气割机	能够切割各种厚度的钢材,设备灵活,费用经济,切割精度也高,是目前使用最广泛的切割方法
机械切割法	利用上下两剪刀的相对运动来切断钢材	剪板机 联合冲剪机 型钢冲剪机	剪切速度快,效率高,能剪切厚度<30mm 的钢材;缺点是切口略粗糙,下端有毛刺
	利用锯片的切削运动把钢材分离。	弓锯床	可以切割角钢、圆钢和各类型钢
		带锯床	用于切割角钢、圆钢和各类型钢,切割速度较快且精度也较好
		圆盘锯床	切割速度较慢,但切割精度高,主要用于柱、梁等型钢的切割,设备的费用也较高

续表

切割方法	切割的原理	切割机械	特　点
机械切割法	利用锯片与工件间的摩擦发热使金属熔化而被切割	摩擦锯床	切割速度快，应用广，但切口不光洁，噪声大
		砂轮切割机	砂轮切割机能切割不锈钢及各种合金钢等
等离子切割法	利用高温高速的等离子焰流将切口处金属及其氧化物熔化并吹掉来完成切割	等离子切割机	由于等离子弧的焰流高温和高速，所以任何高熔点的氧化物都能被熔化和吹走，故能切割任何金属，特别是不锈钢、铝、铜等

54. 管子的手工截断有哪几种方法？

管子的手工截断多用于小批量、小直径管子的截断。截断的方法有：手工锯切法、割管器切割法和錾切法等。

55. 手工锯切法截断管子的适用范围是怎样的？其所用工具应符合哪些要求？

手工锯切法适应于截断各种直径不超过100mm的金属管、塑料管、胶管等。锯切时将管子夹在台虎钳中，将管子摆平，划好切割线，用手锯进行切割。不同的管径选用不同规格的台虎钳。

手锯有固定式和调节式两种，锯条有粗、中、细三种。锯割管径$DN\leqslant$40mm以内管子宜选用细齿锯条，手锯条的规格及用途见表4-22。锯割时应使锯条在垂直于管子中心线的平面内移动，不得歪斜，并需要经常加油润滑。

表4-22　手锯条规格及用途

类别	齿距/mm	25mm长度内齿数	用　途
粗	1.8	14～16	锯软钢、铝、纯铜、塑料、人造胶质材料等。

续表

类别	齿距/mm	25mm长度内齿数	用　途
中	1.2,1.4	18～22	锯中等硬度钢、黄铜厚壁管子、型钢、铸铁。
细	0.8,1	24～32	锯小而薄的型钢、板材、薄壁管、角钢。

56. 割管器切割法截断管子的适用范围是怎样的？其所用工具应符合哪些要求？

割管器切割法，可用于切割 $DN100$ 以内的除铸铁管、铅管外的各种金属管。常用的三轮式割管器的构造如图4-4所示。三轮式割管器共有4种规格：1号割管器适用于切割 $DN15 \sim DN25$ 的管子；2号适用于 $DN15 \sim DN50$ 的管子；3号适用于 $DN25 \sim DN75$ 的管子；4号适用于 $DN50 \sim DN100$ 的管子。

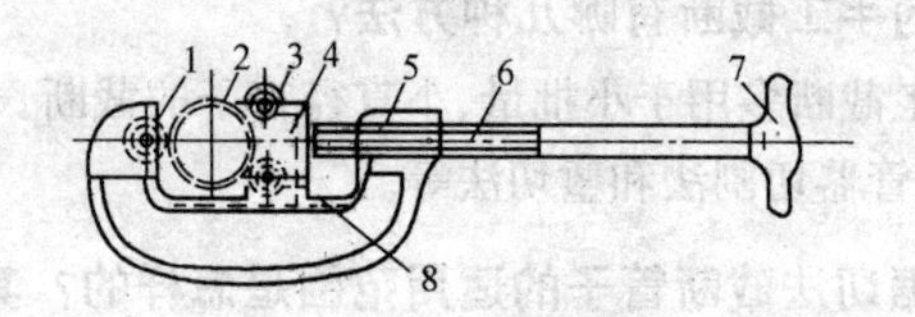

图4-4　三轮式割管器

1—切割滚轮；2—被割管子；3—压紧滚轮；
4—滑动支座；5—螺母；6—螺杆；7—手把；8—滑道

割管器切管时，因管子受到滚刀挤压，内径略缩小，故在切割后须用绞刀插入管口割去管口缩小部分。

57. 如何利用錾切法截断管子？其适用范围是怎样的？

錾切法切割的管径较大，先在管子上划好切断线，并用木方将管子垫起（图4-5），然后用槽錾按着切断线把整个圆周凿出一定深度的沟槽。錾切后，一面錾切，一面转动管子。錾子的打击方向要垂直通过管子面的中心线，不能偏斜，然后用楔錾直接将管子楔断。

錾切大口径铸铁管是由两人操作，一人手握长柄钳固定錾，一人轮锤錾切管。錾切钢筋混凝土管时，錾露钢筋后，先用乙炔焰切割钢筋后再錾。

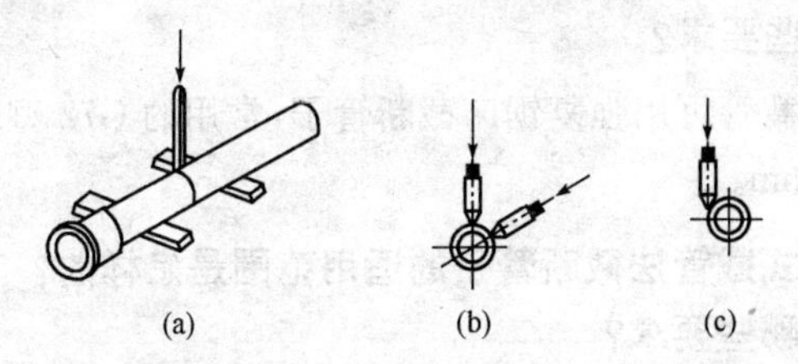

图 4-5　錾切铸铁管

(a)操作位置；(b)錾子正确位置；(c)錾子错误位置

錾切法适用于材质较脆的管子，如铸铁管、混凝土管、陶土管等，但不能用于性脆易裂的玻璃管、塑料管。

58. 管子机械截断主要有哪几种方法？

机械截管适用于大批量、大直径管子的截断。其效率高、质量稳定、劳动强度低，是现代截管的主要方法。截断的方法有：磨切法、锯床截切法、切削式截管法等。

59. 磨切法截断管子的适用范围是怎样的？其所用工具应符合哪些要求？

磨切即用砂轮切割机进行管子切割，俗称无齿锯切割。根据所选用的砂轮的品种不同，可切割金属管、合金管、陶瓷管等，常用的金刚砂锯片的技术性能见表 4-23。

表 4-23　金刚砂锯片技术性能

项　　目	数　　据
切割管子的直径/mm	32～108
切割管壁的厚度/mm	10
平面卡盘的回转速度/(r/min)	45.5
平面卡盘的进刀速度/(mm/r)	0.1
安装到管身上的最小管段长度/mm	100
电动机功率/kW	0.36
外形尺寸/mm	490×220×160
全机质量/kg	18

60. 锯床截切法截断管子的适用范围是怎样的？其所用工具应符合哪些要求？

大批量的截管可用强复锯床截断管子，常用的 G72 型锯床的最大锯管直径为 250mm。

61. 切削式截管法截断管子的适用范围是怎样的？其所用工具应符合哪些要求？

切削式截管法是以刀具和管子的相对运动来截断管子。如图 4-6 所示的便携式切削割管机，其技术性能见表 4-24。它可用于切割奥氏体不锈钢管，割管机的主要部件有外套、平面卡盘、带刃具的刀架及固定在管子上的机构等。

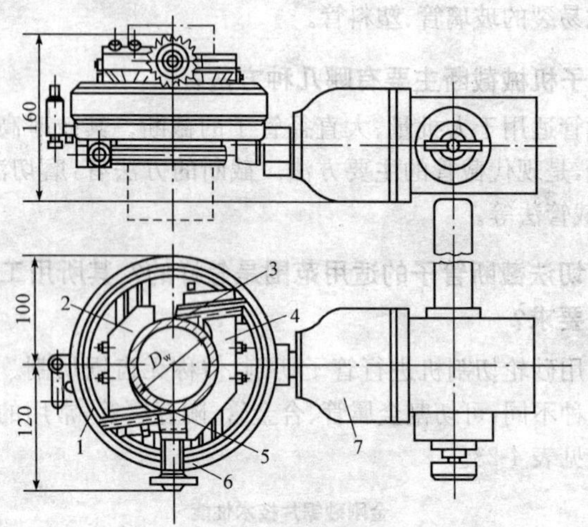

图 4-6 便携式割管机

1—平面卡盘；2、4—刀架；3—异型刀刃；5—切割刀刃；6—进刀架螺钉；7—传动机构

表 4-24 便携式切削割管机技术性能

割件厚度 /mm	割炬		氧气压力 /MPa	乙炔压力 /MPa
	型号	割嘴号		
≤4 4～10	G01－30	1～2 2～3	0.3～0.4 0.4～0.5	0.001～0.12

续表

割件厚度/mm	割炬		氧气压力/MPa	乙炔压力/MPa
	型号	割嘴号		
10～25	G01－100	1～2	0.5～0.7	0.001～0.12
25～50		2～3	0.5～0.7	
50～100		3	0.6～0.8	
100～150	G01－300	1～2	0.7	0.001～0.12
150～200		2～3	0.7～0.9	
200～250		3～4	1.0～1.2	

当割管机装在被切割的管子上后，通过夹紧机构把它牢靠地夹紧在管体上。切削管子由两个动作来完成，一个由切削刀具对管子进行铣削；另一个是由爬轮带动整个割管机沿管子爬行进给。刀具的切入和退出是由操作人员通过进刀机构的摇把来实现的。

62. 管子的气割切断主要有哪几种方法?

管子气割切断法即采用氧气-乙炔焰将管子切断的方法。根据管子材质和施工操作的不同，可分为金属管气割和混凝土管气割。

63. 什么是金属管气割? 其适用范围是怎样的?

金属管气割是指用氧气-乙炔焰将管子加热到熔点，再由割枪嘴喷出高速纯氧将金属管熔化割断。这种方法，宜用于 *DN*40 以上的各种碳素钢管的切割，不宜用于合金钢管、不锈钢管、铜管、铝管和需要套螺纹的管子的切割。当用氧气-乙炔焰切割合金钢管类管材时，割断后必须从切割面上用机械法(车削或锯割)除去 2～4mm 的管子，以消除退火烧损部分。

64. 气割方法切割管子时应注意哪些事项?

(1)用气割方法切割管子时，无论管子转动或固定，割嘴应保持垂直于管子表面，待割透后将割嘴逐渐前倾，倾斜到与割点的切线呈 70°～80°角。气割固定管时，一般先从管子的下部开始。

(2)割嘴与割件表面的距离应根据预热火焰的长度和割件厚度确定，一般以焰心末端距离割件 3～5mm 为宜。割嘴及氧气压力的大小可参照表 4-25 选用。

(3)管子被割断后，应用锉刀、扁錾或手动砂轮清除切口处的氧化铁渣，使之平滑、干净；同时应使管口端面与管子中心线保持垂直。

(4)气割结束时，应迅速关闭切割氧气阀、乙炔阀和预热氧气阀。

表 4-25　割嘴号码、氧气压力与割件厚度的关系

割件厚度/mm	割炬		氧气压力/MPa	乙炔压力/MPa
	型号	割嘴号		
≤4 4～10	G01－30	1～2 2～3	0.3～0.4 0.4～0.5	0.001～0.12
10～25 25～50 50～100	G01－100	1～2 2～3 3	0.5～0.7 0.5～0.7 0.6～0.8	0.001～0.12
100～150 150～200 200～250	G01－300	1～2 2～3 3～4	0.7 0.7～0.9 1.0～1.2	0.001～0.12

65. 如何防止混凝土管气割时发生爆炸?

采用氧气-乙炔焰切割混凝土管时，应防止在高温火焰作用下混凝土表面会发生猛烈爆炸。造成混凝土管表面发生爆炸的原因是局部混凝土在高温下由固态变成液态，体积急骤膨胀；混凝土中的结晶水受热汽化；混凝土中的空隙空气膨胀等，这些膨胀能在急骤释放时导致爆炸。防止爆炸的方法是将待熔割的工作面上刷涂酸性防爆剂。涂抹时，先用碳化焰将切割部位预热到 60～80℃，然后涂硫酸铝或稀硫酸、稀盐酸溶液，后涂硫代硫酸钠溶液。硫代硫酸钠应当日配制当日使用。

66. 什么是等离子切割? 其有哪些优点?

等离子切割是应用特殊的割炬，在电流、气流及冷却水的作用下，产生高达 20000～30000℃的等离子弧熔化金属而进行切割的设备，它的优点是：

(1)能量高度集中，温度高而且具有很高的冲刷力，可以切割任何高熔点金属，有色金属和非金属材料。

(2)由于弧柱被高度压缩，温度高、直径小，冲击力大，所以切口较窄，

切割边的质量好，切速高，热影响区小，变形也小，切割厚度可达150～200mm。

(3)成本较低，特别是采用氮气等廉价气体，成本更为低廉。

67. 等离子切割机有哪几种类型？其技术性能怎样？

等离子切割机有手把式和自动式两种类型，技术性能数据见表 4-26。

表 4-26　　等离子切割机技术性能

名称			单位	自动等离子弧切割机	手把式等离子弧切割机	手把式等离子弧切割机
型号				LG－400－2	LG3－400	LG3－400－1
额定切割电流			A	400	400	400
引弧电流			A	30～50	40	
工作电压			V	100～150	60～150	70～150
额定负载持续率			%	60	60	60
镶钨电极直径			mm	5.5	5.5	5.5
自动切割速度			m/h	3～150		
切割范围	厚度	碳钢	mm	80		
切割范围	厚度	不锈钢	mm	80	40	60
切割范围	厚度	铝	mm	80	60	
切割范围	厚度	紫铜	mm	50	40	
切割范围	圆形直径		mm	>120		
电源	型号			ZXG2－400	AX8－550	
电源	台数			1	2～4	
电源	切割空载电压		V	300	120～300	125～300
电源	电流调节范围		A	100～500	125～600	140～400
电源	电压		V	3相，380		3相，380
电源	控制箱电压		V	220	220	
气体耗量	主电弧(切割)		m^3/h	3	1～3.5	4
气体耗量	引弧		m^3/h	0.4	0.7～1	
氮气纯度			%	99.9以上		99.99

续表

名称			自动等离子弧切割机	手把式等离子弧切割机	手把式等离子弧切割机
冷却水消耗量		L/mm	3	1.5	4
外形尺寸（长×宽×高）	控制箱	mm	400×640×980	482×663×1230	660×910×1229
	切割电源				
	自动小车		500×730×380		ϕ40×53×227
	手把		345×150×100	ϕ50×100×300	
质量	控制箱	kg	30	126	
	切割电源				
	自动小车		25		
	手　　把		1.5	0.65	

68. 等离子切割时应注意哪些事项？

（1）切割回路采用直流正接法，即工件接“＋”，钨棒接“－”，以使等离子弧能稳定燃烧，减少电极烧损。

（2）电极端部发现烧损时应及时修磨，要保持电极与喷嘴之间的同心度，以使钨极端部向喷嘴周围呈均匀放电，避免烧损喷嘴和产生双弧。

（3）切割过程中，必须注意割轮与工件始终保持垂直，以免产生熔瘤。

（4）为保证切割质量，手工切割时，不得在切割线上直接引弧，转弧，切割内圆或内部轮廓时，应先在板材上预先钻出 ϕ12～ϕ16 的孔，切割由孔开始进行。

（5）自动切割时，应事先调节好切割规范和小车速度。

69. 什么是爆破切割法？其工作原理是怎样的？

爆破切管是将一定数量的炸药，即将直径 5.7～6.2mm 的矿用导爆索缠绕在需切割的管体表面，经起爆装置（雷管）使导爆索爆炸，以切割管体。

爆破切管主要是利用导爆索高速爆炸瞬间形成的爆震波，使需要切割处的管壁周围承受足够的冲击压而切断管子。爆切的切口质量和缠绕的导爆索的数量有关，导爆索缠绕的数量又和管子的材质、口径、壁厚以及缠绕的松紧程度有关。对于砂型离心铸铁管，采用一次爆切法切割，导爆索缠绕方式和需要的数量见表 4-27。

表 4-27　导爆索缠绕方式和数量

公称直径 /mm	壁厚 /mm	圈　数	缠绕方式		用　量
			各层圈数	缠绕方式	
200	10.0	3	2,1	外层为一圈，向内逐层递增一圈的方式安排	2.3
250	10.8	5	2,2,1		4.5
300	11.4	5	2,2,1		5.3
400	12.8	5	2,2,1		7.2
450	13.4	5	2,2,1		9.2
500	14.0	6	3,2,1		10.5
600	15.6	6	3,2,1		12.2
700	17.0	6	3,2,1		14.5
800	18.5	10	4,3,2,1		25.6
900	20.0	10	4,3,2,1		31.0

70. 如何利用爆破切割法切割管道？

爆破施工时，应先将要切割的铸铁管外皮污垢擦净，用木方垫起管身，使之不得滚动；然后，在管体切割处预放一条长 200mm 的胶布带，并以黑胶布带为起点，用导爆索沿管体周围缠圈。根据不同管径缠完上述规定的圈数后，用预放的胶布带包扎好，再与雷管及导火线相连，然后引爆。

使用此法进行地下切管时，先在需要断管的中间按要求爆切一次，然后再将需要切断部分的两端缠绕导爆索，用一雷管一次引爆，如图 4-7 所示。已埋管道爆切时，应按爆切工作坑，管体四周需离开沟槽底 300mm 以上，如图 4-8 所示。

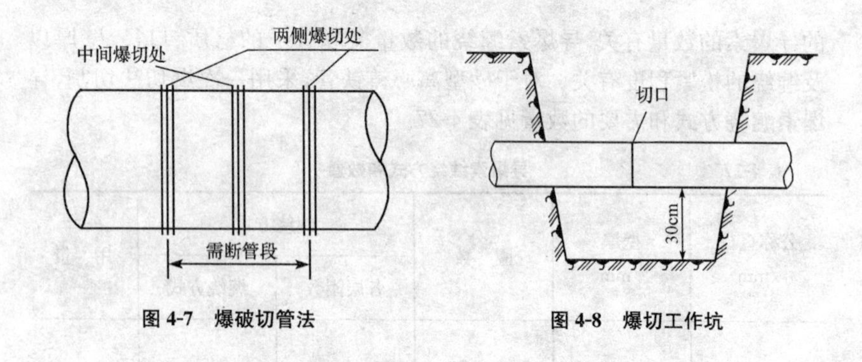

图 4-7　爆破切管法　　图 4-8　爆切工作坑

71. 不锈钢管安装应符合哪些要求？

(1)不锈钢管安装前应进行清洗，并应吹干或擦干，除去油渍及其他污物。管子表面有机械损伤时，必须加以修整，使其光滑，并应进行酸洗或钝化处理。

(2)不锈钢管不允许与碳钢支架接触，应在支架与管道之间垫入不锈钢片以及不含氯离子的塑料或橡胶垫片。

(3)不锈钢管路较长或输送介质温度较高时，在管路上应设不锈钢补偿器。常用的补偿器有方型和波型两种，采用哪一种补偿器，要视管径大小和工作压力的高低而定。

(4)当采用碳钢松套法兰连接时，由于碳钢法兰锈蚀后铁锈与不锈钢表面接触，在长期接触情况下，会产生分子扩散，使不锈钢发生锈蚀现象。为了防腐绝缘，应在松套法兰与不锈钢管之间衬垫绝缘物，绝缘物可采用不含氯离子的塑料、橡皮或石棉橡胶板。

(5)不锈钢管穿过墙壁或楼板时，均应加装套管。套管与管道之间的间隙不应小于 10mm，并在空隙里填充绝缘物。绝缘物内不得含有铁屑、铁锈等杂物，绝缘物可采用石棉绳。

(6)根据输送的介质与工作温度和压力的不同，法兰垫片可采用软垫片或金属垫片。

(7)不锈钢管子焊接时，一般用手工氩弧焊或手工电弧焊。所用焊条应在 150～200℃温度下干燥 0.5～1h，焊接环境温度不得低于－5℃，如果温度偏低，应采取预热措施。

(8)如果用水作不锈钢管道压力试验时，水的氯离子含量不得超过 2.5×10^{-5}mg/L。

72. 碳素钢管道安装应符合哪些要求?

(1)管道的坡度和坡向应符合设计要求。可用支架的安装高度或支座下的金属垫板来调整管道的坡度，也可用吊杆螺栓来调整吊架。垫板应与预埋件或钢结构进行焊接，不得夹于管道和支座之间。

(2)给排水的支管与主管连接时，宜按介质流向稍有倾斜。

(3)法兰和其他连接件应设置在便于检修的地方，不得紧贴墙壁、楼板或管架等。

(4)经脱脂处理后的管子、管件及阀门等，安装前要严格检查，其内外表面严禁存有杂物。当发现有杂物时，应重新进行脱脂处理，检验合格后方可安装。安装脱脂管道时使用的工具、量具等，必须按脱脂件的要求预先进行脱脂处理。操作人员使用的手套、工作服等防护用品也必须是无油污的。

(5)安装埋地管道，当遇到地下水或管沟内有积水时，应采取排水措施。埋地管道试压防腐完毕后，应尽快办理隐蔽工程验收，填写隐蔽工程记录，及时回填土，并分层夯实。

(6)管道在穿越楼板、墙、道路或其他构筑物时，必须加套管或砌筑涵洞保护。管道焊缝不应置于套管内。穿墙套管长度不得小于墙厚，穿楼板套管应高出楼面的 50mm。穿过屋面管道应有防水肩和防雨帽。不燃材料可用来填塞管道与套管间隙。

(7)连接在管道上的仪表导压管、流量计、调节阀、流量孔板、温度计套管等仪表元件，应与管道同时安装，并应符合仪表安装的相关规定。

(8)管道膨胀指示器、蠕胀测点和监测管段，应按设计文件和施工验收规范的规定安装。

(9)安装前应做好埋地钢管的防腐层，在安装和运输过程中要注意保护防腐层。焊缝部分的防腐必须在管道试压合格后进行。

(10)管道的坐标、标高、间距等安装尺寸必须符合设计规范，其偏差不得超过规定。

73. 铝及铝合金管道安装应符合哪些要求?

(1)在铝管施工过程中，如同时使用两种或两种以上不同牌号的铝或铝合金管时，应在管子运到现场时分别堆放并作好涂色标记，以防使用时发生错误。

(2)安装管子之前要对管子内外表面进行检查，不得有裂缝、起皮、氧化及凹凸不平等缺陷。若管子内外表面发现暗淡色或白色印迹，必须在无麻面的情况下方可使用，管子内、外壁划痕不得超过 0.03mm，局部凹陷深度也不得超过 0.3mm。

(3)铝管的质地较软，因此管道支架的设置应严格按设计规定进行；如设计没有明确要求，一般支架间距比钢管要小。热轧铝管的支架间距一般按同样管径和壁厚的碳素钢管支架间距的 2/3 选取，冷轧管按碳素钢管道支架间距的 3/4 选取。

(4)铝及铝合金管需要保温时，禁止使用石棉绳、石棉粉、玻璃棉等带有碱性的材料，宜用中性的保温材料。

(5)铝及铝合金管安装前的管段调直，应逐段进行，使用木制等质地较软的工具，以防管子表面刮伤、划伤；切割、坡口可用机械或等离子切割机，不得使用氧-乙炔等火焰；固定管子的器具与管子之间应垫以木板以免夹伤管子。

(6)铝及铝合金管连接一般采用焊接和法兰连接，焊接可采用手工钨极氩弧焊、氧-乙炔焊及熔化极半自动氩弧焊。

(7)焊接后应使焊缝接头在空气中自然冷却，直至能用手直接触摸时方可进行焊后的清理工作。

74. 铜及铜合金管道安装应符合哪些要求？

(1)供安装用的铜及铜合金管，表面与内壁均应光洁，无裂缝、结疤、尾裂及气孔，黄铜管不得有绿锈和严重脱锌。

(2)在同一施工现场有两种或两种以上不同牌号的铜及铜合金管道时，管子、管件验收合格后应作好涂色标记，分开存放，防止混淆。在装卸、搬运和安装的过程中，应轻拿轻放，防止碰撞及表面被硬物划伤，吊装时的吊点处应加以保护，支、吊架间距应符合设计文件的规定。当设计文件无规定时，可按同规格钢管支、吊架间距的 4/5 选取。

(3)铜及铜合金管安装前的调直，应用木榔头轻轻敲击，且调直用的工作台宜使用木制，以免使管子表面产生粗糙痕迹。薄壁管一般应装入细砂逐段调直。

(4)铜及铜合金管因热弯时管内填充物不易清理,一般应采用冷弯。

(5)弯管的直边长度应不小于管径,且不小于 30mm。安装铜波形补偿器时,其直管长度不得小于 100mm。

(6)铜及铜合金管翻边宽度见表 4-28。

表 4-28　　铜及铜合金管翻边的宽度　　mm

公称直径 DN	15	20	25	32	40	50	65	80	100	125	150	200	250
翻边宽度	11	13	16	18	18	18	18	18	18	20	20	20	24

75. 铅及铅合金管道安装应符合哪些要求?

(1)在同一施工现场有两种或两种以上不同牌号的铅及铅合金管道时,管子、管件验收合格后应分开存放,作好涂色标记,以免混淆。

(2)在装卸、搬运和安装过程中,要轻拿轻放,防止铅管产生凹陷、弯曲及表面被硬物划伤。

(3)为了避免弯曲,水平安装的铅管应在支、吊架上设置连续的托撑角钢。

(4)铅合金管水平安装时可不设托撑角钢。支、吊架间距应在 1~2m 之间,用扁钢箍将管子固定在支、吊架上,并在管子与扁钢箍之间垫 3mm 厚的橡胶石棉板。

(5)铅管垂直或超过 45°倾斜安装时,必须设置伴随角钢。管子用扁钢箍应固定在伴随角钢内。扁钢箍焊接在伴随角钢上,间距为 1.5m 左右。扁钢箍靠管子的一面必须倒棱。在扁钢箍的上方焊一铅质防滑块于管子上,将管子的质量通过防滑块与扁钢箍支撑在伴随角钢上,以免管子下滑。

铅管的加固圈及其拉条,装配前应经防腐处理,加固圈直径允许偏差为±5mm,间距允许偏差为±10mm。用钢管保护的铅、铅管,在装入钢管前应经试压合格。

(6)铅及铅合金管道的法兰连接只用于与设备或阀门等管道附件的连接及管道检修时需要拆卸的部位。采用铅制法兰连接时,螺母与法兰之间应加置软垫片。

(7)铅管法兰类型通常采用翻边松套法兰。松套法兰用碳素钢制成,与铅管接触的一面须加工成圆角形。翻边肩不允许超过法兰螺栓孔,应直接在管口上翻边。翻边时先在管口套上钢法兰，用锥形木模将管口扩成喇叭状，再用木槌将喇叭状管口打成与管子轴线垂直的翻边肩。翻边肩超过法兰螺栓孔时，可用环形铅板（牌号必须与管子相同）在管口上焊成翻边肩。

铅合金管法兰类型通常情况下采用平焊法兰。用来加工法兰的板材牌号必须要与管子相同。法兰内径应制成45°的坡口，两面都必须与管子焊接，焊完后必须将法兰密封面刮平。紧固用普通钢质螺栓，法兰两面都必须加钢垫圈。拧紧螺栓要适度，不可过紧。

（8）铅及铅合金管道安装应遵照碳素钢管安装的有关规定执行。

76. 钛及钛合金管道安装应符合哪些要求？

（1）应进行必要的外观检查和材质分析核对，管子及管件应具备制造厂的合格证、化学成分及机械性能等资料，并应检查管子壁厚是否符合要求。

（2）为防止钛及钛合金管表面沾染铁质，管子运输及堆放时均应与钢管分开。因为钛表面沾染铁质能引起腐蚀，而这种腐蚀又能使氢进入金属内部引起氢脆。

（3）管子安装前要进行一般清洗，清除管子内外表面的杂物，并用棉丝擦干净。

（4）按设计规定或通过计算确定管道支架间距。管子与钢质吊支架间不能直接接触，应垫以橡胶或软塑料。

（5）管子组对及安装过程中，应避免使用碳钢、低合金钢工具，特别是应避免使用钢丝刷，所用手锤可用不锈钢或纯铜制成。

（6）当钛及钛合金管道输送介质温度较高或直线管路较长时，在管路上应设置补偿器。

（7）管道穿过楼板、墙壁时，应加装钢套管，管子与套管之间应填加不含铁质的填料作隔绝物。

（8）在钢法兰与钛及钛合金焊环之间加以橡胶、塑料、石棉橡胶板等隔绝物，或在碳钢法兰接触面上涂以绝缘漆等方法绝缘，以防止铁锈对钛及钛合金管的腐蚀。

（9）钛及钛合金管禁止与其他金属管道焊接连接。

77. 塑料管有哪些特点？具有哪些种类？

塑料管一般是由塑料树脂加稳定剂、润滑剂以热塑的方法在制管机内经挤压加工而成。

其质轻而坚、耐腐蚀、无不良气味、加工容易、施工方便。当前用在管道工程方面的主要热塑料性塑料管有：聚氯乙烯（PVC）管，聚乙烯（PE）管、丙烯腈-丁二烯-丙乙烯（ABS）管、聚丙烯（PP）管、热固性塑料管及耐酸酚醛塑料管等。

78. 常用塑料管的种类有哪些？各具有什么性质？

常用塑料管的种类及性质，见表 4-29。

表 4-29　塑料管的种类及性质

种类	组成及性质
聚氯乙烯管（PVC）	聚氯乙烯塑料管是以聚氯乙烯为主要原料，配以稳定剂、润滑剂、颜料、填充剂、加工改良剂和增塑剂等，以热塑的方法在制管机内经挤压而成，分硬聚氯乙烯管及软聚氯乙烯管两种。它有较高的化学稳定性，在水、酸（浓硝酸和发烟硫酸除外）、碱、盐类溶液中皆稳定，并有一定的机械强度，在－15～60℃的使用温度下均可应用。但不能用于芳香族的碳氢化合物、脂肪族与芳香族碳氢化合物的卤素衍生物、酮类等介质中，也不能用于输送食用油
聚乙烯（PE）管	聚乙烯管有软、硬二种，具有显著的耐化学性能。由于它的耐化学性能好，所以不能采用溶剂胶接法连接，而采用热熔法、插入法连接。管材中一般添加 2%的炭黑，以增加管材的抗老化稳定性
聚丙烯（PP）管	聚丙烯管的特性与聚乙烯管相似，但仅有硬塑料管
耐酸酚醛塑料管	耐酸酚醛塑料管系以热固性酚醛树脂为黏合剂，以耐酸材料如石棉，石墨等作填料制成。它不仅具有良好的耐化学腐蚀性能，还具有较高的热稳定性和良好的机械性能，除不耐强氧化性酸（如硝酸、铬酸等）及碱、碘、溴、苯胺、吡啶等的腐蚀外，对其他各种腐蚀都能承受

79. 软聚氯乙烯管的规格有哪些?

软聚氯乙烯管的规格,见表 4-30。

表 4-30 软聚氯乙烯管的规格

电器套管					流体输送管					使用说明
内径	壁厚	长度	近似质量		内径	壁厚	长度	近似质量		
/mm		/mm	/(kg/m)	/(kg/根)	/mm		/mm	/(kg/m)	/(kg/根)	
1.0	0.4		0.0023	0.023						
1.5	0.4		0.0031	0.031						
2.0	0.4		0.0039	0.039						
2.5	0.4	≥10	0.0048	0.048						
3.0	0.4		0.0056	0.056	3.0	1.0	≥10	0.016	0.164	(1)使用温度:常温。 (2)外观颜色:流体输送管为本色、透明或半透明。 (3)电气套管可为本色、白色、黄色、红色、蓝色、黑色等
3.5	0.4		0.0064	0.064						
4.0	0.6		0.011	0.113	4.0	1.0	≥1.0	0.021	0.205	
4.5	0.6		0.013	0.125						
5.0	0.6		0.014	0.138	5.0	1.0		0.025	0.246	
6.0	0.6		0.016	0.162	6.0	1.0		0.029	0.287	
7.0	0.6		0.019	0.187	7.0	1.0		0.033	0.328	
8.0	0.6		0.021	0.212	8.0	1.5		0.058	0.584	
9.0	0.6		0.024	0.236	9.0	1.5	≥10	0.065	0.646	
10.0	0.7		0.031	0.307	10.0	1.5		0.071	0.707	
12.0	0.7		0.036	0.364	12.0	1.5		0.083	0.830	
14.0	0.7		0.042	0.422	14.0	2.0		0.13	1.31	

续表

电器套管					流体输送管					使用说明
内径	壁厚	长度	近似质量		内径	壁厚	长度	近似质量		
/mm		/mm	/(kg/m)	/(kg/根)	/mm		/mm	/(kg/m)	/(kg/根)	
16.0	0.9		0.062	0.624	16.0	2.0		0.15	1.48	(1)使用温度：常温。(2)外观颜色:流体输送管为本色、透明或半透明。(3)电气套管可为本色、白色、黄色、红色、蓝色、黑色等
18.0	1.2		0.094	0.935						
20.0	1.2	≥10	0.10	1.04	20.0	2.5	≥10	0.23	2.31	
22.0	1.2		0.11	1.14						
25.0	1.2		0.13	1.29	25.0	3.0	≥10	0.51	5.09	
28.0	1.4		0.17	1.69						
30.0	1.4		0.18	1.80	32.0	3.5	≥10	0.34	3.44	
34.0	1.4		0.20	2.03						
36.0	1.4		0.21	2.15						
40.0	1.8		0.31	3.08	40.0	4.0		0.72	7.22	
					50.0	5.0	≥1.0	1.13	11.28	

注：1. 管材的近似质量是估算数。

2. 近似质量中 kg/根系以管长 10m 计。

80. 硬聚氯乙烯管的规格有哪些？

硬聚氯乙烯管的规格，见表 4-31。

表 4-31 硬聚氯乙烯管的规格

外径/mm	轻型管		重型管		外径/mm	轻型管		重型管	
	壁厚/mm	质量/(kg/m)	壁厚/mm	质量/(kg/m)		壁厚/mm	质量/(kg/m)	壁厚/mm	质量/(kg/m)
10			1.5	0.06	32	1.5	0.22	2.5	0.35
12			1.5	0.07	40	2.0	0.36	3.0	0.52
16			2.0	0.13	50	2.0	0.45	3.5	0.77
20			2.0	0.17	63	2.5	0.71	4.0	1.11
25	1.5	0.17	2.5	0.27	75	2.5	0.85	4.0	1.34

续表

外径/mm	轻型管		重型管		外径/mm	轻型管		重型管	
	壁厚/mm	质量/(kg/m)	壁厚/mm	质量/(kg/m)		壁厚/mm	质量/(kg/m)	壁厚/mm	质量/(kg/m)
90	3.0	1.23	4.5	1.81	225	7.0	7.20		
110	3.5	1.75	5.5	2.71	250	7.5	8.56		
125	4.0	2.29	6.0	3.35	280	8.5	10.88		
140	4.5	2.88	7.0	4.38	315	9.5	13.68		
160	5.0	3.65	8.0	5.72	355	10.5	17.05		
180	5.5	4.52	9.0	7.26	400	12.0	21.94		
200	6.0	5.48	10.0	8.95					

注：每根管长度为4m。

81. 硬聚氯乙烯排水管的规格有哪些？

硬聚氯乙烯排水管的规格见表4-32。

表4-32　硬聚氯乙烯排水管的规格

公称直径DN/mm	尺寸/mm				接口		近似质量/(kg/m)
	外径及公差	近似内径	壁厚及公差	管长	接口形式	黏合剂或填材	
50	58.6±0.4		3.5	4000±100	承插接口	过氯乙烯胶水	0.90
75	83.8±0.5		4.5				1.60
100	114.2±0.6		5.5				2.85
40	48±0.3	44	$2^{+0.4}_{-0}$		承插接口	816#硬PVC管瞬干黏结剂	0.43
50	60±0.3	56	$2^{+0.4}_{-0}$				0.56
75	89±0.5	83	$3^{+0.5}_{-0}$				1.22
100	114±0.5	107	$3.5^{+0.6}_{-0}$				1.82
50	60		2.0	400	承插接口	901#胶水 903#胶水	0.63
75	89		3.0				1.32
100	114		3.5				1.94

续表

公称直径 DN/mm	尺寸/mm				接　口		近似质量 /(kg/m)
	外径及公差	近似内径	壁厚及公差	管长	接口形式	黏合剂或填材	
40	48			3000～4000	管螺纹接口		0.83
50	59		4	3700～5500			0.92
75	84		4	5500			1.33
100	109		5	3700			1.98
40	48		2.5		管螺纹接口		
50	60		3				
75	84.5		3.5				
100	110		4				
50	58±0.3	50.5	3±0.2	4000	承插接口		0.9
75	85±0.3	75.5	4±0.3				1.7
100	111±0.3	100.5	4.5±0.35				2.5
50	63±0.5		3.5±0.3	4000±100	承插接口		
90	90±0.7		4±0.3				
110	110±0.8		4.5±0.3				
40	48		2.5	3000～6000	管螺纹接口		
50	58		2.5	2700～6000			
75	83		3	2700～6000			
100	110		3.3	2700～6000			

82. 耐酸酚醛塑料管的规格有哪些?

耐酸酚醛塑料管的规格,见表 4-33。

表 4-33　　耐酸酚醛塑料管的规格

公称直径 /mm	壁厚 /mm	长度/mm 500	1000	1500	2000	公称直径 /mm	壁厚 /mm	长度/mm 500	1000	1500	2000
		质量/kg						质量/kg			
33	9	1.39	2.66	3.93	5.20	250	16	13.30	24.60	35.90	47.21
54	11	2.10	3.97	5.85	7.73	300	16	16.20	28.70	43.10	56.70
78	12	3.34	6.36	9.38	12.40	350	18	21.20	37.70	54.00	70.30
100	12	4.10	7.83	11.60	15.30	400	18	26.50	47.80	68.80	90.50
150	14	7.50	14.00	20.50	27.00	450	20	33.40	59.60	85.90	112.40
200	14	10.10	18.90	27.80	36.70	500	20	37.60	67.10	97.90	124.80

83. 聚乙烯(PE)管的规格有哪些?

聚乙烯(PE)管的规格,见表 4-34。

表 4-34 聚乙烯(PE)管的规格

外径	壁厚	长度	近似质量		外径	壁厚	长度	近似质量	
/mm		/m	/(kg/m)	/(kg/根)	/mm		/m	/(kg/m)	/(kg/根)
5	0.5	≥4	0.007	0.028	40	3.0	≥4	0.321	1.28
6	0.5		0.008	0.032	50	4.0		0.532	2.13
8	1.0		0.020	0.080	63	5.0		0.838	3.35
10	1.0		0.026	0.104	75	6.0		1.20	4.80
12	1.5		0.046	0.184	90	7.0		1.68	6.72
16	2.0		0.081	0.324	110	8.5		2.49	9.96
20	2.0		0.104	0.416	125	10.0		3.32	13.3
25	2.0		0.133	0.532	140	11.0		4.10	10.4
32	2.5		0.213	0.852	160	12.0		5.12	20.5

注:1. 外径 25mm 以下规格,内径与之相应的软聚氯乙烯管材规格相符,可以互换使用。

2. 外径 75mm 以上规格产品为建议数据。

3. 每根质量按管长 4m 计;近似质量按密度 0.92 计算。

4. 包装:卷盘,盘径≥24 倍管外径。

84. 聚丙烯(PP)管的规格有哪些?

聚丙烯(PP)管的规格,见表 4-35。

表 4-35 聚丙烯(PP)管的规格

管型	尺寸/mm		壁厚	推荐使用压力/MPa				
	公称直径	外 径	/mm	20℃	40℃	60℃	80℃	100℃
轻型管	15	20	2	≤1.0	≤0.6	≤0.4	≤0.25	≤0.15
	20	25	2					
	25	32	3					
	32	40	3.5					
	40	51	4					
	50	65	4.5					
	65	76	5					
	80	90	6					

续表

管型	尺寸/mm		壁厚/mm	推荐使用压力/MPa				
	公称直径	外　径		20℃	40℃	60℃	80℃	100℃
轻型管	100	114	7	≤0.6	≤0.4	≤0.25	≤0.25	≤0.1
	125	140	8					
	150	166	8					
	200	218	10					
重型管	8	12.5	2.25	≤1.6	≤1.0	≤0.6	≤0.4	<0.25
	10	15	2.5					
	15	20	2.5					
	25	25	3					
	32	40	5					
	40	51	6					
	50	65	7					
	65	76	8					

85. 聚氯乙烯管道安装应符合哪些要求？

(1)硬聚氯乙烯管强度较低，且具有脆性，为减少破损率，在安装同一部位时，必须待其他材质的管道安装完毕后再进行安装。

(2)硬聚氯乙烯管道的线膨胀系数较大，不能靠近输送高温介质的管道敷设，也不能安装在温度高于60℃的热源附近。即使在环境自然温度的影响下，因其线膨胀系数为0.008mm/(m·℃)，约为碳钢的7倍，因此一般要考虑其热膨胀的补偿措施。

(3)聚氯乙烯管道用的各种装置，如阀门、凝水器和调压设备等应设专门支架或支座，不能使管道承受这些装置的质量。

(4)管道安装以后，必须按照要求作强度和严密性检验。

86. 如何进行聚氯乙烯管道调直？

硬聚氯乙烯管若产生弯曲，必须进行调直。调直的方法是把弯曲的管子放在平直的平台上，在管内通入蒸汽，使管子变软，以其本身自重调直。

87. 如何进行聚氯乙烯管道弯曲与扩口？

当硬聚氯乙烯管需要进行弯曲、扩口等施工时，可以采用加热的方法来进行施工。加热的温度要控制在135～150℃之间，在该温度下，硬聚氯乙烯的延伸率可以达到100%。

加热的方法可采用空气烘热或浸入热甘油锅内加热。采用热空气加热时，控制的温度一般为(135±5)℃；采用热甘油加热时，控制温度一般为(145±5)℃。无论采用何种加热方式，为防止产生韧性流动，故温度都应严格控制在165℃以下。因此，加热硬聚氯乙烯管子的介质温度，必须随时用温度计进行监测。

88. 如何进行聚氯乙烯管道连接？

硬聚氯乙烯管除了与设备或附件以法兰或螺纹连接之外，一般都采用承插式黏结或如图4-9所示的承插式焊接。管径小于200mm的管子一般采用承插连接，将加工成外坡口的管子涂以黏结剂插入已加热的管口中，插入深度一般应大于管径15～30mm；为保证接头严格密封，可将内坡口的管端焊接或粘接在管子上。承插式连接的接头尺寸见表4-36。

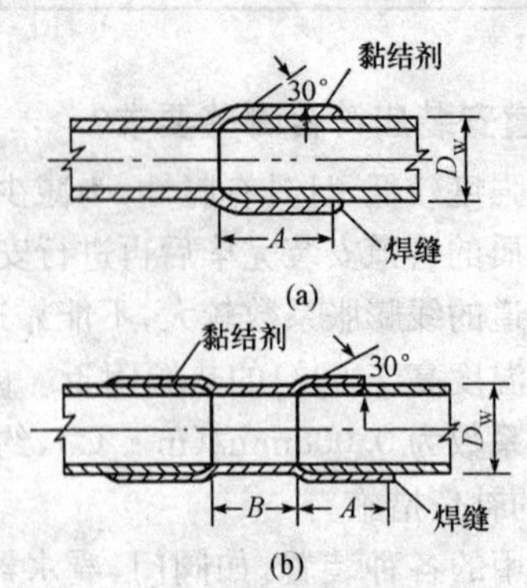

图4-9 承插式连接

表4-36 承插式连接尺寸 mm

管径 DN	D_w	A	B
25	32	35	50
32	40	40	50
40	51	45	50
50	65	55	50

续表

管径 DN	D_w	A	B
65	76	70	50
80	90	90	80
100	114	100	80

89. 聚氯乙烯管道支架的间距应符合哪些要求?

硬聚氯乙烯管因其强度和刚度均较钢管为差,尤其是当介质或环境温度高于40℃时,支架间距更应适当,以免造成不必要的应力和引起下垂。硬聚氯乙烯管的支架间距可参照表4-37的要求选用。当按照要求需要加大管道跨距时,为防止管道出现塌腰现象,可以在管道下面加以图4-10所示的管托。管道与钢支架接触处不得有粗糙锋利的边缘,并垫以软塑料板或橡胶板。固定螺栓不能拧得过紧,以免管子不能自由胀缩。

表4-37　硬聚氯乙烯管支架间距　m

管径 DN /mm	温度<40℃			温度≥40℃	
	液体		气体	液体	气体
	压力/MPa				
	0.05	0.25～0.6	<0.6	<0.25	≥0.25
<20	1	1.2	1.5	0.7	0.8
25～40	1.2	1.5	1.8	0.8	1
>50	1.5	1.8	2	1	1.2

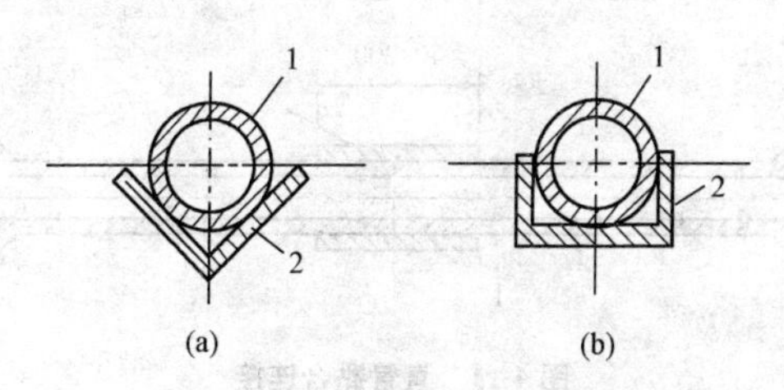

图4-10　硬聚氯乙烯管道的衬托

(a)角式衬托;(b)槽式衬托

1—管道;2—衬托

90. 酚醛塑料管道具有哪些性能?

酚醛塑料管是一种热固性塑料管,具有良好的耐腐蚀性能。它材质较脆、抗冲击韧性差,使用温度范围一般在－30～130℃之间,适用压力与管道直径的关系参照表4-38。

表4-38　适用压力与管径

公称直径 DN/mm	33	54	78	100	150～300	350～500	550～1000	1100～1200
适用压力 p /MPa	0.6	0.5	0.4	0.3	0.2	0.15	0.1(包括液柱压力)	常压(允许液柱高度为6m水柱)

注:1. 试验压力为适用压力的1.5倍,且不应小于0.2MPa。

2. 本表系常温时适用压力数据,若温度太高或太低,介质毒性较大,应另作考虑。
3. 上述试验是在不对外接管的塔节及管子上进行的,若有对外配管的设备,要考虑接管黏结部分的承压能力。
4. 目前生产的 $DN\leqslant100$mm 挤压管(无缝耐酸酚醛塑料管),适用压力可提高。
5. 耐酸酚醛塑料管不宜在有机械冲击、剧烈振动、温差变化大的情况下使用。

91. 如何进行酚醛塑料管道连接?

酚醛塑料管及管件的端部一般都带有凸缘,采用钢制或铸铁制的对开法兰连接,该法方便连接,密封性能可靠,用得较多;也有在制作管子时将法兰与管子一次成型,但因强度不好、易拆坏,故除液面计、人孔、手孔等部件处采用外,不推荐采用。若管子一端为直管,而另一端带凸缘时,可采用直管黏合连接,即在管外用酚醛胶泥将外包裹的软板条粘在一起,固化后即可安装,这种连接方法可以减少法兰接头,减轻管道质量、节约金属,但连接后总长不能大于4m,其连接形式如图4-11所示。

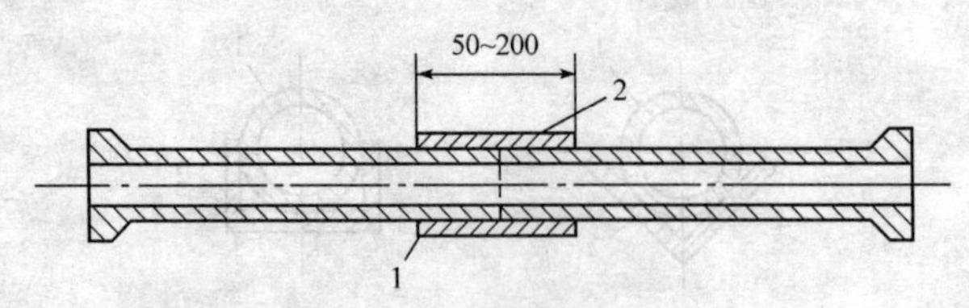

图4-11　直管黏合连接

1—软板条(黏结后硬化);2—酚醛胶泥高出管子外壁2～3mm

92. 如何进行酚醛塑料管道安装?

在有振动和冲击荷载的地方不宜用酚醛塑料管道。如不可避免时，必须要采取防振措施。

在管道安装的过程中,不要扭曲和敲打。法兰连接时,密封面要保持平整光洁、垫片大小、厚度要适中,常用的垫片材料有橡胶、石棉橡胶板(适用于小直径管道)、软聚氯乙烯(或外包聚四氟乙烯)等,厚度一般在3～6mm之间。螺栓拧紧,用力要对称均匀逐渐拧紧。当管道内温度变化较大时,应设补偿器。管道在穿墙、穿楼板及相互交叉的情况下,要装保护套管。保护套管的直径比管道直径大30～50mm,长度比楼板或砖墙两边各长50mm,交叉管间距≥200mm。

管道安装完成后,按照规范应进行压力试验。

93. 如何进行聚乙烯管安装?

聚乙烯管常用的连接方法有熔接、焊接、法兰连接及承插式连接等，焊接多用在大口径聚乙烯管;热熔接是目前国内中、小口径聚乙烯管最常用的连接方法之一,特别是承插式热熔接,具有严密性好、接口强度高、成本低等特点,因此用得更为普遍。各类接口形式的性能比较参照表4-39。

表4-39 各种接口形式的性能比较

接口形式	示 意 图	抗拉强度/MPa ϕ25管	接口工艺与经济比较
焊接接口	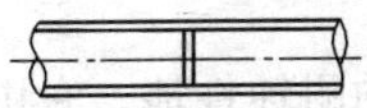	30	需专用设备,工艺复杂、成本较高
承插热熔接口	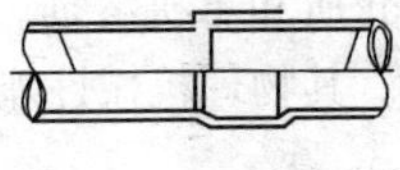	50	工艺复杂,需专用设备、耐高压,接口制作成本低、质量好
对接热熔接口	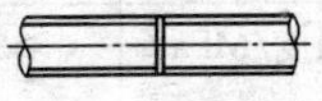	41.6	操作较承插熔接口简便,需用专用设备、接口成本低

续表

接口形式	示意图	抗拉强度/MPa ϕ25管	接口工艺与经济比较
电热熔接口		51.5	操作简单、质量稳定、耐高压，需较多设备，接口成本较高
法兰接口		28	操作简便、接口成本高
油任接口（旋压轮式油任接口）		20	操作简便、管配件多、接口成本高
螺纹接口		27.5	需绞丝工具，操作较金属管难，成本较低但质量差
插接式接口		70.3	操作简单、耐低压，只用于低压系统，成本较高

94. 玻璃管具有哪些物理机械性能？

玻璃管是一种非金属管材，具有优良的耐蚀性能。它由多种硅酸盐按一定比例配料熔融后的凝结物组成，其特点是受拉强度低和弹性模数高。可用于输送除氢氟酸外的一切腐蚀性介质和有机溶剂。常用的品种主要有硼硅玻璃管和无硼低碱玻璃管两种。其物理机械性能见表4-40。

表4-40 玻璃管物理机械性能

性能指标	Ⅰ型	Ⅱ型	性能指标	Ⅰ型	Ⅱ型
密度	2.4～2.7	2.5～2.6	抗弯强度/MPa	≥30	≥40
硬度	≥7		软化点（℃）	≥700	

续表

性能指标	Ⅰ型	Ⅱ型	性能指标	Ⅰ型	Ⅱ型
导热系数 W/(m·K)(25℃)	≥0.883	0.87～0.90	耐温度骤变(℃)	≤70	
线膨胀系数 (0～500℃,1/℃)	≤5×10^{-6}	≤5×10^{-6}	<ϕ50(管子及管件) ≥ϕ50(管子及管件)	≤60	
抗拉强度/MPa	≥10	≥10	使用温度(℃)	−50～100	−20～120
抗压强度/MPa	≥130	≥130			

注:1. 耐温度骤变性能试验方法:将玻璃管浸入热水槽内 5min 后取出,立即浸入冷水槽内,如果管子破裂即为不合格。

2. 玻璃耐温度骤变性能比冷冲击性能好,在气体介质中比在液体介质中性能好,无硼低碱玻璃比硼硅玻璃好。

3. 玻璃制耐酸泵的使用温度为−10℃～90℃。

95. 玻璃管道安装应做好哪些准备工作?

玻璃管道安装之前应进行外观检查,外表面不得有裂纹,内表面不得有任何大小结晶;进行试配,玻璃管的截断及修整等工作应在试配中进行,将经过试配调整好的管子、管件等依次作下记号,然后准备正式安装;对其敷设的基础应进行水平测量。

96. 玻璃管道的连接接头可分为哪几种类型?

玻璃管道的连接接头分柔性接头和刚性接头两种。在一般情况下,刚性接头和柔性接头混合使用。

(1)柔性接头允许管道有一定的挠度,可以补偿管道的局部沉陷、伸缩以及安装不正确产生的误差。柔性接头常见的形式有两种,即法兰套管式和橡胶套管式平口玻璃管接头。

(2)刚性接头能耐一定的压力,但允许的挠度较小。不能补偿管道的局部沉陷、伸缩以及安装不正确产生的误差。刚性接头常见的形式主要有:法兰式扩口玻璃管接头、法兰式平口玻璃管接头、套筒式平口玻璃管接头。

97. 法兰套管式平口玻璃管接头安装应符合哪些要求?

如图 4-12 所示,这种接头的优点是管子可以在现场切割加工,安装和检修较方便,可用作伸缩补偿接头。

在安装时，把管口置于套管的中间部位，接口处应留 10～20mm 的间隙，保证接头具有柔性。同时，法兰套管和玻璃管沿圆周的间距应均匀，不应与玻璃管局部接触，否则不但影响接头强度及严密性，而且容易损坏玻璃管。

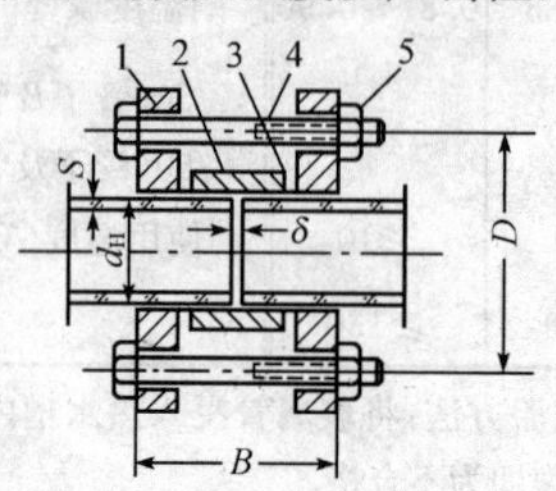

图 4-12 法兰套管式平口玻璃管接头

1—法兰；2—套管；3—胶圈；4—螺栓；5—螺母

98. 橡胶套管式平口玻璃管接头安装应符合哪些要求？

如图 4-13 所示，这种接头的优点是结构简单，适应性较强，但耐压较低，仅适用于 0.1MPa 以下的管道。当用于输送酸类及油类管道时，应采用耐酸、耐油或耐热橡胶套管。

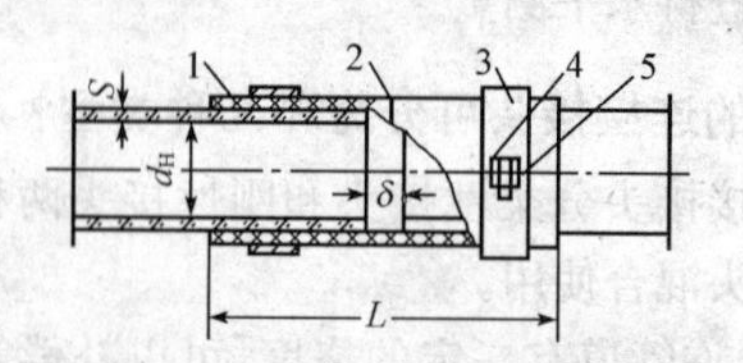

图 4-13 橡胶套管式平口玻璃管接头

1—套管；2—钢丝；3—卡箍；4—螺栓；5—螺母

安装时两根玻璃管的接口处要留 10～20mm 的间隙，并在橡胶套管的外面扎缠一道铁丝，可起良好的密封作用；两连接的玻璃管口不应有锋利的棱角，以免挫伤橡胶管内壁而影响其密封性能；卡箍应和橡胶管吻合并紧贴。橡胶管的内径应较玻璃管外径稍小，以求其箍紧。带加强纤维的橡胶管内径可较玻璃管外径小 2～3mm；无加强纤维的橡胶管内径则视橡胶的软硬程度适当缩小。以铁丝绕扎代替卡箍时，拧好的铁丝应和管轴垂直，以免管道充压后产生松动。

99. 法兰式扩口玻璃管接头安装应符合哪些要求?

如图 4-14 所示,这种类型的刚性接头的优点是装拆方便,可承受一定的压力,但因采用扩口管,不便于在安装施工现场切割加工。安装时,不但要对正玻璃管口,而且衬垫的位置也要放正。胶垫、法兰、玻璃管均应相互吻合,以免在玻璃管上产生局部挤压力。安装好的法兰不应偏扭。

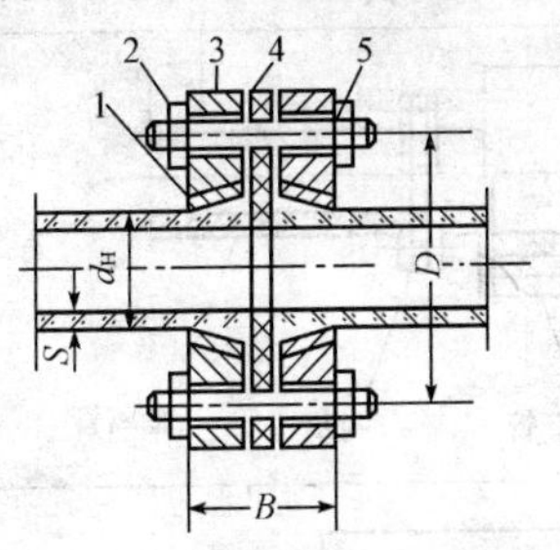

图 4-14　法兰式扩口玻璃管接头

1—胶垫;2—螺母;3—法兰;4—衬垫;5—螺栓

100. 法兰式平口玻璃管接头安装应符合哪些要求?

如图 4-15 所示,这种接头采用平口管,安装的灵活性较大,具有较高的耐压能力。安装时,胶圈必须垂直于管子,不扭曲,不歪斜。同时,胶圈必须是干燥的,否则容易滑动,达不到需要的拉力,且不得超越管口,可挤压于衬垫之上。两个法兰与管口的距离应基本相等。

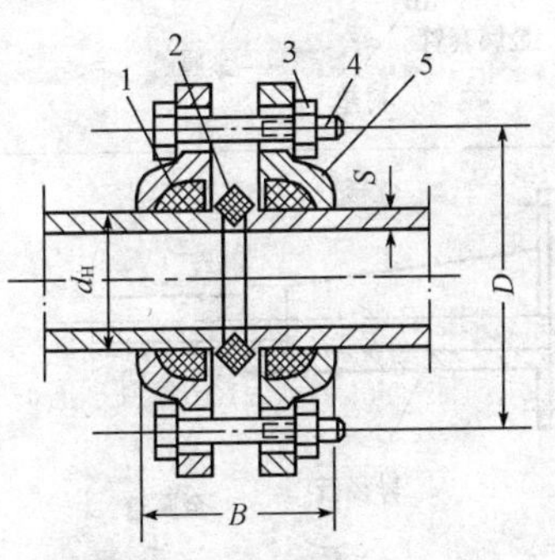

图 4-15　法兰式平口玻璃管接头

1—胶圈;2—衬垫;3—螺母;4—螺栓;5—法兰

101. 玻璃管与金属管的连接有哪几种形式?

玻璃管与金属管连接时,如法兰规格相同时,可采用法兰接头连接,也可以参照表 4-41 的连接方法来连接。

表 4-41　　玻璃管与金属管的连接形式

连 接 形 式	适 用 条 件
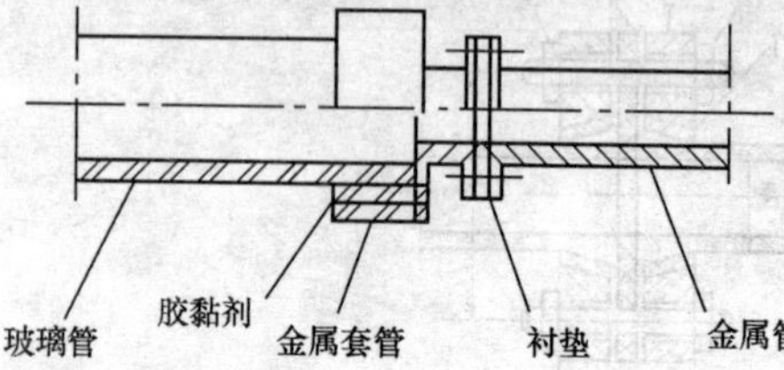 玻璃管 胶黏剂 金属套管 衬垫 金属管	适用于 *DN*50 以下的小直径玻璃管
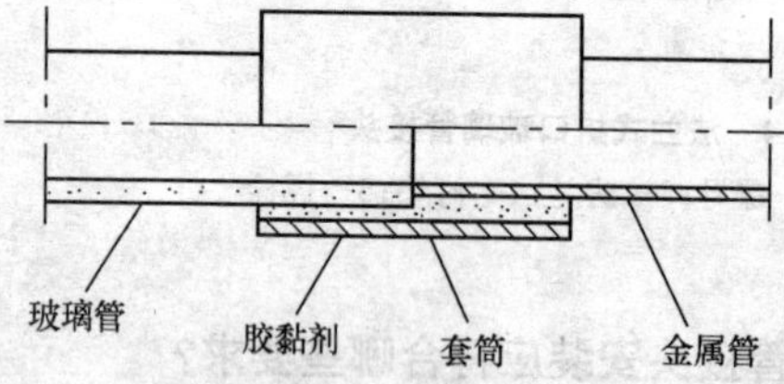 玻璃管 胶黏剂 套筒 金属管	适用于两管径相差不大的玻璃管连接
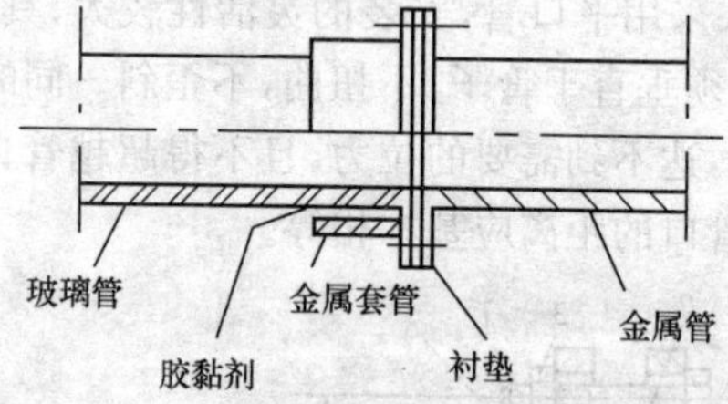 玻璃管 金属套管 胶黏剂 衬垫 金属管	适用于 *DN*50 以上大直径玻璃管连接
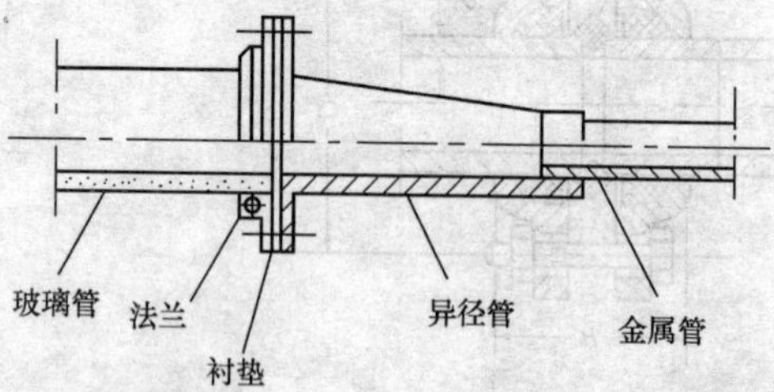 玻璃管 法兰 衬垫 异径管 金属管	适用于两管径相差较大的管子连接

102. 玻璃管支架安装应符合哪些要求?

在安装玻璃管道时应先安装支架,然后再在支架上安装管道。装好玻璃管后,不得移动或敲打支架。不许用铁器敲击玻璃管道,必要时可用橡皮榔头轻轻敲击。

玻璃管道支架间距见表4-42。

表 4-42 玻璃管道支架的允许间距 m

管子外径 D_w/mm	支架的允许距离,当输送介质为		
	气体	液体($\gamma=1g/mm^2$)	液体($\gamma=1.8g/mm^2$)
20	2.1	1.5	1.2
33	2.4	1.8	1.5
45	3	2.1	1.5
68	3.6	2.1	1.8
93	4.5	2.4	2.1
122	5.2	2.7	2.1

103. 玻璃管固定应符合哪些要求?

在弯头、三通底端处要设法固定。固定玻璃管可使用铁卡子,铁卡子内必须衬以3~5mm的弹性柔软衬垫。铁卡子与玻璃管可以间接接触,不能直接接触。因为玻璃管不能承受弹性变形,所以铁卡子夹在玻璃管上,必须允许管子能做轴向移动。当玻璃管道上装有补偿装置时,则允许将管子紧固到支架上。

拧紧接头、法兰螺丝或管卡时,为避免压碎管子,必须用力均匀,不得拧得过紧。

104. 玻璃管敷设应符合哪些要求?

(1)玻璃管道与其他管道平行敷设时,管外壁水平间距不能小于200mm。

(2)交叉跨越时,管外壁间距不能小于200mm。玻璃管应敷设在其他管道上面，必要时用套管保护玻璃管道。

(3)玻璃管道与其他管道同时敷设时，应先敷设其他的管道，最后才敷设玻璃管道。

(4)玻璃管道与金属管道混杂敷设时，玻璃管道不应与金属管道刷同一颜色的油漆，以免混淆，而容易破坏。

(5)玻璃管道沿墙敷设时，管壁与墙壁之间距离不能小于150mm。当玻璃管穿墙或楼板时应设金属套管，套管与玻璃管之间应填塞石棉填料或其他填料。

(6)在地面或架空安装玻璃管道时，玻璃管应敷设在管架或管墩上，管墩或管架要牢固，避免沉陷或歪斜。

(7)安装前应复测管墩或管架的标高。管墩处不应积水。管墩或管架安装好后，其标高必须符合管道的坡度要求。玻璃管道不允许采用悬空晃动的吊架。

(8)玻璃管道一般不允许在地下敷设，非地下敷设时，应采用衬里玻璃管道。

(9)在0℃以下地区敷设玻璃管道时，以及输送介质本身需要保温时，保温方法与一般管道相同，但必须在保温层外面标志明显的“玻璃管道”字样。

(10)敷设的玻璃管道很长而且输送热介质，应安装套筒式玻璃补偿器。

105. 石墨管道具有哪些性能？

石墨管是耐腐蚀而又能导热的优良非金属管道，其导热系数一般比钢大2倍多，并具有良好的耐酸性和耐碱性，如酚醛树脂浸渍石墨制成的石墨管，除强酸和强碱外，对大部分酸类和碱类均呈现稳定性能；呋喃树脂浸渍石墨制成的石墨管具有优良的耐酸性和耐碱性。石墨管道能保证产品的纯度，不污染所输送的介质；适用于工作压力不超过0.3MPa、温度不大于150℃的介质输送；热膨胀系数小，耐温度骤变性能好，机械加工性能好，易制成各种结构形状的设备及零部件。但其密度小、性脆、机械强度低。

106. 石墨管的规格有哪些？

石墨管的规格见表4-43。

表 4-43　石墨管的规格　mm

公称直径 DN	内径 D_n	外径 D_w	长　度		每米长的表面积/m^2		质量 /(kg/m)
			规定长度	最大长度	内表面积	外表面积	
20	22	32	2000 3000 4000	1000	0.069	0.10	0.85
25	25	38	3000 4000	7000	0.078	0.12	1.28
30	30	42	3000	6000	0.094	0.132	1.36
35	36	50	1500 3000	4500	0.113	0.157	1.90
40	40	55	2000 4000	4000	0.126	0.173	2.25
50	50	67	2000 4000	8000	0.157	0.21	2.36
65	65	85	2000 4000	4000	0.205	0.267	4.71
75	75	100	2500	2500	0.235	0.314	6.90

107. 石墨管道检查及堆放应符合哪些要求？

安装管道之前，应检查管道、阀门等表面是否有诸如气孔、砂眼、裂纹、毛刺及其他能降低强度和连接不可靠等缺陷。石墨管材及阀件上的表面残缺、裂纹、疤痕，可用胶粘剂填补平整后方可安装。填补面积不能超过管道表面积的1%。石墨管严禁与金属管道混合堆放，且搬运时小心轻放，以免损坏。

108. 石墨管道的连接方式有哪几种？

铸铁活套法兰和钢制对开式法兰是石墨管道通常采用的连接方式，其连接方法与玻璃管道连接方法相同。铸铁活套法兰和钢制对开式法兰的尺寸规格参照表 4-44 和表 4-45。

表 4-44　　铸铁活套法兰尺寸　　mm

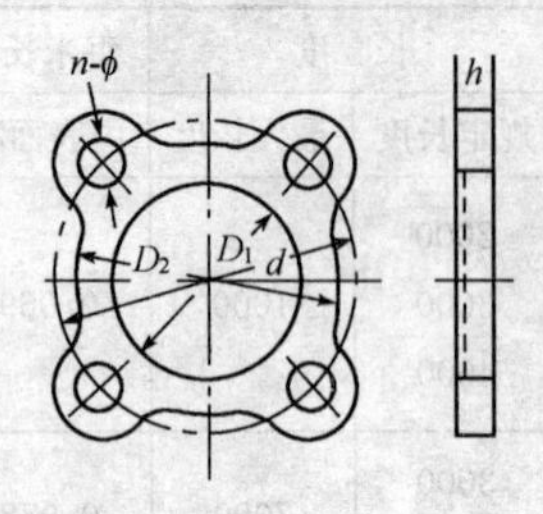

公称直径 DN	D_1	D_2	H	d	h	ϕ-n
25	42	70	93	86	12	16-4
35	56	86	102	102	12	16-4
50	74	106	126	125	14	19-4
65	92	126	140	145	16	19-4
75	108	141	151	160	18	19-4
100	138	176	176	195	20	19-4

表 4-45　　钢制对开式法兰尺寸　　mm

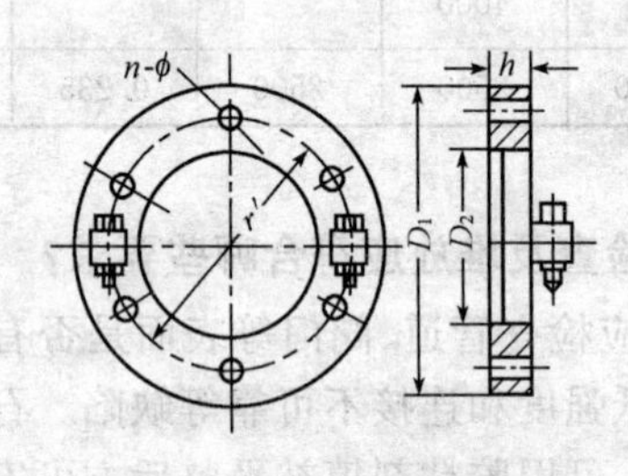

公称直径 DN	D_1	D_2	d	h	ϕ-n
125	165	260	225	16	19-6
150	195	310	265	18	22-6
200	260	370	325	20	22-8
250	335	450	405	22	22-8

109. 石墨管道的连接应符合哪些要求？

管道平口连接采用套筒式法兰连接，与三通、弯头等管件连接则采用承插连接。采用法兰连接时，法兰间的垫层不能过厚，一般保持在2～3mm之间。采用承插连接的承插胶粘纹宽度为1～1.5mm，胶粘面长度为20～30mm。

常用的胶粘剂有酚醛胶粘剂与呋喃胶粘剂。酚醛胶粘剂是由酚醛树脂和人造电极石墨粉及固化剂所组成的胶粘剂，它的耐蚀性较好。呋喃胶粘剂是由呋喃树脂和人造电极石墨粉及固化剂所组成，具有良好的热稳定性，使用温度可达100～200℃，通常适用于酸碱交替的介质中，并且原料来源广泛，价格低廉。

石墨管道的黏结面不得有杂物，黏结面应做粗糙处理。胶粘纹必须严密无气孔，压紧后的胶粘纹厚度应保持在0.5～1.5mm之间。石墨管与金属零件相黏结时，必须清除铁锈、油污等，再涂刷酚醛底漆然后黏结，粘牢后须再均匀压紧一遍。如发现砂眼、气孔等缺陷，必须铲平修补。

石墨管道连接后，必须进行外观检查，应表面整齐，不应有裂纹、剥层、气泡、碰伤等缺陷，同时用刮刀检查胶粘纹是否牢固、严密和胶粘是否均匀。

110. 石墨管道安装时应注意哪些事项？

(1)应待设备、基础固定后再进行安装。

(2)严禁敲击、碰撞、推动。

(3)采用法兰连接时，应在管路中设适当数量的伸缩器或套筒法兰接头。

111. 搪瓷管道具有哪些性能？

搪瓷管道是由含硅最高的瓷釉通过900℃的高温煅烧，使瓷釉紧密附着在金属胎表面而制成的。瓷釉的厚度一般在0.8～1.5mm的范围内。搪瓷管道具有优良的耐腐蚀性能，并且机械性能良好，能防止某些介质与金属离子起作用而污染物品。它在农药、石油、医院、化工、合成材料等的生产中是经常采用的一种衬里手段。搪瓷管道还有一定的热传导性能，能耐一定的压力和较高的温度，有良好的耐磨性能和电绝缘性能。同时搪瓷表面比较光滑，不易挂料，适用于物料洁净的场合。

112. 搪瓷管道金属胎材料的选择应符合哪些要求?

搪瓷管道用金属胎一般多采用低碳素钢管,也可用铸铁管。金属胎材料选择恰当与否,直接关系到搪瓷的质量。

(1)搪瓷用钢管的内表面必须平整,不允许有明显的伤疤、麻点、裂缝、氧化皮及夹

渣等缺陷。焊缝应饱满、无裂缝、无砂眼、无气孔等缺陷。影响搪瓷质量的是钢材的化学成分和机械性能,所以必须严格要求。具体要求参见表4-46的要求。

表4-46 搪瓷用钢管的化学成分和机械性能表

抗拉强度/MPa	伸长率(%)	屈服点/MPa	180°冷弯	化学成分				
				碳	锰	硅	磷	硫
>3300	>26	>2000	$d=a$	≤0.19	≤0.65	≤0.37	≤0.04	≤0.045

注:d为弯心直径,a为厚度。

(2)搪瓷用铸铁管,要求组织结构致密,不能有粗大的分散气泡、石墨、孔隙、裂纹等缺陷。铸铁管的化学成分和机械性能对搪瓷质量也有一定影响,所以必须符合要求,才能保证搪瓷质量,见表4-47。

表4-47 搪瓷用铸铁管的化学成分和机械性能表

化学成分					机械性能					
碳(总量)	锰	硅	磷	硫	抗拉强度/MPa	抗弯强度/MPa	挠度/mm 支点距离为		抗压强度/MPa	布氏硬度HB
							600/mm	300/mm		
3~3.5(其中石墨碳2.5)	0.4~0.6	2~2.6	0.1~0.5	<0.1	1500	3200	8	2.5	650	163~229

113. 搪瓷管道的连接应符合哪些要求?

搪瓷管采用法兰连接,所用垫片需根据操作条件和不损坏瓷面的原则来选择。通常情况下选用橡胶类的软质垫片(外包玻璃布或蚕绸)、石棉垫布、石棉橡胶垫片(外涂石墨)、软金属垫片(铅或外包铅皮的石棉垫

片)、聚四氟乙烯垫片。垫片厚度为8～10mm,宽度为10～20mm。

114. 搪瓷管道的检验应符合哪些要求?

搪瓷管道检验主要是进行耐电压试验和水压试验。一般工作压力在0.25MPa以下的管道可以不用进行水压试验。耐电压试验是采用频率1.4×106Hz,电压为24kV的高频火花发生器在全部搪瓷表面测试。未发现瓷层被击穿(产生白色闪光)现象,即为不导电,产品合格。

115. 搪瓷管道安装时应注意哪些事项?

(1)在管道架空安装时,每隔2～3m处必须设一支架,以防止搪瓷管道因受重力作用而导致瓷釉破裂。

(2)在管道安装时,不要扭曲或敲打对正。搪瓷管道的使用寿命取决于法兰连接的好坏。

螺栓应成对角线依次逐渐拧紧,用力要均匀,不准歪斜,如果松紧不一,可能造成密封不良或爆瓷。

116. 化工陶瓷管道具有哪些性能?

按配方及焙烧温度不同可把化工陶瓷分为耐酸耐温陶、耐酸陶和工业瓷,其相应的管子称作耐温管、耐酸管和瓷管,统称为化工陶瓷管。

(1)化工陶瓷管的化学成分见表4-48。

表4-48

组　成	SiO_2	Al_2O_3	Fe_2O_3	CaO
含量(%)	60～70	20～30	0.5～3	0.3～1
组　成	MgO	Na_2O	K_2O	
含量(%)	0.1～0.8	0.5～3	1.5～2	

(2)陶瓷管的物理力学性能见表4-49。

表4-49　陶瓷管物理力学性能

指　标	单　位	耐酸陶	耐酸耐温陶	工业瓷
密　度	g/cm^3	2.2～2.3	2.1～2.2	2.3～2.4
气孔率	%	<5	<12	<3

续表

指　标	单　位	耐酸陶	耐酸耐温陶	工业瓷
吸水率	%	＜3	＜6	＜1.5
抗拉强度	N/mm^2	8～12	7～8	26～36
抗压强度	N/mm^2	80～120	120～140	460～660
抗弯强度	N/mm^2	40～60	30～50	65～85
冲击韧性	J/cm^2	0.1～0.15	—	0.15～0.3
熔　点	℃	1480～1650		1580～1630
导热系数	W/(m·K)	0.93～1.05		1.05～1.28
线膨胀系数	K^{-1}	(4.5～6)×10^{-6}		(3～6)×10^{-6}
莫氏硬度	度	7	7	7
弹性模量	N/mm^2	450～600	110～114	650～800
耐温急变	次数	2	2	2

注：耐温急变性试验条件为：耐酸陶与工业瓷的试块由温度 200℃急降至 20℃，耐酸耐温陶的试块由温度 450℃急降至 20℃。

(3)陶瓷管耐腐蚀性能见表 4-50。

表 4-50　　陶瓷管耐腐蚀性能

介质名称	浓度(%)	温度/℃	耐腐蚀性
硫　酸	18～27	30～70	耐
硝　酸	任何浓度	低于沸腾	耐
盐　酸	浓溶液	100	耐
磷　酸	稀溶液	20	尚耐
氢氧化钾	浓溶液	沸腾	耐
氢氧化钠	20	60～70	尚耐
碳酸钠	稀溶液	20	尚耐
草　酸	任何浓度	低于沸腾	耐
氟硅酸	—	—	不耐
氢氟酸	—	—	不耐
氯	任何浓度	低于沸腾	耐

续表

介质名称	浓度(%)	温度/℃	耐腐蚀性
氨	任何浓度	沸腾	耐
苯	任何浓度	沸腾	耐
丙酮	<100	沸腾	耐

117. 化工陶瓷管的规格有哪些?

化工陶瓷管的规格见表 4-51。

表 4-51　化工陶瓷管的规格

名　称	规　格/mm			名　称	规　格/mm			名　称	规　格/mm		
	内径	壁厚	长度		内径	壁厚	长度		内径	壁厚	长度
化工陶瓷管	300	25	930	化工陶瓷管	500	28	800	化工陶瓷管	800	35	800
	400	25	800		600	30	800		900	40	800
	450	28	800		700	35	800				

118. 化工陶瓷管检验应符合哪些要求?

(1)陶瓷管外壁非工作面允许有宽不大于1mm、深不大于壁厚的1/4、长不超过 60mm 的裂缝,且不应多于 5 处,内壁工作面不允许有裂缝。

(2)陶瓷管内壁工作面出现未开裂气泡不得多于 3 个,且气泡凸起高度不超过壁厚的 1/4,直径不大于 40mm。出现开裂气泡不得多于两个,且气泡直径不大于 10mm,陶瓷管外壁允许出现直径不大于 20mm 开裂气泡三个,未开裂气泡 5 个。

(3)陶瓷管外壁允许出现两个深不超过壁厚的 1/4、直径不大于 15mm 的熔洞;陶瓷管内壁工作面允许有直径不大于 8mm、深度不超过壁厚的 1/5 的熔洞,但不超过 3 个。

(4)由于陶瓷管性脆,所以搬运和堆放都应小心轻放,并且管内壁不允许碰伤。

119. 化工陶瓷管道敷设应符合哪些要求?

(1)陶瓷管道不应敷设在走道及易受撞击的地面上,一般应采用地下敷设或架空敷设。

地下敷设一般设在地沟内，地沟内应有防冻、防水和排水措施。架空敷设应设在常有人走动或操作的地方，并加保护罩。

(2)当陶瓷管道与其他材质的管道或设备相交错时，陶瓷管道应敷设在其他管道或设备的上方，二者管壁或与设备壁之间应不小于200mm，必要时陶瓷管外加保护罩。

(3)水平敷设管道时，应在输送介质流动方向有0.001～0.005的坡度。

(4)管道敷设时，应根据需要，为了减少阻力和方便检修，应在适当的位置上加装排气阀及泄水阀。

(5)管道穿墙壁或楼板时，应设金属套管。套管内径应比陶瓷管外径大30～50mm，且套管两端应突出墙壁或楼板外约50mm。如陶瓷管道通过楼板或防火墙时，套管与陶瓷管之间应填塞石棉填料或其他非燃性填料。

(6)陶瓷管道与其他管道同时敷设时，应先安装其他管道，最后安装陶瓷管道。

120. 化工陶瓷管道支架安装应符合哪些要求？

(1)陶瓷管道的架设应牢固可靠。管子沿地沟或地面敷设时，每根管子应设有两个枕木或混凝土管墩。管子的1/2或1/3部分固定在枕木或管墩里面，管子与枕木或管墩之间垫以3～5mm厚的软垫片。

(2)管道垂直安装时，每根管子应有固定的管卡支撑，管卡用扁钢制成。承插式连接管支撑位置在承口下面，法兰式连接管卡支撑位置在承口下面，法兰式连接管卡支撑位置在连接法兰下面，管卡与管道间应垫软垫片。

(3)管道架空安装时，一般采用扁钢制成的半圆卡箍支架形式。管子与支撑件(各类型钢制成)、卡箍之间应垫以3～5mm的软垫片。

121. 化工陶瓷管道连接应符合哪些要求？

(1)陶瓷旋塞与陶瓷管道或金属阀门连接时，为了防阀门使用时引起陶瓷管道的损坏，其旋塞或阀门的两端要固定牢固，或以柔性接头与陶瓷管道连接。

(2)陶瓷管与陶瓷设备间的连接,一般采用法兰连接和承插连接。

(3)陶瓷管与金属管之间的连接,可采用套管与连接管子间增加胶粘剂的刚性连接,也可用橡胶套管的柔性连接。

(4)陶瓷管与陶瓷管间的连接可用法兰连接、承插连接、套管连接,也可用橡胶套管套接后再以金属卡箍固紧的柔性连接。

122. 玻璃钢管具有哪些性能?

玻璃钢管是以糠酮、酚醛、环氧树脂为黏合剂,加入一定量的辅助原料,然后浸渍无碱玻璃布,以其在成形心轴上绕制成管子,经过固化、脱膜和热处理而成。

玻璃钢的相对密度为 1.4～2.2,具有较高的强度、良好的耐热性、耐蚀性和电绝缘性能。由于加工操作工艺简单,故有良好的工艺技能。适用于输送具有腐蚀性的废水、深井水、锅炉水、海水和在高温下酸、碱交替的介质。

123. 玻璃钢管的规格有哪些?

玻璃钢管的规格,见表 4-52。

表 4-52　　玻璃钢管的规格

公称直径 /mm	内径 /mm	厚度 /mm	质量 /(kg/m)	长度 L /mm	公称直径 /mm	内径 /mm	厚度 /mm	质量 /(kg/m)	长度 L /mm
25	26	4	0.6	3000	100	102	6	3.3	3000(6000)
40	41	4.5	0.8	3000	125	128	6	4.1	3000(6000)
50	50	5	1.43	3000	150	149	8	6.4	3000(6000)
80	79	5	2.2	3000(6000)					

124. 玻璃钢管切割应符合哪些要求?

层压玻璃钢管可采用机械切割,但不能有分层和脱落的现象。管子表面要平整,不能凹凸,不允许起层,但允许有由于玻璃布脱蜡所形成的色泽深浅、气泡和皱折,经加工修整后不能超过壁厚公差,内壁可以允许有轻微的皱纹。

125. 玻璃钢管道的连接方法有哪几种?

(1)平口黏结。在管端涂上胶粘剂对口黏结,并在黏结缝处加浸透胶粘剂的玻璃布缠绕数层即可。

(2)承插黏结。将玻璃钢管端分别加工成承插口,在承口内和插口外涂抹胶粘剂。黏结后用浸透胶粘剂的玻璃带加绕数层。

(3)螺纹连接。管径在 65mm 以下的玻璃钢管也可采用螺纹连接,连接时将螺纹处涂上胶粘剂,再将螺纹接头拧紧。

(4)法兰连接。使用胶粘剂把法兰和管子黏结,然后以法兰将两根管子连接起来。也可以采用活套法兰连接。

126. 防腐蚀衬里管道安装应符合哪些要求?

(1)衬里管道宜采用无缝钢管或铸铁管预制。铸铁管及其管件的内壁表面应平整光滑,无砂眼、缩孔等缺陷;用玻璃钢及搪瓷衬里的管道必须选用无缝钢管,扩口处不应有皱、裂。异径管加工要尽量短些,大端直径不应超过小端直径的 3 倍。衬里所用管件宜采用成型管件,并用焊接法兰或松套法兰连接。

(2)无缝钢管衬里管道全部采用法兰连接,弯头、三通、异径管均制成法兰式。预制好的法兰管段、法兰管件、法兰阀门都要做好编号,以便于安装。法兰间需预留衬里和垫片厚度,用各种厚度的垫片(多层)垫好,将管段及管件连接起来,安装到设计规定的位置上去。根据输送介质和坡度要求敷设,通常按碳素钢管要求进行安装。

(3)防腐衬里管道未衬里前应先预安装。安装好后,需进行水压试验,试验压力为 0.3~0.6MPa。经检查合格后,拆下送衬里点进行衬里。衬里前若采用平焊法兰,其法兰内口焊缝应削磨成半径大于或等于 5mm 的圆弧;若采用对焊法兰,焊缝内表面应平整,不得有凹凸、气孔、夹渣、焊瘤等缺陷。

(4)防腐衬里管道的第一次安装装配不允许强制对口硬装,否则在衬里后就有装不上的可能。因此尺寸必须准确,装配必须合理。试压合格后,应认真做好记录后再拆下。

(5)衬里弯头、弯管只允许一个平面弯,弯曲角度不应大于 90°,弯曲半径不小于外径的 4 倍。

(6)衬里管道内侧的焊缝质量应符合焊接规定要求，焊瘤应修磨平滑，不得有凹陷，转角处的网弧半径应大于或等于5mm。

(7)衬里管段及管件的预制长度，应考虑法兰间衬里层和垫片的厚度，并能满足衬里施工的要求。

(8)衬胶管开三通管要到内壁转角处的小网角 $r=5$mm 并呈光滑状。为了符合要求，应采用加热拉制三通的方法。

(9)管段及管件的机械加工、焊接、热处理等应在衬里前进行完毕，并经预装、编号、试压及检验合格。

127. 热力管道地上敷设应符合哪些要求?

(1)架空热力管道一般宜沿建筑物、构筑物或其他管道共架敷设。

(2)如无设计要求时，架空热力管道与建、构筑物和电线之间的净距，可按表4-53的规定作参考。

(3)设在煤气管道上方的热力管道，热力管的伸缩器与煤气管的伸缩器宜布置在同一位置上。固定支架一般也布置在煤气管道固定支架处。

(4)采用低、中支架敷设时，低支架保温外壳距地面一般不小于0.3～1m。中支架的净空高度以2.0～2.5m为宜。

当低、中支架跨越铁路、公路时，可用立起Ⅱ形管跨越；与人行道交叉时，可用旱桥跨越。

(5)采用高支架敷设时，其净高一般为4.5m以上；当管道跨越铁路、公路或交通要道时，如无设计要求，可按表4-53规定作参考。

128. 热力管道地下敷设应符合哪些要求?

热力管道地下敷设时，常采用以下三种形式：

(1)不通行地沟敷设。在管道根数不多，地上交通频繁地区，以及维修工作量不大的干管和支管宜采用不通行地沟敷设，其优点是不妨碍地面交通，可免除含腐蚀土壤对管道的侵蚀。

(2)半通行地沟敷设。当热力管道通过的地面不允许开挖时，或当管子数量较多，采用单排水平布置，管沟宽度受到限制时，可采用半通行地沟，其地沟净高一般为1.4m，通道宽度为0.6～0.7m，长度超达60m时，应设检修出入口。

(3)通行地沟敷设。管子数量多而且口径大，管道通过的地面不允许挖开时，宜采用通行地沟敷设。其地沟的净高一般不低于 1.8m，通道宽度为 0.6～0.7m。

为便于安装，应在所有直线沟道上设置长 5～10m 的安装孔，孔与孔之间的距离约为 120～150m。

不论哪种形式的热力地沟，保温层外壳至沟壁、沟底及相邻两根保温层表面净距应大于或等于 150mm，距沟顶净距应大于或等于 100mm。

易燃、易爆、易挥发、有毒、有腐蚀的液体与气体管道均不应与热力管道安装于同一地沟内。如必须穿过热力地沟时，应加防护套管。在管道附件或阀门处、均应设检查井。热力地沟与其他管线、建(构)筑物的最小距离见表 4-53 和表 4-54。

表 4-53　厂区架空热力管道与建、构筑物和电线之间的水平及交叉垂直最小净距表

序号	名　称	水平净距/m	交叉净距/m
1	一、二级耐火等级建筑物	允许沿外墙	
2	铁路中心	3.8	电气机车牵引区段距轨顶 6.2，蒸汽及内燃机车牵引区段距轨顶 6.0
3	公路边缘、边沟边缘或路堤坡脚	0.5～1.0	距路面 4.5
4	人行道路边缘	0.5	距路面 2.2
	架空电路 1kV 以下(电线在上)	外侧边缘 1.5	管上无人通过 1.0，管上有人通过 2.5
5	1～20kV(电线在上)	外侧边缘 3.0	3.0
	35kV 以上(电线在上)	外侧边缘 4.0	4.0

表 4-54　　热力地沟外边与建(构)筑物的水平最小净距

序号	名　称	水平净值距离/m	序号	名　称	水平净值距离/m
1	建筑物基础边	2.0	5	照明、通信杆柱中心	1.0
2	铁路中心缘	3.8	6	架空管架基础边缘	2.0
3	道路路面边缘	1.0	7	围墙篱栅基础边缘	1.5
4	铁路道路的边沟或单独的雨水明沟边	1.0	8	乔木或灌木丛中心	0　1.5

129. 锅炉房汽水系统管道敷设应符合哪些要求?

锅炉房汽水系统是锅炉给水、蒸汽、排污三大管道系统的总称,起着传输介质和热能的重要作用。其管道敷设要求如下:

(1)为保证安装操作和维修方便,锅炉房内各类管道应沿墙或柱子敷设。

(2)管道的敷设安装不得影响门窗开关或遮挡室内采光。当管道从通道上方穿过时,离地面净距不应小于 2m。

(3)管道的最低点和有可能积水的管段,应设排水装置,液体管道的最高点和可能聚积气体的管段应设排气装置;管道的排水、排气口应引到安全地点,不得伤害人和设备,排出管应注意防止冻结和堵塞。

(4)与水泵等设备连接的管道应设有牢固的支撑装置,防止设备的振动传到管道系统,同时也要避免管道的质量压在设备上。

(5)应合理布置汽水系统管道支架,支架间距、管道与墙的距离及双管中心距可参照表 4-55 和表 4-56 的要求敷设。

(6)因为锅炉房内的管道种类比较多,为便于辨认和管理,管道表面(或保温层表面)应作涂色标志。

表 4-55 汽水管道滑动支架最大间距

公称直径 *DN* /mm		滑动支架最大间距 /m	
DN_1	DN_2	保温	不保温
15	15 —	1.5	3.0
20	20 —	2.0	3.0
25	25 —	2.0	3.0
32	32 —	2.0	3.0
40	40 —	3.0	3.0
50	50 —	3.0	6.0
65	65 —	3.0	6.0
80	80 —	3.0	6.0
100	50 65 80 100	3.0	6.0

公称直径 *DN* /mm		滑动支架最大间距 /m	
DN_1	DN_2	保温	不保温
125	65 80 100	3.0	60
	125	6.0	
150	80 100	3.0	6.0
	125 150	6.0	6.0
200	100	3.0	6.0
	125 150 200	6.0	
250	100	3.0	6.0
	125 150 250	6.0	
300	125 150 150 200 300	6.0	6.0

表 4-56　　汽水管道中心与墙(柱)的间距及双管中心距　　mm

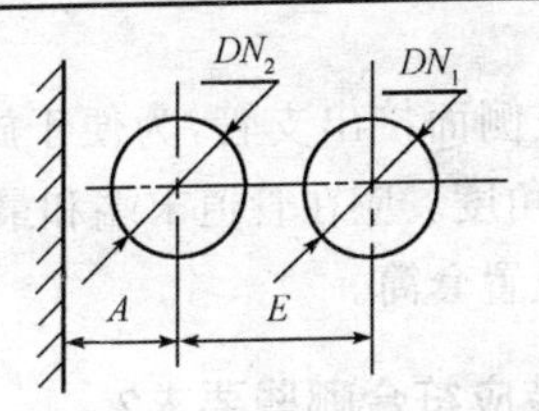

公称直径	DN_1	25	32	40	50	65	80	100			
	DN_2	—25	—32	—40	—50	—65	—80	50	65	80	100
A	保温	190	200	210	220	240	250				
	不保温	120	120	130	130	140	150	160			
E	保温	—300	—320	—330	—350	—370	—390	360	370	380	420
	不保温	—150	—160	—170	—180	—190	—210	200	210	220	230

公称直径	DN_1	125				150				200			
	DN_2	—65	80	100	125	—80	100	125	150	—100	125	150	200
A	保温	270				300				330			
	不保温	170				180				210			
E	保温	—390	410	430	450	—440	460	480	510	—480	510	540	580
	不保温	—220	230	240	250	—250	260	270	280	—300	310	320	340

130. 压缩空气管道敷设应符合哪些要求?

(1)室外管道一般采用地下敷设,但也可以在架空的热力或煤气管道支柱上敷设。采用地下敷设时尽可能与热力管道同沟敷设,直接埋地敷设应埋在冰冻线以下。

(2)管道外面要加防腐绝缘层,应根据土壤腐蚀性来决定绝缘层类别。

(3)直接埋地敷设管道穿过铁路和重要公路时,应放在钢质或水泥制作的套管中。套管两端应各伸出公路边 1m,铁路边各 3m,应保证管道与套管空隙至少为 20mm,同时,应以浸过沥青的麻丝填在套管两端。

(4)车间的管道一般不宜多于两个入口,入口处的设备及附件应装在便于操作管理的位置。管道可埋地或架空敷设,在符合安全要求的前提下，力求与其他管道共架敷设。沿每一列柱子敷设的干管始端应设控制阀门。

(5)应从干管上部或侧面接出支管，为便于施工，支管与干管一般可采用 90°、60°、30°、15°等角度。应在管道末端和最低点设集水器。管道穿过墙壁或楼板时，均应设置套筒。

131. 乙炔管道安装应符合哪些要求？

(1)乙炔管道宜采用焊接连接时，高压卡套式接头也可用于小直径高压乙炔管，法兰或螺纹则可用于与设备、阀门、附件的连接。

(2)严禁乙炔管道管壁温度超过 70℃，当管道靠近热源时，应采取隔热措施。

(3)含湿乙炔管道不应小于 0.003 的坡度，把排水装置设在管道最低点。管道和排水装置在寒冷地区要采取保温防冻措施。

(4)应注意解决好室外乙炔管道的热补偿问题，一般宜采用自然补偿方式，必要时可安装补偿器。

(5)严禁乙炔管道穿过办公室、生活间。不应让厂区和车间的乙炔管道穿过不使用乙炔的建筑物的房间。

132. 城市煤气管道可分为哪几种？

城市煤气管道系统较为复杂，按压力可分为低压、中压、次高压、高压和超高压煤气管道五类，具体情况可参见表 4-57。城市煤气管道也有架空敷设和埋地敷设之分，但绝大部分为埋地敷设。

表 4-57 城市煤气管道压力分类

管道名称	压　力	管道名称	压　力
低压煤气管道	≤0.005MPa	高压煤气管道	0.3～0.8MPa
中压煤气管道	0.005～0.15MPa	超高压煤气管道	>0.8MPa
次高压煤气管道	0.15～0.3MPa		

133. 城市煤气管道敷设应符合哪些要求？

(1)煤气管道的敷设应尽量避开主要交通干线和繁华街道，尽量避免与铁路、河流交叉，非必要时不得斜穿马路。低压煤气管道尽量沿市区街道、小区内道路或建筑物平行敷设。城市煤气管道应采用埋地敷设，在厂区或庭院内埋设有困难时，可采用架空敷设。室内一般采用架空敷设。

(2)城市煤气管道在铁路、道路干线下穿过时，应敷设在套管或地沟内；套管和地沟两端应密封。在重要地段的套管或地沟端部应安装检漏管。

(3)地下城市煤气管道不得在堆积易燃、易爆材料和具有腐蚀性液体的场地下面通过，并不得与其他管线或电缆同沟敷设。

(4)城市煤气管道一般不得穿过像雨水管、污水管、热力管沟等其他管道；若必须穿过时，煤气管道必须置于套管内。

(5)埋地城市煤气管道在最低点应设置定期排水器，排水器间距不得大于 500m，排水器管径一般为 *DN*25～*DN*50。

134. 城市煤气管道阀门设置应符合哪些要求？

城市煤气管道上的阀门应按照以下要求进行设置：

(1)高压、次高压、中压煤气干管上，应设置分段阀门。低压煤气管道上一般不设阀门，但在煤气支管上的起点处，应设置阀门。

(2)城市煤气管道上的阀门应设置在紧急情况下便于操作的地方，埋地管道上的阀门应设在阀门井中，架空管道上的阀门安装高度不低于 1.7m。

(3)穿越或跨越重要河流、铁路、道路干线的两侧均应设置阀门。

135. 城市煤气管道的管材管件应符合哪些要求？

(1)煤气管道阀门主要采用铁质闸阀或旋塞阀；煤气管道阀门不得使用铜制密封圈：*DN*＞65mm 采用明杆闸阀，*DN*≤50mm 采用截止阀或旋塞阀；*DN*500mm 以上阀门启动用齿轮传动或电机传动，但也仍可手动操作。

(2)城市煤气管道埋地敷设的中、低压管道主要是给水铸铁管，也可用钢管、石棉水泥管和塑料管。低压管道 *DN*≥75mm 的主要用给水铸铁管，*DN*＜75mm 者主要用钢管、塑料管；中压管道均采用铸铁管或钢管。

(3)架空及埋地高压、次高压煤气管道采用钢管。*DN*≤250mm 者采用无缝钢管、焊接钢管，*DN*≥300mm 者一般采用卷焊钢管，钢管材质为 Q235、10 号、15 号、20 号、25 号；用于增大跨距的钢管卷管，材质宜使用

16Mn 或 16MnCu。

(4)民用煤气管道 $DN<80mm$ 时采用镀锌钢管。

136. 城市煤气管道连接应符合哪些要求?

(1)钢管采用焊接连接时,$DN>50mm$ 钢管用电焊焊接,$DN\leqslant 50mm$ 钢管用氧-乙炔焊焊接。

(2)采用铸铁管时,城市煤气管道一般均采用承插连接,并应按下列要求选择接口材料:

1)中压煤气管道采用耐油的橡胶圈石棉水泥接口;

2)低压煤气管道采用石棉水泥接口;

3)有特殊要求(如通过铁路、重要公路等)时采用青铅接口。

(3)$DN\leqslant 50mm$ 的焊接钢管及镀锌钢管采用螺纹连接时,填料为聚四氟乙烯生料带、黄粉甘油调和料,厚白漆,不得使用麻丝。

(4)煤气管道与阀门、设备等用法兰连接时,法兰垫片按下列要求选用:

1)$DN<300mm$:采用橡胶石棉板,其厚度为 3~5mm,不得使用橡胶板或石棉板作垫片;

2)$DN=400mm$:采用油浸石棉纸垫片;

3)$DN=450\sim600mm$:采用焦油或红铅油浸过的多股石棉绳;

4)$DN>600mm$:采用焦油或红铅油浸过的石棉绳作圈状网垫。

137. 室外煤气管道安装应符合哪些要求?

(1)城市煤气管道的室外或庭院管道一般均采用埋地敷设安装。其与建筑物、构筑物及相邻管道之间的最小水平、垂直净距、应满足相关要求;地下煤气管道的敷设一般不得小于 0.003。

(2)煤气管道宜采用压制弯头、焊接弯头或煨制弯头。压制、焊接弯管的弯曲半径不得小于管径的 1.5 倍,煨制弯管的弯曲半径不得小于管径的 3.5 倍。

(3)庭院煤气管道应采用闸板阀或球阀,法兰和垫圈应采用平焊钢法兰和橡胶石棉垫圈。关闭阀门应设置在室外煤气管道以下各部位:

1)从主干线分支的庭院管道起点处。

2)管径 $DN>100mm$ 的分支管起点处。

3)至重要公共建筑的分支点起点处。

4)距调压室外墙 10～100m 的煤气管道进出口管道上。

(4)庭院埋地煤气管道应采用钢管,其最小管壁厚度不得小于3.5mm。当大、小管径对接或大管分支时,一般同心连接并坡向大管;如不能坡向大管时,应将管底对平连接,管道坡度的低点应装排水口。地下煤气管道排水器应设在城市煤气管道的最低点,其外形、尺寸见表 4-58。

(5)埋地煤气管道上的阀门应设在阀门井内,并且应顺气流方向在阀门后面设波形补偿器。阀门井的面积和高度应便于阀门安装、检修和操作。

(6)煤气管道在潮湿地区进入室内时应加套管,其进口套管安装结构及尺寸见表 4-59。

(7)除阀门等附件处采用法兰或螺纹连接外,埋地管道一律采用焊接连接。

(8)根据土壤腐蚀的性质及管道的重要程度,埋地管道可选择普通防腐层、加强防腐层和特加强防腐层。如无土壤腐蚀性资料或无特殊要求时,一般可采用沥青玻璃布加强防腐层。

表 4-58　　地下煤气管道排水器结构、尺寸　　mm

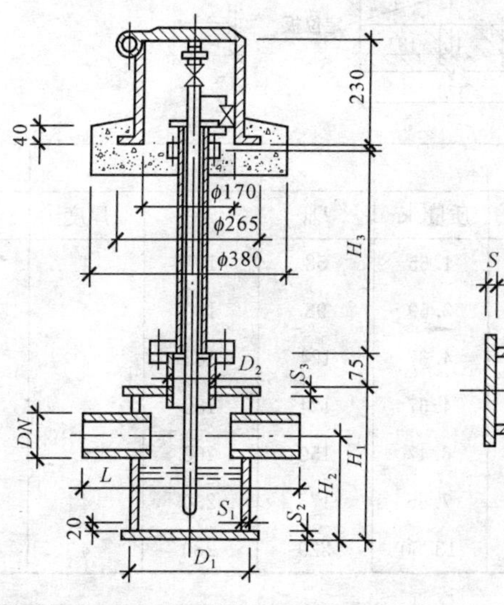

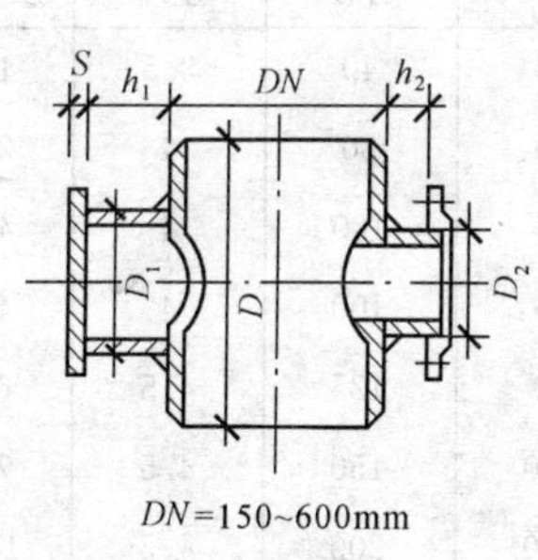

DN=150~600mm

续表

DN	D_1	D_2	H_1	H_2	S_1	S_2	S_3	L	总质量/kg	DN	D_1	D_2	h_1	h_2	S	L	总质量/kg
50	219	108	315	240	7	7	7	400	95.5	250	219	159	300	50	7	550	339
65	219	108	215	240	7	7	7	400	96	300	273	159	225	50	8	650	50
80	219	108	315	240	7	7	7	400	96.5	350	325	159	200	50	8	650	50
100	723	108	315	265	7	8	7	460	106.0	400	325	159	275	50	8	700	92
125	273	108	355	265	7	8	7	460	106.5	450	377	159	250	50	10	750	114
150	159	108	300	50	7	500	21			500	377	159	300	50	10	750	125
200	219	159	250	50	7	550	39			600	426	159	275	50	10	800	155

表 4-59　潮湿地区煤气管进口套管安装形状尺寸　mm

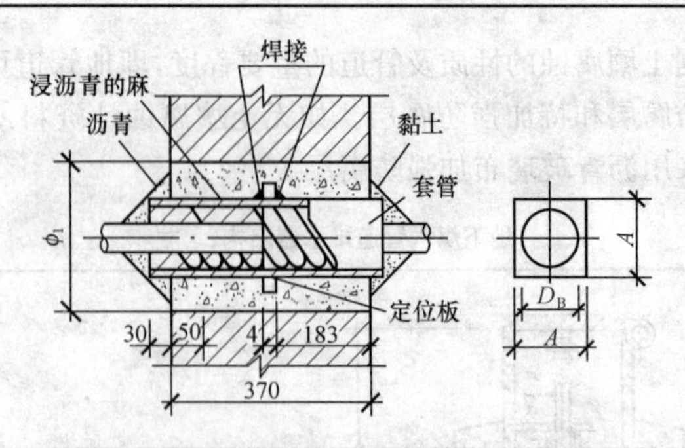

煤气管直径 DN	套管			定位板			孔洞
	管径	壁厚	质量/kg	D_B	A	厚度	ϕ_1
25	40	3.5	1.65	58	100	4	200
40	80	4	3.59	98	150	4	250
50	100	4	4.67	124	180	4	280
65	100	4	4.67	124	180	4	280
80	125	4.5	6.47	150	200	4	300
100	150	4.5	7.65	175	230	4	330
150	200	4.5	13.50	229	280	4	380

续表

煤气管直径 DN	套管			定位板			孔洞
	管径	壁厚	质量/kg	D_B	A	厚度	ϕ_1
200	250	6	17.90	283	330	4	430
250	300	6	20.70	335	380	4	480
300	350	6	23.50	387	440	4	540
350	400	6	26.70	436	480	4	580
400	450	6	30.40	488	540	4	640
500	600	6	39.40	640	700	4	800

138. 液化石油气管道可分为哪些种类?

液化石油气管道按其压力可划分为如下三级,一般民用液化石油气管道均为Ⅲ级管道系统。

(1)Ⅰ级液化石油气管道 $PN>4$MPa;

(2)Ⅱ级液化石油气管道 1.6MPa$<PN\leqslant4$MPa;

(3)Ⅲ级液化石油气管道 $PN\leqslant1.6$MPa

139. 液化石油气管道敷设应符合哪些要求?

液化石油气管道多采用无缝钢管;弯头采用煨弯,其弯曲半径应不小于 $5D_w$。在管道敷设时,除了应考虑管道的热膨胀的补偿外,还应满足以下各项要求。

(1)厂区液化石油气管道一般为架空敷设,也允许局部直接埋地敷设,但不可采取管沟敷设。如受条件所限,非管沟敷设不可时,须有防止液化石油气进入管沟的必要措施。

(2)架空敷设液化石油气管道时,可与其他管道共架敷设,但严禁将液化石油气管与铁路桥共架敷设。

(3)直接埋地时,应考虑安置排水或手轮操作的地面盖罩,不允许在管网上设置检查井,其埋设深度应低于冻土层以下,而且不应小于 0.6m。

140. 液化石油气管道阀门设置应符合哪些要求?

(1)互相备用的管道的分切点。

(2)重要的铁路、公路、河流两侧。

(3)液化气厂、站出口管道上。

(4)液化石油气的分支管道起点。

(5)液化石油气管架空敷设两端设置阀门时,该管段上应设管道安全阀。

141. 管道安装工程定额*说明主要包括哪些内容?

(1)《全国统一安装工程预算定额》第六册"工业管道工程"中管道安装工程包括碳钢管、不锈钢管、合金钢管及有色金属管、非金属管、生产用铸铁管安装。

(2)定额中均包括直管安装全部工序内容,不包括管件的管口连接工序,以"10m"为计量单位。

(3)衬里钢管包括直管、管件、法兰含量的安装及拆除全部工序内容,以"10m"为计量单位。

(4)定额不包括以下工作内容,应执行相应定额:

1)管件连接。

2)阀门安装。

3)法兰安装。

4)管道压力试验、吹扫与清洗。

5)焊口无损探伤与热处理。

6)管道支架制作与安装。

7)管口焊接管内、外充氩保护。

8)管件制作、煨弯。

142. 定额中对工艺管道安装与机械设备界限是如何划分的?

设备本体第一个法兰以外的管道,大型传动设备除底座、机身外的随机多台附属设备,如过滤器、冷凝器、缓冲器、油分离器、油泵之间连接管道等,其重量虽然已包括在设备安装定额内,但均未包括其安装工作内容,应执行"工艺管道工程"定额的相应项目。

---

* 如无特殊说明,本书后续内容中所指定额均指《全国统一安全工程预算定额》第六册"工业管道工程"。

143. 定额中管道安装高度是按多少考虑的？如超过规定，人工和机械用量是否允许增加？

工艺管道安装高度是按±12m考虑的，安装高度如超过规定高度，机械台班和人工均不得调整；但发电厂锅炉系统、冶金炼铁高炉系统高度超出20m，其超出部分人工、机械费乘以系数1.25。

144. 管线穿越公路的人工开挖路面定额以“m^2”为计算单位，其沟深是如何考虑的？

定额系指公路表面开挖和恢复，以实际破坏和修复的面积计算工程量，至于路面下部管沟开挖，应执行各地的建筑工程预算定额。

145. 定额对低、中压管道壁厚界线如何划分？如何套用定额？

定额中管道壁厚是根据有关规定范围取定的。如设计压力为低压，而壁厚的选择超出了定额取定壁厚低压范围时，其直管安装与管件连接可套用中压管道相应定额，而其他项目仍套用原设计压力相应定额子目。

146. 高压管道安装定额中不包括的工作内容应如何计算？

高压管道安装定额中不包括的工作内容，应按下列规定计算：

(1)高压管在验收时，若发现证明书与到货钢管的钢号或炉号不符以及无钢号、炉号，全部钢管需逐根编号检查硬度者，应按规范规定作力学性能试验的抽查。

(2)无制造厂探伤合格证，应逐根进行探伤者，或虽有合格证，但经外观检查发现缺陷时，应抽10%进行探伤，若仍有不合格者，则应逐根进行探伤。

(3)高压钢管外表面探伤，公称直径6mm以上的磁性高压钢管采用磁力法；非磁性高压钢管，一般采用荧光法或着色法。经过磁力、荧光、着色等方法探伤的、公称直径在6mm以上的高压钢管，还应按《无缝钢管超声波探伤标准》(GB/T 5777—2008)要求，进行内部及内表面探伤。

(4)高压螺栓、螺母每批应各取两根(个)进行硬度检查。若不合格需加倍检查，如仍有不合格者应逐根(个)检查。当螺栓大于或等于M30，且工作温度高于或等于500℃时，则应逐根(个)进行硬度检查。

147. 管道工程定额工程量计算时，应如何取定各种管道规格及壁厚？

各种管道规格及壁厚取定见表4-60～表4-62。

表 4-60　各种管道规格及壁厚取定表(一)

规格		碳钢、不锈钢				铬钼钢管		钛管	
公称直径		低压		中压		高压		低压	中压
mm	in	(A)φ	(B)φ	(A)φ	(B)φ	碳钢	不锈钢、铬钼钢	(B)φ	(B)φ
10	$\frac{3}{8}$	—	—	—	—	24×6	—	—	—
15	$\frac{1}{2}$	20×2.5	22×2.5	20×3	22×3	35×9	21.7×5	21.7×2.8	21.7×3.7
20	$\frac{3}{4}$	25×3	27×3	25×3	27×3	—	27.2×6	27.2×2.9	27.2×3.9
25	1	32×3	34×3	32×3.5	34×3.5	43×10	34×7	34×3.4	34×4.5
32	$1\frac{1}{4}$	38×3.5	42×3.5	38×3.5	42×3.5	49×10	42.7×8	42.7×3.6	42.7×4.9
40	$1\frac{1}{2}$	45×3.5	48×3.5	45×3.5	48×3.5	68×13	48.9×9	48.6×3.7	48.6×5.1
50	2	57×3.5	60×3.5	57×4	60×4	83×15	60.5×10	60.5×3.9	60.5×5.5
(70) 65	$2\frac{1}{2}$	76×4	76×4	76×5	76×5	102×17	76.3×12	76.3×5.2	76.3×7.5
80	3	89×4	89×4	89×5	89×5	127×21	89.1×14	89.1×5.5	89.1×7.6
100	4	108×4	114×4	108×6	114×6	159×28	114.3×17	114.3×6	114.3×8.6
125	5	133×4.5	140×4.5	133×7	140×7	180×30	139.8×20	141×6.6	141×9.5
150	6	159×4.5	168×4.5	159×7	168×7	219×35	165.2×23	165.2×7.1	165.2×11
200	8	219×6	—	219×10	—	273×35	216.3×30	216.3×8.2	216.3×12.7
250	10	273×8	—	273×12	—	325×35	267.4×36	267.4×9.3	267.4×15.1
300	12	325×8	—	325×14	—	—	318.5×42	318.5×10.3	318.5×17.4
350	14	377×10	—	377×16	—	—	355.6×47	355.6×11.1	355.6×19
400	16	426×10	—	426×18	—	—	406.4×53	406.4×12.7	406.4×21.4
450	18	478×11	—	478×19	—	—	457.2×58	—	—
500	20	530×12	—	530×21	—	—	508×63	—	—

表 4-61　各种管道规格及壁厚取定表(二)

规格		无缝铝管	无缝钢管		规格板卷管			
公称直径			低压	中压	公称直径		铝板	铜板
mm	in	φ	φ	φ	mm	in	φ	φ

续表

规　格		无缝铝管	无缝钢管		规格板卷管			
公称直径			低压	中压	公称直径		铝板	铜板
10	$\frac{3}{8}$		12×1.5	—	150	6	159×6	155×3
15	$\frac{1}{2}$	18×1.5	20×2	20×2.5 17×2.5	200	8	219×6	205×3
25	1	30×2.5	28×2	30×2.5	250	10	273×6	250×4
32	$1\frac{1}{4}$	40×3	36×2	35×2.5	300	12	325×6	305×4
40	$1\frac{1}{2}$	50×4	45×2.5	—	350	14	377×6	255×4
50	2	60×4	55×2.5	54×4	400	16	426×6	405×4
(70)65	$2\frac{1}{2}$	70×4	65×2.5 75×3	68×4 76×5	450	18	478×6	—
80	3	80×4	85×3	89×5	500	20	529×6	505×4
100	4	100×5	100×4 110×4	114×5	600	24	630×6	—
125	5	125×5	130×4	—	700	28	720×6	—
150	6	155×5	150×4	—	800	32	820×8	—
200	8	185×5 200×6	200×4	—	900	36	920×8	—
250	10	250×8	250×4	—	1000	40	1020×8	—
300	12	285×8 325×8	—	—				
350	14	350×10	—					
400	16	410×10						

表 4-62　　各种管道规格及壁厚取定表(三)

规格		钢板卷管					
公称直径		碳钢	不锈钢	低温钢	公称直径		碳钢
mm	in	ϕ	ϕ	ϕ	mm	in	ϕ
200	8	219×6	219×4	—	1600	64	1620×12
250	10	273×6	273×4	—	1800	72	1820×12
300	12	325×6	325×4	—	2000	80	2020×12
350	14	377×6	377×4	—	2020	88	2220×12
400	16	426×6	426×4	406.4×6	2400	96	2420×12
450	18	478×8	478×5	457.2×6	2600	104	2620×12
500	20	529×8	529×5	508×6	2800	112	2820×12
550	22	—	—	558.8×6	3000	120	3020×12
600	24	630×9	630×5	609.6×6			
650	26	—	—	660.6×7			
700	28	720×9	720×6	711.2×7			
750	30	—	—	762×7			
800	32	820×9	820×7	812.8×8			
850	34	—	—	863.6×8			
900	36	920×9	920×8	914.4×9			
950	38	—	—	965.2×9			
1000	40	1020×10	1020×8	1016×9			
1050	42	—	—	1066.8×10			
1100	44	—	—	1117.6×10			
1200	48	1220×11	—	—			
1400	56	1420×12	—	—			

148. 如何进行管道安装定额工程量计算？

(1)管道安装按压力等级、材质、焊接形式分别列项，以“10m”为计量单位。

(2)管道安装不包括管件连接内容,其工程量可按设计用量执行第二节管件连接项目。

(3)各种管道安装工程量,均按设计管道中心长度,以“延长米”计算,不扣除阀门及各种管件所占长度;主材应按定额用量计算。

(4)衬里钢管预制安装,管件按成品,弯头两端按接短管焊法兰考虑。定额中包括了直管、管件、法兰全部安装工作内容(二次安装、一次拆除),但不包括衬里及场外运输。

(5)有缝钢管螺纹连接项目已包括封头、补芯安装内容,不得另行计算。

(6)伴热管项目已包括煨弯工序内容,不得另行计算。

(7)加热套管安装按内、外管分别计算工程量,执行相应定额项目。

【例 4-1】 如图 4-16 所示为颈状弯管(来回弯),直管管端至颈状弯与直管中心线交点的长度 A 为 700m,B 为 500mm;颈曲高度 H 为 700mm;弯曲角度为 60°,试计算其管道工程量。

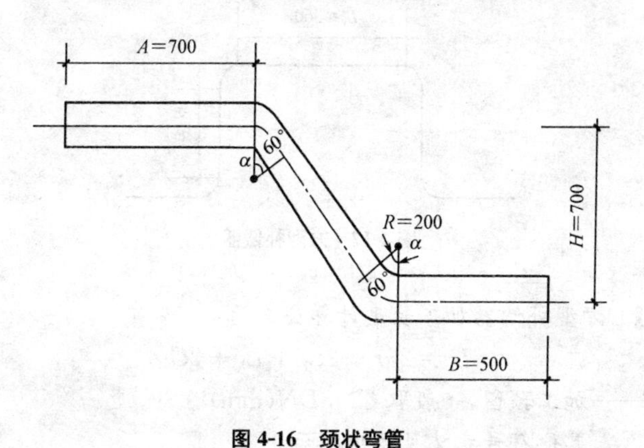

图 4-16　颈状弯管

【解】 管道工程量计算公式为:

$$L = A + B + H/\sin\alpha - 4I + 2\widehat{L}$$

式中　I——弯头弯曲角对应的直角边长度;

$\widehat{L}$——弯头弯曲角对应的圆弧长度。

其他符号意义见图 4-16 中所示。

其中 $I = \tan\frac{\alpha}{2}R$

$= \tan 30° \times 0.2$

$= 0.115$

$\widehat{L} = \frac{\alpha}{360} \times 2\pi R$

$= \frac{60}{360} \times 3.14 \times 0.2$

$= 0.209$

工程量 $L = (0.7 + 0.15 + \frac{0.7}{\sin 60°} - 4 \times 0.115 + 2 \times 0.209)$

$= 1.97\text{m}$

【例 4-2】 如图 4-17 所示为长壁式($L_1 = 2L_2$)方型补偿器，已知管道是 $DN30$ 有缝钢管，方型补偿器长壁长度 L_1 为 360mm；短壁长度 L_2 为 180mm，弯半径 r 为 $4DN$，试求管道加工长度 L。

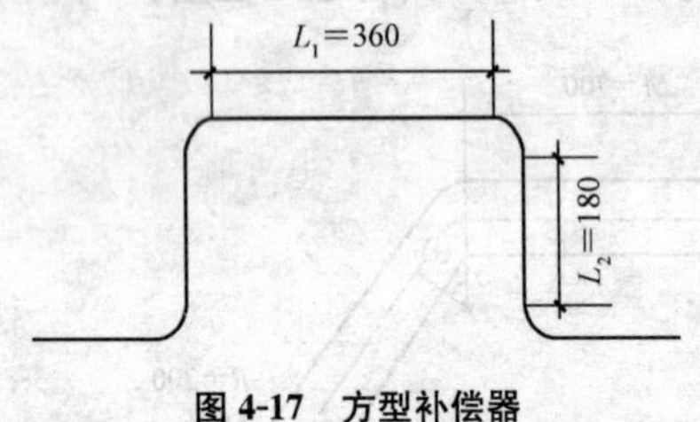

图 4-17 方型补偿器

【解】 方型补偿器加工长度计算公式为：

$$L = 2\pi r + 2L_2 + L_1 + 2C$$

式中 C——加工预留，一般取 $C > 3DN$(mm)。

其他符号意义见题中提示。

工程量 $L = 2 \times 3.14 \times 4 \times 30 + 2 \times 180 + 60 + 2 \times 4 \times 30$

$= 1413.6\text{mm}$

149. 水泥管安装采用钢管封闭段的管道应如何计算工程量?

水泥管安装采用钢管封闭段的管道应按两种材质的管道分别统计工程量，并套用相应定额项目。

150. 衬里钢管安装定额是否包括钢管衬里的工作内容？如没有，应如何处理？

衬里钢管不包括钢管衬里的工作内容，钢管衬里应按“涂装、防腐蚀、绝热工程”定额中的相应子目执行。

151. 衬里钢管安装定额项目包括哪些工序？

每10m衬里钢管预制安装，包括直管和管件预制安装的全部工序，垂直运输按三次，水平运输按300m考虑的。若衬胶地点在施工现场范围以外，应另行计算。

152. 编制预算时是否可将低压管道升级为中压管道考虑？

管道压力等级和焊缝等级是两个截然不同的概念，对管道检验和剧毒、易爆管道的升级，是指管道焊缝等级的升级，而不是指管道设计压力的升级，所以不能按晋升一级考虑。焊缝等级升级则应按施工及验收技术规范的要求编制预算。

153. 工业管道安装工程量清单项目应按什么方式设置？

工业管道安装，按压力（低、中、高）、管径、材质（碳钢、铸铁、不锈钢、合金钢、铝、铜、非金属）、连接形式（丝接、焊接、法兰连接、承插连接、胶圈接口）及管道压力检验、吹扫、吹洗方式等不同特征而设置的清单项目。

154. 编制管道安装工程量清单时应明确描述哪些项目特征？

（1）压力。管道安装的压力划分范围如下：

低压：$0<P\leqslant1.6$MPa；

中压：$1.6\text{MPa}<P\leqslant10$MPa；

高压：①一般管道：$10\text{MPa}<P\leqslant42$MPa；

②蒸气管道：$P>9$MPa、工作温度≥500℃。

（2）材质。工程量清单项目必须明确描述材质的种类、型号。如焊接钢管应标出一般管或加厚管；无缝钢管应标出冷拔、热轧、一般石油裂化管、化肥钢管、A3、10#、20#；合金钢管应标出16Mn、15MnV、Cr5Mo、Cr2Mo；不锈耐热钢应标出1Cr13、1Cr18Ni9、1Cr18Ni9Ti、Cr18Ni13Mo3Ti、Cr18Ni13Mo2Ti；铸铁管应标出一般铸铁，球墨铸铁、硅铸铁；纯铜管应标出T1、T2、T3；黄铜管应标出H59～H96；一般铝管应标出L1～L6；防锈铝管应标出LF2～LF12；塑料管应标出PVC、UPVC、PPC、PPR、PE等，以便正确确定主材价格。

(3)管径。焊接钢管、铸铁管、玻璃管、玻璃钢管、预应力混凝土管按公称直径表示；无缝钢管(碳素钢、合金钢、不锈钢、铝、铜)、塑料管应以外径表示。用外径表示的应标出管材的皮厚，如108×4、133×5、219×8、377×10等。

(4)连接形式。应按图纸或规范要求明确指出管道安装时的连接形式。连接形式包括丝接、焊接、承插连接(膨胀水泥、石棉水泥、青铅)、法兰连接等。焊接的还应标出氧乙炔焊、手工电弧焊、埋弧自动焊、氩弧焊、氩电联焊、热风焊等。

(5)管道压力试验、吹扫、清洗方式。工程量清单项目管道安装的压力试验、吹扫、清洗方式应作出明确确定。如压力采用液压、气压，泄露性试验或真空试验，吹扫采用水冲洗、空气吹扫、蒸气吹扫，清洗采用碱洗、酸洗、油清洗等。

(6)除锈、防腐蚀及绝热应按图纸或规范要求标出除锈方式(手工、机械、喷砂、化学等)、防腐采用的防腐材料种类和绝热方式及材料种类，如岩棉瓦块、矿棉瓦块、超细玻璃棉毡缠裹绝热、硅酸盐类材料涂抹等。

(7)套管形式为管子安装套管时要求采用一般管套管、刚性套管或柔性套管。

155. 怎样理解管道安装工程清单项目的工程内容?

(1)各工程量清单所列工程内容是完成该工程量清单时可能发生的工程内容，如实际完成工程项目在该工程内容中未列的工程项目可以进行补充。

(2)工程内容所列的项目绝大部分属于计价的项目，招标人在编制标底或投标人在投标报价时应按图纸、规范、规程或施工组织设计的要求，选择编列所需项目(充氩保护、焊前预热、后热、管道脱脂、焊口硬度测试都属于特殊情况下所设工程内容，必须是图纸有明确要求或规范、规程中有规定要求的可以列项)。工程内容中所列项目应在分部分项工程量清单综合单价分析表中列项分析。

156. 管道安装工程清单工程量计算应注意哪些问题?

(1)管道在计算压力试验、吹扫、清洗、脱脂、防腐蚀、绝热、保护层等工程量时，应将管件所占长度的工程量一并计入管道长度中。

(2)管道安装在计算焊缝无损探伤时，应将管道焊口、管件焊口、焊接的阀门焊口、对焊法兰焊口、平焊法兰焊口、翻边法兰短管焊口一并计入管道焊缝无损探伤工程量内。管件、阀门、法兰不再列焊缝无损探伤项目。

(3)《全国统一安装工程预算定额》的伴热管项目包括管道煨弯工作内容，如招投标采用上述定额计价时，不应再计算煨弯工作内容。

(4)用法兰连接的管道(管材本身带有法兰的除外，如法兰铸铁管)应按管道安装与法兰安装分别列项。

157. 低压管道工程量清单项目包括哪些?

低压管道工程量清单的项目包括：低压有缝钢管、低压碳钢伴热管、低压不锈钢伴热管、低压碳钢管、低压碳钢板卷管、低压不锈钢管、低压不锈钢板卷管、低压铝管、低压铝板卷管、低压铜管、低压铜板卷管、低压合金钢管、低压钛及钛合金管、衬里钢管预制安装、低压塑料管、钢骨架复合管、低压玻璃钢管、低压法兰铸铁管、低压承插铸铁管、低压预应力混凝土管。

158. 怎样计算低压管道工程清单工程量?

(1)低压有缝钢管、低压碳钢伴热管和低压不锈钢伴热管的工程量按设计图示管道中心线长度以延长米计算，不扣除阀门、管件所占长度，遇弯管时，按两管交叉的中心线交点计算。方形补偿器以其所占长度按管道安装工程量计算。

(2)低压碳钢管、低压碳钢板卷管、低压不锈钢管、低压不锈钢板卷管的工程量按设计图示管道中心线长度以延长米计算，不扣除阀门、管件所占长度，遇弯管时，按两管交叉的中心线交点计算。方形补偿器以其所占长度按管道安装工程量计算。

(3)低压铝管、低压铝板卷管、低压铜管、低压铜板卷管、低压合金钢管、低压钛及钛合金管的工程量按设计图示管道中心线长度以延长米计算，不扣除阀门、管件所占长度，遇弯管时，按两管交叉的中心线交点计算。方形补偿器以其所占长度按管道安装工程量计算。

(4)衬里钢管预制安装、低压塑料管、钢骨架复合管、低压玻璃钢管、低压法兰铸铁管、低压承插铸铁管、低压预应力混凝土管的工程量按设计图示管道中心线长度以延长米计算，不扣除阀门、管件所占长度，遇弯管时，按两管交叉的中心线交点计算。方形补偿器以其所占长度按管道安装工程量计算。

159. 中压管道工程量清单项目包括哪些？

中压管道工程量清单的项目包括：中压有缝钢管、中压碳钢管、中压螺旋卷管、中压不锈钢管、中压合金钢管、中压铜管、中压钛及钛合金管。

160. 怎样计算中压管道工程清单工程量？

(1)中压有缝钢管、中压碳钢管、中压螺旋卷管的工程量按设计图示管道中心线长度以延长米计算，不扣除阀门、管件所占长度，遇弯管时，按两管交叉的中心线交点计算。方形补偿器以其所占长度按管道安装工程量计算。

(2)中压不锈钢管、中压合金钢管、中压铜管和中压钛及钛合金的工程量按设计图示管道中心线长度以延长米计算，不扣除阀门、管件所占长度，遇弯管时，按两管交叉的中心线交点计算。方形补偿器以其所占长度按管道安装工程量计算。

161. 高压管道工程量清单项目包括哪些？

高压管道工程清单项目包括：高压碳钢管、高压合金钢管和高压不锈钢管。

162. 怎样计算高压管道工程清单工程量？

高压碳钢管、高压合金钢管和高压不锈钢管的工程量按设计图示管道中心线长度以延长米计算，不扣除阀门、管件所占长度，遇弯管时，按两管交叉的中心线交点计算。方形补偿器以其所占长度按管道安装工程量计算。

【例 4-3】 如图 4-18 所示为淋浴器安装图，管道包括公称直径 *DN*15 的不锈钢管道，公称直径 *DN*20 的碳钢冷水和热水管道，试计算管道安装的工程量。

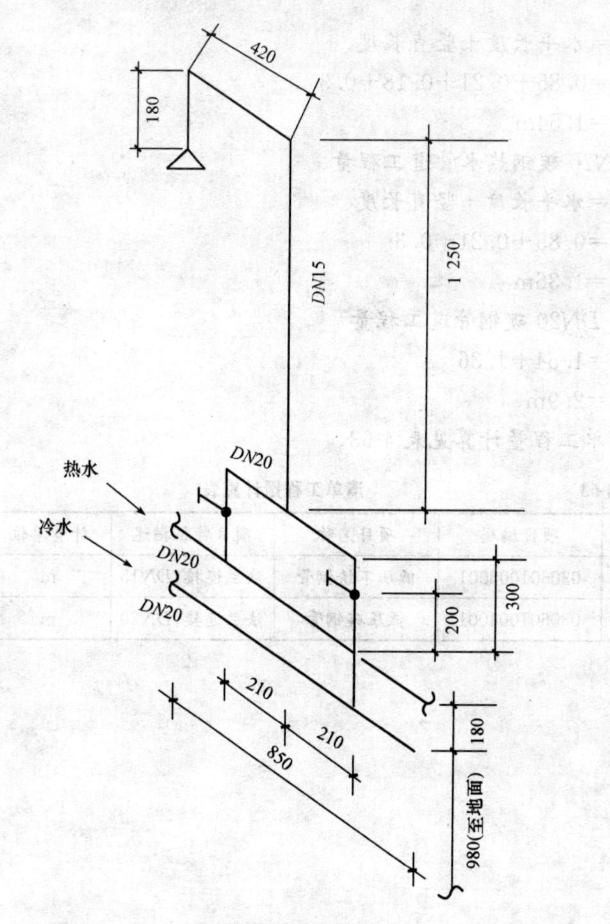

图 4-18　淋浴器安装

【解】 由题可知

(1)$DN15$ 不锈钢管道工程量。

L =水平长度+竖直长度

=0.42+1.25+0.18

=1.85m

(2)$DN20$ 碳钢管道工程量。

$DN20$ 碳钢冷水管道工程量

L =水平长度+竖直长度

　=0.85+0.21+0.18+0.3

　=1.54m

$DN20$ 碳钢热水管道工程量

L =水平长度+竖直长度

　=0.85+0.21+0.3

　=1.36m

则 $DN20$ 碳钢管道工程量

L =1.54+1.36

　=2.9m

清单工程量计算见表4-63。

表4-63　　清单工程量计算表

序号	项目编码	项目名称	项目特征描述	计量单位	工称量
1	030601006001	低压不锈钢管	法兰连接,*DN*15	m	1.85
2	030601004001	低压碳钢管	法兰连接,*DN*20	m	2.9

第五章

·管件连接工程量计算·

1. 什么是管件?

管件是指管道系统中用于直接连接转弯、分支、变径以及用作端部等的零部件,包括弯头、三通、四通、异形管接头、管箍、内外螺纹接头、活接头、快速接头、螺纹短节、加强管接头、管墙、管帽、盲板等(不包括阀门、法兰、螺栓、垫片)。

2. 管件的图形符号有哪些?

常见管件的图形符号见表 5-1。

表 5-1　　管件的图形符号

序号	名　称	符　　号	说　　明
1	弯头(管)		符号是以螺纹连接为例,如法兰、承插和焊接连接形式,可按规定的图形符号组合派生
2	三通		
3	四通		
4	活接头		
5	外接头		—
6	内、外螺纹接头		—

续表

序号	名　称		符　　号	说　　明
7	同心异径管接头			—
8	偏心异径管接头	同底		—
		同顶		—
9	双承插管接头			—
10	快换接头			—
11	螺纹管帽			管帽螺纹为内螺纹
12	堵头			堵头螺纹为外螺纹
13	法兰盖			—
14	盲板			—
15	管间盲板			—
16	波形补偿器			使用时应表示出与管路的连接形式

续表

序号	名　称	符　号	说　明
17	套筒补偿器	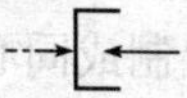	使用时应表示出与管路的连接形式
18	矩形补偿器	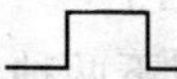	
19	弧形补偿器		
20	球形铰接器		

3. 什么是弯头？有哪几种类型？

弯头是指管道转向处的管件。主要有以下几种类型：

(1)异径弯头，是指两端直径不同的弯头。

(2)无缝弯头，是指用无缝钢管加工成的弯头。

(3)焊接弯头(有缝弯头)，是指用钢板成型焊接而成的弯头。

(4)斜接弯头(虾米腰弯头)，是指由梯形管段焊接的，形似虾米腰的弯头。

4. 什么是三通？有哪几种类型？

三通是指呈“T”形，主要用于管路的分支使三通能连接三根公称通径相同或不同的一种管件，可分为等径三通和异径三通两种类型。

5. 什么是异径管？其作用是什么？

异径管是指两端直径不同的直通管件。它主要用来连接两根公称通径不同的管子，使管路通径缩小。螺纹连接中的内外螺栓同异径管的作用相似，它的外螺纹一端配合外接头与大通径管子或内螺纹管件连接；内螺纹一端则直接与小通径管子连接，使管路通径缩小。

6. 钢制异径管有哪几种？

钢制异径管分为两种，一种为无缝，一种为有缝。

(1)无缝异径管用无缝钢管压制,又称为异径接头;

(2)有缝异径管也称为焊接异径管,是采用各种钢板,经过下料、切割、卷制焊接而成,承受工作压力要小于无缝异径管。

以上两种钢制异径管都可以制成同心异径管或偏心异径管。

7. 可锻铸铁异径管有哪几种?

可锻铸铁异径管,大体分为以下两种。

(1)内螺纹结合的管件,称作补心,它虽然不叫做异径管,但是能起到异径管的作用。

(2)内螺纹异径管,也称为外接头。

8. 什么是管接头?有哪些种类?

管接头是指用于直线连接两根直径相同的管子。管接头是管件连接的接头。管接头的种类见表5-2。

表5-2 管接头的种类

序号	种类	说 明
1	钢制活接头	钢制活接头是管接头中可以灵活移动的一类接头
2	丝堵	丝堵用于管道的末端,防止管道的漏水,起到密封的作用的管件
3	螺纹短节	螺纹短节是管接头的一种,且为螺纹形状的接头。螺纹短节分为两类,一类是单头螺纹短节,另一类是双头螺纹短节
4	钢管接头	钢管接头是用钢管作为管道连接的接头
5	吹扫接头(胶管活动接头)	吹扫接头又称为胶管活动接头,是管接头中用胶管作为接头的一种管接头,且其接头是灵活可动的

9. 什么是管帽?有哪几种类型?

管帽是指与管子端部焊接或螺纹连接的帽状管件。常用的管帽有以下两种类型:

(1)玛钢内螺纹管帽,适用于螺纹连接焊接钢管的管道安装,用量较少,常用规格在100mm以下。

(2)钢制管帽，在国家标准(GB/T 12459—1990)中将钢制管帽也列入钢制对焊无缝管件中。

10. 什么是无缝钢管管件?

无缝钢管管件是用压制法、热推弯法及管段弯制法制成，把无缝管段放于特制的槽型中，借助液压传动机将管段冲压或拔制成管件。由于管件内壁光滑，无接缝，所以介质流动阻力小，可承受较高的工作压力。无缝钢管管件制作省工并适于在安装、加工场地集中预制，因而应用十分广泛。

目前生产的无缝钢制管件有弯头、大小头和三通。无缝弯头的规格为 $DN40 \sim DN400$mm，弯曲半径 R 为 $(1 \sim 1.5)DN$，弯曲角度有45°、60°、90°三种，工地使用时可切割成任意角度。

11. 什么是铸铁管件?

铸铁管件是指同铸铁管配套的管件，一般用普通灰铸铁铸造，也可采用高级铸铁或球墨铸铁。采用灰铸铁铸造时，管件壁厚比同直径的管子壁厚增加10%～20%，壁厚尺寸的增加应保证管承口内径和管插口外径符合管子的标准尺寸。

常用的铸铁管管件有双承套管、承盘短管、插盘短管、承插乙字管、承堵或插堵，以及三通、四通、渐缩管(同心与偏心)和弯头等。

12. 什么是塑料管件? 有哪几种类型?

塑料管件是指与塑料管配套的管件。它有注压管件和热熔焊接管件，两者均可用于塑料燃气管道的安装。

(1)注压管件分螺纹连接和承插连接两种，螺纹管件带有内螺纹或外螺纹，是可拆卸接头，用于室内塑料燃气管道上。承插连接管件上带有承口或插口，例如，带承口的三通、带插口90°的弯头等。承口内表面和插口外表面涂以粘接剂，插入不可拆卸接头。不可拆卸接头一般用于室外埋地塑料燃气管道。

(2)热熔焊接管件主要采用电热熔解焊接，应用于聚乙烯管道的连接。接头管件有两种，一种是承口式，且承口内表面缠有电热丝；另一种是插口式。承口式和插口式都可制造成三通、弯头和大小头等。

13. 什么是螺纹连接管件?

螺纹连接管件根据管件端部直径是否相等可分为等径管件和异径管件。通常使用的螺纹连接管件有管箍、活接头、外螺纹接头、弯头、锁紧螺母、内外螺母、丝堵、三通和四通等。

螺纹连接管件管件应该具有规则的外形、平滑的内外表面,没有裂纹、砂眼等缺陷。管件端面应平整,并垂直于连接中心线。管件的内外螺纹应根据管件连接中心线精确加工,螺纹不应有编扣或损伤。

14. 焊制弯头的组成形式有哪些?

焊制弯头的组成形式,如图 5-1 所示。

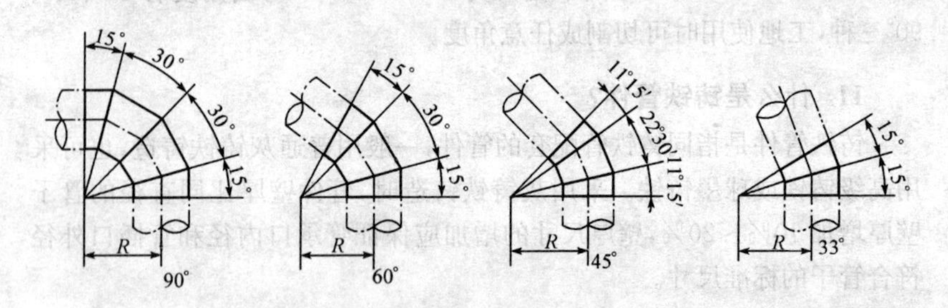

图 5-1　焊制弯头组成形式

15. 焊制弯头制作应符合哪些要求?

(1)公称直径大于 400mm 的弯头可增加中节数量,但其内侧的最小宽度不得小于 50mm。

(2)焊制弯头主要尺寸偏差应符合下列规定:

1)周长偏头:$DN>1000$mm 时不超过 ±6mm;$DN\leqslant1000$mm 时不超过 40mm。

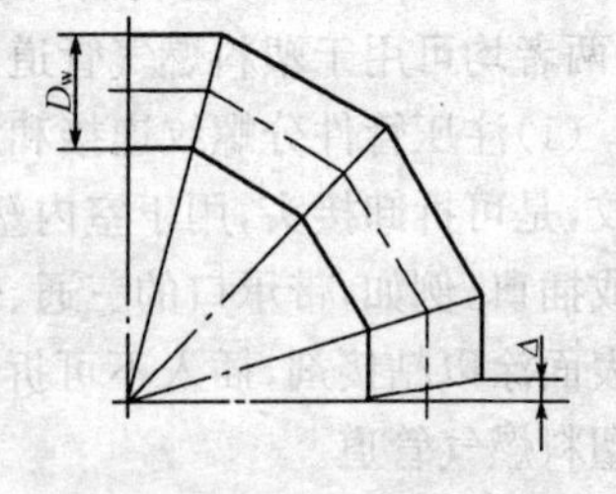

图 5-2　焊制弯头端面垂直偏差

2)端面与中心线的垂直偏差值 Δ 不应大于管子外径的 1%,且不大于 2mm。如图 5-2 所示。

16. 焊制三通制作应符合哪些要求？

焊制或拔制三通的支管垂直偏差不应大于其高度的1%，且不大于3mm，公称直径大于或等于400mm的焊制管件应在其内侧的焊缝根部进行封底焊。

17. 焊制异径管制作应符合哪些要求？

焊制异径管的椭圆度不应大于各端外径的1%，且不大于5mm。同心异径管两端中心线应重合，其偏心值不应大于大端外径的1%，且不应大于5mm。如图5-3所示。

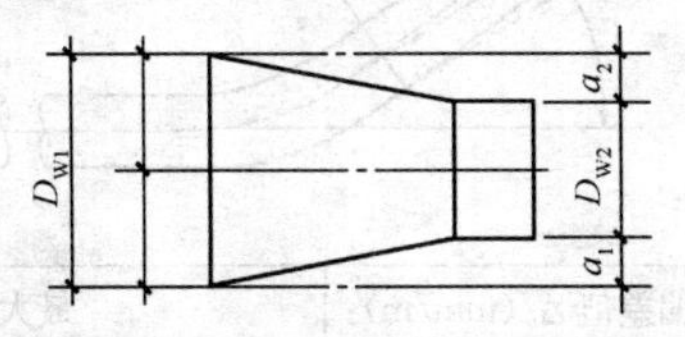

图5-3　焊制异径管两端中心线偏差

18. 常用管子热弯的加热长度是多少？

常用管子热弯的加热长度，见表5-3。

表5-3　　常用管子热弯的加热长度

弯曲角度	管子公称直径/mm									
	50	65	80	100	125	150	200	250	300	400
	R=3.5DN的加热长度/mm									
30°	92	119	147	183	230	275	367	458	550	733
45°	138	178	220	275	345	418	550	688	825	1100
60°	183	237	293	367	460	550	733	917	1100	1467
90°	275	356	440	550	690	825	1100	1375	1650	2200
	R=4DN的加热长度/mm									
30°	105	137	168	209	262	314	420	523	630	840
45°	157	205	252	314	393	471	630	785	945	1260
60°	209	273	336	419	524	628	840	1047	1260	1680
90°	314	410	504	628	786	942	1260	1570	1890	2520

19. 管子弯曲角度偏差值是多少？

管子弯曲角度偏差值，见表 5-4。

表 5-4 管子弯曲角度偏差值

简图

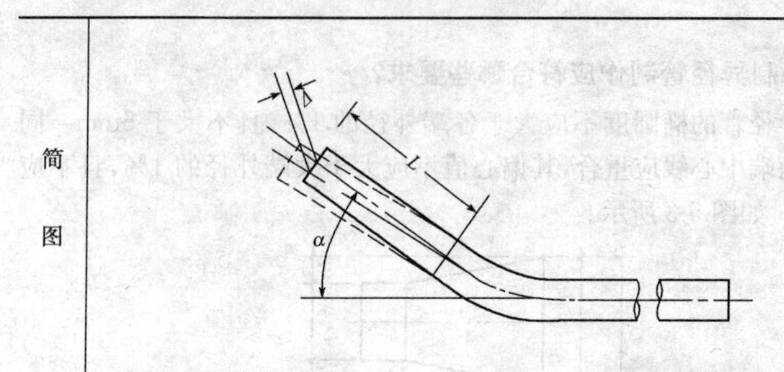

弯管类别	偏差值 Δ/(mm/m)	最大总偏差/mm
机械低压弯管	不超过±3	直管长度不大于 3m 时，不超过±10
地炉低压弯管	不超过±5	直管长度大于 3m 时，不超过±15
高压弯管	不超过±1.5	不超过±5

20. 如何进行弯头检查？

弯头进行检查时，把弯头立起，放在平钢板上。弯头如有歪斜，可用法兰的翻边量进行纠正，然后用角尺或线锤检查弯头的角度是否正确。检查时，把角尺放在钢板上，一边靠住法兰面，如果法兰面和角尺重合，弯头的角度就为 90°；如不重合，可用小锤把法兰轻轻敲打到与角尺边贴合。如不贴合，可根据法兰边进行修改。角度差得小的，可把弯头的翻边翻得宽些来纠正；差得多的，可按法兰边画线，用手剪把板边修掉一些，再重新翻边或铆接。弯头角度的检查方法如图 5-4 所示。

21. 如何进行三通检查？

三通进行检查时，把三通立起，小口放在平钢板上，观察大口是否平正。如不正，可在大口处用翻边的多少来进行纠正，然后把三通倒转，把三通所带的弯头，用三个螺丝临时固定在三通的支管上，用角尺或线锤检查弯头的角度是否正确。法兰面与角尺边贴合，变头角度就正确；不贴合时，把法兰轻轻敲到与角尺边贴合，并根据法兰边进行修正。三通的检查方法如图 5-5 所示。

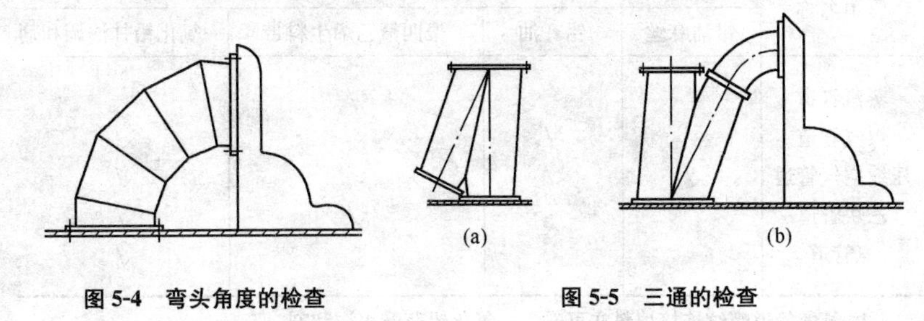

图 5-4 弯头角度的检查　　　　图 5-5 三通的检查

22. 管件连接的方式有哪几种？

管件连接主要有螺纹连接、承插连接和电热熔解焊接三种方式。

23. 什么是螺纹连接？其适用范围是怎样的？

螺纹连接，又称丝扣连接，它是通过内外螺纹把管道与管道、管道与管件、阀门连接起来。这种连接主要用于焊接钢管、铜管和高压管道的连接，焊接钢管的螺纹目前大部分采用套螺纹机操作，而对于螺纹加工精度和表面粗糙度要求很高的高压管道都必须用车床加工。

24. 如何选用螺纹连接填料？

管螺纹连接时，一般均应加填料。填料的种类根据介质的不同而不同，可按表 5-5 选用。

表 5-5　　螺纹连接填料的选用

管道名称	选用填料			
	铅油麻丝	铅　油	聚四氟乙烯生料带	一氧化铅甘油调和剂
给水管道	√	√	√	
排水管道	√	√		
热水管道	√		√	

续表

管道名称	选用填料			
	铅油麻丝	铅　油	聚四氟乙烯生料带	一氧化铅甘油调和剂
蒸汽管道			√	
煤气管道		√		√
压缩空气管道	√	√	√	√
乙炔管道			√	√
氨管道				√

注:氧气管道螺纹连接填料亦可选用一氧化铅蒸馏水调和剂。

25. 螺纹连接应符合哪些要求?

(1)螺纹连接时,应在管端螺纹外面敷上填料,用手拧入 2~3 个螺距,再用管子钳一次装紧,不得倒回,装紧后应留有螺尾。

(2)管道连接后,应把挤到螺纹外面的填料清除掉。填料不得挤入管腔,以免阻塞管路。

(3)一氧化铅与甘油混合后,需在 10min 内用完,否则就会硬化,不得再用。

(4)各种填料在螺纹里只能使用一次,若螺纹拆卸,重新装紧时,应更换新填料。

(5)组装长螺纹的步骤如下:

1)长螺纹加工好之后,在安装前先将锁紧螺母拧到长螺纹根部。

2)将长螺纹拧入设备螺纹接口里,然后往回倒纹,使管子另一端的短螺纹拧入管箍中。

3)管箍的螺纹拧好后,开始在长螺纹处缠麻丝或石棉绳,然后拧紧锁紧螺母。

(6)螺纹连接应选用合适的管子钳,不得在管子钳的手柄上加套管增长手柄夹拧紧管子。

26. 螺纹连接应注意哪些事项?

(1)螺纹连接时,先在管头螺纹处沿螺纹方向顺时针缠抹适当填料,用手将管件拧上 2~3 圈,然后用管钳拧紧,拧紧操作用力要缓慢均匀,只准进不准退,拧紧后的管口应留有 2~3 丝扣,并将残余填料清除干净。

(2)螺纹连接的填料作用非常重要,当供暖工程管道输送冷热水时,填料可用油麻和白厚漆(铅油)或用聚四氟乙烯生料带;而冷冻管道和燃气管道应改为黄粉(一氧化铝),装上管件,一次拧紧,调合后的填料应在10min内用完,否则会失效,硬化。输送燃气管道也可用聚四氟乙烯生料带。当输送声温蒸汽管道时,只可用白厚漆和石棉绳纤维作填料。

27. 什么是承插连接?其适用范围是怎样的?

管件的承插连接是指在承口与插口之间的间隙内加入填料,使之密实,并达到一定的强度,以达到密封压力介质的目的。这种连接主要用于管道工程中带承插接头的铸铁管、混凝土管、陶瓷管、塑料管等。

28. 承接连接有哪几种类型?

承插连接可分为刚性承插连接和柔性承插连接两种类型。

(1)刚性承插连接是用管道的插口插入管道的承口内,对位后先用嵌缝材料嵌缝,然后用密封材料密封,使之成为一个牢固的封闭的管道接头,如图5-6所示。

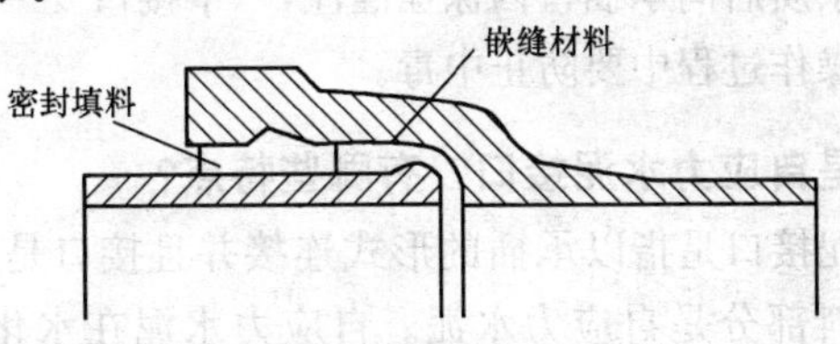

图5-6　刚性接口的嵌缝和密封

(2)柔性承插连接是在管道承插口的止封口上放入富有弹性的橡胶圈,然后施力将管子插端插入,形成一个能适应一定范围内的位移和振动的封闭管接头,如图5-7所示。

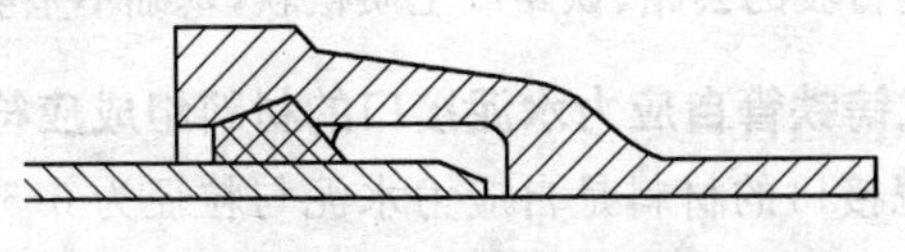

图5-7　柔性承接接口

29. 什么是青铅接口？有哪些特点？

青铅接口是将熔化好的青铅灌入接口内，待冷却凝固后打实的一种连接方法。青铅接口由嵌缝和密封材料组成，青铅作为密封材料嵌缝使承插口缝隙均匀，增加接口的黏着力，保证密封填料青铅击打密实，而且能防止青铅掉人管内。

青铅接口的优点是接口质量好、强度高，耐震性能好，操作完毕可以立即通水或试压，无需养护，通水后如发现有少量浸水，可用捻凿进行捻打修补。青铅接口耗用有色金属量大，成本高，故只有在工程抢修或管道抗震要求高时才采用。

30. 承插式铸铁管青铅接口有哪些特点？其材料组成应符合哪些要求？

承插铸铁管采用青铅接口的优点是接口强度高，耐振性能好，施工完毕可立即通水，通水后如有渗漏可进行捻打。但这种接口方式成本高，操作较复杂，只有在抢修等特殊情况下采用。青铅接口通常采用 Pb—6 牌号的青铅，其含铅量为 99.5%，在铅锅内加热融化至表面呈紫红色时，除去铅液表面的杂质后向承插口内徐徐灌注，一个接口要一次完成，不能中断。青铅接口操作过程中要防止中毒。

31. 什么是自应力水泥接口？有哪些特点？

自应力水泥接口是指以承插的形式连接并且接口是自应力水泥，也就是指密封填料部分是自应力水泥。自应力水泥在水化过程中体积膨胀、密度减小、体积增加，提高水密性和管壁的粘结力，并产生密封性微气泡，提高接口抗渗性。

使用自应力水泥砂浆接口劳动强度小，工作效率高，适用于工作压力不超过 1.2MPa 的承插铸铁管道。这种接口耐震动性较差，故不宜用于穿越有重型车辆行驶的公路、铁路或土质松软，基础不坚实的地方。

32. 承插式铸铁管自应力水泥接口的材料组成应符合哪些要求？

自应力水泥接口的材料是自应力水泥与粒径为 0.5～2.5mm，经过筛选和水洗的纯净中砂，重量配合比为：水泥∶砂∶水为 1∶1∶(0.28～0.32)。自应力水泥属于膨胀水泥的一种。

33. 什么是石棉水泥接口？有哪些特点？

石棉水泥接口是指密封填料部分用石棉水泥填料作为普通铸铁管的填料，具有较高的强度和较好的抗震性，材料来源广、成本低的优点。但石棉水泥接口抗弯曲应力或冲击应力能力很差，接口需经较长时间养护才能通水，且打口劳动强度大，操作水平要求高。

34. 承插式铸铁管石棉水泥接口的材料组成应符合哪些要求？

石棉水泥接口所用材料的重量配合比为：石棉∶水泥为3∶7。石棉与水泥搅拌均匀后，再加入总重量10%～12%的水，拌成潮润状态，能用手捏成团而不松散，扔在地上即散为合适。拌好的石棉水泥填料应在1h内用完。

35. 什么是胶圈接口？有哪些特点？

胶圈接口是承插式柔性接口，它的密封材料是橡胶圈，橡胶圈在接口中处于受压缩状态，起到防渗作用。

胶圈接口采用圆形截面橡胶圈作为接口嵌缝材料。选用的橡胶圈应颜色均匀、材质致密，在拉伸状态下无肉眼可见的游离物、渣粒、气孔、裂缝等缺陷。使用和贮存橡胶圈时，应防止日照并远离热源，不得与溶解橡胶的溶剂（油、苯）以及酸、碱、盐、二氧化碳等物质接触，以尽量延长老化的时间。胶圈具有弹性、水密性好，当承口和插口产生一定量的相对轴向位移或角位移时，也不会渗水，但成本稍贵，常用在重要管线铺设或土质较差地区。

36. 承插式铸铁管胶圈接口的材料组成应符合哪些要求？

胶圈即圆形橡胶圈，胶圈的质量应符合现行的质量标准并有合格证，胶圈的拉断强度应等于或大于16MPa。在管子承插接口捻入胶圈时，应使其均匀滚动到位，防止扭曲。

37. 什么是管道焊接连接？有哪些优缺点？

管道的焊接连接是指管道与管道之间通过焊接使其连接在一起，形成管网系统。

（1）焊接连接具有以下优点：

1）接头强度大，牢固耐久。

2)接头严密性高,不易渗漏。

3)不需要接头配件,造价相对较低。

4)工作性能可靠,运作后正常维护费用低。

(2)焊接连接具有以下缺点:

1)接口固定,若需要拆卸必须把管子切断重新焊接。

2)焊接工艺需求较高,焊接要受过专门训练的焊工配合施工。

38. 管道焊接连接有哪些类别?各自的适用范围是怎样的?

管道焊接连接的方法主要有气焊、电弧焊、氩弧焊和氩电联焊。它们的适用范围见表 5-6。

表 5-6 焊接的种类及适用范围

序号	类别	适用范围
1	气焊	气焊是利用气体火焰作为热源将两个工件的接头部分熔化,并熔入填充金属,熔池凝固后使之成为一个牢固整体的一种熔化焊接方法。这种焊接方法适用于管径 40mm 以内,管壁厚 3.5mm 以内的碳素钢管、合金钢管和铝、铜的焊接
2	电弧焊	电弧焊是利用电弧把电能转变为热能,使焊条金属和用材熔化形成焊缝的一种焊接方法。这种焊接方法要求有良好的焊接环境,要避免在大风、雨、雪中进行焊接,无法避免时要采取有效的防护措施以保证焊接质量。管道焊口分为活动焊口和固定焊口两种,管道加工预制过程中,多数是活动焊口,安装现场多用固定焊口
3	氩弧焊	氩弧焊是利用氩气做保护气体的一种焊接方法。在焊接过程中,氩气在电弧周围形成保护气罩,使熔化金属及电极不与空气接触,能获得高质量的焊缝。这种焊接方法适用于不锈钢、合金钢、钛、铝、镁、铜和稀有金属等材料的焊接
4	氩电联焊	氩电联焊是一种以氩弧焊和手工电弧焊结合使用的焊接方法。打底焊时用氩弧焊,以确保焊缝底层成型表面光滑、质量高,其余部分用手工电弧焊来完成。这种焊接方法适用于各种管道的Ⅰ、Ⅱ级焊缝和管内要求洁净的管道,特别是质量要求较高的高压管道采用得较多

39. 管道焊接前的清理检查工作应符合哪些要求?

管道在焊接前应进行全面的清理检查,应将管子的焊端坡口面管壁内外 20mm 左右范围内的铁锈、泥土、油脂等脏物清除干净,其清理要求见表 5-7。

表 5-7　　焊接坡口内外侧清理要求

管　材	清理范围/mm	清理物	清理方法
碳素钢 不锈钢 合金钢	≥20	油、漆、锈、毛刺等污物	手工或机械等
铝及铝合金 铜及铜合金	≥50 ≥20	油污、氧化膜等	有机熔剂除净油污,化学或机械法除净氧化膜

40. 管道焊接前的质量应符合哪些要求?

(1)不圆的管子要校圆,管子对口前要检查平直度,在距焊口 200mm 处测量,允许偏差不大于 1mm,一根管子全长的偏差不大于 10mm,如图 5-8 所示。

(2)对接焊连接的管子端面应与管子轴线垂直,不垂直度 a 值最大不能超过 0.5mm,如图 5-9 所示。

(3)检查管子的质量证明:质量合格证书,核对管子批号、材质。重要工程还要焊试件,根据材质化验单,选择焊接工艺。

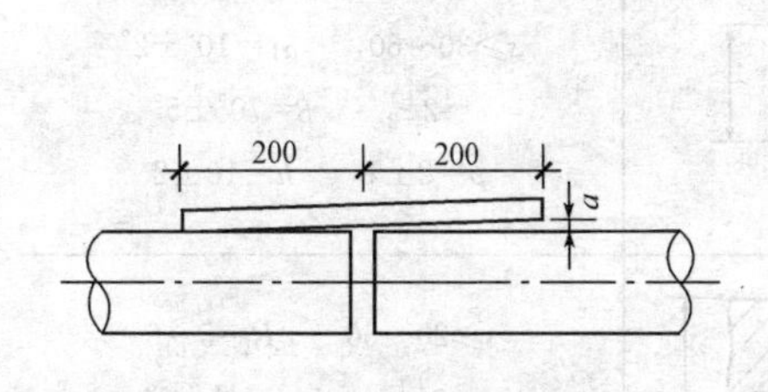

图 5-8　管道组对偏差

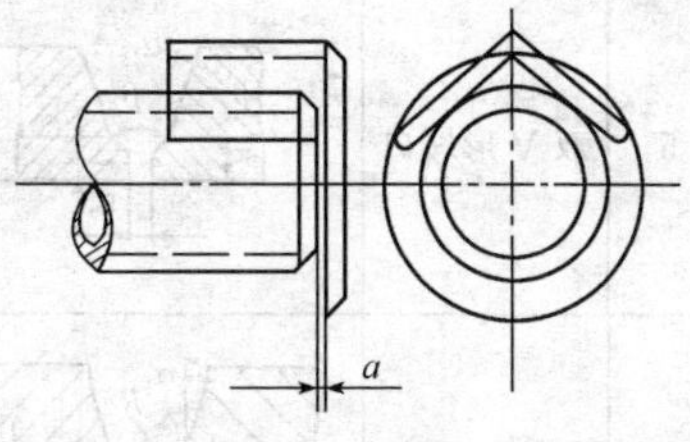

图 5-9　管子端面不垂直度检查

当管径<100mm 时,a<0.6mm

当管径≥100mm 时,a<1.0mm

41. 碳素钢及低合金钢管焊接的坡口形式和尺寸是怎样的?

碳素钢及低合金钢管焊接常用坡口形式和尺寸一般按表 5-8 选用。

表 5-8 碳素钢、低合金钢管焊接常用坡口形式及尺寸

序号	坡口名称	坡口形式	手工焊坡口尺寸/mm			
1	I 形坡口	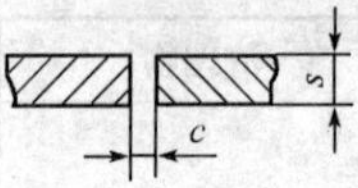	单面焊	s	≥1.5~2	>2~3
				c	$0^{+0.5}$	$0^{+1.0}$
			双面焊	s	≥3~3.5	>3.5~6
				c	$0^{+1.0}$	$1^{+1.5}_{-1.0}$
2	V 形坡口	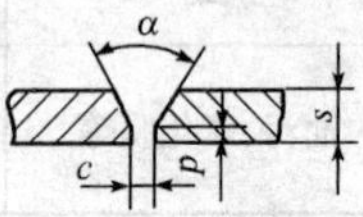		s	≥3~9	>9~26
				α	70°±5°	60°±5°
				c	1±1	2^{+1}_{-2}
				p	1±1	2^{+1}_{-2}
3	带垫板 V 形坡口	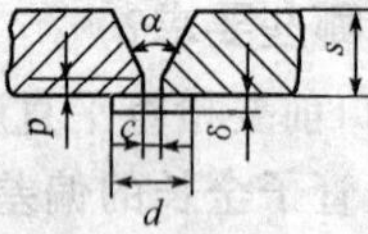		s	≥6~9	>9~26
				c	4±1	5±1
			$p=1\pm1$　$\alpha=50°\pm5°$　$\delta=4\sim6$　$d=20\sim40$			
4	X 形坡口	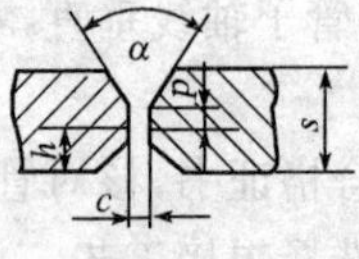	$s\geqslant12\sim60$　$c=2^{+1}_{-2}$　$p=2^{+1}_{-2}$　$\alpha=60°\pm5°$			
5	双 V 形坡口	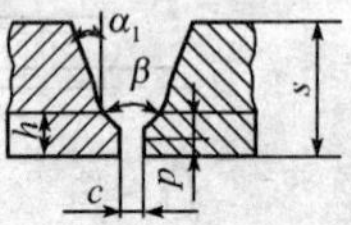	$s\geqslant30\sim60$　$\alpha_1=10°\pm2°$　$c=2^{+1}_{-2}$　$\beta=70°\pm5°$　$p=2\pm1$　$h=10\pm2$			
6	U 形坡口	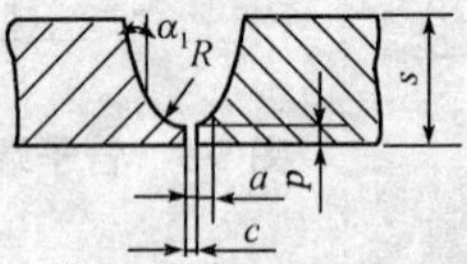	$s\geqslant20\sim60$　$R=5\sim6$　$c=2^{+1}_{-2}$　$\alpha_1=10°\pm2°$　$p=2\pm1$　$a=1.0$			

续表

序号	坡口名称	坡口形式	手工焊坡口尺寸/mm
7	T形接头不开坡口	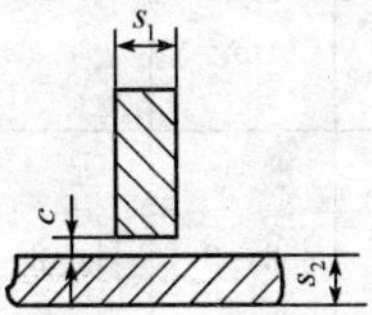	$s_1 \geqslant 2 \sim 30$ $c=0 \sim 2$
8	T形接头单边V形坡口	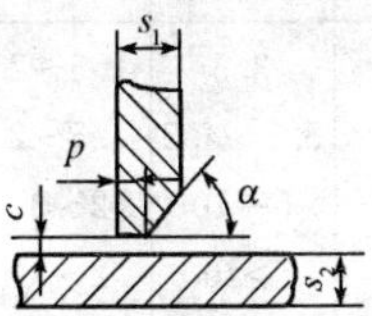	s_1：$\geqslant 6 \sim 10$，$\geqslant 10 \sim 17$，$>17 \sim 30$ c：1 ± 1，2^{+1}_{-2}，3^{+1}_{-3} p：1 ± 1，2^{+1}_{-2}，3^{+1}_{-2} $\alpha=50^{\circ} \pm 5^{\circ}$
9	T形接头对称K形坡口	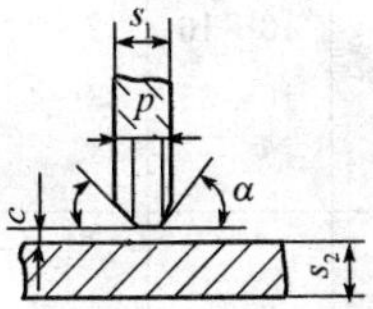	$s_1 \geqslant 20 \sim 40$ $c=2^{+1}_{-2}$ $p=2 \pm 1$ $\alpha=\beta=50^{\circ} \pm 5^{\circ}$
10	管座坡口	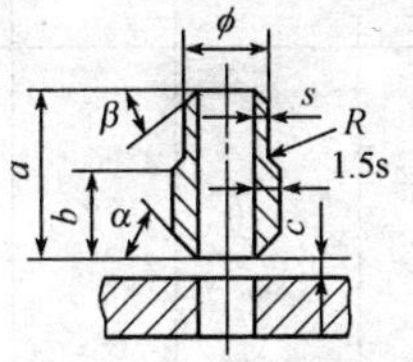	$a=100$　$R=5$ $b=70$　$\alpha=50^{\circ} \sim 60^{\circ}$ $c=2 \sim 3$　$\beta=30^{\circ} \sim 35^{\circ}$
11	管座坡口	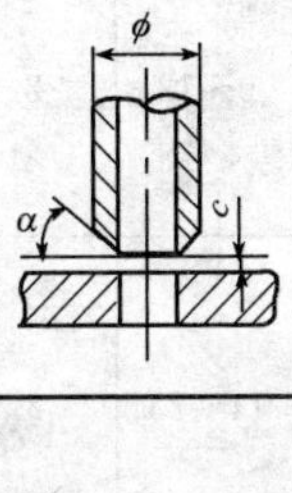	$c=2 \sim 3$ $\alpha=45^{\circ} \sim 60^{\circ}$

42. 奥氏体不锈钢手工电弧焊坡口形式与尺寸是怎样的？

奥氏体不锈钢手工电弧焊坡口形式与尺寸按表 5-9 选用。

表 5-9　　奥氏体不锈钢手工电弧焊坡口类型与尺寸　　mm

序号	坡口名称	坡口形式	壁厚 δ	间隙 c	钝边 b	坡口角度 a	备注
1	I形坡口	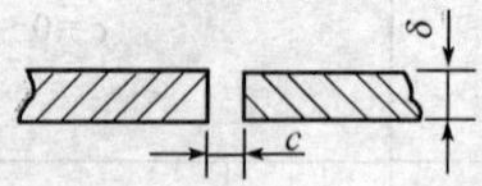	2～3	1～2	—	—	
2	V形坡口	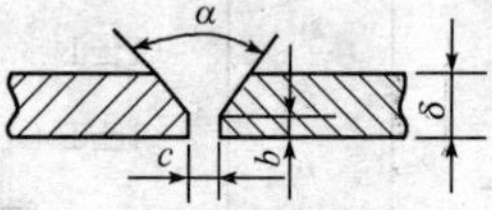	3.5 3.5～4.5 5～10 >10	1.5～2 1.5～2 2～3 2～3	1～1.5 1～1.5 1～1.5 1～2	60°±5° 60°±5° 60°±5° 60°±5°	
3	X形坡口	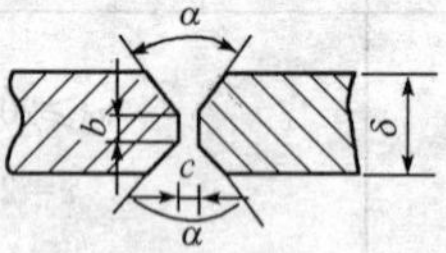	10～16 16～35	2～3 3～4	1.5～2 1.5～2	60°±5° 60°±5°	
4	V形带垫坡口	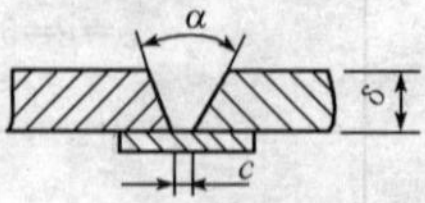	6～30	8	—	40°	单面焊
5	复合板V形坡口	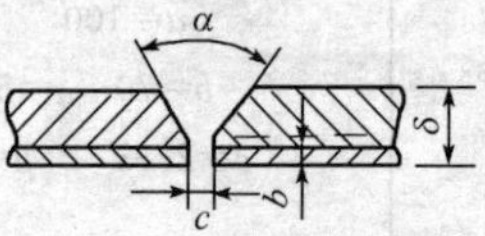	4～6	2	2	70°	
6	复合板急V形坡口	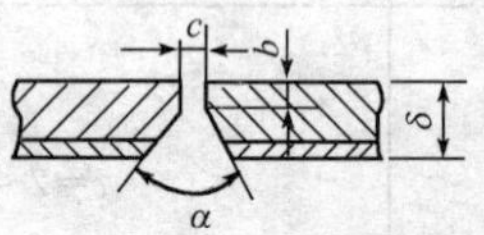	6～12	2	2	60	
7	X形坡口	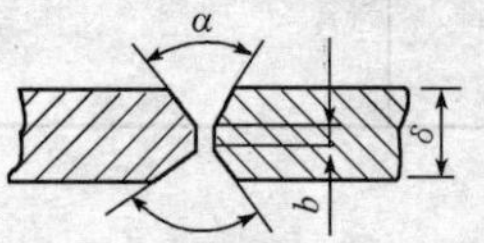	14～25	2	2	60	

续表

序号	坡口名称	坡口形式	壁厚 δ	间隙 c	钝边 b	坡口角度 a	备注
8	双V形坡口	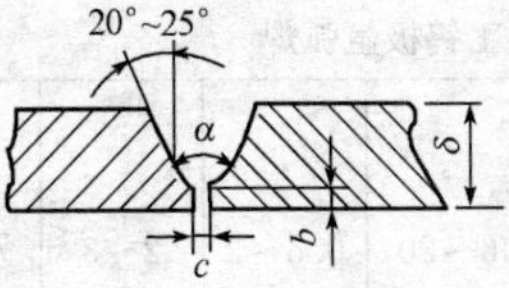 20°~25° α δ b c	10～20	0～4	1.5～2	—	
9	U形坡口	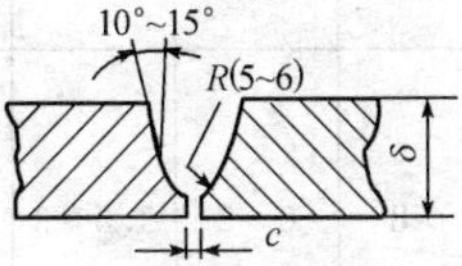 10°~15° R(5~6) δ c	12～20	2～3	1.5～2	—	
10	不等角V形坡口	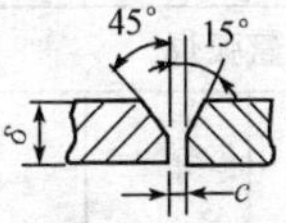 45° 15° δ c	12～15	2.5～3	1.5～2	—	固定横焊

43. 铝及铝合金管焊接坡口形式及尺寸是怎样的?

铝及铝合金管焊接坡口形式及尺寸一般按表5-10选用。

表5-10 铝及铝合金管焊接坡口形成及尺寸 mm

序号	坡口名称	坡口形式	尺寸				备注
			壁厚 s	间隙 c	钝边 p	坡口角度 a	
铝及铝合金手工钨极氩弧焊							
1	I形	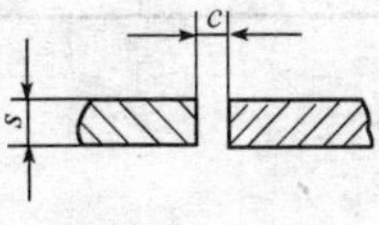 c s	3～6	0～1.5	—	—	

续表

<table>
<tr><th rowspan="2">序号</th><th rowspan="2">坡口名称</th><th rowspan="2">坡口形式</th><th colspan="4">尺　寸</th><th rowspan="2">备注</th></tr>
<tr><th>壁厚
s</th><th>间隙
c</th><th>钝边
p</th><th>坡口角度
a</th></tr>
<tr><td colspan="8">铝及铝合金手工钨极氩弧焊</td></tr>
<tr><td>2</td><td>V形</td><td> 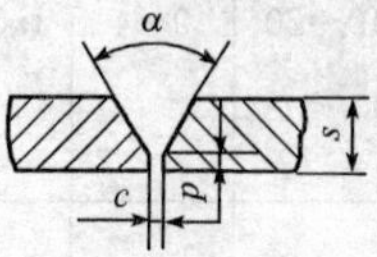</td><td>6～20</td><td>0.5～2</td><td>2～3</td><td>$70^{\circ}{}^{+5^{\circ}}_{0}$</td><td></td></tr>
<tr><td>3</td><td>U形</td><td> 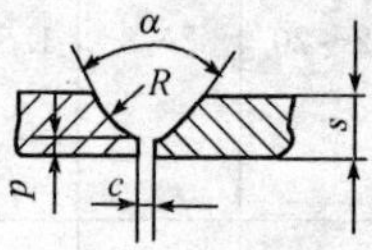</td><td>>8</td><td>0～2</td><td>1.5～3</td><td>60°±5°</td><td>$R=4\sim6$</td></tr>
<tr><td colspan="8">铝及铝合金熔化极氩弧焊</td></tr>
<tr><td>4</td><td>I形</td><td> 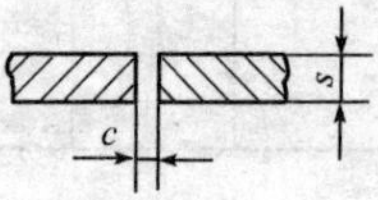</td><td>≤10</td><td>0～3</td><td>—</td><td>—</td><td></td></tr>
<tr><td>5</td><td>V形</td><td> 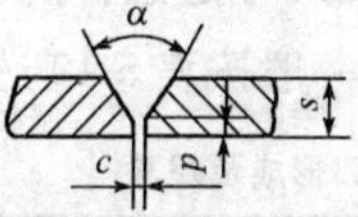</td><td>8～25</td><td>0～3</td><td>3</td><td>70°±5°</td><td></td></tr>
<tr><td rowspan="2">6</td><td rowspan="2">U形</td><td rowspan="2"> 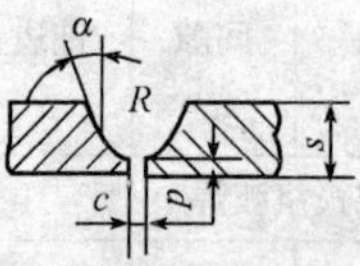</td><td rowspan="2">>20</td><td>0～3</td><td>3～5</td><td>15°～20°</td><td rowspan="2">$R=6$</td></tr>
<tr><td>0</td><td>5</td><td>20°</td></tr>
</table>

44. 如何加工焊接坡口？

(1)Ⅰ、Ⅱ级焊缝(也就是Ⅰ、Ⅱ级工作压力的管道)的坡口加工应采用机械方法,若采用等离子弧切割时,应除净其切割表面的热影响层。

(2)Ⅲ、Ⅳ级焊缝(也就是Ⅲ、Ⅳ级工作压力的管道)的坡口加工也可采用氧－乙炔焰等方法,但必须除净其氧化皮,并将影响焊接质量的凹凸不平处磨削平整。

(3)有淬硬倾向的合金钢管,采用等离子弧或氧－乙炔焰等方法切割后,应消除表面的淬硬层。

(4)其他管子坡口加工方法,可根据焊缝级别或材质按表5-11选择。

表 5-11　管子坡口加工方法的选择

焊缝级别	加工方法	备　注
Ⅰ、Ⅱ级	机械方法	若采用等离子弧切割时,应清除其表面的热影响层
铝及铝合金	机械方法	
铜及铜合金	机械方法	
不锈钢管	机械方法	
Ⅲ、Ⅳ级	机械方法 氧－乙炔焰	用氧－乙炔焰坡口时,必须清除表面的氧化皮,并将凹凸不平处磨削平整
有淬硬倾向的合金钢管	等离子弧氧－乙炔焰机械方法	应消除加工表面的淬硬层

注:焊缝级别按管道分类表确定。

45. 铸铁的焊接特征有哪些?

铸铁的焊接以焊补为主,主要对铸铁件的缺陷或损坏部分进行修复。它具有以下焊接特性:

(1)铸铁具有含碳量高、强度低、塑性差以及容易收缩等特点,冷却后容易形成硬而脆的白口组织,在焊接应力作用下,很容易产生裂缝等缺陷。

(2)铸铁在加热至熔化时,由于没有经过半流体状态,因此只适宜平焊位置。此外由于铸铁凝固速度很快,往往使溶池中的气体来不及逸出,因此焊缝中经常产生气孔。

(3)由于铸铁焊接时会产生难熔解的氧化硅薄膜,这样就降低了熔化金属的流动性,因此不易获得良好的焊缝。另外,在所焊补铸件的缺陷处往往是比较疏松的,因此给焊接工作带来不少困难。

46. 焊接方法怎样用代号表示?

各种焊接方法的代号用汉语拼音字母表示,见表5-12。

表5-12 各种焊接方法的代号

焊接方法	代号	焊接方法	代号
手工电弧焊	S	熔化极氩弧焊	A_R
氩弧焊封底、手工电弧焊盖面	S_A	手工焊封底、熔化极氩弧焊	A_{RS}
焊剂层下自动焊	Z	二氧化碳气体保护焊	C
用焊剂垫的焊剂层下自动焊	Z_H	钎焊	H
手工焊封底、焊剂层下自动焊	Z_S	电渣焊	D
氩弧焊	A	气焊	Q
钨极氩弧焊	A_W	摩擦焊	M

* S_A、A_W、A_R、A_{RS}为推荐使用代号。

47. 管子焊接接头有哪几种形式?

管子焊接接头形式有对接接头、搭接(或称套接)接头、管子纵向对接接头和管子与法兰的角接接头等。

高压管子接头,当工作压力大于4MPa时,要求有优良的焊接质量。焊接处的垫圈应使用与管子相同牌号的钢材。这样不仅可以保证焊缝根部能够充分焊透,而且不会使焊缝背面有金属流掉的现象,获得成形良好的焊接接头如图5-10(a)所示。

管子纵向对接,是为了解决以有缝钢管代替无缝钢管的一种做法,或者将轧制钢板卷筒焊接而成。接缝是在管子纵向中心线上,所以称为管子纵向对接如图5-10(b)所示。

管子搭接或套接,除了某些特殊情况外,多半用在更改结构和修理管子采用的接头形式如图5-10(c)所示。

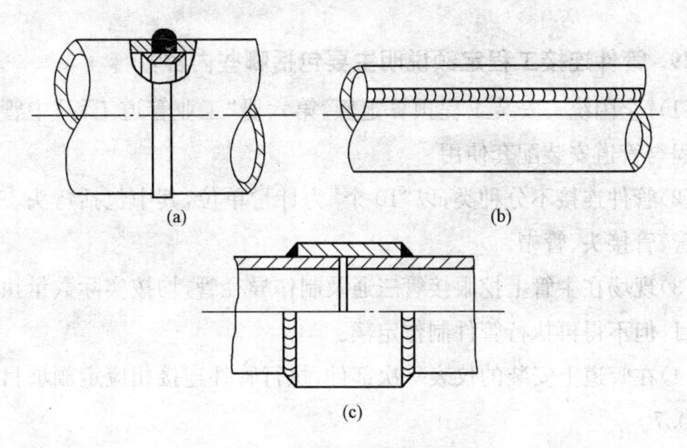

图 5-10　管子焊接接头形式

(a)高压管接头;(b)纵向对接接头;(c)搭接或套接接头

48. 管道的焊接缺陷有哪些？其对应的修整方法是怎样的？

管道的焊接缺陷及其对应的修整方法，见表 5-13。

表 5-13　管道焊接缺陷及修整方法

缺陷类别	是否允许	修整方法
焊缝尺寸不合乎标准	不允许	焊缝加强部位如不足应补焊；如过高，过宽则应修整
焊缝及热影响区表面有裂纹	不允许	将焊口铲掉后应重焊
焊缝表面有弧坑或夹渣气坑	不允许	铲除缺陷后补焊
咬肉	深度大于 0.5mm，连续长度大于 25mm，不允许	先清理，后补焊
管道中心线错开、弯折	超过规定不允许	应作修整
焊瘤	严重的不允许	铲除

49. 管件连接工程定额说明主要包括哪些内容?

(1)《全国统一安装工程预算定额》第六册“工业管道工程”中管道连接工程与管道安装配套使用。

(2)管件连接不分种类,以“10 个”为计量单位,其中包括弯头、三通、异径管、管接头、管帽。

(3)现场在主管上挖眼接管三通及制作异径管,均按实际数量执行相应项目,但不得再执行管件制作定额。

(4)在管道上安装的仪表一次部件,执行管件连接相应定额项目乘以系数 0.7。

(5)仪表的温度计扩大管制作安装,执行管件连接相应项目乘以系数 1.5。

50. 焊接盲板套用什么定额项目?单片法兰安装定额如何考虑法兰盘?

焊接盲板(封头)可套用管件连接定额相应项目。单片法兰安装定额中已包括法兰盘的安装,不得另计安装费,但法兰盘主材费应另行计算。

51. 如何进行管件连接定额工程量计算?

(1)各种管件连接均按压力等级、材质、焊接形式,不分种类,以“10个”为计算单位。

(2)管件连接中已综合考虑了弯头、三通、异径管、管帽、管接头等管口含量的差异,应按设计图纸用量,执行相应定额。

(3)现场加工的各种管道,在主管上挖眼接管三通、摔制异径管,均应按不同压力、材质规格,以主管径执行管件连接相应定额,不另计制作费和主材费。

(4)挖眼接管三通支线管径小于主管径 1/2 时,不计算管件工程量;在主管上挖眼焊接管接头、凸台等配件,按配件管径计算管件工程量。

(5)管件用法兰连接时,执行法兰安装相应项目。管件本身安装不再计算安装费。

(6)全加热套管的外套管件安装，定额按两半管件考虑的，包括二道纵缝和两个环缝。两半封闭短管可执行两半弯头项目。

(7)半加热外套管摔口后焊在内套管上，每个焊口按一个管件计算。外套碳钢管如焊在不锈钢管内套管上时，焊口间需加不锈钢短管衬垫，每处焊口按两个管件计算，衬垫短管按设计长度计算，如设计无规定时，可按50mm长度计算。

(8)在管道上安装的仪表部件，由管道安装专业负责安装，其工程量的计算如下：

1)在管道上安装的仪表一次部件，执行管件连接相应定额乘以系数0.7。

2)仪表的温度计扩大管制作安装，执行管件连接定额乘以系数1.5，工程量按大口径计算。

【例5-1】 如图5-11所示为供暖管段$DN30$的一个90°有缝钢管弯头，弯管两直管长度L_1、L_2都为800mm，弧管段所对应的弧度α为90°；试计算此弯头所耗管材工程量。

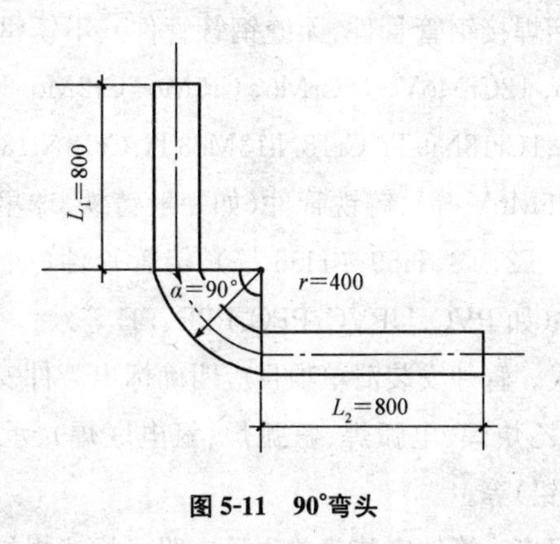

图5-11　90°弯头

【解】 由图5-11可知，弯头所耗管材工程量为两端主管段长度与中间弧管段长度之和，即

$$L=(L_1+L_2)+\alpha r$$

$$=0.8+0.8+\frac{90^\circ}{180^\circ}\pi\times0.4$$

$$=2.23\text{m}$$

52. 管件安装清单项目应怎样列项？

低、中、高压管件安装，按压力、材质、规格、口径、连接形式及焊接方式不同分别列项。

53. 编制管件安装工程量清单时应明确描述哪些特征？

在编制管件安装工程量清单时，应明确确定该项目的下列特征。

(1)压力。管件安装的压力划分范围如下：

低压：$0<P\leqslant1.6$MPa；

中压：$1.6\text{MPa}<P\leqslant10$MPa；

高压：一般管道 $10\text{MPa}<P\leqslant42$MPa。

蒸气管道 $P>9$MPa，工作温度≥500℃则为高压。

(2)材质。管件安装清单项目必须明确描述材质的种类、型号。如低压碳钢管件(包括焊接钢管管件、无缝钢管管件)、不锈钢管件(包括不锈耐热钢 12CrMo、12CrMoV、15CrMo、Cr5Mo、Cr2Mo 等、不锈耐酸钢 1Cr13、1Cr18Ni9、1Cr18Ni9Ti、Cr18Ni13Mo3Ti、Cr18Ni13Mo2Ti)、合金钢管件(如 16Mn、15MnV 等)、铸铁管件(如一般铸铁、球墨铸铁、硅铁等)、铜管管件(如 T1、T2、T3、H59～H96 等)、铝管管件(如 L1～L6、LF2～LF12)、塑料管件(如 PVC、UPVC、PPC、PPR、PE 等)。

(3)连接形式。管件安装清单项目应明确标出管件安装的连接形式。如丝接、焊接(氧乙炔焊、电弧焊、氩弧焊、氩电联焊)、承插连接(膨胀水泥、石棉水泥、青铅)等。

(4)型号及规格。管件安装清单项目应明确描述规格、型号。碳钢管件、不锈钢管件、合金钢管件、预应力管件、玻璃钢管件、玻璃管件、铸铁管件按公称直径；铝管件、铜管件、塑料管件按管外径。另外，规格还应标出弯头、三通、四通、异径管等，有型号要求的管件应标出型号，以便计算主材价格。

54. 怎样理解管件安装工程清单项目的工程内容？

(1)各工程量清单所列工程内容是完成该工程量清单项目时可能发生的工程内容，如实际完成工程项目与该所列工程内容不同时，可以进行补充。

(2)工程内容所列项目绝大部分属于计价的项目，编制工程量清单时应按图纸、规范、规程或施工组织设计的要求，选择编制所需项目，如焊口预热及后热、焊口热处理、三通补强圈制作安装、焊口充氩保护、焊口硬度测试等。工程内容中所列项目，应在分部分项工程量清单综合单价分析表中列项分析。

55. 管件安装工程清单工程量计算应注意哪些问题？

(1)管件安装需要做的压力试验、吹扫、清洗、脱脂、防锈、防腐蚀、绝热、保护层等工程内容已在管道安装中列入，管件安装不再计算。

(2)管件用法兰连接时，按法兰安装列项，管件安装不再列项。

56. 低压管件工程量清单项目包括哪些？

低压管件工程量清单项目包括：低压碳钢管件、低压碳钢板卷管件、低压不锈钢管件、低压不锈钢板卷管件、低压合金钢管件、低压加热外套碳钢管件(两半)、低压加热外套不锈钢管件(两半)、低压铝管件、低压铝板卷管件、低压铜管件、低压塑料管件、低压玻璃钢管件、低压承插铸铁管件、低压法兰铸铁管、低压预应力混凝土转换件。

57. 怎样计算低压管件清单工程量？

(1)低压碳钢管件、低压碳钢板卷管件、低压不锈钢管件、低压不锈钢板卷管件、低压合金钢管件、低压加热外套碳钢管件(两半)、低压加热外套不锈钢管件(两半)的工程量按设计图示数量计算。

(2)低压管件清单工程量计算说明。低压铝管件、低压铝板卷管件、低压铜管件、低压塑料管件、低压玻璃钢管件、低压承插铸铁管件、低压法兰铸铁管、低压预应力混凝土转换件。

1)管件包括弯头、三通、四通、异径管、管接头、管上焊接管接头、管帽、方形补偿器弯头、管道上仪表一次部件、仪表温度计扩大管制作安装等。

2)管件压力试验、吹扫、清洗、脱脂、除锈、刷油、防腐、保温及其补口均包括在管道安装中。

3)在主管上挖眼接管的三通和摔制异径管,均以主管径按管件安装工程量计算,不另计制作费和主材费;挖眼接管的三通支线管径小于主管径1/2时,不计算管件安装工程量;在主管上挖眼接管的焊接接头、凸台等配件,按配件管径计算管件工程量。

4)三通、四通、异径管均按大管径计算。

5)管件用法兰连接时按法兰安装,管件本身安装不再计算安装。

6)半加热外套管摔口后焊接在内套管上,每处焊口按一个管件计算;外套碳钢管如焊接不锈钢内套管上时,焊口间需加不锈钢短管衬垫,每处焊口按两个管件计算。

58. 中压管件工程量清单项目包括哪些?

中压管件工程量清单项目包括:中压碳钢管件、中压螺旋卷管件、中压不锈钢管件、中压合金钢管件、中压铜管件。

59. 怎样计算中压管件清单工程量?

(1)中压碳钢管件、中压螺旋卷管件、中压不锈钢管件、中压合金钢管件、中压铜管件的工程量按设计图示数量计算。

(2)中压管件清单工程量计算说明。

1)管件包括弯头、三通、四通、异径管、管接头、管上焊接管接头、管帽、方形补偿器弯头、管道上仪表一次部件、仪表温度计扩大管制作安装等。

2)管件压力试验、吹扫、清洗、脱脂、除锈、刷油、防腐、保温及其补口均包括在管道安装中。

3)在主管上挖眼接管的三通和摔制异径管,均以主管径按管件安装工程量计算,不另计制作费和主材费;挖眼接管的三通支线管径小于主管径1/2时,不计算管件安装工程量;在主管上挖眼接管的焊接接头、凸台等配件，按配件管径计算管件工程量。

4)三通、四通、异径管均按大管径计算。

5)管件用法兰连接时按法兰安装，管件本身安装不再计算安装。

6)半加热外套管摔口后焊接在内套管上，每处焊口按一个管件计算；外套碳钢管如焊接不锈钢内套管上时，焊口间需加不锈钢短管衬垫，每处焊口按两个管件计算。

60. 高压管件工程量清单项目包括哪些?

高压管件的工程量清单项目包括：高压碳钢管件、高压不锈钢管件和高压合金钢管件。

61. 怎样计算高压管件清单工程量?

(1)高压碳钢管件、高压不锈钢管件和高压合金钢管件的工程量按设计图示数量计算。

(2)高压管件清单工程量计算说明。

1)管件包括弯头、三通、四通、异径管、管接头、管上焊接管接头、管帽、方形补偿器弯头、管道上仪表一次部件、仪表温度计扩大管制作安装等。

2)管件压力试验、吹扫、清洗、脱脂、除锈、刷油、防腐、保温及其补口均包括在管道安装中。

3)在主管上挖眼接管的三通和摔制异径管，均以主管径按管件安装工程量计算，不另计制作费和主材费；挖眼接管的三通支线管径小于主管径1/2时，不计算管件安装工程量；在主管上挖眼接管的焊接接头、凸台等配件，按配件管径计算管件工程量。

4)三通、四通、异径管均按大管径计算。

5)管件用法兰连接时按法兰安装，管件本身安装不再计算安装。

6)半加热外套管摔口后焊接在内套管上，每处焊口按一个管件计算；外套碳钢管如焊接不锈钢内套管上时，焊口间需加不锈钢短管衬垫，每处焊口按两个管件计算。

【例5-2】 如图5-11所示为供暖段 *DN*50 的一个 90°有缝钢管弯头，试计算此弯头清单工程量。

【解】 清单工程量=图示数量=1个。清单工程量计算见表5-14。

表5-14 清单工程量计算表

项目编码	项目名称	项目特征描述	计量单位	工程量
030604001001	低压碳钢管件	法兰连接 *DN*50,90°有缝钢管弯头	个	1

第六章

·阀门安装工程量计算·

1. 什么是阀门？有哪些种类？

阀门是指用以控制管道内介质流动的，具有可动机构的机械产品的总称。常见的阀门有闸阀、楔式单闸板闸阀、弹性闸板闸阀、双闸板闸阀、平行式闸阀、截止阀、节流阀、止回阀、球阀、旋塞阀、减压阀、安全阀、疏水阀。

2. 阀门由哪几部分组成？

阀门主要由阀体、启闭构件和阀盖三部分组成。图 6-1 所示为一启闭作用的阀门。

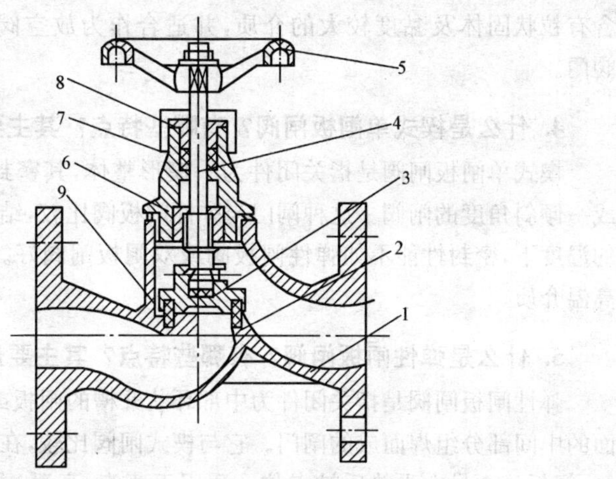

图 6-1　阀门构造示意图

1—阀体；2—阀座；3—阀瓣；4—阀杆；5—手轮；

6—阀盖；7—填料；8—压盖；9—密封圈

阀座 2 在阀体 1 上，阀杆带动阀门的启闭件（阀瓣 3）作升降运动，阀瓣与阀座的离合，使阀门启闭。

启闭机构由阀瓣 3(又叫阀盘、阀板)、阀杆 4 和驱动装置(手轮 5)组成。阀杆 4 用梯形螺纹旋拧在阀盖 6 上,手轮 5 和阀瓣 3 固定在阀杆 4 的上下两端,转动手轮,阀杆可升起或降落,以带动阀瓣靠近或离开阀座来关闭和开启。阀瓣与阀座密切相配,靠阀杆的压力使阀瓣紧压在阀座上,这时阀门处在完全关闭状态,阀门严密不漏。

阀盖部分的作用是保证阀杆与阀体相结合部分严密不漏,在阀盖和阀杆的结合部分有填料(又叫盘根),被填料盖压紧,保证阀杆在转动时介质不泄露。

3. 什么是闸阀?有哪些特点?其主要用途有哪些?

闸阀是指关闭件(楔形、平行等)沿通路中心的垂直线方向移动的阀门。它的密封性能较截止阀好,流阻小,具有一定的调节性能,并能从阀杆升降的高低,识别调节量的大小,加工较截止阀复杂,密封面磨损后不便于修理。适用制成大口径的阀门;除用于蒸汽、油品等介质外,适用于含有粒状固体及黏度较大的介质,并适合作为放空阀和低真空系统的阀门。

4. 什么是楔式单闸板闸阀?有哪些特点?其主要用途有哪些?

楔式单闸板闸阀是指关闭件为一楔形整体,其密封面与通路中心线成一倾斜角度的闸阀。这种阐门与弹性闸板阀比较,结构较简单;在较高的温度下,密封性能不如弹性闸板阀或双闸板闸阀好。适用于易结焦的高温介质。

5. 什么是弹性闸板闸阀?有哪些特点?其主要用途有哪些?

弹性闸板闸阀是指关闭件为中部环状开槽的闸板或由两块闸板从背面的中间部分组焊而成的阐门。它与楔式闸阀比较,在高温时,密封性能好,闸板且不易在受热后被卡住。适用于蒸汽、高温油品及油气等介质,并适用开关频繁的部位,不宜用于易结焦的介质。

6. 什么是双闸板闸阀?有哪些特点?其主要用途有哪些?

双闸板闸阀是指关闭件由两块铰接的闸板组成的阀门。阀门关闭时,闸板间的球面顶心将闸板紧压的阀座上。它的闸板密封面磨损后,将球面顶心底部的金属垫换为较厚的即可使用,一般不必堆焊和研究研磨密封面；密封性能较楔式闸阀好，如密封面的倾斜角度和阀座配合不十分准确时，仍具有较好的密封性；零件较其他形式的闸阀多。除用于蒸汽、油品等介质外，适用于开关频繁的部位及对密封面磨损较大的介质，不宜用于易结焦的介质。

7. 什么是平行式闸阀？有哪些特点？其主要用途有哪些？

平行式闸阀是指关闭件为两块平行的闸板，密封面与通路中心线垂直的阀门。它的闸板及阀座密封面的加工及检修比其他形式的闸阀简单；密封性能较其他形式的闸阀差；除在两块闸板上装有固定板的，闸板不易脱落外，凡用铅丝固定两块闸板的，闸板易脱落，使用不可靠。适用于温度及压力较低的介质。

8. 什么是截止阀？有哪些特点？其主要用途有哪些？

截止阀是指关闭件（盘形、针形等）沿阀座中心线移动的阀门。这种阀门与闸阀比较，调节性能较好。但因阀杆不是从手轮中升降，不易识别调节量的大小；密封性一般较闸阀差，如介质含有机械杂质时，在关闭阀门时，易损伤密封面；流阻较闸阀、球阀、旋塞大；密封面较闸阀少，便于制造和检修；价格比闸阀便宜。

适用于蒸汽等介质，不宜用于黏度较大、易结焦、易沉淀的介质，也不宜做放空阀及低真空系统的阀门。

9. 什么是节流阀？有哪些特点？其主要用途有哪些？

节流阀是指关闭件为抛物线状的阀门。这种阀门的调节性能较盘形截止阀和针形阀好，但调节精度不高。流体通过阀瓣和阀座间时，流速较大，易冲蚀密封面。适用于温度较低、压力较高的介质和需要调节流量和压力的部位，因密封性较差，不宜做隔断阀。

10. 什么是止回阀？有哪些特点？其主要用途有哪些？

止回阀是指关闭件沿阀座中心线移动或绕固定轴摆动的阀门。这种阀门可以阻止介质逆流。适于装在水平、垂直、倾斜的管线上。

11. 什么是球阀？有哪些特点？其主要用途有哪些？

球阀是指关闭件为一球体，绕阀体中心线旋转来达到开关的一种阀门。这种阀门开关速，操作方便，旋转90°即可开关；流阻小；零件少，重量轻。结构比闸阀、截止阀简单，密封面比旋塞的易加工，且不易擦伤；不能做调节流量用。

适用于低温、高压及黏度较大的介质和要求开关迅速的部位。不能用于温度较高的介质。

12. 什么是旋塞阀？有哪些特点？其主要用途有哪些？

旋塞阀是指关闭件为一锥体、绕阀体中心线旋转来达到开关的一种阀门。这种阀门和球阀一样具有开关迅速，操作方便，旋转90°即可开关，流阻小，零件少，重量轻等特点；便于制作三通路或四通路的阀门；将锥体关闭件出口侧截面改为三角形状，即可作调节用。该种调节旋塞适用于加热炉燃料油管线上。适用于温度较低、黏度较大的介质和要求开关迅速的部位，一般不宜用于蒸汽和温度较高的介质。

13. 什么是减压阀？有哪些特点？其主要用途有哪些？

减压阀是指利用膜片、弹簧、活塞等敏感元件，改变阀瓣与阀座的间隙达到减压的目的的一种阀门。这种阀门尺寸小，重量轻，便于调节。适用于空气、蒸汽等介质；不适用于液体，阀体内减压用的通道较小，易堵塞，故用于不洁净的气体介质时减压阀前应加过滤器。

14. 什么是蝶阀？有哪些特点？其主要用途有哪些？

蝶阀是指启闭件为蝶板，绕固定轴转动的阀门。它具有结构简单、重量轻、流动阻力小，操作方便、整体尺寸小等优点，缺点是密封性较差，适用于低压常温的水煤气管道。

15. 常用阀门符号有哪些？

常用阀门符号，见表6-1。

表6-1　　常用阀门符号

序号	名称	符号	说明
1	截止阀		—
2	闸阀		—

续表

序　号	名　称		符　　号	说　　明
3	节流阀			—
4	球　阀			—
5	蝶　阀			—
6	隔膜阀			—
7	旋塞阀			—
8	止回阀			流向由空白三角形至非空白三角形
9	安全阀	弹簧式		—
		重锤式		—
10	减压阀			—
11	疏水阀			—
12	角　阀			—
13	三通阀			—

续表

序　号	名　称	符　　号	说　　明
14	四通阀		—

16. 阀门与管路的连接形式符号是怎样的?

阀门与管路的连接形式符号,见表 6-2。

表 6-2　　阀门与管路的连接形式符号

序　号	名　称	符　　号	说　　明
1	螺纹连接		—
2	法兰连接		—
3	焊接连接		—

17. 如何编制阀门产品型号阀门产品型号?

阀门产品型号,由 7 个单元组成,按下列顺序编制。

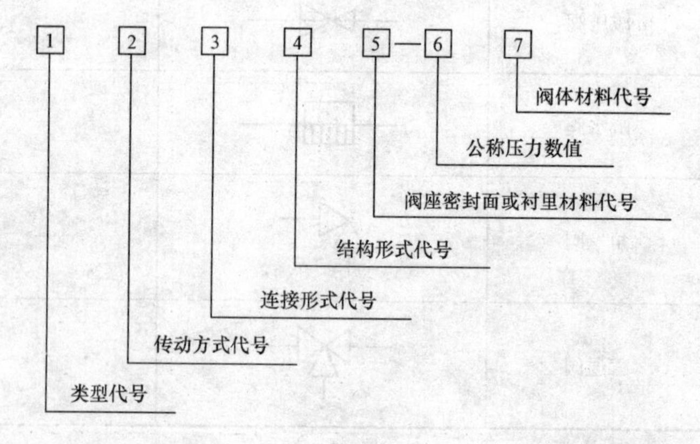

18. 如何用代号表示阀门类型?

阀门类型代号用汉语拼音字母表示,见表 6-3。

表 6-3　　阀门类型代号

类型	代号	类型	代号	类型	代号
闸阀	Z	蝶阀	D	安全阀	A
截止阀	J	隔膜阀	G	减压阀	Y
节流阀	L	旋塞阀	X	疏水阀	S
球阀	Q	止回阀和底阀	H		

注:低温(低于－40℃)、保温(带加热套)和带波纹管的阀门在类型代号前分别加"D"、"B"和"W"汉语拼音字母。

19. 如何用代号表示阀门传动方式?

阀门传动方式代号用阿拉伯数字表示,见表 6-4。

20. 如何用代号表示阀门连接形式?

阀门连接形式代号用阿拉伯数字表示,见表 6-5。

21. 如何用代号表示阀门结构形式?

阀门结构形式代号用阿拉伯数字表示,不同阀门的结构形式代号分别见表 6-6 至表 6-15。

表 6-4　　阀门传动方式代号

传动方式	代　号	传动方式	代　号	传动方式	代　号
电磁动	0	正齿轮	4	气一液动	8
电磁一液动	1	伞齿轮	5	电动	9
电一液动	2	气动	6		
蜗轮	3	液动	7		

注:1. 手轮、手柄和扳手传动以及安全阀、减压阀、疏水阀省略本代号。

2. 对于气动或液动:常开式用 6K、7K 表示;常闭式用 6B、7B 表示;气动带手动用 6S 表示,防爆电动用"9B"表示。

表 6-5　　阀门连接形式代号

连接形式	代　号	连接形式	代　号	连接形式	代　号
内螺纹	1	焊接	6	卡套	9
外螺纹	2	对夹	7		
法兰	4	卡箍	8		

表 6-6　　球阀结构形式代号

球阀结构形式			代　号
浮动	直通式		1
	L形	三通式	4
	T形		5
固定	直通式		7

表 6-7　　蝶阀结构形式代号

项　　目	密封型	非密封型
中线式	1	6
单偏心	2	7
双偏心	3	8
连杆偏心(变偏心)	4	9

表 6-8　　闸阀结构形式代号

闸阀结构形式				代　号
明杆	楔式	弹性闸板		0
		刚性	单闸板	1
			双闸板	2
	平行式		单闸板	3
			双闸板	4
暗杆楔式			单闸板	5
			双闸板	6

表 6-9 截止阀和节流阀结构形式代号

截止阀和节流阀结构形式		代号
直通式		1
角式		4
直流式		5
平衡	直流式	6
平衡	角式	7

表 6-10 旋塞阀结构形式的代号

旋塞阀结构形式		代号
填料	直通式	3
填料	T形三通式	4
填料	四通式	5
油封	直通式	7
油封	T形三通式	8

表 6-11 隔膜阀结构形式的代号

隔膜阀结构形式	代号
屋脊式	1
截止式	3
闸板式	7

表 6-12 减压阀结构形式的代号

减压阀结构形式	代号
薄膜式	1
弹簧薄膜式	2
活塞式	3
波纹管式	4
杠杆式	5

表 6-13 疏水阀结构形式的代号

疏水阀结构形式	代号
浮球式	1
钟形浮子式	5
脉冲式	8
热动力式	9

表 6-14 止回阀和底阀结构形式的代号

止回阀和底阀结构形式		代　号
升降	直通式	1
	立　式	2
旋启	单瓣式	1
	多瓣式	5
	双瓣式	6

表 6-15 安全阀结构形式的代号

<table>
<tr><th colspan="4">安全阀结构形式</th><th>代号</th></tr>
<tr><td rowspan="9">弹簧</td><td rowspan="3">封闭</td><td>带散热片</td><td>全启式</td><td>0</td></tr>
<tr><td colspan="2">微启式</td><td>1</td></tr>
<tr><td colspan="2">全启式</td><td>2</td></tr>
<tr><td rowspan="6">不封闭</td><td rowspan="5">带扳手</td><td>全启式</td><td>4</td></tr>
<tr><td>双弹簧微启式</td><td>3</td></tr>
<tr><td>微启式</td><td>7</td></tr>
<tr><td>全启式</td><td>8</td></tr>
<tr><td>微启式</td><td>5</td></tr>
<tr><td>带控制机构</td><td>全启式</td><td>6</td></tr>
<tr><td colspan="4">脉冲式</td><td>9</td></tr>
</table>

注：杠杆式安全阀在类型代号前加"G"汉语拼音字母。

22. 如何用代号表示阀座密封面或衬里材料？

阀座密封面或衬里材料代号用汉语拼音字母表示，见表 6-16。

表6-16　阀座密封面或衬里材料代号

阀座密封面或衬里材料	代号	阀座密封面或衬里材料	代号	备　注
铜合金	T	渗氮钢	D	由阀体直接加工的阀座密封面材料代号用“W”表示，当阀座和阀瓣（闸板）密封面材料不同时，用低硬度材料代号表示（隔膜阀除外）
橡胶	X	硬质合金	Y	
尼龙塑料	N	衬胶	J	
氟塑料	F	衬铅	Q	
锡基轴承合金（巴氏合金）	B	搪瓷	C	
合金钢	H	渗硼钢	P	

23. 如何用代号表示阀体材料？

阀体材料代号用汉语拼音字母表示，见表6-17。

表6-17　阀体材料代号

阀体材料	代　号	阀体材料	代　号
灰铸铁（HT25—27）	Z	铬钼钢（Cr5Mo）	I
可锻铸铁（KT30—6）	K	铬镍钛钢（1Gr18Ni9Ti）	P
球墨铸铁（QT40—15）	Q	铬镍钼钛钢（Cr18Ni12Mo2Ti）	R
铜合金（H62）	T		
碳素钢（ZG25Ⅱ）	C	铬钼钒钢（12CrMoV）	V

24. 如何用代号表示阀门识别标志？

阀门识别标志代号表示方法见表6-18。

表6-18　阀门识别标志代号

类　别	识别标志代号表示方法
阀体材料	在不加工的阀体表面上，用涂漆颜色表示，见表6-19
密封面材料	在手轮、手柄上或自动阀件的阀盖上，用涂漆颜色表示，见表6-20
衬里材料	在连接法兰的外圆表面上，用涂漆颜色表示，见表6-21

表 6-19　阀体材料识别标志的涂漆颜色

阀体的材料	识别涂漆的颜色	阀体的材料	识别涂漆的颜色
灰铸铁、可锻铸铁	黑色	耐酸钢或不锈钢	浅蓝色
球墨铸铁	银色	合金钢	蓝色
碳素钢	灰色		

注：1. 根据用户的要求，允许改变涂漆的颜色。

2. 耐酸钢或不锈钢制的阀件允许不涂漆发送。

表 6-20　密封面材料识别标志的涂漆颜色

阀件密封零件材料	识别涂漆的颜色	阀件密封零件材料	识别涂漆的颜色
青铜或黄铜	红色	硬质合金	灰色周边带红色条
巴氏合金	黄色	塑料	灰色周边带蓝色条
铝	铝白色	皮革或橡皮	棕色
耐酸钢或不锈钢	浅蓝色	硬橡皮	绿色
渗氮钢	淡紫色	直接在阀体上制作密封面	同阀体的涂色

注：关闭件的密封零件材料与阀体上密封零件材料不同时应按关闭件密封零件材料涂漆。

表 6-21　衬里材料识别标志的涂漆颜色

衬里的材料	识别涂漆的颜色	衬里的材料	识别涂料的颜色
搪瓷	红色	铅锑合金	黄色
橡胶及硬橡胶	绿色	铝	铝白色
塑料	蓝色		

25. 如何选择管道阀门？

阀门的选择根据阀门产品的类型、性能、尺寸，按照介质特、参数和使用安装条件，合理地选用阀门。常用阀门选用见表 6-22。

表 6-22　　常用管道阀门选用表

名称	型号	最高介质温度/℃	公称直径 DN/mm														适用介质							
			15	20	25	32	40	50	65	80	100	125	150	200	250	≥300	蒸汽	热水	压空	氧气	乙炔	氢气	煤气	油气
旋塞阀	X11W-2.5	50	+	+	+	+	+	+														+	+	
	X11W-6	200	*	*	*	*	*	*														+	*	+
	X13W-10	225	*	*	*	*	*	*	*	*	*						+	+	+		*	+	+	
	X43W-10	225		+	+	+	+	+	+	+	+	+					+	+	+				+	+
截止阀	J11P-10	50	+	+	+	+	+	+	+	+											+			
	J41P-10	50			+	+	+	+	+	+											+			
	J41T-16	225	*	*	*	*	*										*	*	*	*				
	J11W-16	225	+	+	+	+	+	+	+								+	+	+			+	+	
	J41T-16	225	+	+	+	+	+	*	*	*	*	*	*	*			*	*	*	*				
	J41W-16	225	+	+	+	+	+	+	+	+	+	+	+	+			+	+	+	+		+	+	+
	J41H-16	100		+	+	+	+	+	+	+	+	+	+	+			+	+	+			+		
闸阀	Z15W-10	120	+	+	+	+	+	+	+	+							+	+	+				+	+
	Z15T-10	120	+	+	+	+	+										+	+	+					
	Z44W-10	225					*	*	*	*	*	*	*	*	*	*	+	+	+				+	+
	Z44T-10	225					+	+	+	+	+	+	+	+	+	+	+	+					+	
	Z41H-16C	425			+	+	+	+	+	+	+	+	+	+			+	+						
	Z542W-1	100														*							+	+
	Z942W-1	100														*							+	+
止回阀	H11T-16	200								+	+	+	+	+	+	+	+	+	+					
	H41W-16	200	+											+	+	+	+	+	+				+	+
	H44T-10	200	+	+	+	+	+										+	+	+					
	H44W-10	100	+	+	+	+	+																+	+
	H42H-25	400	+	+											+	+	+	+	+					

注：表中打*者表示推荐采用的规格；打+者表示适用规格。

26. 阀门的选择应按什么程序进行?

阀门的选择程序一般包括以下几个步骤：

(1)根据介质特性、工作压力和温度，选择阀体材料。

(2)根据阀体材料、介质的工作压力和温度，确定阀件的公称压力级别。

(3)根据公称压力、介质特性和温度，选择密封面材料。使其最高使用温度不低于介质工作温度。

(4)根据管道的管径计算值，确定阀门公称直径。一般情况下，阀件公称直径与管子公称直径同。

(5)根据阀件用途和生产工艺条件，选择阀件的驱动方式。

(6)根据管道的连接方法和阀件公称直径大小，选择阀件的连接形式。

(7)根据阀件公称压力、公称直径、介质特性和工作温度，选择阀件类别、结构形式和型号。

27. 阀门安装应符合哪些规定?

(1)阀门安装前,应检查填料,其压盖螺栓应留有调节余量。

(2)阀门安装前,应按设计文件核对其型号,并应按介质流向确定其安装方向。

(3)阀门搬运时不允许随手抛掷,应按类别进行摆放。

(4)阀门吊装搬运时,钢丝绳不得拴在手轮或阀杆上,应拴在法兰处。

(5)当阀门与管道用法兰或螺栓方式连接时,阀门应在关闭状态下安装。

(6)当阀门与管道以焊接方式连接时,阀门不得关闭;焊缝底层宜采用氩弧焊。

(7)水平管道上的阀门,其阀杆及传动装置应按设计规定安装,动作应灵活。

(8)安装铸铁、硅铁阀门时,不得强力连接,受力应均匀。

(9)安装高压阀门前,必须复核产品合格证和试验记录。

(10)阀门介质流向要和阀门指示方向相同,介质流过截止阀的方向应是由下向上流经阀盘。

(11)应水平安装升降式止回阀;旋启式止回阀只要保证旋板的旋轴是水平的,可装在水平或垂直的管路上。

(12)明杆阀门不宜装在地下潮湿处。

(13)安装安全阀时,应符合下列规定:

1)阀体应铅垂安装,倾斜度不得超过0.5‰。

2)械杆式安全阀应有防止重锤自行移动的装置和限制杠杆越轨的导架,弹簧式安全阀应有防止擅自拧动调整螺栓的铅封装置;静重式安全阀应有防止重片飞脱的装置。

3)除设计有规定外,在安全阀与管道系统间不得安装其他阀门。

4)当安全阀阀体的出口无排液孔时,应在通向大气的安全阀排放管的弯头最低点处,应有ϕ8~ϕ10mm的排液孔,并将其引至适当的地方排放;

5)安全阀安装后,如管道系统暂时不能投入生产,应选将安全阀拆卸保管,不宜长期安放现场,以免损坏或失灵,管口应用盲板封闭,并做好记录。安全阀复位时,应及时拆除盲板。

(14)在需要热处理的管道上焊接阀门,应在管段整体热处理后施焊,焊缝进行局部热处理。

(15)大型阀门安装前,应预先安好有关的支架,不得将阀门的重量附加在设备或管道上。

(16)阀门安装高度应方便操作和检修,一般距地面1.2m为宜;当阀门中心距地面超过1.8m时,一般应集中布置并设固定平台;管线上的阀门手轮净间距不应小于100m。

28. 阀门安装前应做好哪些检查工作?

(1)核对阀门的型号规格与设计是否相符。

(2)检查外观,察看是否有损坏,阀杆是否歪斜、灵活等。

(3)由管道工程施工规范,对阀门作强度试验和严密性试验。低压阀门抽检10%(但至少一个),高、中压和有毒、剧毒、及甲乙类火灾危险物质的阀门应逐个进行试验。

(4)阀门的强度试验压力应按表6-23进行。

(5)严密性试验即可按公称压力进行,也可按1.25倍工作压力进行试验。确定是否合格根据:阀瓣密封面不漏为合格,$PN \leqslant 2.5$MPa的水用铸铁、铸铜闸阀允许有不超过表6-24的渗漏量。

(6)对于合金钢及高压阀门应进行解体检查,检查的数量为每批抽检10%且不小于一个。

表6-23　阀门的强度试验

公称压力PN/MPa	试验压力/MPa	合格标准
≤32	1.5PN	试验时间不少于5min,壳体、填料无渗漏为合格
40	56	
50	70	
64	90	
80	100	
100	130	

注:1. $PN<1$MPa时,且$DN \geqslant 600$mm的闸阀可不单独进行强度试验,强度试验在管道系统试压时进行。

2. 对焊阀门强度试验可在系统试验时进行。

表 6-24 闸阀密封面允许渗漏量

公称直径/mm	渗漏量/(cm³/min)	公称直径/mm	渗漏量/(cm³/min)
≤40	0.05	600	10
50～80	0.1	700	15
100～150	0.2	800	20
200	0.3	900	25
250	0.5	1000	30
300	1.5	1200	50
350	2	1400	75
400	3	≥1600	100
500	5		

29. 阀门的使用压力有哪些?

常用管道阀门的使用压力,见表 6-25。

表 6-25 常用管道阀门的使用压力

阀门种类	使用压力/MPa	阀门种类	使用压力/MPa
灰铸铁阀门	1.6	陶瓷旋塞阀	0.2
可锻铸铁阀门	2.5	陶瓷隔膜阀	0.6
球墨铸铁阀门	4.0	玻璃隔膜阀	0.2
高硅铸铁阀门	0.25	玻璃钢球阀	1.6
铜合金阀门	4	搪瓷隔膜阀	0.6
铝合金阀门	1	塑料阀门	耐压能力较差,一般不大于 0.6
碳素钢阀门	32		

30. 阀门试压试漏程序包括哪些步骤?

阀门试压试漏程序一般可分为以下三个步骤:

(1)打开阀门通路,用水(或煤油)充满阀腔,并升压至强度试验要求压力,检查阀体、阀盖、垫片、填料有无渗漏。如图 6-2、图 6-3 所示。。

(2)关死阀路,在阀门一侧加压至公称压力,从另一侧检查有无渗漏。如图 6-4 所示。

(3)将阀门颠倒过来,试验相反的一侧。

安全阀定压试验后，要打铅封。试验结果，应有书面记录。

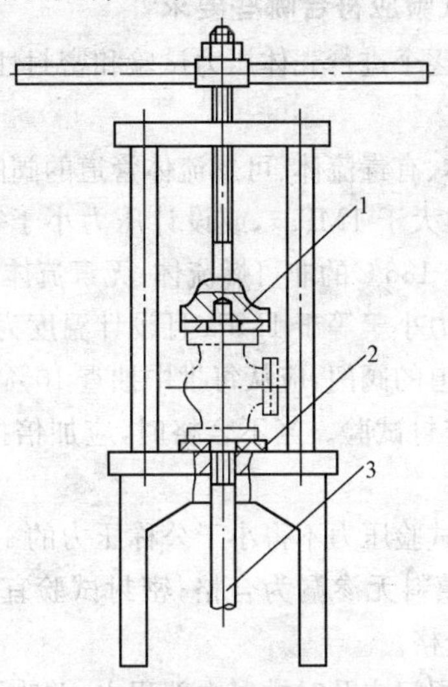

图 6-2　阀门检验台

1—排气孔；2—垫圈；3—进水管

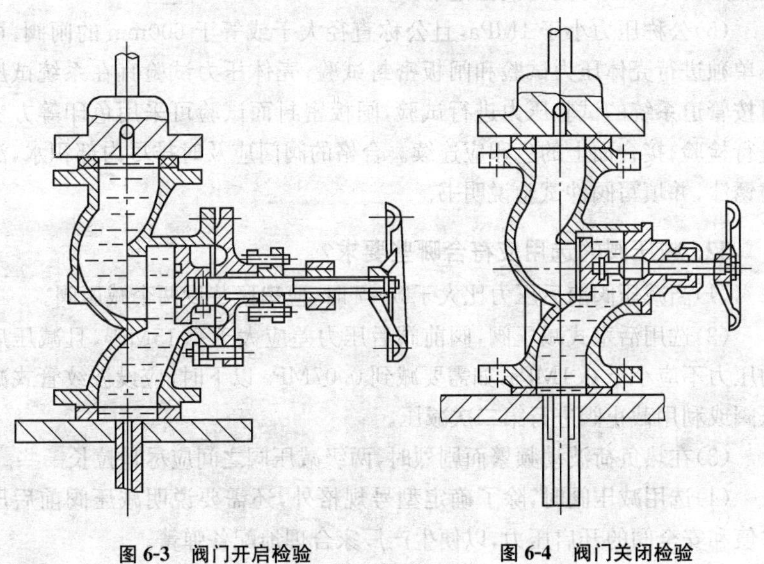

图 6-3　阀门开启检验　　图 6-4　阀门关闭检验

31. 阀门压力试验应符合哪些要求？

（1）下述管道应逐个进行壳体压力试验和密封性试验，不合格者不得使用。

1）输送剧毒流体、有毒流体、可燃流体管道的阀门。

2）输送设计压力大于1MPa.，或设计压力小于等于1MPa且设计温度小于－29℃或大于186℃的非可燃流体、无毒流体管道的阀门。

（2）输送设计压力小于等于1MPa且设计温度为－29～186℃的非可燃流体，无毒流体管道的阀门，应从每批中抽查10%，且不得少于1个，进行壳体压力试验和密封试验。当不合格时，应加倍抽查，仍不合格时，该批阀门不得使用。

（3）阀门的壳体试验压力不得小于公称压力的1.5倍，试验时间不得小于5min。以壳体填料无渗漏为合格；密封试验宜以公称压力进行，以阀瓣密封面不漏为合格。

（4）试验合格的阀门应及时排尽内部积水，并吹干。除需要脱脂的阀门外，密封面上应涂防锈油，关闭阀门，封闭入口，做出明显的标记，并应按规定的格式填写阀门试验记录。

（5）公称压力小于1MPa，且公称直径大于或等于600mm的闸阀，可不单独进行壳体压力试验和闸板密封试验，壳体压力试验宜在系统试压时按管道系统的试验压力进行试验，闸板密封面试验可采用色印等方法进行检验，接合面上的色印应连续。合格的阀门应及时排尽内部积水，涂防锈漆，并填写阀件试验说明书。

32. 减压阀的选用应符合哪些要求？

（1）当减压阀前后压力比大于5～7时，应串联装设两个减压阀。

（2）选用活塞式减压阀，阀前阀后压力差应大于0.15MPa，且减压后的压力不应小于0.1MPa，如需要减到0.07MPa以下时，应设波纹管式减压阀或利用截止阀进行第二次减压。

（3）在热负荷波动频繁而剧烈时，两级减压阀之间应尽量拉长一些。

（4）选用减压阀时，除了确定型号规格外，还需要说明减压阀前后压差值和安全阀的开启压力，以便生产厂家合理地配备弹簧。

（5）当热水、蒸汽、压缩空气流量稳定，而出口压力要求又不严格时，可采用调压孔板减压。

33. 减压阀安装应符合哪些要求?

(1)减压阀应设在便于检修处,并确保有足够空间。

(2)减压阀安装高度一般在 1.2m 左右并沿墙敷设,设在 3m 及 3m 以上时,应设专用平台。

(3)蒸汽系统的减压阀组前,应设排放疏水阀。

(4)减压阀的安装形式如图 6-5 所示。

(5)系统中介质夹带渣物时,应在阀前设置过滤器。

(6)减压阀组前后均应安装压力表,阀后应装安全阀。

(7)不论何种减压阀均应垂直安装且装在水平管道上。波纹管式减压阀用于蒸汽时,波纹管应向下安装,用于空气时需反向安装。

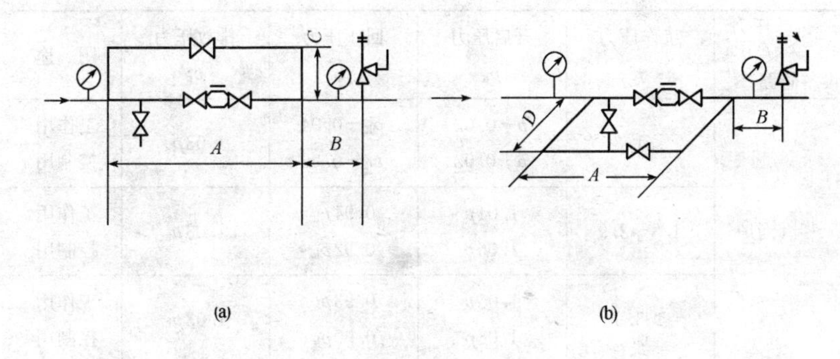

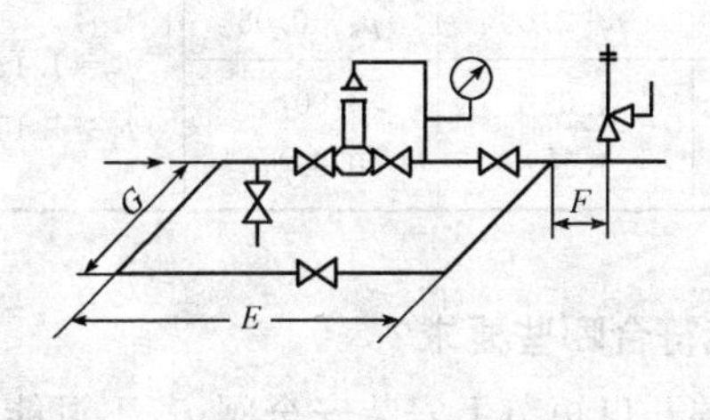

图 6-5　减压阀安装图式

(a)活塞式减压阀旁通管立式安装;(b)活塞式减压阀旁通管水平安装;
(c)波纹管式减压阀安装(阀后管径比减压阀大二号,阀前同,阀门一律采用截止阀)

34. 安全阀选用应遵循哪些原则？

（1）根据操作压力选择安全阀的公称压力；据操作温度选择安全阀的使用温度范围；据计算出的安全阀定压值选择弹簧和杠杆的调压范围；然后根据操作介质定出安全阀的材料和结构形式；最后根据安全阀的排放量计算出安全阀喷嘴截面积，选择安全阀型号和数量。

（2）安全阀的各运行状态压力如工作压力、开启压力、回座压力、排放压力之间有一定关系，且它们与介质的性质也有关，在设计、选择和使用时，可参照表6-26。

（3）弹簧式安全阀包括封闭和不封闭两种式样，通常易燃易爆有毒介质选用封闭式；蒸汽或惰性气体选用不封闭式。

表6-26　安全阀各运行状态压力规定

设备管路 \ 压力/MPa	工作压力 p	开启压力 p_k	回座压力 p_n	排放压力 p_p	用　途
蒸汽锅炉	<1.3	$p+0.02$	$p_k-0.04$	$1.03p_k$	工作用
		$p+0.02$	$p_k-0.06$		控制用
	1.3～3.9	$1.04p$	$0.94p_k$	$1.03p_k$	工作用
		$1.06p$	$0.92p_k$		控制用
	>3.9	$1.05p$	$0.93p_k$	$1.03p_k$	工作用
		$1.08p$	$0.90p_k$		控制用
设备管路	≤1.0	$p+0.05$	$p_k-0.08$	$p_p=1.1p_k$	工作用
	>1.0	$1.05p$	$0.90p_k$	$p_p \ngtr 1.15p$	控制用
		$1.10p$	$0.85p_k$		

35. 安全阀安装应符合哪些要求？

（1）应在设备容器的开口短节上安装安全阀；若不可能，也可装在接近设备容器出口的管路上，但管路的公称通径必须大于安全阀的公称通径。

（2）气体安全阀的介质可排入大气，液体有毒气体的安全阀介质应排入封闭系统。

(3)可燃气体和有毒气体排入大气时，安全阀的放空出口管应高出周围最高建筑物或设备 2m；蒸汽及可燃气体有毒气体安全阀的排气口应用管引到室外，排气管应尽量不拐弯，排气管出口应高出操作面 2.5m 以上；水平距离 15m 以内有明火设备时，可燃气体不得排入大气。

(4)为保证管路系统畅通无阻，安全阀应垂直安装，安全阀应布置在便于检查和维修的地方。

(5)对蒸发量大于 0.5t/h 的锅炉，至少应装两个安全阀，一个为控制安全阀，一个为工作安全阀，前者开启压力略低于后者。

(6)安装重锤式安全阀时，应使杠杆在一垂直平面内运动，调试后必须用固定螺栓将重锤固定。

(7)安全阀安装完毕后，务必定期检验调试，并打上铅封。

36. 疏水阀选用应符合哪些要求？

疏水阀选用时，不能只从排水量最大或仅根据管径考虑，而应按实际工况，根据疏水量(凝结水量)与阀前后的压力差，按阀门样本确定其规格及数量。

37. 疏水阀选型应符合哪些要求？

(1)阀前压力，当为蒸汽管道排水用的疏水阀时，阀前压力值与该排水点蒸汽压力相同，换热设备用的疏水阀，阀前压力为换热设备前蒸汽压力的 95%。

(2)浮桶式、钟形浮子式等疏水阀可在较低压差下工作；脉冲式、热动力式疏水阀要求最低工作压差为 0.05MPa。

(3)疏水阀进出口压差直接影响疏水性能和使用。浮子型疏水阀在较高背压下可以正常工作；脉冲式疏水阀的背压要求不应超过进口压力的 25%；热动力式疏水阀的背压一般不超过进口压力的 50%。

38. 疏水阀安装应符合哪些要求？

(1)除了冷凝水排入大气时疏水阀后可不设置阀门，疏水阀前后都要设置截断阀。

(2)为了防止水中污物堵塞疏水阀，疏水阀前应设置过滤器；热动力式疏水阀本身带过滤器不需再配置。

(3)疏水阀装置管路及各附件的配置详见图 6-6。

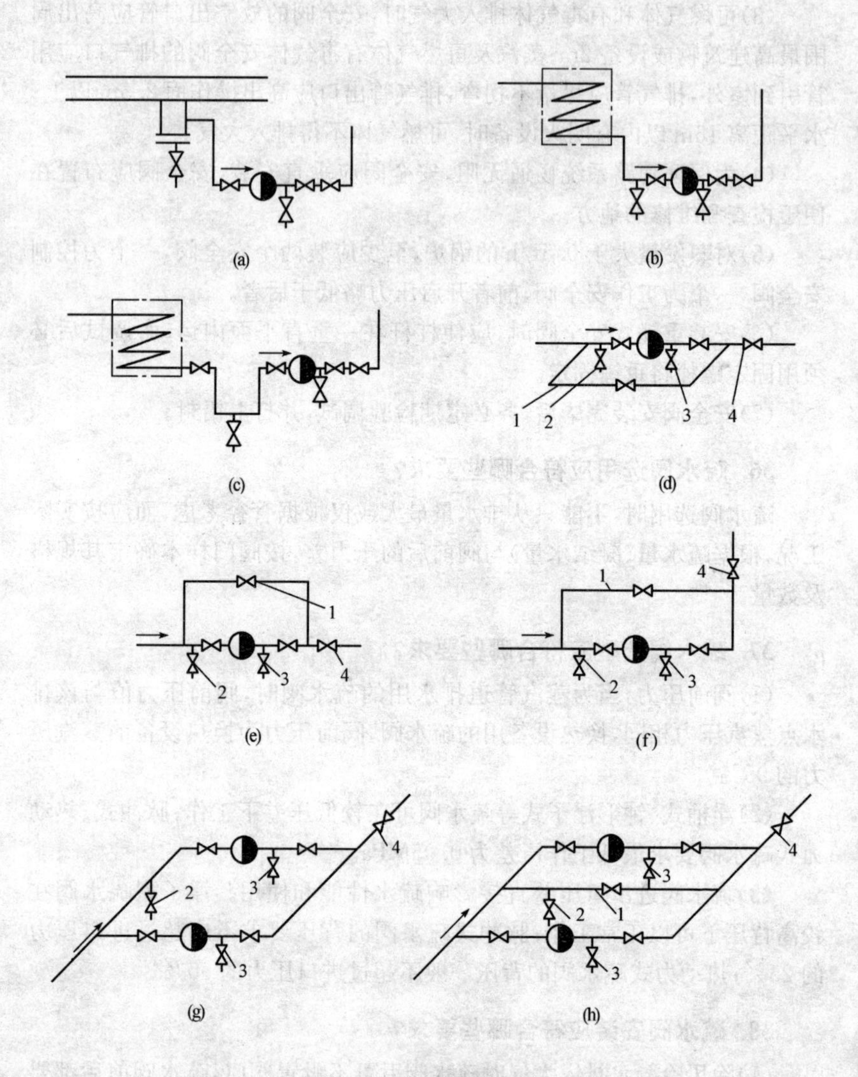

图 6-6　疏水阀安装示意图

(a)与集水管连接；(b)安装在设备之下；(c)安装在设备上；(d)旁通管水平安装；
(e)旁通管垂直安装；(f)旁通管垂直安装；(g)疏水阀并连；(h)疏水阀并连
1—旁通阀；2—冲洗管；3—检查管；4—上回阀

(4)疏水阀组应设置放气管排放空气或不凝性气体，疏水阀与后面的截断阀间应设检查管。

(5)为了用于启动和检修，疏水阀一般设旁通管。

(6)为了防用热设备存水，疏水阀应装在用热设备的下部。

(7)疏水阀管道水平安装时，管道应坡向疏水阀。

(8)疏水阀背压较高时，应设置止回阀。

(9)螺纹连接的疏水阀系统，通常设置活接头，以便拆装。

39. 阀门安装项目应综合考虑哪些工作内容？

(1)壳体压力试验。阀门经检查后，按规定压力进行强度试验和严密性试验，试验介质一般为压缩空气，也可使用常温清水。强度试验时，打开阀门通路让压缩空气充满阀腔，在试验压力下检查阀体、阀盖、垫片和填料等有无渗漏。强度试验合格后，关闭阀路进行严密性试验，从一侧打入压缩空气至试验压力，从另一侧检查有无渗漏，两侧分开试验。

(2)解体研磨。解体研磨指的是阀门的解体研磨，如果阀门密封面上有缺陷，则可将阀门拆开后进行研磨。阀门密封面上的缺陷(如撞痕、压伤、刻痕和不平等)深度小于 0.05mm 时都可用研磨方法消除；深度大于 0.05mm 时应先在车床上车削或补焊后车削，然后再研磨，研磨时必须在研磨面涂一层研磨剂。

40. 怎样对阀门进行解体检查？

阀门的清洗和检查通常是将阀盖拆下，彻底清洗后进行检查。阀体内外表面有无砂眼、沾砂、氧化皮、毛刺、缩孔及裂纹等缺陷；阀座与阀体接合是否牢固，有无松动或脱落现象；阀芯与阀座是否吻合，密封面有无缺陷；阀杆与阀。心连接是否灵活可靠，阀杆有无弯曲，螺纹有无断丝等缺陷；阀杆与填料压盖是否配合适当；阀盖法兰与阀体法兰的结合情况；填料、垫片和螺栓等的材质是否符合使用温度的要求；阀门开启是否灵活等等。对高温或中、高压阀门的腰垫及填料必须逐个检查更换。

41. 阀门安装应注意哪些事项？

(1)阀门在搬运时不许用手抛掷，以免损坏。碳钢阀门同不锈钢阀门及有色金属阀门存放时应分开。吊装阀门时,钢丝绳索应拴在阀体的法兰处,切勿拴在手轮或阀杆上,以防折断阀杆。明杆阀门不能埋地装置,以防阀杆锈蚀。有盖板的地沟内,阀门应安装在维修和检查及操作方便的地方。

(2)在水平管道上安装时,阀杆应垂直向上,或者是倾斜某一角度,阀杆不允许向下安装。如果阀门安装在难于接近的地方或者较高的地方时,为了操作方便,可以将阀杆装成水平,同时再装一个带有传动装置的手轮或远距离“操作装置”。“操作装置”应灵活,指示应准确。

(3)阀门在安装时应根据管路的介质流向确定其安装方向。安装一般的截止阀时,应使介质自阀盘下面流向上面,俗称低进高出。安装旋塞、闸阀时,允许介质从任意一端流入流出。安装止回阀时,必须特别注意介质的(阀体上有箭头表示)流向,以保证阀盘能自动开启。对于升降式止回阀,应保证阀盘中心线与水平面互相垂直。对于旋启式止回阀,应保证其摇板的旋转枢轴呈水平状态。安装杠杆式安全阀和减压阀时,必须使阀盘中心线与水平面互相垂直。

(4)安装法兰式阀门时,应保证两法兰端面互相平行和同心。尤其是安装铸铁等材质较脆的阀门时,应避免因强力连接或受力不均引起的损坏。拧紧螺栓时,应对称或十字交叉地进行。安装螺纹式阀门时,应保证螺纹完整无缺,并按介质的不同要求涂以密封填料物,拧紧时,必须用扳手咬牢闸门的六角体,以保证阀体不致拧变形和损坏。承插式钢阀门安装时,管子不应插入承口,应有1~2mm的间隙,否则阀门承口和管子焊接时热应力过大会使焊缝胀裂。对焊阀门与管道连接焊缝底层宜采用氩弧焊施焊,以保证管内清洁,焊接时阀门不宜关闭,防止过热变形。

42. 阀门安装定额说明主要包括哪些内容?

(1)《全国统一安装工程预算定额》第六册“工业管道工程”中阀门安装工程适用于低、中、高压管道上的各种阀门安装,以“个”为计量单位。

(2)阀门安装项目综合考虑了壳体压力试验、解体研磨工作内容。

(3)高压对焊阀门是按碳钢焊接考虑的,如设计要求其他材质,其电焊条价格可换算,其他不变。不包括壳体压力试验、解体研磨工序,发生时应另行计算。

(4)调节阀门安装定额仅包括安装工序内容,配合安装工作内容由仪表专业考虑。

(5)安全阀门包括壳体压力试验及调试内容。

(6)电动阀门安装包括电动机的安装。

(7)各种法兰阀门安装,定额中只包括一个垫片和一副法兰用的螺栓。

(8)透镜垫和螺栓本身价格另计,其中螺栓按实际用量加损耗量计算。

(9)定额内垫片材质与实际不符时,可按实调整。

(10)阀门壳体压力试验介质是按水考虑的,如设计要求其他介质,可按实计算。

(11)仪表的流量计安装,执行阀门安装相应定额乘以系数0.7。

(12)中压螺栓阀门安装,执行低压相应定额人工乘以系数1.2。

43. 阀门安装定额中其他材料费包括哪些内容?

阀门安装定额中其他材料费包括阀门安装、试压、解体研磨所用的溶剂、填料、油类等零星材料。

44. 高、中压电动阀门安装应套用什么定额项目?

高压电动阀门可执行定额“阀门安装”的“高压阀门”安装定额相应项目,中压电动阀门安装可按照补充项目执行。

45. 阀门安装定额项目中试压、解体检查及研磨工序所占的比例是多少?

螺纹阀门安装定额项目不包括试压、解体检查及研磨工序;中、低压阀门安装定额项目公称直径50mm以上的考虑50%进入定额;高压阀门安装定额项目公称直径25mm以上的考虑30%进入定额。如果设计要求与定额取定比例不同时,可按设计规定进行调整。

46. 调节阀临时短管制作、装拆定额包括哪些工作内容?

调节阀临时短管制作、装拆定额适用于管道系统试压、吹洗时,原阀件拆掉，换上临时短管，试压吹洗合格后，拆除短管，原阀件复位等。

47. 如何计算阀门安装定额工程量？

(1)各种阀门按不同压力、连接形式，不分种类，以“个”为计量单位。压力等级按设计图纸规定执行相应定额。

(2)各种法兰、阀门安装与配套法兰的安装，应分别计算工程量；螺栓与透镜垫的安装费已包括在定额内，其本身价值另行计算；螺栓的规格数量，如设计未作规定时，可根据法兰阀门的压力和法兰密封形式，按“法兰螺栓质量表”(见表6-27～表6-32)计算。

(3)减压阀直径按高压侧计算。

(4)电动阀门安装包括电动机安装。检查接线工程量应另行计算。

(5)阀门安装综合考虑了壳体压力试验(包括强度试验和严密性试验)、解体研磨工序内容。执行定额时，不得因现场情况不同而调整。

(6)阀门壳体液压试验介质是按普通水考虑的，如设计要求用其他介质时，可作调整。

(7)阀门安装不包括阀体磁粉探伤、密封的气密性试验、阀杆密封添料的更换等特殊要求的工作内容。

(8)直接安装在管道上的仪表流量计，执行阀门安装相应项目乘以系数0.7。

(9)中压螺纹阀门安装执行低压相应项目，人工乘以系数1.2。

表6-27 平焊法兰螺栓质量表

公称直径/mm	0.25MPa(2.5kgf/cm²)				0.6MPa(6kgf/cm²)				1MPa(10kgf/cm²)				1.6MPa(16kgf/cm²)				2.5MPa(2.5kgf/cm²)			
	法兰		螺栓		法兰		螺栓		法兰		螺栓		法兰		螺栓		法兰		螺栓	
	δ	孔数	L	kg	δ	孔数	L	kg	δ	孔数	L	kg	δ	孔数	L	kg	δ	孔数	L	kg
10	10	4	10×35	0.182	12	4	10×40	0.197	12	4	12×40	0.281	14	4	12×45	0.3	16	4	12×50	0.319
15	10	4	10×35	0.182	12	4	10×40	0.197	12	4	12×40	0.281	14	4	12×45	0.3	16	4	12×50	0.319
20	12	4	10×40	0.197	14	4	10×40	0.197	14	4	12×45	0.3	16	4	12×50	0.319	18	4	12×50	0.319
25	12	4	10×40	0.197	14	4	10×40	0.197	14	4	12×45	0.3	18	4	12×50	0.319	18	4	12×50	0.319
32	12	4	12×40	0.281	16	4	12×50	0.319	16	4	16×50	0.601	18	4	16×55	0.635	20	4	16×60	0.669

续表

公称直径/mm	0.25MPa(2.5kgf/cm²)				0.6MPa(6kgf/cm²)				1MPa(10kgf/cm²)				1.6MPa(16kgf/cm²)				2.5MPa(2.5kgf/cm²)			
	法兰		螺栓		法兰		螺栓		法兰		螺栓		法兰		螺栓		法兰		螺栓	
	δ	孔数	L	kg	δ	孔数	L	kg	δ	孔数	L	kg	δ	孔数	L	kg	δ	孔数	L	kg
40	12	4	12×40	0.281	16	4	12×50	0.319	18	4	16×55	0.635	20	4	16×60	0.669	22	4	16×65	0.702
50	12	4	12×40	0.281	16	4	12×50	0.319	18	4	16×55	0.635	22	4	16×65	0.702	24	4	16×70	0.736
70	14	4	12×45	0.3	16	4	12×50	0.319	20	4	16×60	0.669	24	4	16×70	0.736	24	8	16×70	1.472
80	14	4	16×50	0.601	18	4	16×55	0.635	20	4	16×60	0.669	24	8	16×70	1.472	26	8	16×70	1.472
100	14	4	16×50	0.601	18	4	16×55	0.635	22	8	16×65	1.404	26	8	16×70	1.472	28	8	20×80	2.71
125	14	8	16×50	1.202	20	8	16×60	1.338	24	8	16×70	1.472	28	8	16×75	1.54	30	8	22×85	3.556
150	16	8	16×50	1.202	20	8	16×60	1.338	24	8	20×70	2.498	28	8	20×80	2.71	30	8	22×85	3.556
175	18	8	16×50	1.202	22	8	16×65	1.404	24	8	20×70	2.498	28	8	20×80	2.71	32	12	22×90	5.334
200	20	8	16×53	1.27	22	8	16×65	1.404	24	8	20×70	2.498	30	12	20×85	4.38	32	12	22×90	5.334
225	22	8	16×60	1.338	22	8	16×65	1.404	24	8	20×70	2.498	30	12	20×85	4.38	34	12	27×100	9.981
250	22	12	16×65	2.106	24	12	16×70	2.208	26	12	20×75	3.906	32	12	22×90	5.334	34	12	27×100	9.981
300	22	12	20×70	3.747	24	12	20×70	3.747	28	12	20×80	4.065	32	12	22×90	5.334	36	16	27×105	14.076
350	22	12	20×70	3.747	26	12	20×75	3.906	28	16	20×80	5.42	34	16	22×95	7.62	42	16	30×120	18.996
400	22	16	20×70	4.996	28	16	20×80	5.42	30	16	22×85	7.112	38	16	27×105	14.076	44	16	30×120	18.996
450	24	16	20×70	4.996	28	16	20×80	5.42	30	20	22×85	8.89	42	20	27×115	18.56	48	20	30×130	24.93
500	24	16	20×70	4.996	30	16	20×85	5.84	32	20	22×90	8.89	48	20	30×130	24.93	52	20	36×150	41.45
600	24	20	22×75	7.932	30	20	22×85	8.89	36	20	27×105	17.595	50	20	30×140	26.12	—	—	—	—
700	26	24	22×80	9.9	32	24	22×90	10.668	—	—	—	—	—	—	—	—	—	—	—	—
800	26	24	27×85	18.804	32	24	27×95	19.962	—	—	—	—	—	—	—	—	—	—	—	—
900	28	24	27×85	18.804	3	24	27×100	19.962	—	—	—	—	—	—	—	—	—	—	—	—
1000	30	28	27×90	21.938	36	28	27×105	24.633	—	—	—	—	—	—	—	—	—	—	—	—
1200	30	32	27×90	25.072	—	—	—	—	—	—	—	—	—	—	—	—	—	—	—	—
1400	32	36	27×95	29.943	—	—	—	—	—	—	—	—	—	—	—	—	—	—	—	—
1600	32	40	27×95	33.27	—	—	—	—	—	—	—	—	—	—	—	—	—	—	—	—

表 6-28 榫槽面平焊法兰螺栓质量表

公称直径/mm	0.25MPa(2.5kgf/cm²)				0.6MPa(6kgf/cm²)				1MPa(10kgf/cm²)				1.6MPa(16kgf/cm²)				2.5MPa(2.5kgf/cm²)			
	法兰		螺栓		法兰		螺栓		法兰		螺栓		法兰		螺栓		法兰		螺栓	
	δ	孔数	L	kg	δ	孔数	L	kg	δ	孔数	L	kg	δ	孔数	L	kg	δ	孔数	L	kg
10	10	4	10×40	0.197	12	4	10×45	0.21	12	4	12×45	0.3	14	4	12×50	0.319	16	4	12×55	0.338
15	10	4	10×40	0.197	12	4	10×45	0.21	12	4	12×45	0.3	14	4	12×50	0.319	16	4	12×55	0.338

续表

公称直径/mm	0.25MPa(2.5kgf/cm²)				0.6MPa(6kgf/cm²)				1MPa(10kgf/cm²)				1.6MPa(16kgf/cm²)				2.5MPa(2.5kgf/cm²)			
	法兰		螺栓		法兰		螺栓		法兰		螺栓		法兰		螺栓		法兰		螺栓	
	δ	孔数	L	kg	δ	孔数	L	kg	δ	孔数	L	kg	δ	孔数	L	kg	δ	孔数	L	kg
20	12	4	10×45	0.21	14	4	10×50	0.223	14	4	12×50	0.319	16	4	12×55	0.338	18	4	12×60	0.357
25	12	4	10×45	0.21	14	4	10×50	0.223	14	4	12×50	0.319	18	4	12×60	0.357	18	4	12×60	0.357
32	12	4	12×45	0.3	16	4	12×55	0.338	16	4	16×60	0.669	18	4	16×65	0.702	20	4	16×65	0.702
40	12	4	12×45	0.3	16	4	12×55	0.338	18	4	16×65	0.702	20	4	16×65	0.702	22	4	16×75	0.77
50	12	4	12×45	0.3	16	4	12×55	0.338	18	4	16×65	0.702	22	4	16×70	0.736	24	4	16×75	0.77
70	14	4	12×50	0.319	16	4	12×55	0.338	20	4	16×70	0.736	24	4	16×70	0.736	24	8	16×75	1.54
80	14	4	16×55	0635	18	4	16×65	0.702	20	4	16×70	0.736	24	8	16×75	1.54	26	8	16×80	1.608
100	14	4	16×55	0.635	18	4	16×65	0.702	22	8	16×70	1.472	26	8	16×80	1.608	28	8	20×85	2.92
125	14	8	16×55	1.27	20	8	16×65	1.404	24	8	16×75	1.54	28	8	16×85	1.742	30	8	22×95	3.81
150	16	8	16×60	1.338	20	8	16×65	1.404	24	8	20×80	2.71	28	8	20×90	2.92	30	8	22×95	3.81
175	16	8	16×60	1.338	22	8	16×70	1.472	24	8	20×80	2.71	28	8	20×90	2.92	32	12	22×100	5.715
200	18	8	16×65	1.402	22	8	16×70	1.472	24	8	20×80	2.71	30	12	20×95	4.695	32	12	22×100	5.715
225	20	8	16×65	1.402	22	8	16×70	1.472	24	8	20×80	2.71	30	12	20×95	4.695	34	12	27×105	10.557
250	22	12	16×70	2.208	24	12	16×75	2.31	26	12	20×85	4.38	32	12	22×100	5.715	34	12	27×105	10.557
300	22	12	20×75	3.906	24	12	20×80	4.065	28	12	20×90	4.38	32	12	22×100	5.715	36	16	27×120	14.848
350	22	12	20×75	3.906	26	12	20×85	4.38	28	16	20×90	5.84	34	16	22×105	8.132	42	16	30×130	19.944
400	22	16	20×75	5.208	28	16	20×85	5.84	30	16	22×95	7.62	38	16	27×115	14.848	44	16	30×130	19.944
450	24	16	20×80	5.42	28	16	20×90	5.84	30	20	22×95	9.525	42	20	27×130	19.52	48	20	30×140	26.12
500	24	16	20×80	5.42	30	16	20×90	5.84	32	20	22×100	9.525	48	20	30×140	26.12	52	20	36×150	41.45
600	24	20	22×85	8.89	30	20	22×90	8.89	36	20	22×110	17.595	50	20	36×150	41.45	—	—	—	—
700	26	24	22×85	10.668	—	—	—	—	—	—	—	—	—	—	—	—	—	—	—	—
800	26	24	27×90	18.804	—	—	—	—	—	—	—	—	—	—	—	—	—	—	—	—

表 6-29　对焊法兰螺栓质量表

公称直径/mm	0.25MPa(2.5kgf/cm²)				0.6MPa(6kgf/cm²)				1MPa(10kgf/cm²)				1.6MPa(16kgf/cm²)			
	法兰		螺栓		法兰		螺栓		法兰		螺栓		法兰		螺栓	
	δ	孔数	L	kg	δ	孔数	L	kg	δ	孔数	L	kg	δ	孔数	L	kg
10	10	4	10×40	0.197	12	4	10×40	0.197	12	4	12×45	0.3	14	4	12×50	0.319
15	10	4	10×40	0.197	12	4	10×40	0.197	12	4	12×45	0.3	14	4	12×50	0.319
20	10	4	10×40	0.197	12	4	10×40	0.197	14	4	12×50	0.319	14	4	12×50	0.319
25	10	4	10×40	0.197	14	4	10×45	0.21	14	4	12×50	0.319	14	4	12×50	0.319
32	10	4	12×40	0.3	14	4	12×50	0.319	16	4	16×60	0.669	16	4	16×60	0.669
40	12	4	12×45	0.3	14	4	12×50	0.319	16	4	16×60	0.669	16	4	16×60	0.669

续表

公称直径/mm	0.25MPa(2.5kgf/cm²)				0.6MPa(6kgf/cm²)				1MPa(10kgf/cm²)				1.6MPa(16kgf/cm²)			
	法兰		螺栓		法兰		螺栓		法兰		螺栓		法兰		螺栓	
	δ	孔数	L	kg	δ	孔数	L	kg	δ	孔数	L	kg	δ	孔数	L	kg
50	12	4	12×45	0.3	14	4	12×50	0.319	16	4	16×60	0.669	16	4	16×60	0.669
70	12	4	12×45	0.3	14	4	12×50	0.319	18	4	16×65	0.702	18	4	16×65	0.702
80	14	4	16×50	0.601	16	4	16×60	0.669	18	4	16×65	0.702	20	8	16×70	1.472
100	14	4	16×50	0.601	16	4	16×60	0.669	20	8	16×70	1.472	20	8	16×70	1.472
125	14	8	16×50	1.202	18	8	16×65	1.404	22	8	16×75	1.54	22	8	16×80	1.608
150	14	8	16×50	1.202	18	8	16×65	1.404	22	8	20×75	2.604	22	8	20×80	2.71
175	16	8	16×60	1.338	20	8	16×70	1.472	22	8	20×75	2.604	24	8	20×80	2.71
200	16	8	16×60	1.338	20	8	16×70	1.472	22	8	20×75	2.604	24	12	20×80	4.065
225	18	8	16×65	1.404	20	8	16×70	1.472	22	8	20×75	2.604	24	12	20×80	4.065
250	20	12	16×70	2.208	22	12	16×75	2.31	24	12	20×80	4.065	26	12	22×85	5.334
300	20	12	20×70	37.47	22	12	20×75	3.906	26	12	20×85	4.38	28	12	22×90	5.334
350	20	12	20×70	3.747	22	12	20×75	3.906	26	16	20×85	5.84	32	16	22×100	7.62
400	20	16	20×70	4.996	22	16	20×75	5.208	26	16	22×85	7.112	36	16	27×115	14.848
450	20	16	20×70	4.996	22	16	20×75	5.208	6	20	22×90	8.89	38	20	27×120	18.56
500	24	16	20×80	5.42	24	16	20×80	5.42	28	20	22×90	8.89	42	20	30×130	24.93
600	24	20	22×80	8.25	24	20	22×80	8.25	30	20	27×95	16.635	46	20	36×140	39.74
700	24	24	22×80	9.9	24	24	22×80	9.9	30	24	27×100	19.962	48	24	36×140	47.688
800	24	24	27×85	18.804	24	24	27×85	18.804	32	24	30×110	27.072	50	24	36×150	49.74
10	16	4	12×55	0.338	16	4	12×65	0.376	18	4	12×70	0.395				
15	16	4	12×55	0.338	16	4	12×65	0.376	18	4	12×70	0.395				
20	16	4	12×55	0.338	16	4	12×65	0.376	20	4	16×80	0.804				
25	16	4	12×55	0.338	16	4	12×65	0.376	22	4	16×85	0.871				
32	18	4	16×65	0.702	18	4	16×75	0.77	24	4	20×95	1.565				
40	18	4	16×65	0.702	18	4	16×75	0.77	24	4	20×95	1.565				
50	20	4	16×70	0.736	20	4	16×80	0.804	26	4	20×100	1.565				
70	22	8	16×70	1.472	22	8	16×85	1.743	28	8	20×110	3.345				
80	22	8	16×70	1.472	24	8	16×85	1.743	30	8	20×110	3.345				
100	24	8	0×80	2.71	26	8	20×100	3.13	32	8	22×120	4.321				
125	26	8	22×85	2.556	28	8	20×110	3.345	36	8	27×140	8.193				
150	28	8	22×90	3.556	30	8	20×110	3.345	38	8	30×150	10.924				
175	28	12	22×95	5.715	36	12	27×130	11.713	42	12	30×150	16.386				
200	30	12	27×95	9.981	38	12	27×140	12.289	44	12	30×160	17.105				
225	32	12	27×105	10.557	40	12	30×150	16.386	46	12	30×160	17.105				
250	32	12	27×105	10.557	42	12	30×150	16.386	48	12	30×160	17.105				
300	36	16	27×115	14.848	46	16	30×160	22.807	54	16	36×190	40.008				

续表

公称直径/mm	0.25MPa(2.5kgf/cm²)				0.6MPa(6kgf/cm²)				1MPa(10kgf/cm²)				1.6MPa(16kgf/cm²)			
	法兰		螺栓		法兰		螺栓		法兰		螺栓		法兰		螺栓	
	δ	孔数	L	kg	δ	孔数	L	kg	δ	孔数	L	kg	δ	孔数	L	kg
350	40	16	30×120	18.996	52	16	30×170	24.725	60	16	36×200	40.008				
400	44	16	30×130	19.944	58	16	36×200	40.008	66	16	42×220	61.368				
450	46	20	30×140	26.12	60	20	36×200	50.01	—	—	—	—				
500	48	20	36×150	41.45	62	20	42×210	76.71	—	—	—	—				
600	54	20	36×160	43.16	—	—	—	—	—	—	—	—				
700	58	24	42×170	80.856	—	—	—	—	—	—	—	—				
800	60	24	42×180	80.856	—	—	—	—	—	—	—	—				

表 6-30 梯形槽式对焊法兰螺栓质量表

公称直径/mm	6.4MPa(64kgf/cm²)				10MPa(100kgf/cm²)				16MPa(160kgf/cm²)			
	法兰		螺栓		法兰		螺栓		法兰		螺栓	
	δ	孔数	L	kg	δ	孔数	L	kg	δ	孔数	L	/kg
10—15	22	4	12×80	0.433	22	4	12×80	0.433	26	4	16×95	0.939
20	24	4	16×90	0.871	24	4	16×90	0.871	32	4	20×110	1.673
25	24	4	16×90	0.871	24	4	16×90	0.871	34	4	20×110	1.673
32	26	4	20×100	1.565	30	4	20×110	1.673	36	4	22×120	2.16
40	28	4	20×110	1.673	32	4	20×110	1.673	40	4	24×130	2.901
50	30	4	20×110	1.673	34	4	22×120	2.16	44	8	24×140	6.107
65	32	8	20×110	3.346	38	8	22×130	4.576	50	8	27×160	8.962
80	36	8	20×120	3.556	42	8	22×140	4.832	54	8	27×170	9.73
100	40	8	22×140	4.832	48	8	27×160	8.962	58	8	30×180	12.362
125	4	8	27×150	8.578	52	8	30×170	12.362	70	8	36×210	21.373
150	48	8	30×160	11.404	58	12	30×180	18.543	80	12	36×230	34.115
200	54	12	30×180	18.543	66	12	36×210	32.06	92	12	42×260	51.625
250	62	12	36×200	30.006	74	12	36×220	32.06	100	12	48×290	78.315
300	66	16	36×220	47.747	80	16	42×240	65.101	—	—	—	—

表 6-31 焊环活动法兰螺栓质量表

公称直径/mm	0.25MPa(2.5kgf/cm²)、0.6MPa(6kgf/cm²)				1MPa(10kgf/cm²)				1.6MPa(16kgf/cm²)			
	法兰		螺栓		法兰		螺栓		法兰		螺栓	
	δ	孔数	L	kg	δ	孔数	L	kg	δ	孔数	L	kg
10	10	4	10×55	0.236	12	4	12×60	0.357	14	4	12×65	0.376
15	10	4	10×55	0.236	12	4	12×60	0.357	14	4	12×65	0.376
20	10	4	10×55	0.236	14	4	12×65	0.376	16	4	12×75	0.414
25	12	4	10×60	0.25	14	4	12×65	0.376	16	4	12×75	0.414
32	12	4	12×60	0.357	16	4	16×80	0.804	18	4	16×85	0.871
40	12	4	12×60	0.357	18	4	16×80	0.804	20	4	16×90	0.871
50	12	4	12×60	0.357	18	4	16×80	0.804	20	4	16×90	0.871
70	14	4	12×70	0.395	20	4	16×90	0.871	22	4	16×100	0.939
80	14	4	16×75	0.77	22	4	16×100	0.939	24	8	16×100	1.878
100	14	4	16×75	0.77	24	8	16×100	1.378	26	8	16×110	2.013
125	14	8	16×75	1.54	26	8	16×110	2.013	28	8	16×115	2.149
150	16	8	16×80	1.608	26	8	20×110	3.345	28	8	20×120	3.556
200	18	8	16×90	1.742	26	8	20×120	3.556	28	12	20×120	5.334
250	20	12	16×100	2.817	28	12	20×120	5.334	—	—	—	—
300	24	12	20×110	5.019	30	12	20×130	5.651	—	—	—	—
400	32	16	20×130	7.535	—	—	—	—	—	—	—	—
500	38	16	20×150	8.38	—	—	—	—	—	—	—	—

表 6-32 管口翻边活动法兰螺栓质量表

公称直径/mm	0.25MPa(2.5kgf/cm²)、0.6MPa(6kgf/cm²)			
	法兰		螺栓	
	δ	(孔数)	L	kg
15	10	4	10×45	0.21
20	10	4	10×45	0.21
25	12	4	10×50	0.223
32	12	4	12×50	0.319
40	12	4	12×50	0.319
50	12	4	12×50	0.319
70	14	4	12×55	0.338

续表

公称直径/mm	0.25MPa(2.5kgf/cm²)、0.6MPa(6kgf/cm²)			
	法	兰	螺	栓
	δ	(孔数)	L	kg
80	14	4	16×60	0.669
100	14	4	16×60	0.669
125	14	8	16×60	1.338
150	16	8	16×65	1.404
175	18	8	16×70	1.472
200	18	8	16×70	1.472
225	20	8	16×75	1.54
250	20	12	16×75	2.31
300	24	12	20×85	4.38
350	28	12	20×90	4.38
400	32	16	20×100	6.26
450	34	16	20×105	6.692
500	38	16	20×110	6.692

48. 阀门安装工程清单项目应如何列项?

低、中、高压阀门安装按压力、材质、规格、型号、连接形式及绝热、保护层等不同分别列项。

49. 编制阀门安装工程量清单时应明确描述哪些项目特征?

在编制阀门安装工程量清单项目时,应明确描述出下列特征。

(1)压力。阀门安装的压力划分范围如下:

低压:$0<P\leqslant1.6$MPa;

中压:$1.6\text{MPa}<P\leqslant10$MPa;

高压:一般管道 $10\text{MPa}<P\leqslant42$MPa;

蒸气管道 $P>9$MPa,工作温度≥500℃。

(2)材质。阀门安装清单项目必须明确描述阀门的材质,如碳钢、不锈钢、合金钢、铜等。

(3)型号及规格。阀门规格按公称直径,型号必须明确描述,如 Z15T—10、Z41T—16、J11T—10、J41H—16C、H41T—10 等。

(4)如果阀门要求绝热或保护层时,应指出绝热材料种类、保护层方式等。

50. 阀门安装工程清单工程内容应符合哪些要求?

(1)各工程量清单所列工程内容是完成该工程量清单项目时可能发生的工程内容,如实际完成工程项目与该工程内容不同时,可以进行增减。

(2)工程内容所列项目绝大部分属于计价的项目,编制工程量清单时应按图纸、规范、规程的要求,选择编制所需项目。工程内容中所列项目,应在分部分项工程量清单综合单价分析表中列项分析。

51. 阀门安装工程清单工程量计算应注意哪些问题?

(1)工程内容中的压力试验和阀门解体检查及研磨项目,均已包括在《全国统一安装工程预算定额》第六册的各阀门的安装工料机耗用量定额中,如招标人编制招标控制价,其工料机耗用量是按《全国统一安装工程预算定额》的工料消耗计价时,则上述工程内容不应再另行计价。投标人投标报价时,如采用企业定额,而企业定额又不包括上述工程内容的工料机消耗量时,则上述工程内容可另行计价。

(2)阀门与法兰连接时,其连接用螺栓应计入阀门安装材料费中,法兰安装不再计算螺栓。

52. 低压阀门工程量清单项目包括哪些?

低压阀门工程量清单项目包括:低压螺纹阀门,低压焊接阀门,低压法兰阀门,低压齿轮,液压传动,电动阀门,低压塑料阀门,低压玻璃阀门,低压安全阀门和低压调节阀门。

53. 怎样计算低压阀门清单工程量?

(1)低压螺纹阀门,低压焊接阀门,低压法兰阀门,低压齿轮,液压传动,电动阀门,低压塑料阀门,低压玻璃阀门,低压安全阀门,低压调节阀门的工程量按设计图示数量计算。

(2)低压阀门清单工程量计算说明:

1)各种形式补偿器(除方形补偿器外)、仪表流量计均按阀门安装工程量计算;

2)减压阀直径按高压侧计算;

3)电动阀门包括电动机安装。

54. 中压阀门工程量清单项目包括?

中压阀门工程量清单项目包括:中压螺纹阀门,中压法兰阀门,中压齿轮,液压传动,电动阀门,中压安全阀门,中压焊接阀门,中压调节阀门。

55. 怎样计算中压阀门清单工程量?

(1)中压螺纹阀门,中压法兰阀门,中压齿轮、液压传动、电动阀门、中压安全阀门的工程量按设计图示数量计算。清单工程量计算时要注意:

1)各种形式补偿器(除方形补偿器外)、仪表流量计均按阀门安装;

2)减压阀直径按高压侧计算;

3)电动阀门包括电动机安装。

(2)中压焊接阀门、中压调节阀门的工程量按设计图示数量计算。工程量计算时要主意:

1)各种形式补偿器(除方形补偿器外)、仪表流量计均按阀门安装;

2)减压阀门直径按高压侧计算。

56. 高压阀门工程量清单项目包括哪些?

高压阀门工程量清单项目包括:高压螺纹阀门、高压法兰阀门、高压焊接阀门。

57. 怎样计算高压阀门清单工程量?

高压螺纹阀门、高压法兰阀门和高压焊接阀门的工程量按设计图示数量计算。清单工程量计算时注意:

(1)各种形式补偿器(除方形补偿器外)、仪表流量计均按阀门安装;

(2)减压阀直径按高压侧计算。

第七章

·法兰安装工程量计算·

1. 什么是法兰？其应用范围是怎样的？

法兰是用于连接管子、设备等的带螺栓孔的突缘状元件。

法兰连接是一种承压的可拆卸管道紧密性连接方法。它是用两片法兰将管道、阀门、设备等连接成一个严密的管道系统。法兰连接主要用于管子与管子、管子与管道附件，管子与设备需拆卸场所的连接。

2. 法兰哪几种类型？其代号、图形如何表示？各有哪些用途？

法兰类型、代号、图形及用途，见表 7-1。

表 7-1　　法兰类型、代号、图形及用途表

法兰类别	代号	图　形	用　　途
板式平焊法兰	PL		适用于温度和压力较低的管道，一般压力在 2.5MPa 以下，温度不超过 250℃。公称直径 *DN*10～60mm
带颈平焊法兰	SO		适用范围：压力 *PN* 在 0.6～4.0MPa，公称直径在 *DN*10～600mm
带颈对焊法兰	WN		适用于压力、温度较高的管道，不易变形、密封性好，应用广泛。压力 *PN* 在 1.0～25MPa，公称直径 *DN* 10～2000mm
整体法兰	IF		适用压力 *PN* 为 0.6～25MPa，公称直径 *DN* 为 10～2000mm

续表

法兰类别	代号	图　形	用　　途
承插焊法兰	SW		一般为小管径，*DN* 为 10～50mm 公称压力 *PN* 在 1.0～10MPa
螺纹法兰	Th		常用于高压管线的连接，密封面要求极高。压力 *PN* 为 0.6～4MPa，公称直径 *DN* 为10～150mm
对焊环松套松兰	PJ/SE		用于铜、铝等有色金属及不锈钢耐酸钢容器的连接和耐腐蚀管线上。压力 *PN* 为 0.6～4.0MPa(平焊为 0.6～1.6MPa)公称直径 *DN* 为 10～600mm
平焊环松套法兰	PJ/RJ		
法兰盖	BL		适用压力 *PN* 为 0.25～25.0MPa，公称直径 *DN* 为 10～2000mm
衬里法兰盖	BL(S)		适用压力 *PN* 为 0.6～4.0MPa，公称直径 *DN* 为 40～600mm

3. 法兰密封形式有哪些？其代号、图形如何表示？各有哪些用途？

法兰密封形式、代号、图形及适用范围，见表 7-2。

表 7-2　　法兰密封面形式、代号、图形表

密封面形式		代号	图形	用途范围
突面		RF	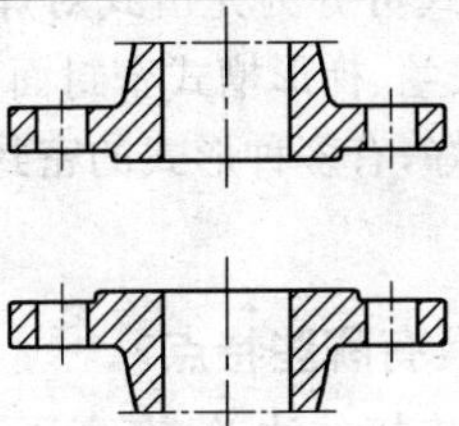	*DN*10～2000mm, *PN*0.25～2.5MPa *DN*10～600mm, *PN*4.0MPa *DN*10～400mm, *PN*6.3～10.0MPa *DN*10～300mm, *PN*16.0～25.0MPa
凸凹面		MFM	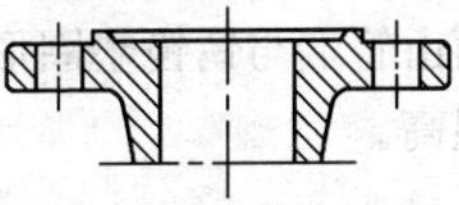	*DN*10～600mm, *PN*1.0～4.0MPa *DN*10～400mm, *PN*6.3～10.0MPa *DN*10～300mm, *PN*16.0MPa
	凸面	FM		
	凹面	M		
榫槽面		TG	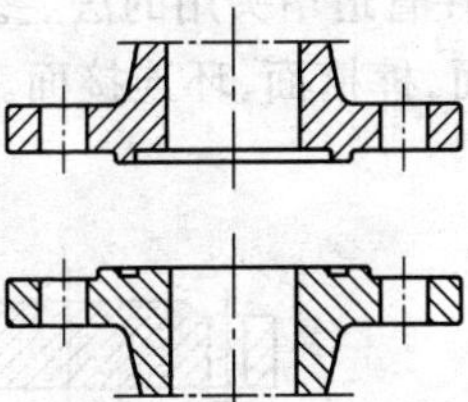	*DN*10～600mm, *PN*1.0～4.0MPa *DN*10～400mm, *PN*6.3～10.0MPa *DN*10～300mm, *PN*16.0MPa
	榫面	T		
	槽面	G		
全平面		FF	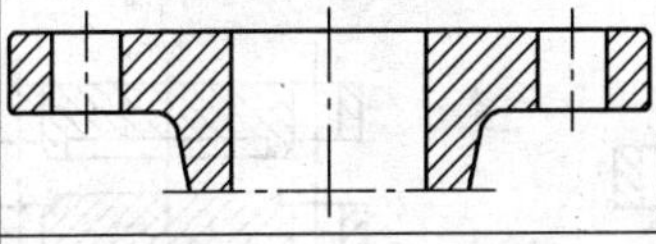	*DN*10～600mm, *PN*0.25～0.6MPa *DN*10～2000mm, *PN*1.0～1.6MPa
环连接面		RJ	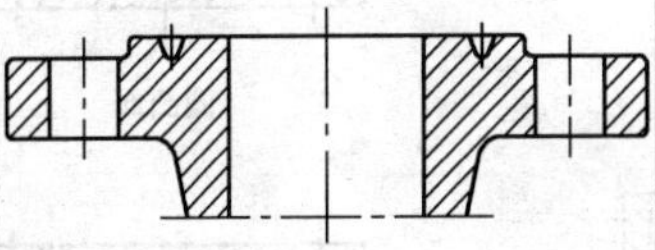	*DN*15～400mm, *PN*6.3～10.0MPa *DN*15～300mm, *PN*1.6～2.5MPa

4. 平焊法兰的构造形式是怎样的?

平焊法兰是最常用的一种法兰。这种法兰与管子的固定形式是将法兰套在管端,焊接法兰里口和外口,使其固定。平焊法兰密封面一般都为光滑式,密封面上加工有浅沟槽。

5. 对焊法兰有哪些种类？具有哪些特点？

对焊法兰根据其密封面的形式可分为光滑式对焊法兰、凹凸式密封面对焊法兰、榫槽式密封面对焊法兰、梯形槽式密封面对焊法兰。这种法兰的强度大，不易变形，密封性能好，有多种形式的密封面，适用压力范围很广。

6. 螺纹法兰有哪些种类？具有哪些特点？

螺纹法兰是利用螺纹与管端连接的法兰，有高压和低压两种。低压螺纹法兰，包括钢制和铸铁制两种。目前，低压螺纹法兰基本上已被平焊法兰所代替，高压螺纹法兰密封面由管端与锈镜垫圈形成，对螺纹与管端垫圈接触面的加工，要求精密度很高。

7. 什么是法兰盖？有哪些类型？

法兰盖是指中间不带孔供封住管道堵头用的法兰。它的密封面的形式种类较多，有平面、凸面、凹凸面、榫槽面、环连接面。法兰盖的结构形式如图 7-1 所示。

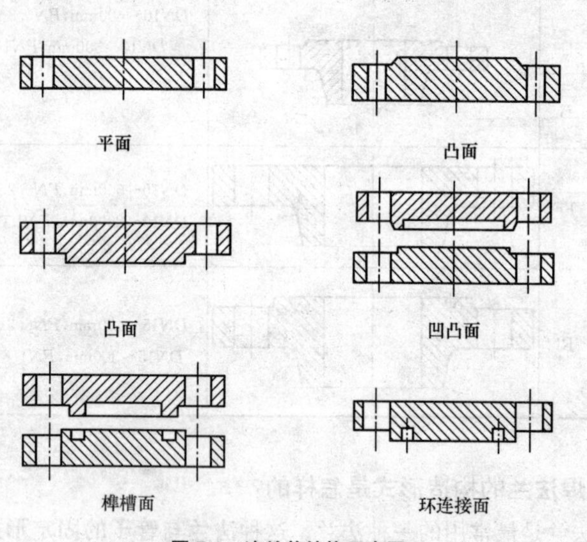

图 7-1　法兰盖结构示意图

8. 常用法兰钢管的类型有哪些?

常用法兰钢管外径包括两个系列,A 系列为国际通用系列,B 系列为国内沿用系列。公称通径和钢管外径见表 7-3。

表 7-3 公称通径和钢管外径 mm

公称通径 *DN*		10	15	20	25	32	40	50	65	80
钢管外径	A	17.2	21.3	26.9	33.7	42.4	48.3	60.3	76.1	88.9
	B	14	18	25	32	38	45	57	76	89
公称通径 *DN*		100	125	150	200	250	300	350	400	450	500
钢管外径	A	114.3	139.7	168.3	219.1	273	323.9	355.6	406.4	457	508
	B	108	133	159	219	273	325	377	426	480	530
公称通径 *DN*		600	700	800	900	1000	1200	1400	1600	1800	2000
钢管外径	A	610	711	813	914	1016	1219	1422	1626	1829	2032
	B	630	720	820	920	1020	1220	1420	1620	1820	2020

9. 法兰用材料的公称压力 *PN* 和工作温度范围是怎样的?

法兰用材料的公称压力 *PN* 和工作温度范围见表 7-4。

表 7-4 管法兰用材的公称压力和工作温度

类别	钢号(标准号)	公称压力 *PN* /MPa	工作温度 (℃)
Q235	Q235A(GB 3274)	≤1.0	0～+350
	Q235B(GB 3274)	≤1.6	0～+350
20	20(GB 711)	≤4.0	0～+350
	20R(GB 6654)	≤25.0	−20～+475
	20(JB 4726)	≤25.0	−20～+475
	09Mn2VD(JB 4727)	≤25.0	−50～+350
	09MnNiD(JB 4727)	≤25.0	−70～+350

续表

类 别	钢号(标准号)	公称压力 PN /MPa	工作温度 (℃)
16Mn	16MnR(GB 6654)	≤25.0	−20～+475
	16MnDR(GB 3531)	≤25.0	−40～+350
	16Mn(JB 4726)	≤25.0	−20～+475
	16MnD(JB 4727)	≤25.0	−40～+350
1Cr−0.5Mo	15CrMoR(GB 6654)	≤25.0	>−20～+550
	15CrMo(JB 4726)		
2¼Cr−1Mo	12Cr2Mol(JB 4726)	≤25.0	>−20～+575
5Cr−0.5Mo	1Cr5Mo(JB 4726)	≤25.0	>−20～+600
304L	00Cr19Ni10(GB 4237、JB 4728)	≤25.0	−196～+425
304	0Cr18Ni9(GB 4237、JB 4728)		−196～+700
321	0Cr18Ni0Ti(GB 4237、JB 4728)(1Cr18Ni9Ti)		
316L	00Cr17Ni14Mo2(GB 4237、JB 4728)		−196～+425
316	0Cr17Ni12Mo2(GB 4237、JB 4728)		−196～+700

注:1. 采用铸件材料的整体法兰其公称压力和工作温度按有关标准的规定。如有关产品标准未规定时,也可根据表,按与铸件对应的锻件材料确定公称压力和工作温度范围。

2. 采用钢管材料的奥氏体不锈钢对焊环公称压力和工作温度按有关钢管使用标准的规定。

10. 法兰的选用应符合哪些要求?

(1)法兰的加工各部尺寸应符合标准或设计要求,法兰表面应光滑,不得有砂眼、裂纹、斑点、毛刺等降低法兰强度和连接可靠性的缺陷。螺栓孔位置的偏差不得超过相关规定。

(2)法兰应根据介质的性质(如介质的腐蚀性、易燃易爆性、毒性及渗透性等)、温度和压力参数选用。

(3)选用标准法兰是按照标称压力和公称直径来选择的,但在管道工程中,常常是以工作压力为已知条件。因此,需根据所选用法兰的材料和介质的最高工作温度，把介质的工作压力换算成标称压力，再进行选用。

(4)根据标称压力、工作温度和介质性质选出所需法兰类型、标准号及其材料牌号，然后根据标称压力和公称直径查表确定法兰的结构尺寸、螺栓数目和尺寸。

(5)用于特殊介质的法兰材料牌号应与管子的材料牌号一致(松套法兰除外)。

11. 按标称压力选用标准法兰时应注意哪些事项?

(1)当选择与设备、阀门相连接的法兰时，应按设备和阀件的标称压力来选择，并核实属于哪个标准的法兰，否则，将造成所选法兰尺寸与设备阀门上的法兰尺寸不符。当采用凹凸或榫槽式法兰连接时，在一般情况下，设备与阀门上的法兰制成凹面或槽面，而配制的法兰应为凸面或榫面。

(2)对气体管道上的法兰，当标称压力小于 0.25MPa 时，一般应按 0.25MPa 等级选用。

(3)对于液体管道上的法兰，当标称压力小于 0.6MPa 时，一般应按 0.6MPa 等级选用。

(4)真空管道上的法兰，一般应选用 1MPa 凹凸式法兰。

(5)易燃易爆毒性和有刺激性介质管道上的法兰，其标称压力等级不得低于 1MPa(低压工业煤气，大口径管道除外，按专业管道设计要求)。

12. 如何选择法兰密封面的形式?

法兰密封面形式的选择，见表 7-5。

表 7-5　法兰密封面形式的选择

法兰类型	使用工况			
	一般	易燃、易爆、高度和极度危害	$PN \geqslant 10.0$MPa 高压	配用铸铁法兰
整体法兰(IF) 带劲对焊法兰(WN)	突面 (RF)	突面(RF) 凹凸面(MFM) 榫槽面(TG)	突面(RF) 环连接面(RJ)	全平面(FF)
螺纹法兰(Th) 板式平焊法兰(PL)	突面 (RF)	(注)	—	全平面(FF)

续表

法兰类型	使用工况			
	一般	易燃、易爆、高度和极度危害	$PN \geqslant 10.0$MPa 高压	配用铸铁法兰
对焊环松套法兰(PJ/SE)	突面(RF)	突面(RF)	—	—
平焊环松套法兰(PJ/RJ)	突面(RF)	突面(RF) 凹凸面(MFM) 榫槽面(TG) (注)	—	—
承插焊法兰(SW)	突面(RF)	突面(RF) 凹凸面(MFM) 榫槽面(TG)(注)	—	全平面(FF)
法兰盖(BL)	突面(RF)	突面(RF) 凹凸面(MFM) 榫槽面(TG)	突面(RF) 环连接面(RJ)	全平面(FF)
衬里法兰盖(RL(S))	突面(RF)	突面(RF) 凸面(M) 榫面(T) (注)	—	—

注:表中带括号注者不推荐使用。

13. 什么是垫片？法兰垫片有哪些类型？

垫片是指为防止介质泄漏,设置在静密封面之间的密封元件。管道工程中,各种介质法兰所用垫片的类型见表 7-6。

表 7-6 各种介质法兰用垫片类型

输送介质	法兰标称压力/MPa	介质温度(℃)	法兰类型	垫片类型
水、盐水、碱液、乳化液、酸类	≤1.0	<60	光滑面平焊	工业橡胶板
	≤1.0	<90		低压橡胶石棉板

续表

输送介质	法兰标称压力/MPa	介质温度(℃)	法兰类型	垫片类型
热水、化学软水、水蒸气、冷凝液	≤1.6	≤200	光滑面平焊	低、中压橡胶石棉板中压橡胶石棉板
	2.5	≤300		
	2.5	301～450	光滑面对焊	缠绕式垫片
	4.0	≤450	凸凹面对焊	缠绕式垫片
	6.4～20	<660		金属齿形垫片
压缩空气、惰性气体	≤1	<60	光滑面平焊	工业橡胶板
	1.6	<150		低、中压橡胶石棉板中压橡胶石棉板
	2.5	<200		
天然气、半水煤气、氮气、氢气	≤1.6	≤300	光滑面平焊	低、中压橡胶石棉板
	2.5	≤300		中压橡胶石棉板
	4.0	<500	凹凸面对焊	缠绕式垫片
	6.4	<500		金属齿形垫片
氨气、液氮	≤1.6	≤150	凹凸面平焊或对焊	低、中压橡胶石棉板
	2.5	≤150	凹凸面对焊	中压橡胶石棉板
乙炔、甲烷、乙烯等易燃、易爆气体、油品、油气、液化气、氢气、催化剂、溶剂、浓度小于25%的尿素	≤2.5	≤200	凹凸面平焊	耐油橡胶石棉板
	4.0	≤200	凹凸面对焊	缠绕式垫片
	≤1.6	≤200	光滑面平焊	耐油橡胶石棉板
	≤1.6	201～250	光滑面对焊	缠绕式垫片
	2.5	≤200	光滑面平焊	耐油橡胶石棉板
	2.5	201～550	光滑面对焊	缠绕式垫片
	4.0	≤550	凹凸面对焊	缠绕式垫片
	6.4	≤550	凹凸或梯形槽面对焊	金属齿形或椭圆形
	10.0～16.0	<550	梯形槽面对焊	金属椭圆形垫片

续表

输送介质	法兰标称压力/MPa	介质温度(℃)	法兰类型	垫片类型
具有氧化性的气体	0.6	300	光滑面平焊	浸渍过的白石棉
水、压缩空气、酸碱溶液、具有氧化性气体	0.6	50	光滑面平焊	软聚氯乙烯板

14. 法兰垫片的质量应符合哪些要求？

(1)法兰垫片是成品件时，应检查核实其材质，尺寸应符合标准或设计要求。软垫片应质地柔韧，无老化变质现象，表面不应有折损皱纹缺陷；金属垫片的加工尺寸、精度、粗糙度及硬度都应符合要求，表面无裂纹、毛刺、凹槽、径向划痕及锈斑缺陷。

(2)法兰垫片无成品件时，应根据需要现场自行加工，加工方法有手工剪制和工具切割两种。手工剪制时常剪成手柄式，以便安装时调整垫片位置；用工具切割时，常用图 7-2 所示的切割工具（安装在台钻上使用），切下的垫片既标准又省力。

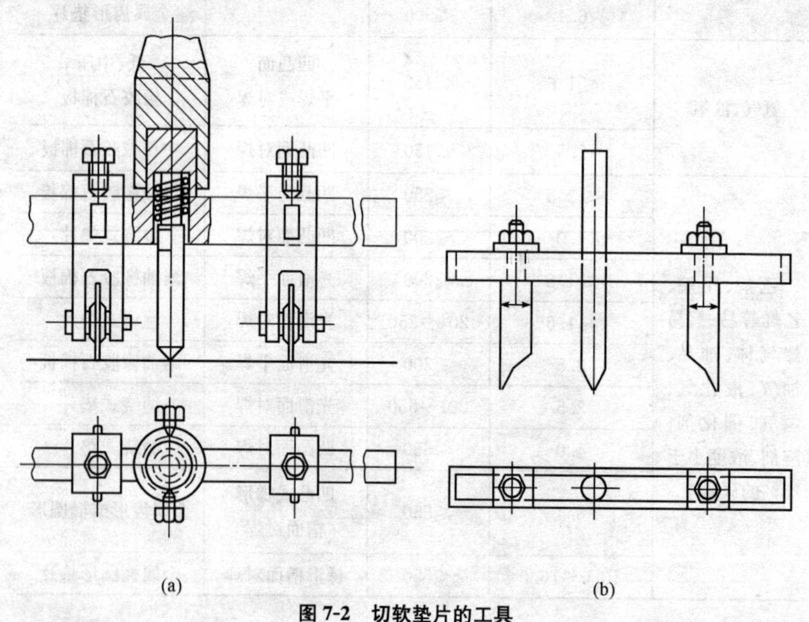

图 7-2　切软垫片的工具

(3)法兰软垫片尺寸的允许误差见表7-7。

表 7-7　　法兰软垫片内外径允许偏差　　mm

公称直径 DN ＼ 允许偏差 ＼ 密封面形式	光滑式		凹凸式		榫槽式	
	内 径	外 径	内 径	外 径	内 径	外 径
DN<125	+2.5	−2.0	+2.0	−1.5	+1.0	−1.0
DN≥125	+3.5	−3.5	+3.0	−3.0	+1.5	−1.5

15. 法兰垫片的选用应符合哪些要求？

(1)橡胶石棉板垫片用于水管和压缩空气管道法兰时，应涂以鱼油和石墨粉的拌合物；用于蒸汽管道法兰时，应涂以机油和石墨粉的拌合物。

(2)耐酸石棉板在使用前，要进行浸渍。浸渍液通常可用以下4种：

1)石油沥青75%，煤焦油15%，石蜡15%；

2)变压器油75%，石蜡25%；

3)煤焦油80%～90%，沥青10%～20%；

4)水玻璃。

(3)金属石棉缠绕式垫片有多道密封作用，弹性较好，可供标称压力1.6～4.0MPa管道法兰上使用，且很适宜在温度压力有较大波动的管道法兰上使用。其适用的介质参数见表7-8。

表 7-8　　金属石棉缠绕式垫片使用条件及材质

工作温度(℃)	工作压力/MPa	工作介质	钢带材质	填料材料
<350	1～4	蒸汽	08钢(镀锌)	XB350或石棉纸
350～450	2.5～10	蒸汽	08钢(镀锌)	XB450或石棉纸
451～600	4～10	油气、蒸汽	0Cr13或1Cr13	石棉纸
≤350	1～10	油品	08钢(镀锌)	耐油橡胶石棉板

(4)标称压力 $PN \geqslant 6.4$MPa 的法兰应采用金属垫片。金属垫片的材质应与管材一致。常用金属垫片的截面有齿形、椭圆形和八角形等数种。金属齿形垫片因每个齿都起密封作用,是一种多道密封垫片,密封性能好,适用于标称压力 $PN \geqslant 6.4$MPa 的凹凸面法兰,也可用于光滑面法兰;椭圆和八角形的金属垫片适用于标称压力 $PN \geqslant 6.4$MPa 的梯形槽式法兰。

16. 什么是法兰紧固件?

法兰紧固件是指连接法兰的螺栓、螺母和垫圈。

17. 法兰用紧固件的形式、规格和图形是怎样的?

法兰用紧固件的形式、规格和图形,见表 7-9。

表 7-9　法兰用坚固件的形式、规格和图形

形式	规　格	图　形	材料牌号
六角头螺栓	粗牙:M10、M12、M16、M20、M24、M27 细牙:M30×2、M33×2、M36×3、M39×3、M45×3、M52×3、M56×3	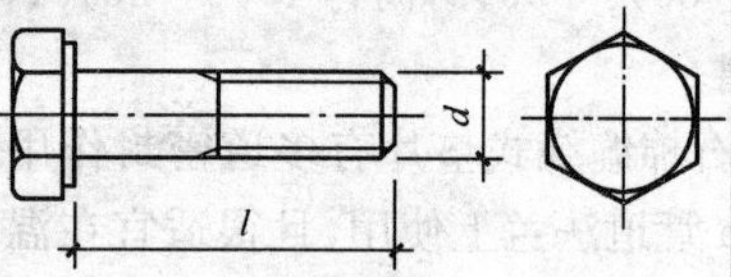 d　l	
等长双头螺栓	M10、M12、M16、M20、M24、M27、M30×2、M33×2、M36×3、M39×3、M45×3、M48×3、M52×4、M56×4	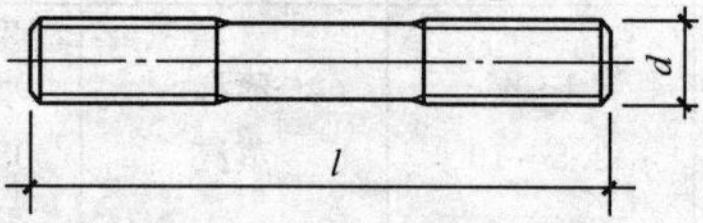 d　l	35CrMoA 25Cr2MoVA 0Cr18Ni9 0Cr17Ni12Mo2

续表

形式	规　格	图　　形	材料牌号
全螺纹螺栓	M10、M12、M16、M20、M24、M27、M30×2、M33×2、M36×3、M39×3、M45×3、M48×3、M45×3、M48×3、M52×4、M56×4	d l	35CrMoA 25Cr2MoVA 0Cr18Ni9 0Cr17Ni12Mo2
Ⅰ形六角螺栓	粗牙：M10、M12、M16、M20、M24、M27 细牙：M30×2、M33×2、M36×3、M39×3、M45×3、M48×3、M52×4、M56×4	d	30CrMo 0Cr18Ni9 0Cr17Ni12Mo2

18. 法兰紧固件的使用压力和温度范围是怎样的？

紧固件的使用压力和温度范围，见表7-10。

表7-10　　紧固件的使用压力和温度范围

螺栓、螺柱的形式(标准号)	产品等级	规　格	性能等级(商品级)	公称压力 *PN* /MPa(bar)	使用温度(℃)	材料牌号(专用级)	公称压力 *PN* /MPa(bar)	使用温度(℃)
六角头螺栓(GB 5782 粗牙)(GB 5785 细牙)	A级和B级	M10～M27(粗牙) M30×2～M56×4(细牙)	8.8,5.6	≤1.6(16)	>－20～＋250			
			A2-50		－196～＋600			
			A2-70 A4-70		－196～＋600			

续表

螺栓、螺柱的形式（标准号）	产品等级	规格	性能等级（商品级）	公称压力 PN /MPa(bar)	使用温度（℃）	材料牌号（专用级）	公称压力 PN /MPa(bar)	使用温度（℃）
从头螺柱（GB 901 商品级）（HG 20613 专用级）	B级	M10～M27（粗牙）	8.8	≤4.0(40)	>-20～+250	35CrMoA	≤10.0(100)	-100～+500
			A2-50		-196～+600	25Cr2MoVA		>-20～+550
		M30×2～M56×4（细牙）	A2-70		-196～+600	0Cr18Ni9		-196～+600
			A4-70			0Cr17Ni12Mo2		-196～+600
全螺纹螺柱（HG 20613 专用级）	B级	M10～M27（粗牙）				35CrMoA	≤25.0(250)	-100～+500
						25Cr2MoVA		>-20～+550
		M30×2～M56×4（细牙）				0Cr18Ni9		-196～+600
						0Cr17Ni12Mo2		-196～+600

19. 法兰紧固件的选用应符合哪些要求？

（1）螺栓及螺母的螺纹应完整，无伤痕、毛刺等缺陷。螺栓螺母应配合良好，无松动和卡涩现象。

（2）在选择螺栓和螺母材料牌号时应注意螺母材料的硬度不要高于螺栓材料的硬度，以避免螺母损坏螺杆上的螺纹。表 7-11 列出了螺栓螺母的对应材质。

（3）在一般情况下，螺母下不设垫圈。当螺杆上的螺纹长度稍短，无法拧紧螺栓时，可设一钢制垫圈补偿，如表 7-12 附图所示，但不得采用垫圈叠加方法来补偿螺纹长度。螺纹露出螺母的长度应符合表 7-12 的要求。

表 7-11　　螺栓螺母形式和材质

紧固件名称	标称压力 /MPa	使用温度（℃）<350	使用温度（℃）<425	使用温度（℃）≥425	螺栓螺母型式
螺栓	<4	Q235、A4	25、35	合金钢	p<4MPa，t<350℃为半精制六角头螺栓，其余为精制双头螺栓
	4～6.4	35、40			
	≥10～32	40、合金钢			
螺母	<4	Q235、A4	20、30	35、45 合金钢	p<4MPa，t<350℃为半精制 A 型六角螺母，其余为精制六角螺母
	≥4～6.4	25　35			
	≥10～32	35、40 合金钢			

表 7-12　　　　　　　　　　螺纹露在螺母外面的长度

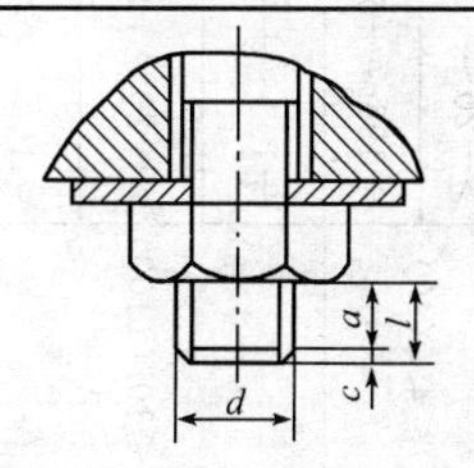

螺纹直径 d/mm	6	7	8	9	10	11	12	14	16	18
露出螺纹长度 a/mm	1.5～2.5			2～3				2.5～4		
c/mm	1	1	1.2	1.2	1.5	1.5	1.8	2	2	2.5
露出总长度 l/mm	2.5～3.5	2.5～3.5	2.7～3.7	3.2～4.2	3.5～4.5	3.5～4.5	3.8～4.8	4.5～6	5～6.5	5～6.5

螺纹直径 d/mm	20	22	24	27	30	33	36	39	42	45	48
露出螺纹长度 a/mm	2.5～4		3～5				4～7				6～10
c/mm	2.5	2.5	3	3.5	4	4	4.5	4.5	5	5	6
露出总长度 l/mm	5～6.5	5～6.5	6～8	6.5～8.5	7～9	7～9	8.5～11.5	8.5～11.5	9～12	9～12	12～16

20. 如何进行六角螺栓、螺柱与螺母的配用？

六角螺栓、螺柱与螺母的配用，见表 7-13。

21. 如何进行法兰、垫片、紧固件的选配？

法兰、垫片、紧固件的选配，见表 7-14。

表 7-13　六角螺栓、螺柱与螺母的配用

<table>
<tr><th rowspan="2">等级</th><th rowspan="2">规　格</th><th colspan="2">六角螺栓、螺柱</th><th colspan="2">螺　母</th><th rowspan="2">公称压力 PN /MPa(bar)</th><th rowspan="2">工作温度/℃</th></tr>
<tr><th>形式及产品等级（标准号）</th><th>性能等级或材料牌号</th><th>形式及产品等级（标准号）</th><th>性能等级或材料牌号</th></tr>
<tr><td rowspan="4">商品级</td><td rowspan="2">M10～M27
M30×2～M56×4</td><td rowspan="2">六角螺栓 A 级和 B 级（GB 5782、GB 5785）</td><td>8.8 级、5.6 级</td><td rowspan="2">1 型六角螺母（GB 6170、GB 6171）</td><td>8 级、5 级</td><td>≤1.6(16)</td><td>>−20～+250</td></tr>
<tr><td>A2-50、A2-70、A4-70</td><td>A2-50、A2-70、A4-70</td><td>≤4.0(40)</td><td>>−196～+600</td></tr>
<tr><td rowspan="2">M10～M27
M30×2～M56×4</td><td rowspan="2">双头螺柱 B 级（GB 901）</td><td>8.8 级</td><td rowspan="2">1 型六角螺母（GB 6170、GB 6171）</td><td>8 级</td><td rowspan="2">≤4.0(40)</td><td>>−20～+250</td></tr>
<tr><td>A2-50、A2-70、A4-70</td><td>A2-50、A2-70、A4-70</td><td>−196～+600</td></tr>
<tr><td rowspan="12">专用级</td><td rowspan="12">M10～27
M30×2～M56×4</td><td rowspan="12">双头螺柱 B 级（HG 20613）</td><td rowspan="3">35CrMoA</td><td rowspan="12">六角螺母（HG 20613）</td><td rowspan="4">30CrMo</td><td rowspan="12">≤10.0(100)</td><td rowspan="4">−100～+500</td></tr>
<tr></tr>
<tr></tr>
<tr><td rowspan="3">25Cr2MoVA</td></tr>
<tr><td rowspan="4">0Cr18Ni9</td><td rowspan="4">>−20～+550</td></tr>
<tr></tr>
<tr><td rowspan="3">0Cr18Ni9</td></tr>
<tr></tr>
<tr><td rowspan="4">0Cr17Ni12Mo2</td><td rowspan="4">−196～+600</td></tr>
<tr><td rowspan="3">0Cr17Ni12Mo2</td></tr>
<tr></tr>
<tr></tr>
<tr><td rowspan="12">专用级</td><td rowspan="12">M10～M27
M30×2～M56×4</td><td rowspan="12">全螺纹螺柱 B 级（HG 20613）</td><td rowspan="3">35CrMoA</td><td rowspan="12">六角螺母（HG 20613）</td><td rowspan="4">30CrMo</td><td rowspan="12">≤25.0(250)</td><td rowspan="4">−100～+500</td></tr>
<tr></tr>
<tr></tr>
<tr><td rowspan="3">25Cr2MoVA</td></tr>
<tr><td rowspan="4">0Cr18Ni9</td><td rowspan="4">>−20～+500</td></tr>
<tr></tr>
<tr><td rowspan="3">0Cr18Ni9</td></tr>
<tr></tr>
<tr><td rowspan="4">0Cr17Ni12Mo2</td><td rowspan="4">−196～+600</td></tr>
<tr><td rowspan="3">0Cr17Ni12Mo2</td></tr>
<tr></tr>
<tr></tr>
</table>

表 7-14　法兰、垫片、紧固件的选配(铁素体钢制管法兰)

垫片形式	使用压力 PN/MPa	密封面形式	密封面表面粗糙度	法兰形式	垫处最高使用温度(℃)	紧固件形式	紧固件性能等级或材料牌号				
							200℃	250℃	300℃	500℃	550℃
橡胶垫版	≤1.6	突面、凹凸面、榫槽面、全平面	密纹水线或 Ra6.3～12.5	各种形式	200	六角螺栓 双头螺柱 全螺纹螺柱	5.6 级 8.8 级 35CrMoA 25Cr2MoVA				
石棉橡胶板垫片	≤2.5	突面、凹凸面、榫槽面、全平面	密纹水线或 Ra6.3～12.5	各种形式	300	六角螺栓 双头螺柱 全螺纹螺柱		5.6 级 8.8 级 35CrMoA 25Cr2MoVA	35CrMoA 25Cr2MoVA		
合成纤维橡胶垫片	≤4.0	突面、凹凸面、榫槽面、全平面	密纹水线或 Ra6.3～12.5	各种形式	290	六角螺栓 双头螺柱 全螺纹螺柱		5.6 级 8.8 级 35CrMoA 25Cr2MoVA	35CrMoA 25Cr2MoVA		

续表

垫片形式	使用压力 PN/MPa	密封面形式	密封面表面粗糙度	法兰形式	垫处最高使用温度（℃）	紧固件形式	紧固件性能等级或材料牌号				
							200℃	250℃	300℃	500℃	550℃
聚四氟乙烯垫片(改性或填充)	≤4.0	突面、凹凸面、榫槽面、全平面	密纹水线或 Ra6.3～12.5	各种形式	260	六角螺栓 双头螺柱 全螺纹螺柱		5.6 级 8.8 级 35CrMoA 25Cr2MoVA	35CrMoA 25Cr2MoVA		
柔性石墨复合垫	1.0～6.3	突面、凹凸面、榫槽面	密纹水线或 Ra6.3～12.5	各种形式	650(450)	六角螺栓 双头螺柱 全螺纹螺柱		5.6 级 8.8 级 35CrMoA 25Cr2MoVA		35CrMoA 25Cr2MoVA	25Cr2MoVA
聚四氟乙烯包覆垫	0.6～4.0	突面	密纹水线或 Ra6.3～12.5	各种形式	150(200)	六角螺栓 双头螺柱 全螺纹螺柱	5.6 级 8.8 级 35CrMoA 25Cr2MoVA				
缠绕垫	1.6～16.0	突面、凹凸面、榫槽面	Ra3.2～63	带颈平焊法兰 带颈对焊法兰 整体法兰 承插焊法兰 对焊环松套法兰 法兰盖	650	双头螺柱 全螺纹螺柱		8.8 级	35CrMoA 25Cr2MoVA	25Cr2MoVA	

续表

垫片形式	使用压力 PN/MPa	密封面形式	密封面表面粗糙度	法兰形式	垫处最高使用温度（℃）	紧固件形式	紧固件性能等级或材料牌号				
							200℃	250℃	300℃	500℃	550℃
金属包覆垫	2.5～10.0	突面	Ra1.6～3.2(碳钢) Ra0.8～1.6（不锈钢）	带颈对焊法兰 整体法兰 法兰盖	500	双头螺柱 全螺纹螺柱				35CrMoA 25Cr2MoVA	
齿形组合垫	1.6～25.0	突面、凹凸面	Ra3.2～6.3	带颈对焊法兰 整体法兰 法兰盖	650	双头螺柱 全螺纹螺柱				35CrMoA 25Cr2MoVA	25Cr2MoVA
金属环垫	6.3～25.0	环连接面	Ra0.8～1.6（碳钢、铬钼钢） Ra0.4～0.8（不锈钢）	带颈对焊法兰 整体法兰 法兰盖	600	双头螺柱 全螺纹螺柱			35CrMoA 25Cr2MoVA	25Cr2MoVA	

22. 如何进行法兰安装?

(1)法兰与管子组装前应对管子端面进行检查,管口端面倾斜尺寸 C 不得大于 1.5mm。

(2)法兰与管子组装时,要用法兰弯尺检查法兰的垂直度。法兰连接的平行偏差尺寸值当设计无明确规定时,则不应大于法兰外径的 1.5%,且不应大于 2mm。

(3)法兰与法兰对接连接时,密封面应保持平行。法兰密封面的平行度及平行度允许偏差值见表 7-16。

表 7-16 法兰密封面平行度偏差及偏差允许值 mm

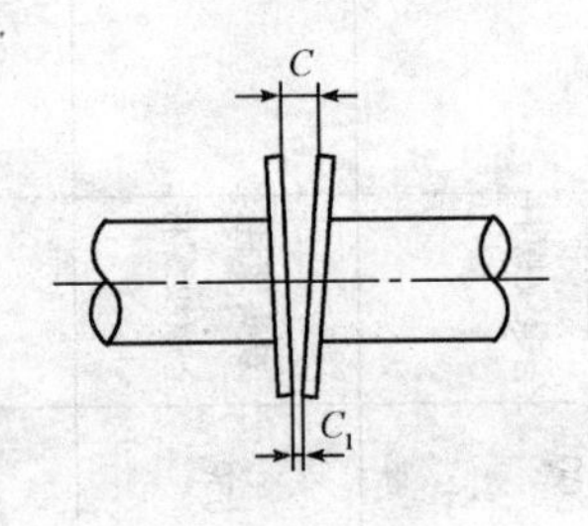

法兰公称直径 DN	在下列标称压力下的允许偏差($C-C_1$ 的数值)		
	$PN<1.6$MPa	$1.6\leqslant PN\leqslant 6.0$MPa	$PN>6.0$MPa
≤100	0.2	0.10	0.05
>100	0.3	0.15	0.06

(4)为便于装、拆法兰,紧固螺栓,法兰平面距支架和墙面的距离不应小于 200mm。

(5)工作温度高于 100℃的管道的螺栓应涂一层石墨粉和机油的调和

物，以便日后拆卸。

(6)拧紧螺栓时应对称成十字交叉进行，以保障垫片各处受力均匀。拧紧后螺栓露出螺纹的长度不应大于螺栓直径的一半，也不应小于 2mm。

(7)法兰连接好后，应进行试压，发现渗漏，需要更换垫片。

(8)当法兰连接的管道需要封堵时，则采用法兰盖。法兰盖的类型、结构、尺寸及材质应和所配用的法兰相一致，只不过法兰盖无中间安装管子的法兰孔。

23. 如何进行法兰连接?

(1)法兰与管子组装应用图 7-3 所示方法对管子端面进行检查，管口端面倾斜尺寸轴不能大于 1.5mm；法兰与管子组装时，要用法兰弯尺检查法兰的垂直度，如图 7-4 所示。法兰连接的平行度偏差尺寸轴当设计无明确规定时，则不应大于法兰外径的 1.5/1000，且不应大于 2mm；法兰与法兰连接时密封面应保持平行，法兰密封面的平行度见图 7-5，平行度允许偏差值见表 7-17。

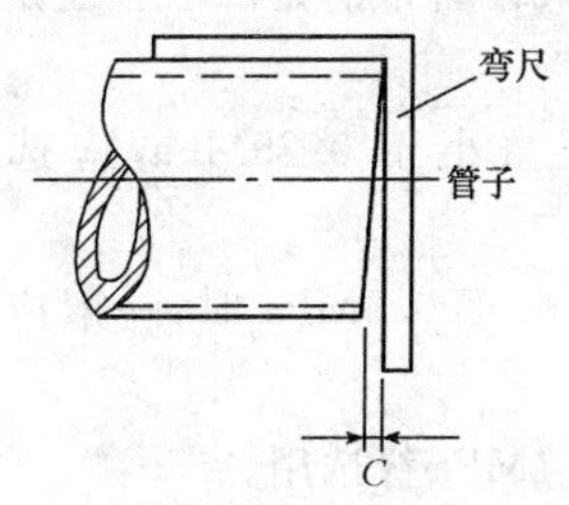

图 7-3　管子端面头检查

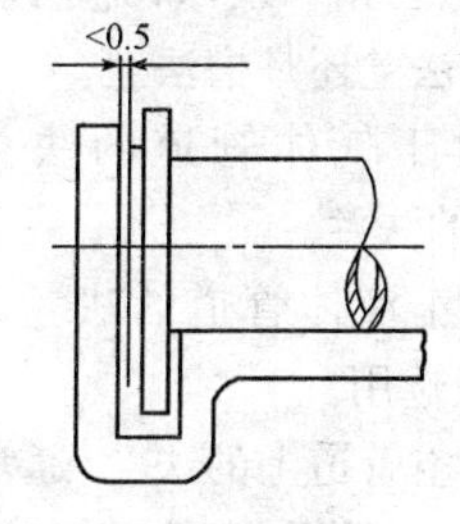

图 7-4　法兰角尺检查法兰垂直度

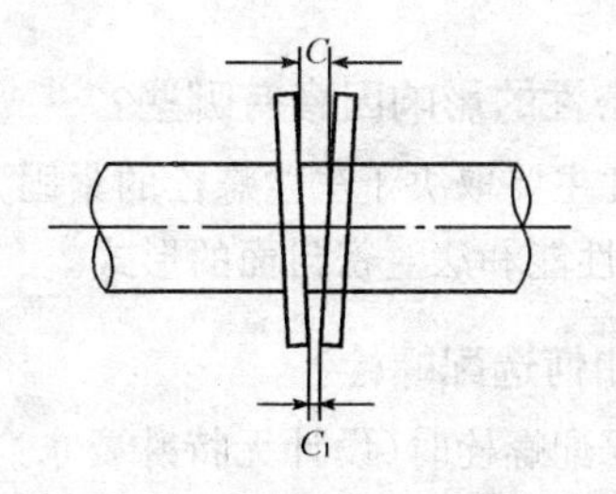

图 7-5　法兰对口平行度偏差

表 7-17 法兰与法兰、法兰与阀件法兰平行度允许偏差值

公称通径 *DN* /mm	在下列公称压力下的允许偏差($C-C_1$ 的数值)/mm	
	公称压力 *PN*＜1.6MPa	公称压力 *PN*＝1.6～4MPa
≤100	0.20	0.10
＞100	0.30	0.15

(2)为便于装、拆法兰，紧固螺栓，法兰平面距支架和墙面的距离应大于或等于 20cm。

(3)对于工作温度高于 100℃的管道法兰，螺栓应涂一层石墨粉和机油的调和物，以便拆卸。

(4)为了保障垫片各处均匀受力，拧紧螺栓时应对称成十字式交叉进行，以保障垫片各处受力均匀。拧紧露出螺纹的长度不应大于螺栓直径的一半，也不应少于两个螺距。

(5)当选择设备或阀件的配用法兰时，原设备或阀件的法兰要与管子所选用的法兰相一致，如确定凸凹式或榫槽式设备带的是凹法兰还是凸法兰，是榫法兰还是槽法兰。

(6)对于气体管道的法兰，当工作压力小于 0.25MPa，应选用 0.25MPa 的法兰。

(7)对于液体管道的法兰，当工作压力大于 0.6MPa 时，一般应按 0.6MPa 级选用。

(8)真空管道上的法兰，通常按公称压力 1MPa 级选用。

(9)易燃、易爆，毒性和刺激性介质管道上的法兰，其公称压力等级不低于 1MPa 级。

24. 法兰连接严密性的影响因素有哪些?

法兰连接的严密性主要取决于法兰螺栓的紧固力大小和各个螺栓坚固力的均匀性、垫片的性能和法兰密封面的形式。

25. 平焊钢法兰如何选配螺栓?

当平焊钢法兰需要配螺栓时(设计无特殊要求)，可按表 7-18 中的数字配置。

表 7-18　　平焊钢法兰用螺栓数量、长度查对表(每一副)

管道公称通径 DN /mm	公称压力 PN/MPa									
	0.25		0.6		1.0		1.6		2.5	
	螺栓数/个	螺栓直径及长度	螺栓数/个	螺栓直径及长度	螺栓数/个	螺栓直径及长度	螺栓数/个	螺栓直径及长度	螺栓数/个	螺栓直径及长度
10	4	10×35	4	10×35	4	12×40	4	12×45	4	12×50
15	4	10×35	4	10×35	4	12×40	4	12×45	4	12×50
20	4	10×40	4	10×40	4	12×45	4	12×50	4	12×50
25	4	10×40	4	10×40	4	12×45	4	12×50	4	12×50
32	4	10×40	4	10×50	4	16×50	4	16×55	4	16×60
40	4	12×40	4	12×50	4	16×55	4	16×60	4	16×66
50	4	12×40	4	12×50	4	16×55	4	16×65	4	16×70
65	4	12×45	4	12×50	4	16×60	4	16×70	8	16×70
80	4	16×50	4	16×55	4	16×60	8	16×70	8	16×70
100	4	16×50	4	16×55	8	16×65	8	16×70	8	20×80
125	8	16×50	8	16×60	8	16×70	8	16×75	8	22×85
150	8	16×55	8	16×60	8	20×70	8	20×80	8	22×85
175	8	16×55	8	16×65	8	20×70	8	20×80	12	22×90
200	8	16×55	8	16×65	8	20×70	12	20×85	12	22×90
225	8	16×60	8	16×65	8	20×70	12	20×85	12	27×100
250	12	16×65	12	16×70	12	20×75	12	22×90	12	27×100
300	12	20×70	12	20×70	12	20×80	12	22×90	16	27×105
350	12	20×70	12	20×75	16	20×80	16	22×95	16	30×120
400	16	20×70	16	20×80	16	22×85	16	27×105	16	30×120

注：PN<1.6MPa 的法兰盘采用粗制六角螺栓，PN≥1.6MPa 的法兰盘用半光六角螺栓。

26. 法兰安装定额说明主要包括哪些内容?

(1)《全国统一安装工程预算定额》第六册“工业管道工程”中法兰安装工程适用于低、中、高压管道、管件、法兰阀门上的各种法兰安装,以“副”为计量单位。

(2)不锈钢、有色金属的焊环活动法兰,执行翻边活动法兰安装相应定额。

(3)透镜垫、螺栓本身价格另行计算,其中螺栓按实际用量加损耗计算。

(4)定额内垫片材质与实际不符时,可按实调整。

(5)全加热套管法兰安装,按内套管法兰直径执行相应定额乘以系数2.0。

(6)法兰安装以“个”为单位计算时,执行法兰安装定额乘以系数0.61,螺栓数量不变。

(7)中压平焊法兰,执行低压相应定额乘以系数1.2。

(8)节流装置,执行法兰安装相应定额乘以系数0.8。

(9)各种法兰安装,定额只包括一个垫片和一副法兰用的螺栓。

27. 玻璃钢法兰安装应怎样套用定额?

法兰安装已包括在管道安装中,不得另行计算。

28. 如何计算法兰安装工程定额工程量?

(1)低、中、高压管道、管件、法兰、阀门上的各种法兰安装,应按不同压力、材质、规格和种类,分别以“副”为计量单位。压力等级按设计图纸规定执行相应定额。

(2)不锈钢、有色金属的焊环活动法兰安装,可执行翻边活动法兰安装相应定额,但应将定额中的翻边短管换为焊环,并另行计算其价值。

(3)中、低压法兰安装的垫片是按石棉橡胶板考虑的,如设计有特殊要求时可作调整。

(4)法兰安装不包括安装后系统调试运转中的冷热态紧固内容,发生时可另行计算。

(5)高压碳钢螺纹法兰安装,包括了螺栓涂二硫化钼工作内容。

(6)高压对焊法兰包括了密封面涂机油工作内容,不包括螺栓涂二硫化钼、石墨机油或石墨粉。硬度检查应按设计要求另行计算。

(7)中压螺纹法兰安装,按低压螺纹法兰项目乘以系数1.2。

(8)用法兰连接的管道安装,管道与法兰分别计算工程量,执行相应定额。

(9)在管道上安装的节流装置,已包括了短管装拆工作内容,执行法兰安装相应定额乘以系数0.7。

(10)配法兰的盲板只计算主材费,安装费已包括在单片法兰安装中。

(11)焊接盲板(封头),执行管件连接相应项目乘以系数0.6。

(12)中压平焊法兰,执行低压平焊法兰项目乘以系数1.2。

29. 用法兰连接的管道安装应怎样执行定额?

用法兰连接的管道安装,管道与法兰分别计算工程量,执行相应定额。如管段长度100m,用5副法兰连接,其工程量是管道安装100m,法兰安装5副。

30. 法兰安装工程清单项目应如何列项?

低、中、高压法兰安装,按压力、材质、规格、型号、连接形式及绝热、保护层等不同分别列项。

31. 编制法兰安装工程量清单时应明确描述哪些项目特征?

在编制法兰安装工程量清单项目时,应明确标出下列特征。

(1)压力。法兰安装的压力划分范围如下:

低压:$0<P\leqslant1.6$MPa;

中压:$1.6\text{MPa}<P\leqslant10$MPa;

高压:一般管道 $10\text{MPa}<P\leqslant42$MPa;

蒸气管道靡>9MPa,工作温度≥500℃。

(2)材质:法兰安装清单项目必须明确标出法兰的材质,如碳钢、不锈钢(12CrMo、1Cr18Ni9、Cr18Ni13Mo3Ti 等)、合金钢(16Mn、15MnV 等)、铜(T1、T2、T3、H59～H96 等)、铝(L1～L6、LF2～LF12)。

(3)连接形式。法兰安装清单项目应明确标出法兰安装的连接形式。如丝接、焊接(如氧乙炔焊、电弧焊、氩弧焊、氩电联焊等)。

(4)型号及规格。法兰安装清单项目应明确标出规格、型号。碳钢法兰、不锈钢法兰、不锈钢翻边法兰、合金钢法兰均按公称直径表示;铝法兰、铝翻边法兰、铜法兰、铜翻边法兰按外径表示;法兰型号应按平焊法兰、对焊法兰、翻边活动法兰表示。

32. 怎样理解法兰安装工程清单项目的工程内容?

(1)各工程量清单所列工程内容是完成该工程量清单项目时可能发生的工程内容,如实际完成工程项目与该工程内容不同时,可以进行增减。

(2)工程内容所列项目绝大部分属于计价的项目,编制工程量清单时应按图纸、规范、规程的要求,选择列项,如焊口预热及后热、焊口热处理、焊口充氩保护、焊口硬度测试等。工程内容中所列项目,应在分部分项工程量清单综合单价分析表中列项分析。

33. 法兰安装工程清单工程量计算应注意哪些问题?

(1)翻边活动法兰短管如为成品供应时,不列工程内容中的翻边活动法兰短管制作项目。

(2)盲板(法兰盖)安装只计算本身材料费,不计算安装费。

(3)法兰与阀门连接时,连接用的螺栓应计入阀门安装材料费中,除法兰与法兰连接外,法兰安装不再计算螺栓的材料费。

34. 低压法兰工程量清单项目包括哪些?

低压法兰工程量清单项目包括:低压碳钢螺纹法兰,低压碳钢平焊法兰,低压碳钢对焊法兰,低压不锈钢平焊法兰,低压不锈钢翻边活动法兰,低压不锈钢对焊法兰,低压合金钢平焊法兰,低压铝管翻边活动法兰,低压铝、铝合金法兰，低压铜法兰和铜管翻边活动法兰。

35. 怎样计算低压法兰清单工程量？

(1)低压碳钢螺纹法兰，低压碳钢平焊法兰，低压碳钢对焊法兰，低压不锈钢平焊法兰，低压不锈钢翻边活动法兰，低压不锈钢对焊法兰，低压合金钢平焊法兰，低压铝管翻边活动法兰，低压铝、铝合金法兰，低压铜法兰，铜管翻边活动法兰的工程量按设计图示数量计算。

(2)低压法兰清单工程量计算说明。

1)单片法兰、焊接盲板和封头按法兰安装计算，但法兰盲板不计安装工程量。

2)不锈钢、有色金属材质的焊环活动法兰按翻边活动法兰安装计算。

36. 中压法兰工程量清单项目包括哪些？

中压法兰工程量清单项目包括：中压碳钢螺纹法兰、中压碳钢平焊法兰、中压碳钢对焊法兰、中压不锈钢平焊法兰、中压不锈钢对焊法兰、中压合金钢对焊法兰、中压钢管对焊法兰。

37. 怎样计算中压法兰清单工程量？

(1)中压碳钢螺纹法兰、中压碳钢平焊法兰、中压碳钢对焊法兰、中压不锈钢平焊法兰、中压不锈钢对焊法兰、中压合金对焊法兰、中压铜管对焊法兰的工程量按设计图示数量计算。

(2)中压法兰清单工程量计算说明。

1)单片法兰、焊接盲板和封头按法兰安装计算，但法兰盲板不计安装工程量；

2)不锈钢、有色金属材质的焊环活动法兰按翻边活动法兰安装计算。

38. 高压法兰工程量清单项目包括哪些？

高压法兰工程量清单项目包括：高压碳钢螺纹法兰、高压碳钢对焊法兰、高压不锈钢对焊法兰、高压合金钢对焊法兰。

39. 怎样计算高压法兰清单工程量?

(1)高压碳钢螺纹法兰、高压碳钢对焊法兰、高压不锈钢对焊法兰、高压合金钢对焊法兰的工程量按设计图示数量计算。

(2)高压法兰清单工程量计算说明。

1)单片法兰、焊接盲板和封头按法兰安装计算,但法兰盲板不计安装工程量。

2)不锈钢、有色金属材质的焊环活动法兰按翻边活动法兰安装计算。

第八章

·板卷管与管件制作工程量计算·

1. 什么是钢板卷管？有哪几种？

钢板卷管是指用卷板机将钢板卷成圆弧并将钢板结合处焊接，最后形成钢管。

钢板卷管有碳钢板卷管和不锈钢板卷管两类。碳钢板卷管是由碳钢板卷制焊接而成；不锈钢板卷管是由不锈钢板卷制焊接而成，分为直缝卷焊钢管和螺旋卷焊钢管两种。

2. 什么是板卷管件？有哪些类型？

板卷管件是指连接板卷管、改变板卷管的走向、封闭板卷管的端头、切断板卷管内的介质、改变管道的内径等作用的元器件。按照材质的不同，板卷管件可分为钢制板卷管件、铜制板卷管、铸铁制板卷管件等各种类型。

3. 弯管有哪几种类型？

管道工程中，弯管按其制作方法不同，可分为煨制弯管、冲压弯管和焊接弯管。煨制弯管又分冷煨和热煨两种，具有较好的伸缩弹性、耐压高、阻力小等优点，因此广为使用。

4. 弯管的主要形式有哪些？

工业管道工程中常用的弯管形式主要有弯头、U形管、来回弯（或称乙字弯）和弧形弯管4种，如图8-1所示。

5. 弯管制作应符合哪些要求？

(1)弯管有热弯弯管和冷弯弯管两种。有色金属管、不锈钢管的小口径管子，一般采用冷煨（铝锰合金管不得冷弯），碳钢管冷弯和热弯均可。

(2)弯曲管径较大或管壁较薄的管子，应采用较大的弯曲半径；弯曲管径较小或管壁弯制、（煨制）焊接管子时，其纵焊缝应置于距中性轴线

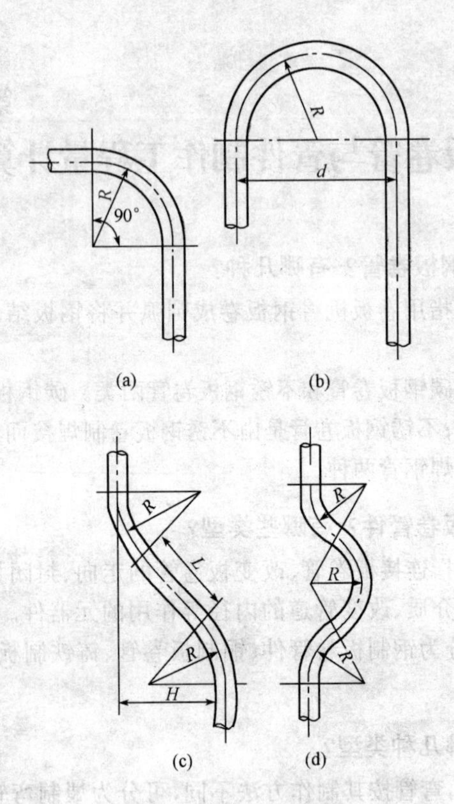

图 8-1　弯管的形式

(a)弯头;(b)U形管;(c)来回弯;(d)弧形弯管

45°的地方,即在弯曲平面的上方或下方,不得放在弯曲部分的内侧或外侧。

6. 什么是煨弯? 煨弯的方法有哪些?

煨弯是指在管道安装中,遇到管线交叉或某些障碍时,需要改变管线走向,应采用各种角度的弯管来解决。煨弯分为两种。

(1)冷弯。钢管冷弯是指不加热,在常温状态下,管内不装砂,用手动弯管器或电动弯管机弯制。手动弯管机是由固定滚轮、活动滚轮,管子夹持器及手柄组成。

(2)热煨弯。热煨弯指将钢管加热到一定温度后进行弯曲加工。钢管热煨弯在管道工程上最早使用灌砂热城法，近年来出现了火焰弯管机、可控硅中频电弯管机等，减轻了劳动强度，提高了生产效率。

7. 如何利用手动煨管器进行煨管?

手动煨管器的结构形式很多。图 8-2 所示的是一种自制小型煨管工具，用螺栓固定于工作台上使用，可煨公称直径 25mm 以内的管子，一般都备有几对与常用规格管子外径相符的胎轮。

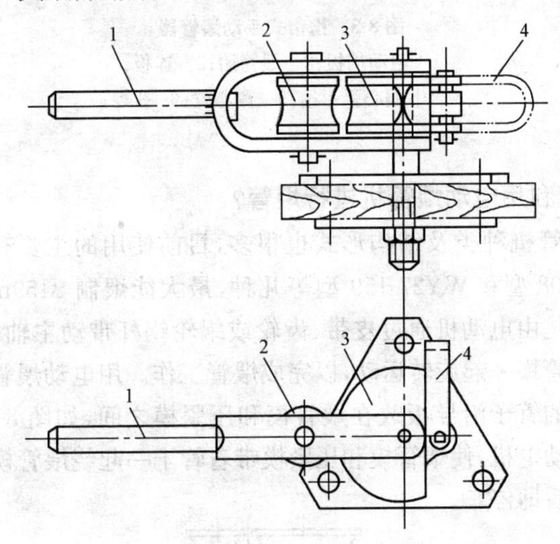

图 8-2　固定式手动煨管器

1 —手柄；2 —动胎轮；3 —定胎轮；4 —管子夹持器

用手动煨管器煨管时，把要欲煨的管子放在与管子外径相符的定胎轮和动胎轮之间，一端固定在管子夹持器内，然后推动手柄，绕定胎轮旋转，直到煨成需要的角度。

煨管器的每一对胎轮只能煨一种外径的管子，管子外径改变，胎轮也必须更换。

煨制小管径弯头的工具还有一种携带式手动煨管器。这种煨管器由带管胎的手柄和活动挡板等部件组成，如图 8-3 所示。它的特点是轻巧灵活，可以在高空进行煨管作业，不必将管子拿上拿下，很适合仪表等小直径管的煨弯。

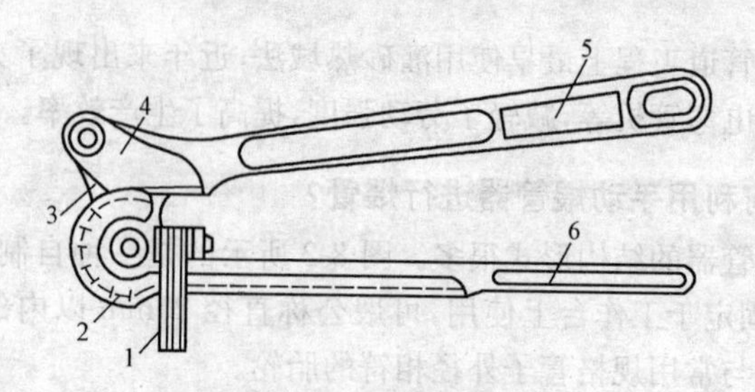

图 8-3 携带式手动煨管器

1—活动挡板；2—煨管胎；3—连板；

卜偏心弧形槽；5—离心臂；6—3

8. 如何利用电动煨管机进行煨管？

电动煨管机种类及结构形式也很多，目前使用的主要有 WA-27-60 型、WB-27-108 型和 WY27-159 型等几种，最大能煨制 ϕ159mm 的管子。这类煨管机是由电动机通过皮带、齿轮或蜗轮蜗杆带动主轴以及固定在主轴上的煨管模一起旋转运动，以完成煨管工作。用电动煨管机煨管时，先把欲煨弯的管子沿导板放在煨管模和压紧模之间，如图 8-4 所示。压紧管子后启动电机，使煨管模和压紧模带着管子一起绕煨管模旋转，达到需要的角度后即停车。

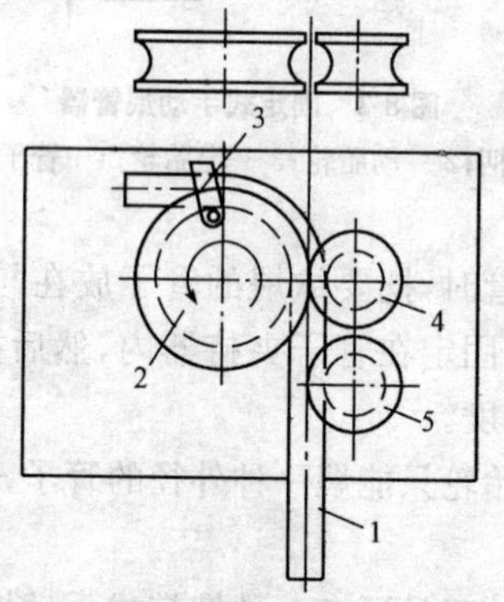

图 8-4 电动煨管机煨管示意图

1—管子；2—管模；3—U 形管卡；

4—导向模；5—压紧模

煨管时，使用的煨管模、导板和压紧模必须与被煨管子的外径相符，以免管子产生不允许的变形。

除电动煨管机外，国内还生产一种手动液压煨管机，机体与电动煨管机大致相同，在没有电源的施工现场使用省力又方便。

9. 钢管冷煨加工应符合哪些要求？

(1)采用冷弯弯管设备进行弯管时，弯头的弯曲半径一般应为管子公称直径的 4 倍。当用中频弯管机进行弯管时，弯头弯曲半径可为管子公称直径的 1.5 倍。

(2)金属钢管具有一定弹性，在冷弯过程中，当施加在管子上的外力撤除后，弯头会弹回一个角度。弹回角度的大小与管子的材质、管壁厚度、弯曲半径的大小有关，因此在控制弯曲角度时，应考虑增加这一弹回角度。

(3)管子冷弯后，对于一般碳素钢管，可不进行热处理；对于厚壁碳钢管、合金钢管有热处理要求时，则需进行热处理；对有应力腐蚀的弯管，不论壁厚大小均应做消除应力的热处理。常用钢管冷弯后热处理可按表 8-2要求进行。

表 8-2　常用钢管冷弯后热处理条件

钢　号	壁　厚 /mm	弯曲半径 /mm	热　处　理　条　件			
			回火温度 (℃)	保温时间 (min/mm 壁厚)	升温速度 (℃/h)	冷却方式
20	≥36	任意	600～650	3	<200	炉冷至 300℃ 后空冷
	25～36	≤$3D_w$				
	<25	任意	不　处　理			
12CrMo	>20	任意	600～700	3	<150	炉冷至 300℃ 后空冷
	10～20	≤$3.5D_w$				
15CrMo	<10	任意	不　处　理			
12Cr1MoV	>20	任意	720～760	5	<150	炉冷至 300℃ 后空冷
	10～20	≤$3.5DN$				
	<10	任意	不　处　理			

10. 常见的三通有哪些类型？

管道工程中，常见三通的类型，见表8-3。

表8-3　　常见三通的类型

序号	类　别	说　明
1	可锻铸铁三通	可锻铸铁三通的制造材质和适用范围与玛钢弯头相同，适用于焊接钢管螺纹连接的管道，主要用于室内采暖、上下水和煤气管道
2	铸铁三通	铸铁三通的制造材质、规格和压力范围与铸铁弯头相同，按其连接方式的不同，可分为承插铸铁三通和法兰铸铁三通两种。承插铸铁三通，主要用于给排水管道，给水管道多采用90°正三通；排水管道为了减少流体的阻力，防止管道堵塞，通常采用45°斜三通。法兰铸铁三通，一般为90°的正三通，大多数用于室外铸铁管
3	钢制三通	钢制三通是定型制作的三通，是以优质管材为原料，经过下料、挖眼、加热后用模具拔制而成，再经机械加工，成为定型成品三通。中、低压钢制成品三通，在现场安装时都是采用焊接
4	高压三通	高压三通一般有两种，即焊制高压三通和整体锻造高压三通，焊制高压三通，选用优质高压钢管为材料，制造方法类似挖眼接管，主管上所开的孔，要与相接的支管径相一致。焊接质量要求严格，通常焊前要预热，焊后进行热处理；整体锻造三通采用螺纹法兰连接

11. 什么是透镜垫？

透镜垫是指外表像透镜一样的垫片，垫片球形面与法兰锥形槽密封面公差配合严格，所以经常在一起研磨。垫片球面与法兰锥形槽面为环形线接触，接触压力大，引起接触面上产生局部弹性变形，达到预紧密封。通人介质后，内压力升高，透镜垫产生径向扩张，增加密封接触线上压力，保障了法兰连接的可靠密封性。

12. 透镜垫的外形尺寸、质量和规格有哪些?

透镜垫的外形尺寸、质量和规格,见图 8-5 和表 8-4。

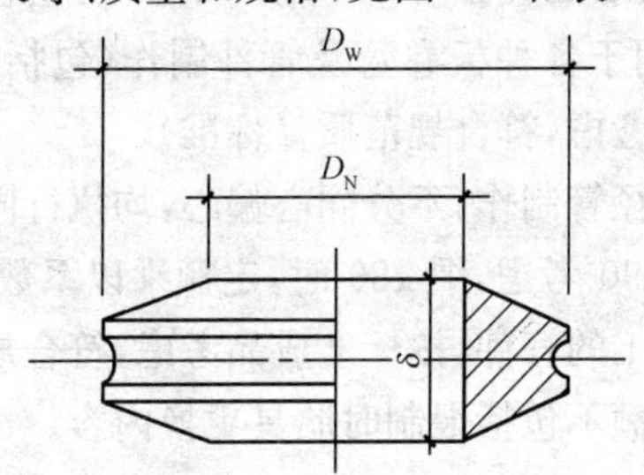

图 8-5 透镜垫片

表 8-4 透镜垫片的规格与质量

$PN \leqslant 32MPa$					$PN \leqslant 22MPa$				
公称直径 DN/mm	外径 D_W /mm	内径 D_N /mm	壁厚 δ /mm	质量 /(kg/个)	公称直径 DN/mm	外径 D_W /mm	内径 D_N /mm	壁厚 δ /mm	质量 /(kg/个)
6	14	6	8.5	0.005	6	14	6	8.5	0.005
10	20	12	8.5	0.012	10	20	12	8.5	0.012
15	30	17	9	0.025	15	24	15	8	0.016
25	38	23	10	0.035	25	30	23	8	0.018
32	45	29	11	0.055	32	38	29	9	0.033
40	62	42	12	0.13	40	50	39	10	0.06
50	75	53	14	0.24	50	62	48	12	0.10
65	95	68	16	0.43	65	75	61	14	0.12
80	120	85	20	0.88	80	95	74	16	0.25
100	150	103	24	1.6	100	120	93	18	0.51
(125)	155	112	25	1.77	125	150	119	20	0.91
125	170	120	28	2.5	150	170	136	22	1.2
150	205	149	32	3.9					

13. 板卷管与管件制作定额说明主要包括哪些内容?

(1)《全国统一安装工程预算定额》第六册"工业管道工程"中板卷管与管件制作工程适用于各种板卷管及管件制作(包括加工制作全部操作过程,并按标准成品考虑,符合规范质量标准)。

(2)各种板材异径管制作,不分同心偏心,均执行同一定额。

(3)煨弯定额按90°考虑,煨180°时,定额乘以系数1.5。

(4)成品管材加工的管件,按标准成品考虑,符合规范质量标准。

(5)中频煨弯定额不包括煨制时胎具更换内容。

14. 钢板卷管制作定额项目其连接所用(环缝)的工、料、机费是否包括在定额内?

钢板卷管制作定额内包括连接成每根长度6m以内的环缝与制作管件成型的环缝,其工、料、机费已包括在内。但不包括钢板直管与管件安装的工、料、机费,其应执行相应的安装定额。

15. 如何计算板卷管与管件制作定额工程量?

(1)板卷管制作,按不同材质、规格,以"t"为计量单位。主材用量包括规定的损耗量。

(2)板卷管件制作,按不同材质、规格、种类,以"t"为计量单位。主材用量包括规定的损耗量。

(3)成品管材制作管件,按不同材质、规格、种类,以"个"为计量单位。主材用量包括规定的损耗量。

(4)三通不分同径或异径,均按主管径计算;异径管不分同心或偏心,按大管径计算。

1)管子弯曲时,弯头内侧的金属被压缩,管壁变厚;弯头背面的金属被拉伸,管壁变薄。

为了使管子变曲后管壁减薄不致对原有的工作性能有过大的改变,一般规定管子弯曲后,中、低压管管壁减薄率不得超过15%;高压管不得超过10%,且不得小于设计计算壁厚。管壁减薄率可按下式进行计算

$$壁厚减薄率=\left(\frac{弯管前壁厚-弯管后壁厚}{弯管前壁厚}\right)\times100\%$$

2)管子弯曲时,由于管子内外侧管壁厚度的变化,还使得弯曲段截面由原来的圆形变成了椭圆形。为使过流断面缩小不致过小,一般高压管的椭圆率不得超过5%,中、低压管不得超过8%,铜、铝管不得超过9%,铜合金、铝合金管不得超过8%,铅管不得超过10%。椭圆率计算公式为

$$椭圆率=\left(\frac{最大外径-最小外径}{最大外径}\right)\times100\%$$

(5)各种板卷管与板卷管件制作,其焊缝均按透油试漏考虑,不包括单件压力试验和无损探伤。

(6)各种板卷管与板卷管件制作,是按在结构(加工)厂制作考虑的,不包括原材料(板材)及成品的水平运输、卷筒钢板展开、分段切割、平直工作内容,发生时应按相应定额另行计算。

(7)用管材制作管件项目,其焊缝均不包括试漏和无损探伤工作内容,应按相应管道类别要求计算探伤费用。

(8)中频煨弯定额不包括煨制时胎具更换内容。

16. 法兰连接的管道安装执行法兰安装项目,管件是否应再套用管件连接项目?

带法兰的管件已经套用法兰安装定额,可不再套用管件连接定额,但带法兰的管件主材应另行计算。

17. 法兰铸铁管件安装如何套用定额?

法兰铸铁管件安装项目包括了直管和管件安装的全部工序,定额内不包括直管与管件的主材费。主材费的计算,直管段(包括法兰)按延长米计算;管件与螺栓,可按实际数量计算。

18. 高压弯头的异径管两侧连接形式不同时如何套用定额?

若高压弯头的异径管一侧是螺纹法兰,另一侧是焊接时,可分别套用法兰安装和管件连接定额,其基价应乘以系数0.5。

19. 常用管件符号有哪些?

常用管件的符号,见表8-5。

表 8-5　常用管件符号

序号	名称		符号	说明
1	弯头(管)			符号是以螺纹连接为例,如法兰、承插和焊接连接形式,可按规定的图形符号组合派生
2	三通			
3	四通			
4	活接头			
5	外接头			—
6	内、外螺纹接头			—
7	同心异径管接头			—
8	偏心异径管接头	同底		—
		同顶		—

续表

序号	名　称	符　　号	说　　明
9	双承插管接头		—
10	快换接头	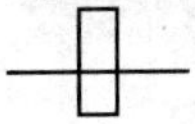	—
11	螺纹管帽	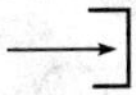	管帽螺纹为内螺纹
12	堵头		堵头螺纹为外螺纹
13	法兰盖	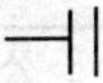	—
14	盲板	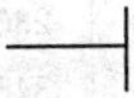	—
15	管间盲板	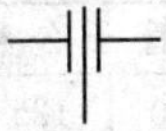	—
16	波形补偿器	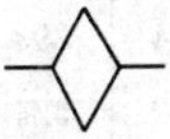	使用时应表示出与管路的连接形式

续表

序号	名称	符号	说明
17	套筒补偿器	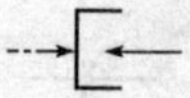	使用时应表示出与管路的连接形式
18	矩形补偿器		
19	弧形补偿器		
20	球形铰接器		

20. 常用煨弯管子的理论加热长度是多少？

常用煨弯管子的理论加热长度见表 8-6。

表 8-6 常用管子热煨弯的理论加热长度

弯曲角度 (°)	管子公称直径/mm									
	50	65	80	100	125	150	200	250	300	400
	$R=3.5DN$ 的加热长度/mm									
30	92	119	147	183	230	275	367	458	550	733
45	138	178	220	275	345	418	550	688	825	1100
60	183	237	293	367	460	550	733	917	1100	1467
90	275	356	440	550	690	825	1100	1375	1650	2200
弯曲角度 (°)	管子公称直径/mm									
	50	65	80	100	125	150	200	250	300	400
	$R=4DN$ 的加热长度/mm									
30	105	137	168	209	262	314	420	523	630	840
45	157	205	252	314	393	471	630	785	945	1260
60	209	273	336	419	524	628	840	1047	1260	1680
90	314	410	504	628	786	942	1260	1570	1890	2520

21. 板卷管制作清单项目应如何列项?

板卷管制作,按材质、焊接形式、规格等不同分别列项。

22. 编制板卷管制作工程量清单时应明确描述哪些项目特征?

在编制板卷管制作工程量清单项目时,应明确标出下列特征。

(1)材质。板卷管制作清单项目必须明确标出材质,如碳钢、不锈钢耐热钢(16Mo、12CrMo、15CrMo 等)、耐酸钢(1Cr18Ni9、1Cr18Ni9Ti、Cr18Ni13Mo2Ti、Cr18Ni13Mo3Ti 等)、铝板(L1～L6、LF2～LF21 等)。

(2)焊接形式应标明手工电弧焊、埋弧自动焊、氩弧焊、氩电联焊等。

(3)规格。碳钢管、不锈钢管按公称直径表示;铝板管按管外径表示。

23. 怎样理解板卷管制作清单项目的工程内容?

板卷管制作清单工程内容所列项目应按图纸、规范、规程或施工组织设计的要求,选择列项,如焊口预热及后热、焊口热处理、管焊口充氩保护、焊口硬度测试等。

24. 板卷管制作清单工程量计算应注意哪些问题?

碳钢卷板直管如使用卷筒式板材时,卷筒板材的开卷、平直等另行计价。

25. 板卷管制作工程量清单项目包括哪些?

板卷管制作工程量清单项目包括:碳钢板直管制作、不锈钢板直管制作和铝板直管制作。

26. 怎样计算板卷管制作清单工程量?

碳钢板直管制作、不锈钢板直管制作、铝板直管制作的工程量是按设计制作直管段长度计算。

27. 管件制作清单项目应如何列项?

管件制作清单项目划分按管件压力、材质、焊接形式、规格、制作方式等不同分别列项。

28. 编制管件制作工程量清单时应明确描述哪些项目特征?

在编制管件制作工程量清单项目时,应明确标出下列特征。

(1)材质。管件制作清单项目必须明确标出材质,如碳钢(如 A3、A3F 等)、不锈钢(如 16Mo、12CrMo、15CrMo、1Cr18Ni9、1Cr18Ni9Ti、Cr18Ni13、Mo2Ti、Cr18Ni13Mo3Ti 等)、铝(L1～L6、LF2～LF21 等)、铜(T1、T2、T3、H59～H96 等)。

(2)焊接形式应标明电弧焊、氩弧焊、氩电联焊等。

(3)规格。碳钢、不锈钢按公称直径表示;铝、铜、塑料按管外径表示;板卷管管件制作应标明弯头、三通、四通、异径管等。

(4)制作方式应标明板制、管制、煨制、焊制等。

29. 怎样理解管件制作清单项目的工程内容?

管件制作清单工程内容所列项目应按图纸、规范、规程或施工组织设计的要求,选择列项,如弹簧式管架全压缩弯曲试验及工作载荷试验。

30. 管件制作清单工程量计算应注意哪些问题?

碳钢板制管件制作如采用卷筒式板材时,应对卷筒板材的开卷、平直等另行计价。

31. 管件制作工程量清单项目包括哪些?

管件制作工程量清单项目包括:碳钢板管件制作、不锈钢板管件制作、铝板管件制作、碳钢管虾体弯制作、中压螺旋卷管虾体弯制作、不锈钢管虾弯制作、铝管虾体弯制作、铜管虾体弯制作、管道机械煨弯、管道中频煨弯、塑料管煨弯。

32. 怎样计算管件制作清单工程量?

(1)碳钢板管件制作、不锈钢板管件制作、铝板管件制作的工程量是按设计图示数量计算。

1)管件包括弯头、三通、异径管;

2)异径管按大头口径计算,三通按主管口径计算。

(2)碳钢管虾体弯制作、中压螺旋卷管虾体弯制作、不锈钢管虾体弯制作、铝管虾体弯制作、铜管虾体弯制作、管道机械煨弯、管道中频煨弯、塑料管煨弯的工程量是按设计图示数量计算。

33. 管架件制作清单项目应如何列项?

管架件制作安装,按管架的材质、型式等不同分别列项。

34. 编制管架件制作安装工程量清单时应明确描述哪些项目特征？

在编制管架件制作安装工程量清单项目时，应明确标出下列特征：

(1)材质及型式应按一般管架、木垫式管架、弹簧式管架；

(2)标明除锈方式、油漆品种。

35. 怎样理解管架件制作清单项目的工程内容？

所列项目应按图纸、规范、规程或施工组织设计的要求，选择列项，如弹簧式管架全压缩弯曲试验及工作载荷试验。

36. 管架件制作清单工程量计算应注意哪些问题？

(1)附录的管架只限于管架单重在100kg以内的项目，如单重超过100kg时，可按照《建设工程工程量清单计价规范》附录C.5.7工艺金属结构制作安装的桁架或管廊项目编制工程量清单。

(2)编制招标控制价如用《全国统一安装工程预算定额》的工料机消耗量计价时，则木垫式管架的木垫、弹簧式管架的弹簧主材价应另行计算。

37. 管架件制作工程量清单项目包括哪些？

管架件制作工程量清单的项目是管架制作安装。

38. 怎样计算管架制作清单工程量？

管架制作安装的清单工程量按设计图示质量计算。

第九章

·管道压力试验及表面处理工程量计算·

1. 什么是管道压力试验？有哪几种类型？

管道压力试验是指管道系统安装完毕之后，系统运行之前进行的压力试验。按试验的目的不同，管道压力试验可以分为检查管道系统的力学性能的强度试验和检查管道连接密封性能的严密性试验。按试验时按使用的介质不同，管道压力试验可分为用水作介质的液压试验和以气体（空气、氮气、CO_2 气体、惰性气体）作介质的气密性试验。

工业管道系统的强度与严密性试验，一般都采用液压进行，如因设计结构及工艺要求不能做液压试验时，可用气压试验代替，但必须采取有效的安全措施。

2. 管道压力试验应符合哪些规定？

(1)压力试验应以液体为试验介质。当管道的设计压力小于或等于0.6MPa时，也可采用气体为试验介质，但应采取有效的安全措施。脆性材料严禁使用气体进行压力试验。

(2)当现场条件不允许使用液体或气体进行压力试验时，经建设单位同意，可同时采用下列方法代替：

1)所有焊缝（包括附着件上的焊缝），用液体渗透法或磁粉法进行检验。

2)对接焊缝用100%射线照相进行检验。

(3)当进行压力试验时，应划定禁区，无关人员不得进入。

(4)压力试验完毕，不得在管道上进行修补。

(5)压力试验合格后，应填写“管道系统压力试验记录”。

3. 管道压力试验应具备哪些条件？

工业管道压力试验应在管道系统施工完毕，且符合设计要求和管道安装施工的有关规定，并具有完善的、经批准的试验方案后进行。此外，还应具备以下条件：

(1)管道支、吊架已安装完毕,配置正确,紧固可靠。管线上临时用的夹具、堵板、盲板及旋塞等全部清除。

(2)焊接和热处理工作结束,并经检验合格,焊缝及其他应检查的部位未经涂漆和保温。所有的焊接法兰阀门以及其他接头处均能保证便于检查。

(3)埋地管道的坐标、标高、坡度及管基、垫层等经复查合格。试验用的临时加固措施经检查确认安全可靠。

(4)试验用压力表已经校正,精度不低于1.5级,表的满刻度值为最大被测压力的1.5～2倍,压力表至少2块;气压试验用的温度计,其分度值不能高于1℃。

(5)试验前须用压缩空气清除管内杂物,必要时用水冲洗,水流速度为1～1.5m/s,直到排出的水干净为止(冲洗时可用铜锤敲打管道);清理、检查大口径管道可在管壁上开洞口,人进入管内检查并清除管内杂物。

(6)试验前,需将不能参与试验的系统、设备、仪表及管道附件等加以隔离。安全阀、爆破板应拆除。加置盲板的部位作好明显的标记和记录。

(7)管道系统试验前,应与运行中的管道设置隔离盲板。对水或蒸汽管道如以阀门隔离时,阀门两侧温差不得超过100℃。

(8)试验高压管道系统前须对以下资料进行审查:

1)制造厂的管子、管道附件的合格证明书;

2)管子校验性检查或试验记录;

3)管道加工记录;

4)阀门试验记录;

5)焊接检验及热处理记录;

6)设计修改及材料代用文件。

(9)有冷脆倾向的管道,应根据管材的冷脆温度,确定试验介质的最低温度,以防止脆裂。

(10)试验过程中若发生管道泄漏,不可带压修理。待缺陷消除后,应重新试验。

4. 如何选择管道压力试验介质?

(1)一般热力管道和压缩空气管道用水作介质进行强度及严密性

试验。

(2)煤气管道和天然气管道用气体作介质进行强度及严密性试验。

(3)氧气管道、乙炔管道和输油管道先用水作介质进行强度试验，再用气体作介质进行严密性试验。

(4)各种化工工艺管道的试验介质，应按设计的具体规定采用。如设计无规定时，工作压力不低于 0.07MPa 的管道一般采用水压试验，工作压力低于 0.07MPa 的管道一般采用气压试验。

5. 工业管道试验包括哪些项目？

工业管道试验项目一般可按表 9-1 的规定进行。

表 9-1　　管道系统试验项目

工作介质性质	设计压力(表压)(MPa)	强度试验	严密性试验		其他试验
			液压	气压	
一般	<0	作	任选		真空度
	0	—	充水	—	—
	>0	作	任选		—
有毒	任意	作	作	作	—
剧毒及甲、乙类火灾危险	<10	作	作	作	泄漏量
	>10	作	作	作	—

6. 管道系统液压试验应遵守哪些规定？

(1)液压试验应使用洁净水，当对奥氏体不锈钢管道或对连有奥氏体不锈钢管道或设备的管道进行试验时，水中氯离子含量不得超过 25×10.6(25ppm)。当采用可燃液体介质进行试验时，其闪点不得低于 50℃。

(2)试验前，注液体时应排尽空气。

(3)试验时，环境温度不宜低于 5℃，当环境温度低于 5℃时，应采取防冻措施。

(4)试验时，应测量试验温度，严禁材料试验温度接近脆性转变温度。

(5)承受内压的地上钢管道及有色金属管道试验压力应为设计压力的 1.5 倍，埋地钢管道的试验压力应为设计压力的 1.5 倍，且不得低于 0.4MPa。

(6)当管道与设备作为一个系统进行试验,管道的试验压力等于或小于设备的试验压力时,应按管道的试验压力进行试验;当管道试验压力大于设备的试验压力,且设备的试验压力不低于管道设计压力的 1.15 倍时,经建设单位同意,可按设备的试验压力进行试验。

(7)当管道的设计温度高于试验温度时,试验压力应按下式计算:

$$P_s = 1.5P[\sigma]_1/[\sigma]_2$$

式中　P_s——试验压力(表压)(MPa);

P——设计压力(表压)(MPa);

$[\sigma]_1$——试验温度下,管材的许用应力(MPa);

$[\sigma]_2$——设计温度下,管材的许用应力(MPa)。

当$[\sigma]_1/[\sigma]_2$ 大于 6.5 时,取 6.5。

当 P_s 在试验温度下,产生超过屈服强度的应力时,应将试验压力 P_s 降至不超过屈服强度时的最大压力。

(8)承受内压的埋地铸铁管道的试验压力,当设计压力小于或等于 0.5MPa 时,应为设计压力的 2 倍;当设计压力大于 0.5MPa 时,应为设计压力加 0.5MPa。

(9)对位差较大的管道,应将试验介质的静压计入试验压力中。液体管道的试验压力应以最高点的压力为准,但最低点的压力不得超过管道组成件的承受力。

(10)对承受外压的管道,其试验压力应为设计内、外压力之差的 1.5 倍,且不得低于 0.2MPa。

(11)夹套管内管的试验压力应按内部或外部设计压力的高者确定。夹套管外管的试验压力应按有关规定进行。

(12)液压试验应缓慢升压,待达到试验压力后,稳压 10min,再将试验压力降至设计压力,停压 30min,以压力不降、无渗漏为合格。

(13)试验结束后,应及时拆除盲板、膨胀节限位设施,排尽积液。排液时应防止形成负压,并不得随地排放。

(14)当试验过程中发现泄漏时,不得带压处理。消除缺陷后,应重新进行试验。

7. 管道系统最终水压试验应遵守哪些规定?

埋地压力管道(钢管、铸铁管)在回填土后,还要求按现行规范进行最终水压试验。试验前管道内须充水浸泡24h，试验压力为设计压力，经渗水量试验，其渗水量符合表9-2的要求者为合格。

表9-2 埋地压力管道允许渗水量

公称直径 DN /mm	允许渗水量/[L/(km·min)]		公称直径 DN /mm	允许渗水量/[L/(km·min)]	
	钢管	铸铁管		钢管	铸铁管
100	0.28	0.70	500	1.1	2.20
125	0.35	0.90	600	1.2	2.40
150	0.42	1.05	700	1.3	2.55
200	0.56	1.40	800	1.35	2.70
250	0.70	1.55	900	1.45	2.90
300	0.85	1.70	1000	1.50	3.00
350	0.90	1.80	1100	1.55	3.10
400	1.0	1.95	1200	1.65	3.30
450	1.05	2.10			

当埋地铸铁管道直径不超过400mm，在进行最终水压试验时，如在10min内压力降不大于0.05MPa为合格，可不再作渗水量试验。

对于埋地压力管道最终水压试验的程序和渗水量的测试方法详见《工业金属管道工程施工及验收规范》(GB 50235—2010)。其渗水量也可按下式计算：

$$q=\frac{Q}{bT}$$

式中 q——试验压力下管道的渗水量(L/min)；

Q——恢复管道初始压力所用的补水量(L)；

b——系数，压力降不大于试验压力20%时，取1；大于20%时，取0.9；

T——由渗水量试验开始到压力表指针返回原位为止的时间(min)。

8. 管道系统气压试验应遵守哪些规定？

(1)承受内压钢管及有色金属管的试验压力应为设计压力的1.15

倍，真空管道的试验压力应为0.2MPa，当管道的设计压力大于0.6MPa时，必须有设计文件规定或经建设单位同意，方可用气体进行压力试验。

(2)严禁使试验温度接近金属的脆性转变温度。

(3)试验前，必须用空气进行预试验，试验压力宜为0.2MPa。

(4)试验时，应逐步缓慢增加压力，当压力升至试验压力的50%时，如未发现异状或泄漏，继续按试验压力的10%逐级升压，每级稳压3min，直至试验压力。稳压10min，再将压力降至设计压力，停压时间应根据查漏工作需要而定。以发泡剂检验不泄漏为合格。

9. 管道系统泄漏性试验应遵守哪些规定?

对于输送剧毒介质和甲、乙类火灾危险物质的管道，应进行泄漏量试验。

泄漏量试验应在系统吹洗合格后进行，为了保证试验测试的准确性，应选择可以代表整个系统状况的测压点和测温点，必要时可以选择两对或两对以上的测点，取其平均值计算泄漏率。

进行泄漏量试验时的压力等于设计压力，但不得低于0.02MPa，经24h后，计算出的全系统每小时平均泄漏率应符合表9-3的规定。

表9-3　　允许泄漏率

管道环境	每1h平均泄漏率(%)	
	剧毒介质	甲乙类火灾危险介质
室内及地沟	0.15	0.25
室外及无围护结构车间	0.30	0.5

注：上述标准适用于公称直径300mm的管道，其余直径管道的允许泄漏率尚应乘以系数K，$K=\frac{300}{DN}$，式中，DN为试验管道的公称直径。

泄漏率按式下式计算：

$$A=\frac{100}{t}\left(1-\frac{p_2 T_1}{p_1 T_2}\right)\%$$

式中　A——每小时平均泄漏率(%)；

p_1——试验开始时的绝对压力(MPa)；

p_2——试验结束时的绝对压力(MPa)；

T_1——试验开始时气体的绝对温度(K)；

T_2——试验结束时气体的绝对温度(K)；

t——试验持续时间(h)。

10. 管道系统真空试验应遵守哪些规定？

真空管道系统经严密性试验合格后，在联动试运转时，还应以设计压力进行真空度试验，时间为24h，增压率以不大于5%为合格。

11. 怎样计算管道压力试验定额工程量？

(1)管道压力试验、吹扫与清洗按不同的压力、规格，不分材质以"100m"为计量单位。

(2)定额内均已包括临时用空压机和水泵作动力进行试压、吹扫、清洗管道连接的临时管线、盲板、阀门、螺栓等材料摊销量，不包括管道之间的串通临时管口及管道排放口至排放点的临时管，其工程量应按施工方案另行计算。

(3)调节阀等临时短管制作装拆项目，使用管道系统试压、吹扫时需要拆除的阀件以临时短管代替连通管道，其工作内容包括完工后短管拆除和原阀件复位等。

(4)液压试验和气压试验已包括强度试验和严密性试验工作内容。

(5)泄漏性试验适用于输送剧毒、有毒及可燃介质的管道，按压力、规格，不分材质以"m"为计量单位。

12. 什么是管道的吹扫与清洗？

管道在系统强度试验合格投入使用之前，必须清除施工时遗留在管内的焊渣、铁锈、泥砂和水及其他杂物，防止在管道运行过程中阻塞阀门，损坏设备，污染介质和玷污产品。这种清除的方法称为管道的吹扫与清洗。

管道吹扫或清洗工作量的大小和要求的严格程度，视管网长度、工作介质要求的纯度及参数而变。

13. 管道吹扫与清洗应遵守哪些规定？

(1)管道系统强度试验合格后，或气压严密性试验前，应先分段进行吹洗。

(2)吹洗方法应根据管道的使用要求，工作介质及管道内的脏污程度确定。公称直径大于或等于600mm的液体或气体管道，宜采用人工清理，公称直径小于600mm的液体管道宜采用水冲洗；公称直径小于600mm的气体管道宜采用空气吹扫；蒸汽管道应以蒸汽吹扫；非热力管道不得用蒸汽吹扫。对有特殊要求的管道，应按设计文件规定采用相应的吹洗方法。

(3)系统吹洗前应先绘制完整的吹洗流程图，图上应详细地标注每一条的吹扫次序，吹洗介质引入口，吹出口，应拆、装的部件，临时盲板的加设位置等，吹洗以前必须组织吹洗人员熟悉整个吹扫流程。吹洗一般按先主管，后支管，最后疏排管道的次序依次进行。

(4)吹洗前应对系统内的仪表加以保护，并拆除有碍吹洗工作的孔板、喷嘴、滤网、节流阀及止回阀芯等部件，妥善保管，待吹洗后复位。

(5)对不允许吹洗的设备及管道应与用盲板吹洗系统加以隔离(若有阀门也不推荐用关阀门的办法隔离)。

(6)吹洗前应考虑管道支、吊架的牢固程度，尤其应注意临时装设的介质引入管和吹出管一定要固定牢靠。

(7)吹洗时，管内应有足够的吹洗介质和流量，吹洗压力不得高于工作压力，吹洗流速也不得低于工作流速，当用气体吹扫时，流速一般不低于20m/s。

(8)除有色金属管外，吹洗时应用锤(不锈钢管用木槌或纯铜小锤)敲打管子，对焊缝、死角和管底部应重点敲打。但不得使管道表面产生麻点和凹陷。

(9)吹洗后管子里还可能留存脏物，需用其他方法补充吹洗。

14. 管道吹扫应符合哪些要求？

(1)吹扫前，应考虑管道支、吊架的牢固程度，必要时应予以加固。不允许吹扫的设备及管道应与吹扫系统隔离。

(2)吹扫时，管道内的脏物不得进入设备，设备吹出的脏物一般也不得进入管道。对未能吹扫或吹扫后可能留存脏污、杂物的管道，应用其他方法补充清理。

15. 什么是管道气体吹扫？

管道气体吹扫是以气体为工作介质的管道一般应用空气进行吹扫。

氧气管道应用不带油的压缩空气或氮气吹扫；仪表管道应用干燥无油的压缩空气吹扫。

16. 管道空气吹扫应符合哪些要求？

（1）空气吹扫应利用生产装置的大型压缩机，也可利用装置中的大型容器蓄气，进行间断性的吹扫。吹扫压力不得超过容器和管道的设计压力，流速不宜小于20m/s。

（2）吹扫忌油管道时，气体中不得含油。

（3）空气吹扫过程中，当目测排气无烟尘时，应在排气口设置贴白布或涂白漆的木制靶板检验，5min内靶板上无铁锈、尘土、水分及其他杂物，应为合格。

17. 什么是管道蒸汽吹扫？

管道蒸汽吹扫是以蒸汽为介质，对管道进行吹扫工作。蒸汽管道常应用蒸汽吹扫，对于非蒸汽管道若空气吹扫不能满足要求时也可用蒸汽吹扫，但吹扫时应考虑管道结构能否承受高温和热膨胀因素的影响。

18. 管道蒸汽吹扫应符合哪些要求？

（1）为蒸汽吹扫安设的临时管道应按蒸汽管道的技术要求安装。

（2）蒸汽管道应以大流量蒸汽进行吹扫，流速不应低于30m/s。

（3）蒸汽吹扫前，应先进行暖管及时排水，并应检查管道热位移。

（4）蒸汽吹扫应按加热—冷却—再加热的顺序，循环进行。吹扫时宜采取每次吹扫一根，轮流吹扫的方法。

（5）通往汽轮机或设计文件有规定的蒸汽管道，经蒸汽吹扫后应检验靶片。

19. 管道蒸汽吹扫应做好哪些准备工作？

管道蒸汽吹扫工作除执行管道吹扫的一般规定外，还应作好以下工作，特别是高压管道更应认真执行。

（1）试压合格后，拆除一切临时支撑，若有弹簧支架尚应拆下临时卡板，并调整至冷态负荷值。

（2）管网上的阀门处于良好的使用状态。

（3）全线应保温的部分保温完毕，或若没保温先吹扫，则应采取局部的防止人体烫伤的措施。

(4)准备好用于检测的铜靶或铝靶,高压蒸汽检测用的铜靶片加工光洁度应达到▽6,靶片尺寸及安装方法如图 9-1 及表 9-4。铝靶片表面也应光洁,宽度为排气管内径的 5%~8%,长度等于管子内径。

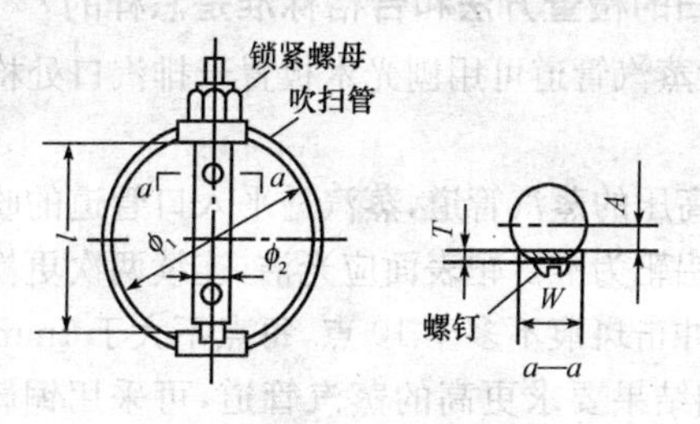

图 9-1 试片安装图

表 9-4 铜镜试片尺寸 mm

试片尺寸 / 管径(in)	长度 l	宽度 W	厚度 T	A	ϕ_2	ϕ_1
12″以下	ϕ_1—20	24	2	9	38	管内径
14″以上	ϕ_1—20	28	4	12	54	

20. 管道蒸汽吹扫应按什么顺序进行?

管道蒸汽吹扫的顺序一般应按主管、支管、疏排管依次进行。

吹扫前应缓慢用蒸汽升温暖管,当吹洗段末端与进气管端的温度接近时,且恒温一小时后,才可进行吹扫;当管子自然降温至正常环境温度时,需再升温暖管,恒温一小时后再进行第二次吹扫,如此反复,至少三次。

吹扫蒸汽总管时,用总蒸汽阀来控制蒸汽流量;吹扫支管时用管路中各分支处的阀门控制流量。在开启汽阀前,应将前面管道中的凝结水由启动疏水管排出。吹扫压力最好维持在设计工作压力 75%左右,最低不应低于工作压力的 25%。吹扫流量为设计流量的 40%~60%。每个排汽口吹扫两次,每次吹扫 15~20min。蒸汽阀开启和关闭都应缓慢,不能过急,以免形成水锤,引起管子和阀件的破裂。

蒸汽吹扫的排气管应引至室外，并加以明显的标志。管口距离人站立的地面或平台面不少于 2.5m，且向上倾斜，确保排放安全。排气管的直径不得小于被吹扫管的管径。

21. 蒸汽吹扫的检查方法和合格标准是怎样的？

(1)对于一般蒸汽管道可用刨光木板置于排汽口处检查，木板上应无铁锈和脏物。

(2)对于中、高压的蒸汽管道，蒸汽透平入口管道的吹扫效果，应以检查装于排气管的铝靶为准。靶表面应光洁，连续两次更换靶板检查，如靶板上肉眼可见的冲击斑痕不多于 10 点，每点不大于 1mm，即为合格。

(3)对于吹扫结果要求更高的蒸汽管道，可采用铜靶，并按图 9-2 中的升降温曲线，反复多次升降温后进行检查；其合格标准除设计另有规定者外，可按表 9-5 执行。

表 9-5 蒸汽吹扫判定标准(HITACH)

项目	判定标准
痕迹大小	ϕ0.3 以下
痕迹粒数	少于 5 个(100mm×100mm)
次数	连续两次吹扫，均应达到上述标准

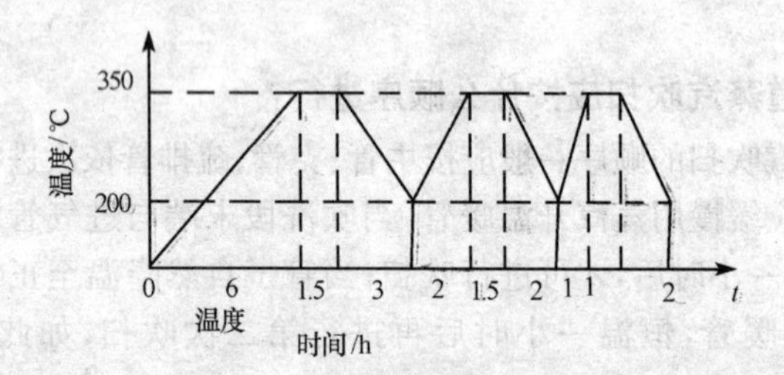

图 9-2 蒸汽吹扫升温曲线

22. 管道系统清洗有哪几种方法？

根据工作介质的不同，管道系统的清洗可分为三种，即水清洗、油清洗和化学清洗。

23. 管道系统水清洗应符合哪些要求？

(1)冲洗用水可根据工作介质及管道材质选用饮用水、工业用水、澄清水或蒸汽冷凝液；若使用海水，则需用清洁水再次冲洗。奥氏体不锈钢管道不得使用海水或氯离子含量超过 25ppm 的水进行冲洗。

(2)用水冲洗时，以系统内可能达到的最大流量或不小于 1.5m/s 的流速进行，当无明确的检验指标时则出口处的水色和透明度与入口处的水质目测一致为合格。管道冲洗合格后把水排净，必要时可用压缩空气或氮气吹干。

(3)对于热水，采暖供水及回水和凝结水管道系统，可用澄清水进行冲洗。如果分支管较多，末端截面积较小时，可将干管中的阀门拆掉 1～2 个，分段进行冲洗。若管道分支不多，排水管可从管道末端接出。排水管截面积不得小于冲洗管截面积的 60%。排水管应接入可靠的排水井或排水沟中，并应保证畅通和安全。

(4)生产用水和饮用水共用的管道系统或饮用水管道系统用水冲洗后，在投入运行前应用每升水中含 20～30mg 的游离氯的水进行消毒，含氯水在管中应灌满留置 24h 以上。消毒完后再次用饮用水冲洗置换，符合《生活饮用水水质卫生标准》要求后方可投入使用。通常是将漂白粉溶解后制得消毒用氯水。氯离子含量也不能过高，因过高会加剧管材腐蚀，还会剥脱铸铁管内的沥青涂层，造成“红水”。

24. 管道系统油清洗应符合哪些要求？

对于润滑、液压、密封和控制系统的油路管道系统，经吹洗和酸洗合格后，在大系统试运转前应进行油清洗。用于清洗的油一般为油压系统的工作介质油。

(1)在清洗灌注前应先过滤清洗用油，以防止因油桶不清洁而引起油液的污染。油液过滤时，选用滤网的标准，应根据系统的清洗要求而定。用于清洗用油的滤网目数必须高于油清洗的检验标准采用的滤网目数。

(2)油清洗的方式为油循环进行，油污染后采用过滤方式净化。循环过程中每 8h 宜在 40～70℃的范围内反复升降油温 2～3 次。每清洗 30～40h 后应抽查一次清洗结果，直至油的清洁为止。

(3)当设计或设备制造厂无特殊规定时，管道清洗后用滤网检查，符合表 9-6 的要求为合格。

表 9-6 油清洗合格标准

设备转速/(r/min)	滤网规格,目数	合格标准
≥6000	200	日测滤网,每平方厘米范围内残存的污物不多于三颗粒
<6000	100	

(4)管道清洗合格后,应将滤网,油箱等再彻底清洗封闭,必要时可更换新油,待投入运行。

25. 管道系统化学清洗应符合哪些要求?

化学清洗又称酸清洗,对清洁度要求高的管道系统一般采用此清洗工艺。管道系统在化学清洗前应根据系统大小、设备结构形式及内部腐蚀程度制定清洗方案和清洗措施。

(1)化学清洗工作可采用槽浸法或系统循环法。当管道内壁有明显的油斑时,无论采用何种酸洗方法,均应先进行管道脱脂。管道内壁的清洗工作必须保证不损坏金属的未锈蚀表面。酸洗时,应保持酸液的浓度和温度。当酸洗要求的清洁度高时,可采用表 9-7 的程序和配方。

(2)管道酸洗后,以目视检查,内壁呈金属光泽为合格。合格后的管道或系统应采取有效的保护措施,防止生锈。酸洗后的废水、废液,排放前应经处理,符合排放标准后才能排放,以防污染环境。

表 9-7 化学清洗程序表

化学清洗步骤	使用药品浓度(%)	清洗条件	备注
水冲洗	清水	流速>0.5m/s 至出水清洁为止	
碱洗	0.2%Na_3PO_4 0.1%Na_2HPO_4 0.5%洗涤剂	>80℃循环 8~10h	
水冲洗	净水	pH<8.5 无异形物	

续表

化学清洗步骤		使用药品浓度(%)	清洗条件	备　注
酸洗	盐酸	2.5%～5%HCl 0.2%～0.3%抑制剂	50～60℃循环至铁离子变化不大	对主要阀门要进行保护。奥氏体钢不能采用
酸洗	柠檬酸	2.5%～3%$H_3C_6H_5O_7$ 0.2%～0.3%抑制剂	氨调 pH=3.5～4.0,90℃左右循环至铁饱和	适应于任何材料的设备
酸洗	氢氟酸	1%～1.2%HF 0.2%～0.3%抑制剂	常温～70℃,1～2h 开路,过铁离子高峰	废液排放时进行除氟离子处理
水冲洗及漂洗		净水冲洗加 0.1%～0.2% 的 $H_3C_6H_5O_7$,氨调 pH	至 pH>6 氨调 pH=3.5 循环 1h 后再用 氨调 pH=9.5～10	用开路法酸洗可先用 pH=3 的水置换而后再用 pH=9 的加氨的水置换
钝化	亚硝酸钠法	1.5% ～ 2% $NaNO_2$ 加氨调 pH	pH=10～10.5,60℃循环钝化 3～4h	
钝化	联胺法	$(300～500)\times10^{-6}N_2H_4$ 0.05%～0.1%NH_3	90℃循环 12h	
钝化	磷酸盐法	1%Na_3PO_4	>90℃循环 12h	
水冲洗		加氨水	冲至出水清洁,出入口导电度差小于 10～20μΩ/㎝,无异形物为止	热放时可先不冲洗
保　存		$100\times10^{-6}N_2H_4$ $10\times10^{-6}NH_3$	满水保存	

26. 怎样计算管道吹扫与清洗定额工程量？

(1)管道吹扫与清洗按规格不分材质以“10m”为计量单位。

(2)定额内均已包括临时用空压机和水泵作动力进行吹扫、清洗管道连接的临时管线、盲板、阀门、螺栓等材料摊销量；不包括管道之间的串通临时管口及管道排放口至排放点的临时管，其工程量应按施工方案另计。

(3)调节阀等临时短管制作装拆项目，使用管道系统吹扫时需要拆除的阀件以临时短管代替连通管道，其工作内容包括完工后短管拆除和原阀件复位等。

(4)蒸汽吹扫定额中不包括排汽临时管线和固定排气管支承用的型钢，应按吹扫方案另行计算。

(5)油清洗定额主要考虑输送润滑、密封及控制油介质的管道，一般在管道酸洗合格后，系统试运转前进行油清洗。定额费用以油循环的方式，按同等距离配人敲打管道，并及时清洗和更换滤芯，清洗后采用滤网检验符合规范要求的指标。

27. 什么是管道表面处理？

表面处理就是消除或减少管材表面缺陷和污染物，为涂漆提供良好的基面。由于这是涂漆前的准备工作，因此也称为表面准备。

管道表面处理主要有三种，即除锈、脱脂和酸洗。但是，管道表面处理一般比较简单，不像机械、车辆部件要求得那样严格，因此也可称为表面清理。

28. 管道除锈有哪几种方式？

在管道工程中，表面除锈主要有三种方式，即手工除锈、机械除锈和喷砂除锈。

29. 什么是手工除锈？手工除锈时应注意哪些事项？

手工除锈是施工现场管道除锈的常用方法之一，主要使用钢丝刷、砂布、扁铲等工具，靠手工方法敲、铲、刷、磨，以除去污物、尘土、锈垢。对管子表面的浮锈和油污，也可用有机溶剂如汽油、丙酮擦洗。

采用手工除锈时，应注意清理焊缝的焊皮及飞溅的熔渣，因为它们更具有腐蚀性。应杜绝施焊后不清理药皮就进行涂漆的错误做法。

30. 什么是机械除锈？除锈机械的使用有哪些特点？

机械除锈是利用机械以冲击摩擦的方式，很好地除去污物和锈蚀。在管子运到现场安装以前，采用机械方法集中除锈并涂刷一层底漆是比较好的施工方法。常用的小型除锈机具主要有风动刷、电动刷、除锈枪、电动砂轮及针束除锈器等。

(1)使用风动或电动钢丝刷是为了除去浮锈和非紧附的氧化皮，不应为了除去紧附的氧化皮而对管子表面过度磨刷。

(2)电动砂轮只用在需要修磨锐边、焊瘤、毛刺等表面缺陷时，而不能用于一般除锈。

(3)针束除锈器是一种小型风动工具，它有可随不同曲面而自行调节的30～40个针束，适用于弯曲、狭窄、凹凸不平及角缝处，用来清除锈层、氧化皮、旧涂层及焊渣，效果较好，工作效率高。针束除锈器在工厂中使用较多，而施工现场较少使用。

31. 什么是喷砂除锈？有哪些种类？

喷砂除锈是运用机械离心力或压缩空气、高压水等作为动力，将砂石通过专用喷嘴，以很高的速度喷射到工件表面上，凭其冲击力、摩擦力彻底清除物体表面的锈蚀、氧化皮及各种污物，使金属形成粗糙而均匀的表面，以增加涂料的附着力。喷砂除锈又可分为干喷砂和湿喷砂两种。

干喷砂是一种常用的除锈方法，其最大的缺点就是作业时砂尘飞扬，污染空气，影响周围环境和操作人员的健康。因此，必须加强劳动保护，操作人员应当戴防尘口罩、防尘眼镜或特殊呼吸面具。

湿喷砂是将干砂与装有防锈剂的水溶液分装在两个罐里，通过压缩空气使其混合喷出，水砂混合比可根据需要调节。湿喷砂尽管避免了干喷砂砂尘飞扬危害工人健康的缺点，但因其效率及质量较低，水、砂难以回收，成本较高，而且不能在气温较低的情况下施工，因而在施工现场应用较少。

32. 工业管道脱脂应符合哪些要求？

(1)忌油管道系统，必须按设计要求进行脱脂处理。脱脂前可根据工作介质、管材、管径脏污情况制定管道的脱脂措施。

(2)有明显油迹或严重锈蚀的管子，应先用蒸汽吹扫、喷砂或其他方法清除油迹、铁锈，然后再进行脱脂。

(3)管道可采用有机溶剂、浓硝酸或碱液进行脱脂。

(4)脱脂用的有机溶剂，应根据其含油量按表9-8的规定使用。

(5)管道脱脂后应将溶剂排尽。

表9-8　有机溶剂使用规定

含油量/(mg/L)	使用规定
500	不得使用
500～100	粗脱脂
≤100	净脱脂

(6)脱脂合格的管道应及时封闭管口，保证在以后的工序施工中不再污染，并填写相关记录。

33. 什么是酸洗？管道酸洗项目需做的钝化处理应怎样套用定额？

酸洗主要是针对金属腐蚀物而言。金属腐蚀物是指金属表面的金属氧化物，对黑色金属来说，主要是指 Fe_3O_4、Fe_2O_3 及 FeO。酸洗除锈就是使这些氧化物与酸液发生化学反应，并溶解在酸液中，从而达到除锈的目的。

在“工业管道工程”定额中，管道酸洗项目中不包括管道的钝化处理工作内容，如需要做管道钝化处理，则可作补充定额。

34. 什么是管道腐蚀？有哪些类型？

金属管道的腐蚀分为化学腐蚀和电化学腐蚀。化学腐蚀是金属在干燥的气体、蒸汽或电解质溶液中的腐蚀，是化学反应的结果；电化学腐蚀是由于金属和电解质溶液间的电位差，导致有电子转移的化学反应所造成的腐蚀。

根据管道的材质不同，会产生不同的腐蚀外观，管道整个表面的腐蚀深浅比较一致的为均匀腐蚀；管道只有某些部位腐蚀为局部腐蚀；管道腐蚀范围比较集中而腐蚀深度又比较深时为点腐蚀；金属材料的某一成分首先遭到介质破坏的腐蚀为选择性腐蚀；管道沿金属晶粒边界发生的腐蚀为晶间腐蚀。

管道工程中，腐蚀最经常、最大量的是碳钢管的腐蚀，碳钢管主要是受水和空气的腐蚀，暴露在空气中的碳钢管除受空气中的氧腐蚀外，还受到空气中微量的 CO_2、SO_2、H_2S 等气体的腐蚀，由于这些复杂因素的作用，加速了碳钢管的腐蚀速度。

35. 如何选择管道防腐涂料？

在不同的环境下工作，宜选用不同的防腐涂料。通常，涂料有底漆和面漆之分，在选用时应根据具体要求配套使用。

(1)以防酸碱盐类腐蚀为主的涂料。在化工厂和电镀车间内，有的管道要经常在腐蚀性液体或腐蚀性气体中工作，为了防止和减轻酸、碱、盐类介质的腐蚀，通常使用过氯乙烯漆作为防腐蚀涂料。

(2)以防大气腐蚀为主的涂料。

1)防腐底漆。管道应用的防腐底漆主要有两种，即防锈漆和 XO6－1 乙烯磷化底漆(分装)，其中以防锈漆(尤其是红丹防锈漆)应用最多。

2)防腐面漆。对于一般要求的室内外钢管或钢结构，当采用红丹防锈漆作为底漆时，可应按下述原则选用面漆：要求一般时可选用油性调和漆(YO3－1)或磁性调和漆，即酯胶调和漆(TO3－1)、酚醛调和漆(FO3－1)、醇酸酯胶调和漆；要求较高时可选用酚醛磁漆(FO4－1)、醇酸磁漆等。

最常用的是油性调和漆和酯胶调和漆，它们都适于用作室内外一般金属管道的防锈面漆。油性调和漆的耐候性比酯胶调和漆好，但干燥时间较长，漆膜也较软。

36. 沥青防腐施工使用半机械化或手工操作，可否把机械费划为人工费参加取费？

长输管道工程和油(气)田建设工程均已将管段沥青防腐纳入定额，应根据工程类别及范围套用。在长输管道定额中执行除因防腐层的厚度有变化，其有关的材料部分可作调整外，其余人工和机械均不作调整。即使沥青防腐使用半机械化施工，用一部分人工代替机械，也不能将机械费划为人工费，更不能参加取费。

37. 防腐管段的运距应如何计算？

防腐管段的运距应取由防腐厂至敷设管线的实际运距，再加管线长度1/2的距离(若发生绕行,可按其实际运距计算)。

38. 管道绝缘常用材料有哪些?定额内绝缘层的计算厚度是多少?

管道绝缘常用的材料主要有石棉灰瓦、泡沫水泥瓦、草绳石棉灰、石棉灰铁丝网、石棉灰矽藻土及矿渣棉等。

定额内绝缘层的计算厚度见表9-9。

表9-9　管道绝缘层的计算厚度

管道直径/mm	石棉灰瓦	泡沫水泥瓦	草绳石棉灰	石棉铁丝网	灰棉灰矽藻土	矿渣棉
ϕ32	30	30	25	25	25	25
ϕ50	30	40	30	30	30	30
ϕ75	40	50	40	40	40	40
ϕ100	50	50	50	50	50	40
ϕ150	50	60	50	50	50	45
ϕ200	50	60	50	50	50	45
ϕ250	—	—	60	60	60	50
ϕ300	60	60	60	60	60	50
ϕ350	—	—	60	60	60	55
ϕ400	60	60	60	60	60	55

39. 不属于“长输管道”范围的绝缘防腐工程,能否执行工业管道定额?

因长输管道预算定额的绝缘防腐是按工厂化联动作业线考虑的,不属于“长输管道”范围的绝缘防腐工程不能执行工业管道定额。

40. 管道保温的计量单位是什么?是否包括阀门、法兰的保温?

管道保温按不同保温材料品种(瓦块、板材等)、管道直径,以及不同施工方法分别以“m^3”为单位计算。管道保温除阀门、法兰外,均已包括其他各种管件。阀门、法兰保温,如发生时可另行计算并执行相应有关定额项目。

41. 怎样计算耐酸防腐涂料面层定额工程量?

(1)耐酸防腐涂料项目的计算工程量应区分不同的耐酸防腐涂料种类及遍数,按实涂面积以“m^2”计算,应扣除凸出地面的构筑物、设备基础等所占面积。砖垛等突出墙面部分按展开面积计算并人墙面防腐工程量之内。

(2)耐酸防腐涂料面层的最终工程量(套定额采用的工程量)按计算工程量乘以装饰工程中规定的相应系数,以“m^2”计算。

42. 除锈工程定额的适用范围是怎样的?

定额适用于金属表面的手工、动力工具、干喷射除锈及化学除锈工程。

43. 怎样计算除锈工程量?

(1)设备筒体、管道表面积计算公式:

$$S=\pi DL$$

式中　π——圆周率;

D——设备或管道直径;

L——设备筒体高或管道延长米。

(2)计算设备筒体、管道表面积时已包括各种管件、阀门、人孔、管口凸凹部分,不再另行计算。

1)设备筒体、管道表面积计算公式同上式。

2)阀门、弯头、法兰表面积计算公式:

①阀门表面积:

$$S=\pi D\times 2.5DKN$$

式中　D——直径;

K——1.05;

N——阀门个数。

②弯头表面积:

$$S=\pi D1.5DK\times 2\pi DN/B$$

式中　D——直径;

K——1.05;

N——弯头个数。

B——90°弯头 $B=4$；45°弯头 $B=8$。

③法兰表面积：

$$S=\pi D\times 1.5DKN$$

式中 D——直径；

K——1.05；

N——法兰个数。

44. 除锈工程量计算应注意哪些事项？

(1)各种管件、阀件及设备上人孔、管口、凹凸部分的除锈已综合考虑在定额内，不得另行计算。

(2)除微锈(标准氧化皮完全紧附，仅有少量锈点)时，按轻锈定额的人工、材料、机械乘以系数 0.2 计算。

(3)对于设计没有明确提出除锈级别要求的一般工业工程，其除锈应按人工除锈项目中的人工乘以系数 0.2 计算。

(4)采暖系统中暖气片除锈工作的内容不包括在定额内，如果发生时应另行计算。

(5)对于没有提出除锈级别要求的一般工业及民用建筑工程的除锈，按定额除锈项目中人工除轻锈有关子目计算。

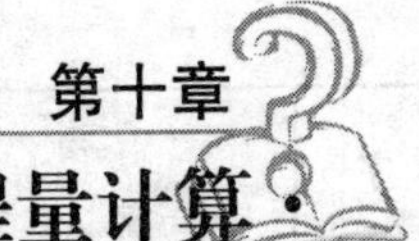

第十章

·管材表面及焊缝无损探伤工程量计算·

1. 怎样进行管道焊缝外观质量检验?

焊缝的外观质量检验，一般在无损探伤和强度试验之前进行，检查时应将焊缝表面妨碍检查的渣皮和飞溅物等清理干净，检查的项目包括表面缺陷、焊缝尺寸、焊缝错位等方面的内容，见表10-1。

检查方法一般用眼睛观察，用卡尺和千分尺检测缺陷尺寸。

表 10-1　　焊缝质量缺陷检验表

序号	项目	焊缝等级			
		Ⅰ	Ⅱ	Ⅲ	Ⅳ
1	裂缝 气孔 夹渣 熔溅	不允许		不允许	
2	咬边（e_1，S）	深度：$e_1<0.5mm$ 长度：≤焊缝全长的10%，且小于100mm			
3	突出（2mm，b_1，2mm，e，S）	$e\leqslant1+0.1b_1$ 但≤3mm		$e\leqslant1+0.2b_1$ 但≤5mm	

续表

序号	项目	焊缝等级			
		Ⅰ	Ⅱ	Ⅲ	Ⅳ
4	凹陷	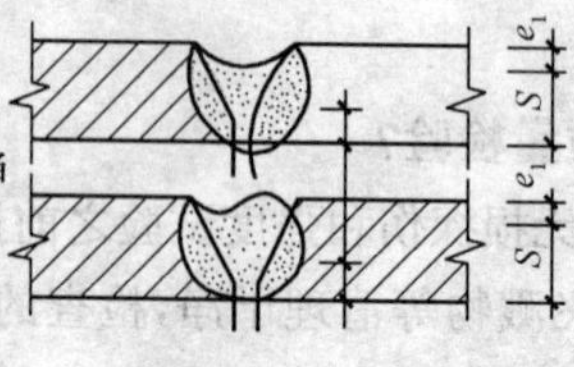 不允许		深度：e_1≤0.5mm 长度：≤焊缝全长的10% 且≤100mm	
5	错边	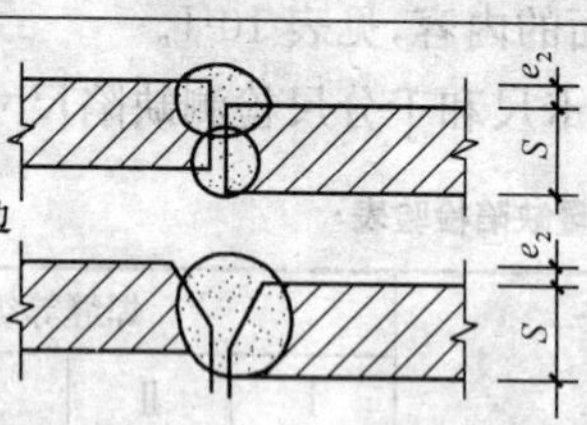 e_2＜0.15S 但≤3mm		e_2＜0.25S 但≤5mm	

2. 管道焊缝外观质量检验应符合哪些要求？

(1)管道焊缝的外观检验质量应符合现行国家标准《现场设备、工业管道焊接工程施工规范》(GB 50236—2011)的有关规定。

(2)输送剧毒介质的管道、设计压力大于或等于10MPa的管道以及设计文件规定进行100%射线照相检验的管道焊缝应达到表10-1中规定的Ⅰ级标准，其余焊缝应达到表10-1中规定的Ⅱ级标准。

(3)角焊缝的焊角高度应符合设计规定，其外形应平缓过渡，表面不得有裂纹、气孔、夹渣等缺陷，咬肉深度不得大于0.5mm。

(4)钛及钛合金焊缝表面色泽检验应达到表10-2中规定的合格标准。

表10-2　钛及钛合金焊缝表面色泽检验标准

焊缝表面颜色	保护效果	质量
金黄色(金属光泽)	良	合格
紫色(金属光泽)(注) 蓝色(金属光泽)	低温氧化、焊缝表面污染	合格
	高温氧化、表面污染严重、性参下降	不合格

续表

焊缝表面颜色	保护效果	质　量
灰色(金属光泽)	保护不好、污染严重	不合格
暗灰色		
灰白色		
黄白色		

注:区别低温氧化和高温氧化的方法宜采用酸洗法,经酸洗能除去紫色、蓝色者为低温氧化,除不掉者为高温氧化。

3. 管道焊缝的内部质量检验应符合哪些要求?

管道焊缝的内部质量,应按设计文件的规定进行射线照相检验或超声波检验。管道焊缝的射线照相检验数量应符合下列规定。

(1)下列管道焊缝应进行100%射线照相检验,其质量不得低于Ⅱ级。

1)输送剧毒流体的管道。

2)输送设计压力大于等于10MPa或设计压力大于等于4MPa且设计温度大于等于400℃的可燃流体、有毒流体的管道。

3)输送设计压力大于等于10MPa且设计温度大于等于400℃的非可燃流体、无毒流体的管道。

4)设计温度小于－29℃的低温管道。

5)设计文件要求进行100%射线照相检验的其他管道。

(2)输送设计压力小于等于1MPa且设计温度小于400℃的非可燃流体管道、无毒流体管道的焊缝,可不进行射线照相检验。

(3)其他管道应进行抽样射线照相检验,抽检比例不得低于5%,其质量不得低于Ⅲ级。抽检比例和质量等级应符合设计文件的要求。

经建设单位同意,管道焊缝的检验可采用超声波检验代替射线照相检验,其检验数量应与射线照相检验相同。

4. 什么是无损探伤?

无损探伤是指原材料或焊接结构表面的、内部的缺陷进行检查与探测的方法与手段。这种检测与探测这种检测与探测这种检测与探测方法不会使被检物体受伤、分离或者损伤。

5. 什么是射线探伤?

射线探伤一般指的是X射线和γ射线两种。X射线探伤是利用X射线的易穿透物体,而又能在穿透物体的过程中受到吸收和散射而衰减的性能,在感光材料上获得材料内部结构和缺陷相对应的黑度不同的图像,从而发现物质内部缺陷的种类、大小、分布状况并作出评价判断。γ射线与X射线均为不可见光,是一种具有较短波长的电磁波。它们具有穿透不透光物质的本领,而γ射线穿透能力要比X射线更大些。

6. 射线探伤基本原理是什么?

射线探伤的基本原理是:用来显像感光的照相底片置于被探伤工件的下面,然后选择适当的焦距在工件上部安置射线源(X光机或γ射线源),并设法使射线方向垂直地让底片感光,以保证均匀清晰的黑度;有时,为了缩短射源照射时间,提高灵敏度与清晰度,往往在软片盒内放置一种增感屏,以吸收大量的散射线而提高底片的质量。

7. 如何判断管道焊缝的射线探伤缺陷?

管道焊缝的射线探伤缺陷应根据焊接缺陷在底片上显示的特点判断,见表10-3。

表10-3　管道焊缝射线探伤缺陷判断

序号	缺陷名称	显示特点
1	未焊透	根部未焊透表现为规则的连续或断续黑直线,宽度较均匀,位置处于焊缝中心;坡口未熔合表现为断续的黑直线,位置偏离焊缝中心,宽度不一致,黑度不太均匀,线状条纹往往一边较直而且较黑,即使是连续线条也不会很长;多层焊时各层间的未熔合表现为断续条状,如为连续条状则不会太长
2	夹渣	多为不规则点状或条状。点状夹渣显现为单个黑点,外形不规则,带有棱角,黑度均匀;条状夹渣显现为宽且短的粗条状;长条形夹渣的线条较宽,粗细不均,局部略呈现弧形;多层焊时的层间夹渣与未熔合同时存在

续表

序号	缺陷名称	显示特点
3	气孔	显现为外形较规则的黑色小斑点，多为近似圆形或椭圆形，其黑度一般是中间较深，边缘较浅；斑点分布可能是单个、密集或链状
4	裂纹	多显现为略带曲折、波浪状黑色细条纹，有时也呈直线细纹，轮廓较分明，中间稍宽，端部尖细，一般不会有分枝，两端黑暗度较浅逐渐消失

8. 什么是磁粉探伤？其工作原理是什么？

磁粉探伤是一种应用于检查与探测铁磁材料，如钢铁的表面或近表面的缺陷（裂纹、折叠、夹层、夹杂物及气孔）的方法。

磁粉探伤的工作原理是：磁粉探伤需先对被检工件进行磁化，然后向磁化了的工件喷洒磁粉（Fe_3O_4 或 Fe_2O_3），要求磁粉的平均粒度为 5～10μm。磁化了的工件内部有密集的磁力线。当工件表面或近表面有与磁力线相垂直的缺陷存在时，该处就会有磁力线逸出而产生漏磁场，形成小小的南北磁极。磁粉被磁极吸引而堆积，这样就可以从磁粉堆积的形状和大小来检查和判断缺陷。

9. 磁粉探伤的工作内容有哪些？其适用范围是怎样的？

磁粉探伤工作内容包括搬运机器、接电、探伤部位除锈清理、配制磁悬液、磁电、磁粉反应、缺陷处理技术报告。

磁粉探伤对工件表面的缺陷探测灵敏度最高，但随着缺陷的埋藏深度增加其探测灵敏度也迅速降低。这种探伤方法仅仅能够检查可以被磁化的铁磁性材料，且只能检查出这些材料表面或近表面的缺陷，不能检查其深埋缺陷。因此，它限于对磁铁材料的表面和近表面缺陷进行检测。

10. 什么是液体渗透探伤？其工作原理是什么？适用范围是怎样的？

液体渗透探伤最早是以油-白色粉末为基础的探伤技术，广泛地应用于检验钢铁零件的质量。现在已经使用红色颜料在一定场合代替荧光颜料，使渗透探伤的操作更为简单，在渗透探伤技术中形成了着色渗透探伤。

在现代工业探伤中应用的液体渗透探伤分成两大类：即荧光渗透探伤和着色渗透探伤。

随着工业的发展，这两种渗透探伤技术已日益完善，基本上具有同等的检测效果。

液体渗透探伤的基本原理是利用黄绿色荧光渗透液和红色的色渗透液对窄狭缝有良好的渗透性能，经过探伤、清洗显示处理以后，显示放大的探伤痕迹，用目视法观察，对缺陷的性质和尺寸作出适当的评价。

渗透探伤可以检测在工件表面开口的裂纹、疏松、针孔等缺陷，而对埋藏在工件表面以下的缺陷不能有效地被检测。它只适用于检验磁性材料表面和近表面的缺陷，而对非磁性材料（铝合金、镁合金、奥氏体不锈钢）的工件表面质量检验是不适用的。

11. 什么是超声波探伤？有哪些特点？

超声波是指频率大于20kHz的声波。它在介质中以一定的速度向前传播，遇有不同介质的界面时会发生反射。超声波探伤就是利用超声波的这一特性对物体进行检查与探测的一种技术。

超声波探伤探测的厚度大，成本低，速度快，对人体无害，并对危害较大的平面形缺陷的探测灵敏度高，因此获得广泛应用。但是，它记录性差，不能像X射线探伤那样，可以根据X射线照相直观地了解被探部位的缺陷形状和性质。这种探伤方法要求操作人员有较广的技术知识，高度的责任心，工作时的良好状态，才能保证探伤结果的正确性。

12. 管道焊接表面的无损探伤检验应符合哪些要求？

（1）焊缝表面应按设计文件的规定，进行磁粉或液体渗透检验。

（2）有热裂纹倾向的焊缝应在热处理后进行检验。

（3）磁粉检验和液体渗透检验应按国家现行标准《压力容器无损检测》的规定进行。

（4）当发现焊缝表面有缺陷时，应及时消除，消除后应重新进行检验，直至合格。

13. 无损探伤与焊缝热处理定额说明主要包括哪些内容?

(1)无损探伤。

1)《全国统一安装工程预算定额》第六册“工业管道工程”中无损探伤与焊缝热处理适用于工业管道焊缝及母材的无损探伤。

2)定额内已综合考虑了高空作业降效因素。

3)定额不包括的内容:

①固定射线探伤仪器使用的各种支架的制作;

②因超声波探伤需要各种对比试块的制作。

(2)预热与热处理。

1)定额适用于碳钢、低合金钢和中高压合金钢各种施工方法的焊前预热或焊后热处理。

2)电加热片或电感应预热中,如要求焊后立即进行热处理,焊前预热定额人工应乘以系数0.87。

3)电加热片加热进行焊前预热或焊后局部热处理中,如要求增加一层石棉布保温,石棉布的消耗量与高硅(氧)布相同,人工不再增加。

14. 怎样计算无损探伤与焊缝热处理定额工程量?

(1)管材表面磁粉探伤和超声波探伤,不分材质、壁厚,以“m”为计量单位。

(2)焊缝X光射线、γ射线探伤,按管壁厚,不分规格、材质,以“张”为计量单位。

(3)焊缝超声波、磁粉及渗透探伤,按规格不分材质、壁厚,以“口”为计量单位。

(4)计算X光、γ射线探伤工程量时,按管材的双壁厚执行相应定额项目。

(5)管材对接焊接过程中的渗透探伤检验及管材表面的渗透探伤检验,执行管材对接焊缝渗透探伤定额。

(6)管道焊缝采用超声波无损探伤时,其检测范围内的打磨工程量按展开长度计算。

(7)无损探伤定额已综合考虑了高空作业降效因素。

(8)无损探伤定额中不包括固定射线探伤仪器适用的各种支架的制

作。因超声波探伤所需的各种对比试块的制作，发生时可根据现场实际情况另行计算。

(9)管道焊缝应按照设计要求的检验方法和数量进行无损探伤。当设计无规定时，管道焊缝的射线照相检验比例应符合规范规定。管口射线片子数量按现场实际拍片张数计算。

(10)焊前预热和焊后热处理，按不同材质、规格及施工方法，以“口”为计量单位。

(11)热处理的有效时间，是依据《工业管道工程施工及验收规范》(GB 50235—2011)所规定的加热速率、温度下的恒温时间及冷却速率公式计算的，并考虑了必要的辅助时间、拆除和回收用料等工作内容。

(12)执行焊前预热和焊后热处理定额时，如施焊后立即进行焊口局部热处理，人工乘以系数0.85。

(13)电加热片加热进行焊前预热或焊后局部热处理时，如要求增加一层石棉布保温，石棉布的消耗量与高硅(氧)布相同，人工不再增加。

(14)用电加热片或电感应法加热进行焊前预热或焊后局部处理的项目中，除石棉布和高硅(氧)布为一次性消耗材料外，其他各种材料均按摊销量计入定额。

(15)电加热片是按履带式考虑的，如实际与定额不符时，可按实调整。

【例10-1】 如图10-1所示为某化工厂装置中的部分热交换工艺管道系统图，管道采用1～5根无缝钢管，管道系统工作压力为2.0MPa，管道安装完毕作水压试验，对管道焊口按50%的比例作超声波探伤，其焊口总数为ϕ219×6管道焊口16口，ϕ159×6管道焊口32口，试计算此换热装置管道系统超声波探伤定额工程量。

【解】 管道焊口按50%的比例作超声波探伤工程量，则

ϕ219×6管口焊＝16×50%＝8口

ϕ159×6管口焊＝32×50%＝16口

15. 管材表面及焊缝无损探伤清单项目应如何列项？

管材表面及焊缝无损探伤，按探伤的种类、管材的规格、底片规格及管材壁厚等不同特征分别列项。

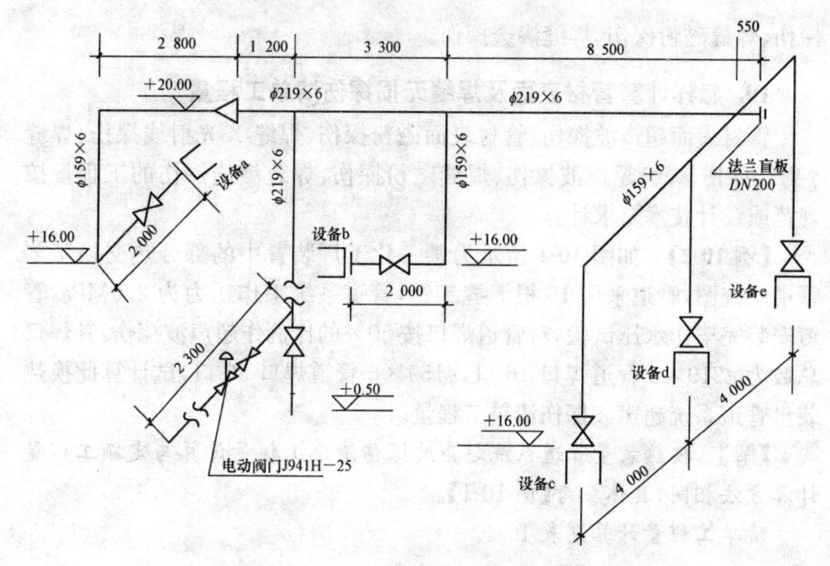

图 10-1　部分热交换站装置管道系统图

16. 编制管材表面及焊缝无损探伤工程量清单时应明确描述些项目特征?

在编制管材表面及焊缝无损探伤工程量清单项目时,应明确标出下列特征:

(1)应明确标出探伤的种类,如 X 射线探伤、γ 射线探伤、超声波探伤、普通磁粉探伤、荧光磁粉探伤、渗透探伤;

(2)探伤的管材规格按公称直径列项;

(3)X 射线探伤及 γ 射线探伤应标明底片规格及管壁厚度。

17. 管材表面及焊缝无损探伤清单工程量计算应注意哪些问题?

在工程内容中,未列的探伤试块制作及探伤时固定支架的制作,如工程需要时另行计价。

18. 管材表面及焊缝无损探伤工程量清单项目包括哪些?

管材表面及焊缝无损探伤工程量清单项目包括:管材表面超声波探伤、管材表面磁粉探伤、焊缝 X 光射线探伤、焊缝 γ 射线探伤、焊缝超声波探伤、焊缝磁粉探伤、焊缝渗透探伤。

19. 怎样计算管材表面及焊缝无损探伤清单工程量?

管材表面超声波探伤、管材表面磁粉探伤、焊缝X光射线探伤、焊缝γ射线探伤、焊缝超声波探伤、焊缝磁粉探伤、焊缝渗透探伤的工程量按规范或设计技术要求计算。

【例10-2】 如图10-1所示为某一化工厂装置中的部分热交换工艺管道系统图,管道采用15根无缝钢管,管道系统工作压力为2.0MPa,管道安装完毕作水压试验,对管道焊口按50%的比例作超声波探伤,其焊口总数为ϕ219×6管道焊口16口,ϕ159×6管道焊口32口,试计算此换热装量管道系统超声波探伤清单工程量。

【解】 换热装量管道系统超声波探伤清单工程量计算与定额工程量计算方法相同,具体参考【例10-1】。

清单工程量计算见表10-4。

表10-4　　清单工程量计算表

序号	项目编码	项目名称	项目特征描述	计量单位	工程量
1	030616005001	焊缝超声波探伤	ϕ219×6管口焊	口	8
2	030616005002	焊缝超声波探伤	ϕ159×6管口焊	口	16

20. 怎样计算管口焊缝热处理与伴热管安装定额工程量?

在"工业管道工程"定额中,管口焊缝热处理与伴热管安装的工程量计算规则如下:

(1)管口焊缝热处理项目,包括硬度测定。

(2)管道伴热管安装,以单根"延长米"为计量单位,包括城弯、焊接和安装全部工序。其中购置配件、阀门以及挖眼接管三通,另行计算。

第十一章

·其他项目工程工程量计算·

1. 什么是管道支架？有哪些作用？

管道支吊架，又称管架，是指用来支承管道的结构。它的作用是支承管道并限制管道的变形和位移，承受从管道传来的内压力，外荷载及温度变形的弹性力，通过它将这些力传递到支承结构上或地上。

2. 管道支架可分为哪些类型？

管道支架根据其用途和结构形式分类，如图 11-1 所示。

管道支架
- 固定支架
- 活动支架
  - 滑动支架（双方向移动，摩擦力大）
  - 导向支架（单方向移动，摩擦力大）
  - 摇摆支架（双方向移动，摩擦力小）
  - 半铰接支架（单方向移动，摩擦力小）

图 11-1　管道支架的类型

3. 什么是固定支架？有哪些类型？

固定支架用于不允许管道有轴向位移的地方，它除承受管道的重量外，还分段控制着管道的热胀冷缩变形。因此，固定支架宜生根在 C13 级以上的钢筋混凝土结构上或专设的构筑物上。固定支架安装的位置不同，所承受的水平推力也不同。位于直线上两个伸缩器之间的固定支架，所承受的水平推力较小，称之为中间固定支架；而位于转角处的固定支架，所承受的水平推力较大，称之为转角固定支架。常用的固定支架如图 11-2 所示。

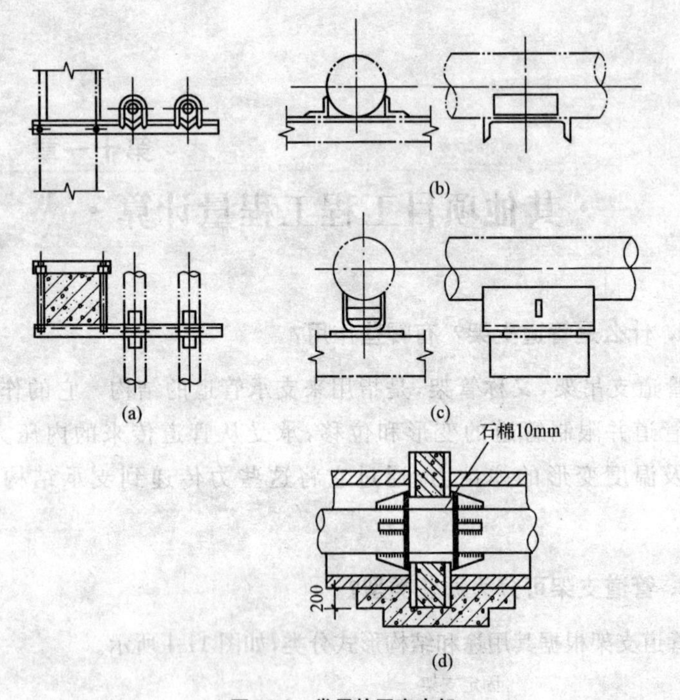

图 11-2 常用的固定支架

(a)夹环固定支架;(b)焊接角钢固定支架

(c)曲面槽钢固定支架(d)钢筋混凝土固定支架

4. 什么是滑动支架?有哪些类型?

滑动支架主要承受管道的质量和管道因热位移摩擦而产生的水平推力,并保在管道发生温度变化时,能够使其变形自由移动,在管道工程上用得最为广泛。图 11-3 为一种装配式滑动支架。

滑动支架根据其结构和功能的不同,又可再分为普通滑动支架、导向滑动支架、滚珠支架等支架。通常,滑动支架应生根在不低于 MU10 级砖 M5.0 级白灰砂浆砌筑的厚度 240mm 以上的砖墙上,或 C15 级以上的混凝土结构上。

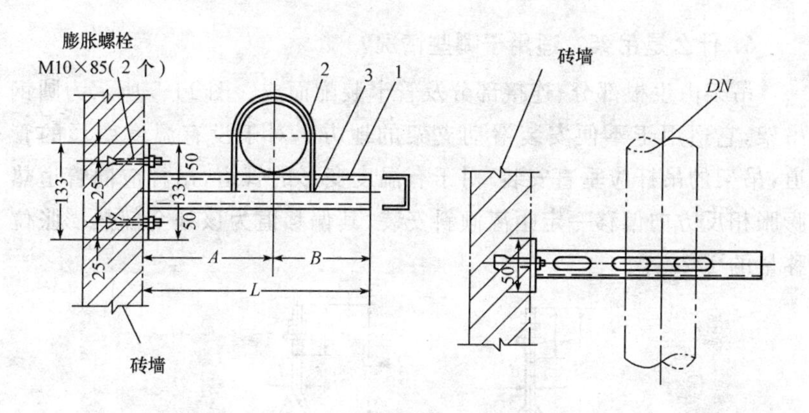

图 11-3　不保温(常温)单管滑动支架

1—支架;2—圆钢管卡;3—螺母

5. 什么是导向支架?

导向支架是为了限制管子径向位移,使管子在支架上滑动时不至偏移管子轴心线而设置的。管道转弯处不设导向支架。一般是在管子托架的两侧 3～5mm 处各焊接一块短角钢或扁钢,使管子托架在角(扁)钢制成的导向板范围内自由伸缩,如图 11-4 所示。

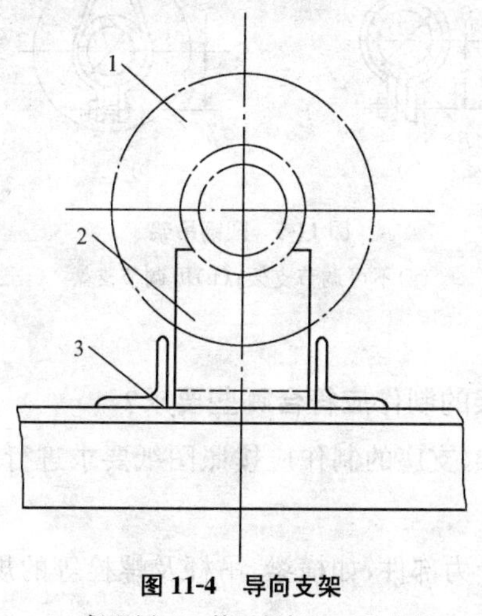

图 11-4　导向支架

1—保温层;2—管子托架;3—导向板

6. 什么是吊架？适用于哪些情况？

吊架由生根部分、连接部分及管卡装配而成。图 11-5 所示为圆钢吊架，它适用于不便安装滑动支架的地方。对于没有温度变形的管道，吊架的吊杆应垂直安装；对于有温度变形的管道，吊杆应向管道热膨胀相反方向偏移一定距离倾斜安装，其偏移值为该处全部热膨胀位移量的 1/2。

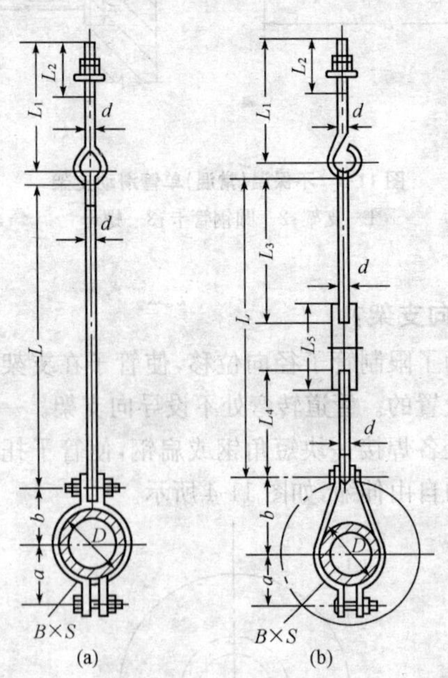

图 11-5　圆钢吊架

(a)不可调节支架；(b)可调节支架

7. 管道支吊架的制作应符合哪些要求？

(1)管道支吊架、支座的制作应按照图纸要求进行施工，代用材料应取得设计者同意。

(2)支吊架用受力部件，如横梁、吊杆及螺栓等的规格应符合设计及有关技术标准规定。

(3)管道支吊架、支座及零件的焊接应遵守结构件焊接工艺，焊缝应进行检查，不得有漏焊、欠焊、结渣或焊缝裂纹等缺陷，焊接变形应予矫正。

(4)支吊架制作完毕后应进行防腐处理，合金钢的支吊架应有材质标记。

8. 管道支吊架的布置应遵循哪些原则？

(1)对于刚性支架，在多根管道多层排列情况下，尽可能将水平推力大、质量大、高温的管道置于下层，或低点敷设，以减少管架计算力矩；相反，对于半铰接支架，推力大的管道宜置于上层，以减少管架的倾角。

(2)在管架上排列管道时，对重的高温管道应敷设在管架的中部，重的常温管道对称地布置在两边。

(3)各种介质管道按质量比例对称敷设，尽量避免管架偏心受力，一般不允许管架横截面一边的荷载超过全部荷载的65%。

(4)同时升温的管道应间隔排列。在考虑管架受力合理情况下，也应考虑工艺要求，如冷冻管道及易挥发性介质管道周围避免设置高温蒸汽管道，腐蚀性介质管道应尽量放在管架最下层。

9. 管道支吊架安装应做好哪些准备工作？

室内管道的支架，首先应根据设计要求定出固定支架和补偿器的位置。再按管道的标高，把同一水平直管段两段的支架位置画在墙或柱子上。要求有坡度的管道，应根据两点间的距离和坡度的大小，算出两点间的高度差。然后在两点间拉一根直线，按照支架的间距，在墙上或柱子上画出每个支架的位置。

如果土建施工时已在墙上预留了埋设支架的孔洞，或在钢筋混凝土构件上预埋了焊接支架的钢板，应检查预留孔洞或预埋钢板的标高及位置是否符合要求。预埋钢板上的砂浆或油漆应清除干净。

室外管道的支架、支柱或支墩，应测量顶面的标高和坡度是否符合设计要求。

10. 管道支吊架安装应符合哪些基本要求?

(1)支架横梁应牢固地固定在墙、柱或其他结构物上,横梁长度方向应水平,顶面应与管子中心线平行。

(2)固定支架承受着管道内压力的反力及补偿器弹性力的反力等,因此固定支架必须严格地安装在设计规定位置,并使管子牢固地固定在支架上,在无补偿器、有位移的直管段上,不得安装一个以上的固定支架。

(3)活动支架不应妨碍管道由于热膨胀所引起的移动,其安装位置应从支撑面中心向位移反向偏移,偏移值应为位移之半。

(4)无热位移的管道吊架的吊杆应垂直安装,吊杆的长度应能调节;有热位移的管道吊杆应斜向位移相反的方向,按位移值之半倾斜安装。

(5)导向支架或滑动支架的滑动面应洁净平整,不得有歪斜和卡涩现象。其安装位置应从支撑面中心向位移反方向偏移,偏移量应为位移值的1/2(图11-6)或符合设计文件规定,绝热层不得妨碍其位移。

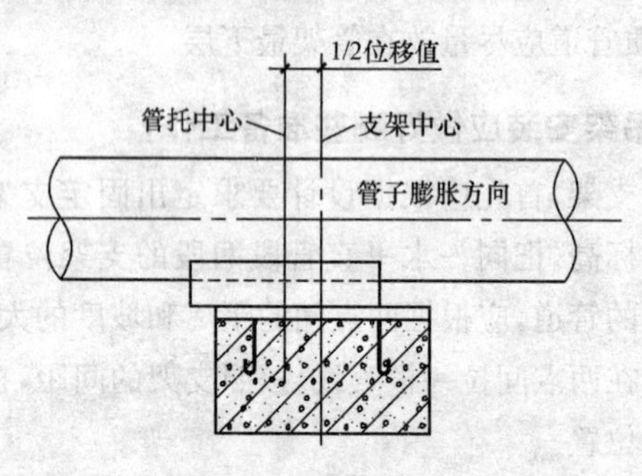

图11-6 滑动支架安装位置

(6)弹簧支、吊架的弹簧高度,应按设计文件规定安装,弹簧应调整至冷态值,并做记录。弹簧的临时固定件,应待系统安装、试压、绝热完毕后方可拆除。

(7)铸铁、铅、铝及大口径管道上的阀门,应设有专用支架,不得以管道承重。

(8)管架紧固在槽钢或工字钢翼板斜面上时,其螺栓应有相应的斜垫片。

11. 墙上有预留孔洞时应如何安装管道支架?

墙上有预留孔洞的,可将支架横梁埋入墙内,如图 11-7 所示。埋设前,应清除孔洞内的碎砖及杂物,并用水将孔洞内浇湿。埋入深度须符合设计要求,并使用 1∶3 水泥砂浆填塞,密实饱满,从而使支架牢固地固定住。

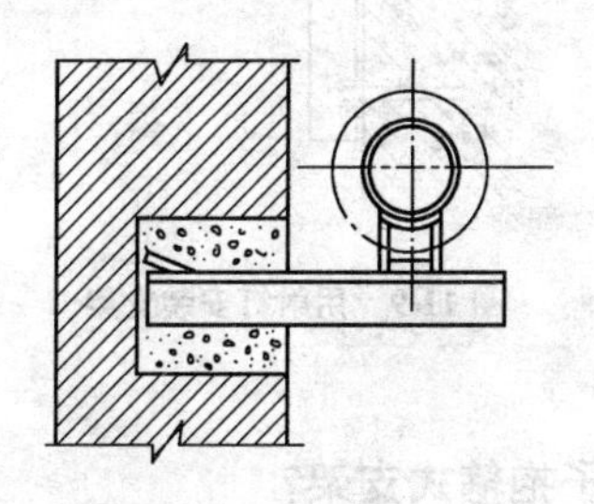

图 11-7 支架在墙内安装

12. 如何在钢筋混凝土构件上安装支架?

在钢筋混凝土构件上安装支架时,必须在浇筑混凝土时预埋钢板,然后将支架横梁焊在预埋钢板上,如图 11-8 所示。

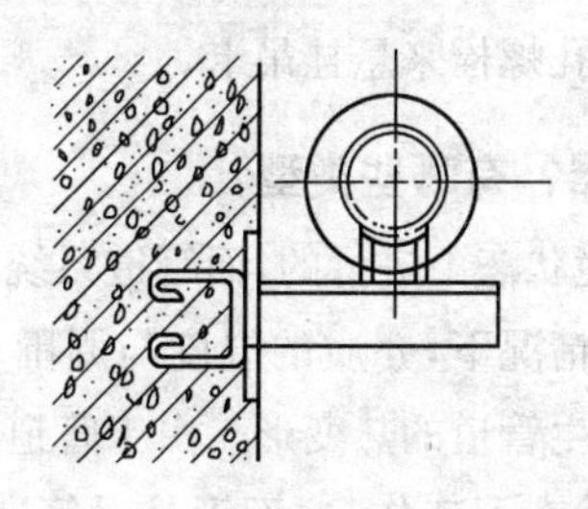

图 11-8　在预埋钢板上装支架

13. 如何在没有预留孔洞和预埋钢板的砖或混凝土构件上安装支架?

在没有预留孔洞和预埋钢板的砖或混凝土构件上,可以用射钉或膨胀螺栓来固定支架。用射钉安装支架时,先用射钉枪射入安装支架的位置,然后用螺母将支架横梁固定在射钉上。图 11-9 为射钉安装支架示意图。

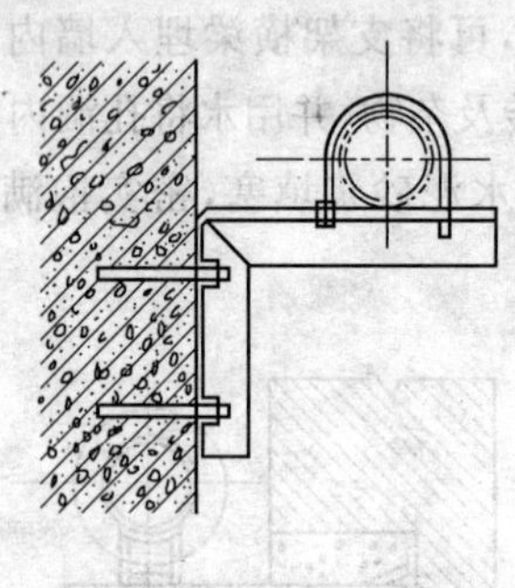

图 11-9　用射钉安装支架

14. 如何安装柱子抱箍式支架?

在柱子抱箍式支架安装前,应清除柱子表面的粉刷层。在测定支架标高后,在柱子上弹出水平线,支架即可按线安装。但固定用的螺栓一定要拧紧,以保证支架受力后不活动。

15. 如何在木梁上安装吊卡?

在木梁上安装吊卡时,不准在木梁上打洞或钻孔,要用扁钢箍住木梁,在扁钢端部借助穿孔螺栓来悬挂吊卡。

16. 什么是补偿器?有哪些类型?

管道安装是在环境状态下进行的,而管道系统运行时,是在介质的工作温度状态下,大多数情况下,介质的温度与周围环境温度不同,有些还差别很大,这必将会产生管道的热变形。由于管道热变形产生热应力,使管子处在较高的应力状态下工作,这不管是对管道、设备、还是对管道系统都是危险的,因此,必须在管路上安装一种能够吸收管道的热变形量的装置,这种装置被称为补偿器。

工业管道常用的补偿器有自然补偿器、波形补偿器、方形补偿器、套筒式补偿器、球形补偿器。

17. 什么是自然补偿器？有哪些类型？

利用管道敷设上的自然弯曲管段(L形、Z形和空间立体弯)来吸收管道的热伸长变形称为自然补偿器。自然补偿器不仅简单，而且可靠，所以应优先考虑。自然补偿器按形状分为L形、Z形和空间立体弯补偿器等。

(1)L形补偿器。L形补偿器是一个直角弯管，外形如图11-10所示。

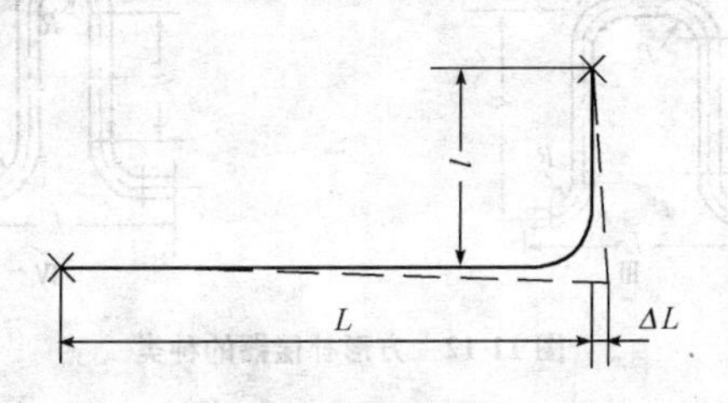

图11-10 L形补偿器

(2)Z形补偿器。Z形补偿器是在管道上的两个固定点之间由两个90°角组成的管段，如图11-11所示。

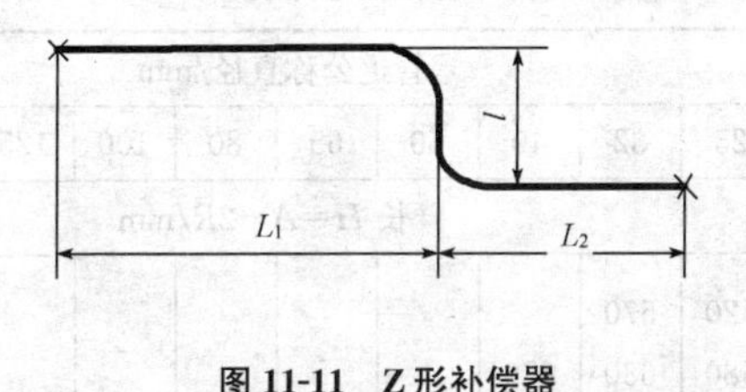

图11-11 Z形补偿器

18. 什么是方形补偿器？有哪些类型？

方形补偿器是由四个弯头和一定长度的相连直管段构成。根据国家采暖通风标准图集N106之规定，共分为四种，如图11-12所示。在图11-12中，Ⅰ型 $c=2h$，Ⅱ型 $c=h$，Ⅲ型 $c=0.5h$，Ⅳ型 $c=0$。

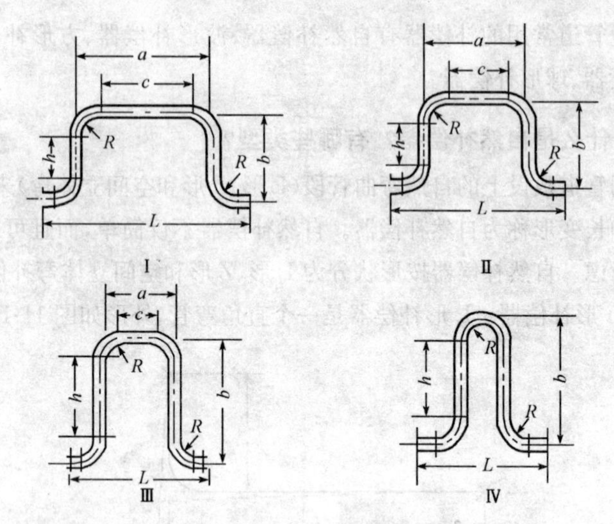

图 11-12　方形补偿器的种类

19. 如何选择方形补偿器的型式？

方形补偿器可根据其热伸长量来选择不同型式的伸缩器长臂及短臂的尺寸，表 11-1 中补偿能力（伸长量）Δl 是按安装时冷拉 $\Delta l/2$ 计算的。

表 11-1　　方形补偿器选择表

热伸长量（补偿量）Δl/mm		管道公称直径/mm											
		20	25	32	40	50	65	80	100	125	150	200	250
		臂长 $H=A+2R$/mm											
30	Ⅰ	450	520	570									
	Ⅱ	530	580	630	670								
	Ⅲ	600	760	820	850								
	Ⅳ	—	760	820	850								
50	Ⅰ	570	650	720	760	790	860	930	1000				
	Ⅱ	690	750	830	870	880	910	930	1000				
	Ⅲ	790	850	930	970	970	980	980					
	Ⅳ	—	1060	1120	1140	1050	1240	1240					

续表

热伸长量（补偿量）Δl/mm		管道公称直径/mm											
		20	25	32	40	50	65	80	100	125	150	200	250
		臂长 $H=A+2R$/mm											
75	Ⅰ	680	790	860	920	950	1050	1100	1220	1380	1530	1800	—
	Ⅱ	830	930	1020	1070	1080	1150	1200	1300	1380	1530	1800	—
	Ⅲ	980	1060	1150	1220	1180	1220	1250	1350	1450	1600	—	—
	Ⅳ	—	1350	1410	1430	1450	1450	1350	1450	1530	1650	—	—
100	Ⅰ	780	910	980	1050	1100	1200	1270	1400	1590	1730	2050	—
	Ⅱ	970	1070	1170	1240	1250	1330	1400	1530	1670	1830	2100	2300
	Ⅲ	1140	1250	1360	1430	1450	1470	1500	1600	1750	1830	2100	—
	Ⅳ	—	1600	1700	1780	1700	1710	1720	1730	1840	1980	2190	—
150	Ⅰ	—	1100	1260	1270	1310	1400	1570	1730	1920	2120	2500	—
	Ⅱ	—	1330	1450	1540	1550	1660	1760	1920	2100	2280	2630	2800
	Ⅲ	—	1560	1700	1800	1830	1870	1900	2050	2230	2400	2700	2900
	Ⅳ	—	—	—	2070	2170	2200	2200	2260	2400	2570	2800	3100
200	Ⅰ	—	1240	1370	1450	1510	1700	1830	2000	2240	2470	2840	—
	Ⅱ	—	1540	1700	1800	1800	2000	2070	2250	2500	2700	3080	3200
	Ⅲ	—	—	2000	2100	2100	2220	2300	2450	2670	2850	3200	3400
	Ⅳ	—	—	—	—	2720	2750	2770	2780	2950	3130	3400	3700
250	Ⅰ	—	—	1530	1620	1700	1950	2050	2230	2520	2780	3160	—
	Ⅱ	—	—	1900	20410	2040	2260	2340	2560	2800	3050	3500	3800
	Ⅲ	—	—	—	—	2370	2500	2600	2800	3050	3300	3700	3800
	Ⅳ	—	—	—	—	—	3000	3100	3230	3450	3640	4000	4200

20. 如何进行方形补偿器的煨制？

方形补偿器尽量用一根管子连续煨制而成。当由于补偿器尺寸较大，用一根管子煨制不够长时，则可用 2 根或 3 根管子分别煨制，经焊接成形。煨制补偿器时应注意：

(1)煨制补偿器时,尺寸应准确,应防止歪扭和翘棱。其歪扭偏差不得大于3mm/m。

(2)由方形补偿器的工作状态图(图11-13)可以看出,补偿器的顶端变形较大,垂直臂中部变形较小,故不论用几根管子煨制,在平臂(顶端)不应有焊口。焊口应留在悬臂的中部,如图11-14所示。

(3)方形补偿器组对时,应在平台上或平地上拼接,组对尺寸要正确,垂直臂度偏差不应大于±10mm,弯头角度必须是90°。

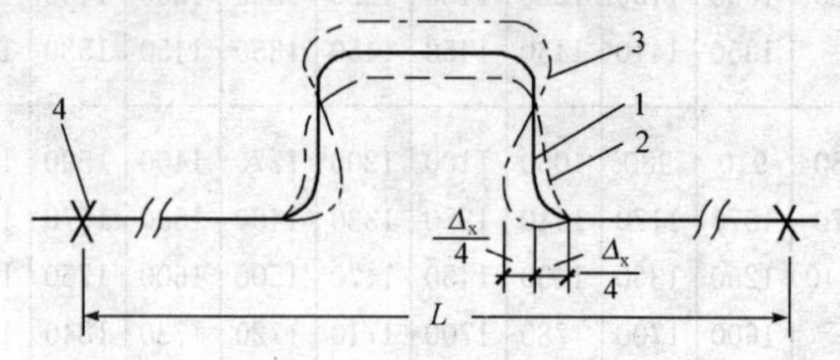

图11-13　方形补偿器变形图

1—制作后形状;2—安装时状态;3—补偿器运行状态;4—固定点

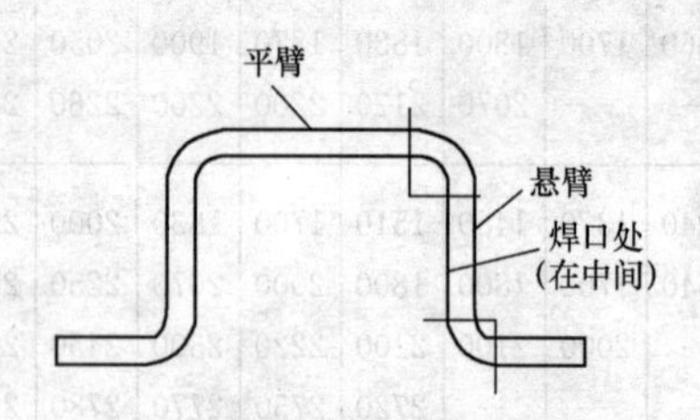

图11-14　方形补偿器焊接点位置

21. 什么是波形补偿器?有哪些特点?

波形补偿器是一种利用凸形金属薄壳挠性变形构件的弹性变形来补偿管道的热伸缩量,并且以金属薄板压制而拼焊起来的补偿器。其优点是几乎不专门占有空间,施工简单,工作时只发生轴向变形;缺点是制造较困难,耐压强度低。工业煤气管道上普遍采用。

22. 什么是套筒式补偿器?有哪些特点?

套筒式补偿器又叫填料函式补偿器,它以填料函来实现密封,以插管和套筒的相对运动来补偿管道的热伸缩量。具有补偿量大,安装简单,占地面积小,投资省的优点;但是其轴向力大,经常检修更换填料,易泄漏。

23. 常用套筒式补偿器的规格有哪些?

常用套筒式补偿器的规格,见表 11-2。

表 11-2　　套筒式补偿器的外形及规格

名称	图示	符号	当管径为下列数值/mm时的尺寸与质量/kg						
			80	100	125	150	200	250	300
单向作用钢制补偿器		D_w	—	108	133	159	219	273	325
		D_1	—	133	159	194	273	325	377
		B	—	535	545	715	800	800	800
		C	—	250	250	300	300	300	300
		L	—	850	850	1100	1230	1230	1230
		A	—	500	500	650	750	750	750
		质量	—	22.9	29.8	46.8	99.8	135	170
双向作用钢制补偿器		D_w	—	108	133	159	219	273	325
		D_1	—	133	159	194	273	325	377
		B	—	535	545	715	800	800	800
		C	—	500	500	600	600	600	600
		L	—	1700	1700	2150	2360	2360	2360
		A	—	1000	1000	1250	1400	1400	1400
		质量	—	47.3	56.6	95	212	289	349
单向作用铸铁补偿器		A	345	350	355	365	375	385	385
		L	640	650	665	685	710	735	735
		C	160	160	160	160	160	160	160
		D	195	215	245	280	335	405	460
		D_1	160	180	210	240	295	355	410
		质量	30	39	49	77	111	153	179

续表

名称	图示	符号	当管径为下列数值/mm时的尺寸与质量/kg						
			80	100	125	150	200	250	300
双向作用铸铁补偿器		A	560	570	580	590	600	610	610
		L	1170	1190	1210	1240	1280	1320	1320
		C	320	320	320	320	320	320	320
		D	195	215	245	280	335	405	460
		D_1	160	180	210	240	295	355	410
		质量	50	65	83	116	139	274	319

24. 什么是球形补偿器？有哪些特点？

球形补偿器是利用补偿器的活动球形部分角向转弯来补偿管道的热变形，它允许管子在一定范围内相对转动，因而两端直管可以不必严格地保持在一条直线上。球形补偿器由外壳、球体、密封圈、压紧法兰和连接法兰等主要部件组成，如图 11-15 所示。它的优点是能够吸收管道产生的伸缩(热位移)、振动、扭曲等全部位移。

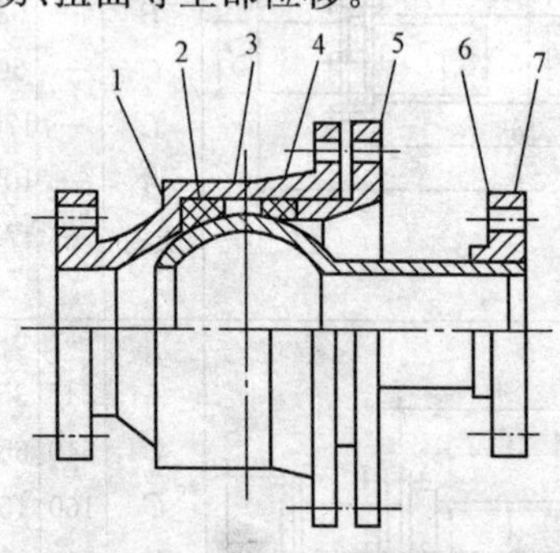

图 11-15 球形补偿器

1—外壳；2—密封圈；3—球体；

4—压紧法兰；5—垫片；6—螺纹连接法兰

25. 补偿器的选择应遵循哪些原则？

补偿器的选用原则见表 11-3。

表 11-3　补偿器的选用原则

种　类	选　用　原　则
自然补偿器	(1)管道布置时，应尽量利用所有管路原有弯曲的自然补偿，当自然补偿不能满足要求时，才考虑装设各种类型的补偿器； (2)当弯管转角小于 150°时，可用作自然补偿；大于 150°时不能用作自然补偿； (3)自然补偿器的管道臂长不应超过 20～25m，弯曲应力 σ 不应超过 80MPa
方形补偿器	(1)热力管网一般采用方形补偿器，只有在方形补偿器不便使用时才选用其他类型补偿器； (2)方形补偿器的自由臂(导向支架至补偿器外臂的距离)，一般为 40 倍公称直径的长度； (3)方形补偿器须用优质无缝钢管制作。$DN<150$mm 时用冷弯法制作；$DN>150$mm 时用热弯法制作。弯头弯曲半径通常为 3～4DN
波形补偿器	(1)波形补偿器因其强度较弱，补偿能力小，轴向推力大，适用于管径大于 150mm 以上及压力低于 0.6MPa 的管道； (2)波形补偿器用钢板制造，钢板厚度一般采用 3～4mm； (3)波形补偿器的波节以 3～4 个为宜
填料式补偿器	(1)填料式补偿器一般用于管径大于 100mm、工作压力小于 1.3MPa(铸铁制)及 1.6MPa(钢制)的管道上； (2)由于填料密封性不可靠，一定时期必须更换填料，因此不宜用于不通行地沟内敷设的管道上； (3)钢质填料式补偿器有单向和双向两种。一个双向补偿器的补偿能力，相当于两个单向补偿器的补偿能力，可用于工作压力不大于 1.6MPa、安装方型补偿器有困难的热力管道上

续表

种　类	选　用　原　则
球形伸缩器	(1)球形伸缩器是利用球形管的随机弯转来解决管道的热补偿问题，对于三向位移的蒸汽和热水管道最宜采用； (2)球形伸缩器可以安装于任何位置，工作介质可以由任意一端出入。其缺点是存在侧向位移、易漏，要求加强维修； (3)安装前须将两端封堵，存放于干燥通风的室内。长期保存时，应经常检查，防止锈蚀

26. 方形补偿器的设置应符合哪些要求?

任何大型方形补偿器必需设置三个活动支架，但附近不应设置导向支架。导向支架离补偿器起弯点的距离不少于管子公称直径的 40 倍，即 $l_0>40DN$。在补偿器的弯头起弯点外 0.5～1m 处应设一滑动支架，不管补偿器有多大，其顶端必须设置一个活动支架，从而保障补偿器正常工作。

当几根管子平行敷设时，补偿器应套装布置在一个膨胀穴内，即使补偿量相差不多，也只能采用加大外围补偿器的方法使之套在外面。当考虑外围补偿器的尺寸时，一定要计算管径和保温层的厚度，并以相同的弯曲半径弯曲，否则很易造成布置上的困难，如图 11-16 所示。补偿器拉伸或压缩合格后，应马上作出记录。

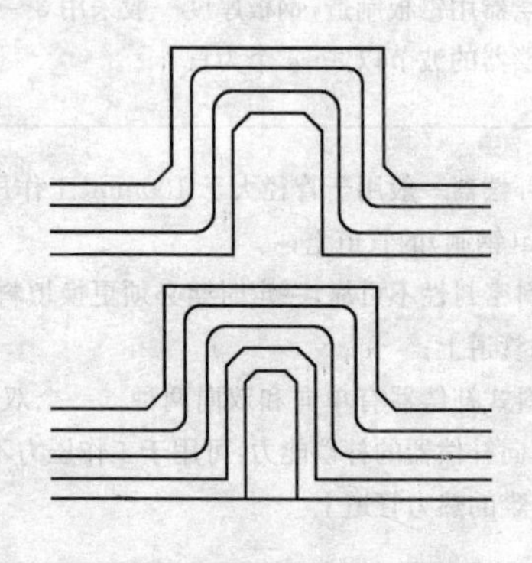

图 11-16　平行敷设管道的方形补偿器

27. 方形补偿器安装应符合哪些要求?

安装补偿器时,应用三点以上受力起吊,并将两垂直臂撑牢,以免发生变形。

当水平安装补偿器时,两垂直臂应保持水平,补偿器顶端应和管道的坡向相同。

28. 波形补偿器安装应符合哪些要求?

(1)波形补偿器安装时,首先应进行质量检查,并进行水压试验。

(2)安装波形补偿器时,应使套管的焊缝端与介质流动方向相迎。

(3)波形补偿器安装时应进行预拉伸,拉伸量应根据补偿零点温度来定位。所谓补偿零点温度就是管道设计最高温度和最低温度的中点温度。安装环境温度等于补偿零点温度时,不拉伸;大于零点温度时,压缩;小于零点温度时,拉伸。拉伸压缩数值见表 11-4。

表 11-4　安装波形补偿器的拉伸或压缩量

安装时的环境温度与补零点温度的差(℃)	拉伸量/mm	压缩量/mm
−40	0.5ΔL	
−30	0.375ΔL	
−20	0.25ΔL	
−10	0.125ΔL	
0	0	0
+10		0.125ΔL
+20		0.25ΔL
+30		0.375ΔL
+40		0.5ΔL

波形补偿器的预压或预拉应当在平地上进行,逐渐增加作用力,尽量保证各波节的圆周面受力均匀,拉伸或压缩量的偏差应小于 5mm。当拉伸或压缩到要求数值时应当安装固定。

(4)波形补偿器必须与管道保持同心,不得偏斜。

(5)当管道内有凝结水产生时,需在波形补偿器的每个波节下方安装放水阀,北方寒冷地区非保温管道如不能保证波节内及时排水,应预先将波节内灌密度大于水的防冻油,防止波节冻裂。

(6)吊装波形补偿器时，不能把支撑件焊在波节上，也不能把吊索绑扎到波节上。

29. 套筒式补偿器安装应符合哪些要求？

(1)套筒式补偿器安装前按设计的伸缩量进行预拉伸，并留有剩余伸缩量，如图 11-17 所示。剩余伸缩量按下式计算：

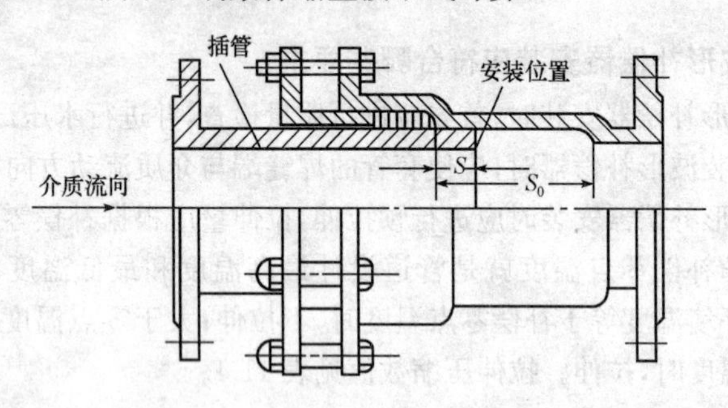

图 11-17 填料式补偿器安装剩余收缩量示意图

$$S=S_0\frac{t_1-t_0}{t_2-t_0}$$

式中 S——插管与外壳挡圈的安装剩余伸缩量(mm)；

S_0——补偿器的最大伸缩范围(mm)；

t_0——室外最低计算温度(℃)；

t_1——管道安装时的环境温度(℃)；

t_2——管道内介质最高温度(℃)。

在调节剩余伸缩量时，允许偏差±5mm。

(2)套筒式补偿器安装时也可不经计算，按表 11-5 的条件留出伸缩间隙 Δ。

表 11-5 套筒式补偿器安装间隙(剩余伸缩量)

两固定支架间的管段长度/m	安装时为下列温度时的安装间隙 Δ/mm		
	低于−5℃	−5～20℃	20℃以上
100	30	50	60
75	30	40	50

(3)校核尺寸后,在填料盒中填满填料,并进行压紧。

(4)单向套筒式补偿器应安装在固定支架附近,套管外壳一端朝向管道固定支架,伸缩端与产生热胀缩的管子相连。为保证管子与补偿器同心,补偿器的伸缩端方向必须设1～2个导向支架。

(5)双向套筒式补偿器应装在两固定支架间中部,同时两侧均应设1～2个导向支架。

(6)在介质的流入端安装补偿器。

30. 如何进行球形补偿器的安装?

球形补偿器在管道上可以水平或垂直设置。一般可以300～400m设一组,为了保证直管段不发生横向位移,可采用三个球形补偿器,在直管段上设有导向支架,吸收直管的膨胀量分别为ΔL_1、ΔL_2。

安装球形补偿器,要求在外壳下部装滚动支架,其活动范围应满足补偿器能作圆弧摆动。与球形补偿器相连接的直管段,如要求横向位移时,亦应设置滚动支架,支架托板应满足热位移的需要。直管段上需要安装导向支架的,应按设计距离设置,或按距球形补偿器4～6倍直径设置。外伸部分应与管道坡度保持一致。使用球形补偿器不必计算介质压力所产生的轴向推力,这一推力如方形补偿器一样已被转角平衡,因此不需要在补偿器两端临时固定。

球形补偿器由于存在填料函密封结构,不可避免地会发生泄漏安装后对其进行调试时,要及时检查运行及泄漏情况。

球形补偿器补偿能力大,适宜在架空敷设的大直径管道上使用。

31. 什么是冷排管?

冷排管即光管型散热器,是利用钢管焊制而成的,构造简单,可由施工单位自行制作。该散热器表面光滑,制作简单,但耗钢材量大。光管的排数、管径由设计选定,可分为排管型及回形管型。光排管散热器采用蒸汽作热源时,蒸汽管与凝结水管宜异侧连接。

32. 什么是钢带的轧绞与绕片?

钢带是由多根钢管经并排焊接而制的,是用来制作冷排管的材料。

钢带的轧绞是用轧绞机将钢带按设计规定的要求轧断,是冷排管制作中的一个工序。

钢带的绕片是用绕带机将钢带绕成要求的形状，它是冷排管制作的一个工序。

33. 什么是钢带退火？

钢带退火是指将钢带加热到适当温度，保证一定时间后，然后缓慢冷却（一般随炉冷却），以获得接近相图组织的热处理工艺。钢带退火有完全退火、球化退火和去应力退火三种。

34. 什么是冲套翅片？

冲套翅片是指利用冲床弯管机、套片机和胀管机将钢带加工成带有翅片的形状，有助于冷排管的散热。

35. 什么是分汽气缸？其作用有哪些？

分汽气缸，本身为受压容器，主要是由无缝钢管及冲压封头焊制而成。它的作用主要是对独立的采暖分支系统的进行再分配及调节控制。

36. 集气罐的作用有哪些？集气装置有哪几种？

集气罐安装在系统各段管道的最高点。它的作用是将热水采暖系统中的空气收集并加以排除，以保证系统的正常工作。集气装置有以下两种：

（1）手动的集气罐，可按标准图用钢管或钢板制作。

（2）自动排气阀。

手动集气罐按安装形式不同又可分为卧式和立式两种，可利用钢管自行制作。它是热水采暖系统中定期排除空气的装置。集气罐应安装在热水采暖系统末端最高处，一般多采用立式安装，因为立式安装集气量大。当干管离顶板太近时，可采用卧式安装。

37. 什么是空气分气筒？其作用有哪些？

空气分气筒是用来分离出水中气泡中气体的设备。它的作用是便于水顺利地排出。

38. 什么是空气调节喷雾管？其作用有哪些？

空气调节，是指通过空气处理的手段和方法向房间送入达到一定要求的空气，空气调节喷雾管是指空气调节时所用的喷雾管。其作用是对空气进行过滤净化、加热、冷却、加湿等工艺过程，满足人及生产的要求，对温度及湿度能实行控制，并提供足够的净化新鲜空气量。

39. 什么是管道绝热？其作用有哪些？

管道绝热是指为了减少热介质管道向周围环境散发热量或减少冷介质管道从周围环境吸收热量而进行的保温或保冷工程。

管道绝热的作用可归纳为以下几点：

(1)防止介质在输送过程中结晶或凝固。在化工产品生产过程中，按要求有些介质不能在输送过程中结晶或凝固，而温度是一个很重要的参数，如果温度降低，就可能使介质发生结晶或凝固。为了防止这种现象的发生，就必须进行保温。而输送高黏度、高凝固点油品的管道，有时还要进行加热(伴热)保温。

(2)防止管道或设备外表面结露。当管道或设备的表面温度低于周围空气的露点温度时，就会结露。管道或设备的表面温度越低，周围空气的露点温度越高，产生的露水则越多。空气露点的高低取决于空气的温度和相对湿度，温度和相对湿度越高，露点也就越高。为了防止结露，管道和设备表面就需要保冷。保冷层的外表面温度，应高于周围空气的露点温度。

(3)防止管道或设备内的液体冻结。当水在管道或设备内经常流动时，一般不会冻结，如果一旦停止使用(例如在夜间或节假日停止使用时)，就可能冻结，尤其是室外架空敷设的管道，在阀门处或管径较小的管段，很容易冻结。为了防止冻结，必须根据管径、介质温度、间断工作时间、室外温度等参数，选用保温材料和计算出保温层厚度，使之在预定的时间内不致冻结。

(4)提高耐火等级并防止火灾。选用导热系数小且耐高温的材料保温，可以在发生火灾时，减少外界热量传入，从而可以提高管道及设备的耐火等级。如果管道的表面温度很高，而又必须穿越存放易燃易爆品的房间或木结构建筑物时，为了防止发生火灾，就要通过保温把管道表面温度降低到安全温度。

40. 管道绝热的场所有哪些？

根据管道绝热的作用，可以把应当进行绝热的管道归纳为以下几个主要场所：

(1)输送热介质的管道表面温度在50℃以上，要求保持稳定温度并尽可能减少热损失时应当保温，如蒸汽管道、热水管道等。

(2)为了防止烫伤事故，当管道表面温度在60℃以上时，在经常有人活动的场所，管道应当保温。以防止烫伤事故为目的的保温，其保温层外表面的温度应不超过50℃。对不便保温的阀门、法兰、人孔等部位，可用镀锌钢板网或钢板网(规格为25mm×25mm×2mm)做保护罩代替保温，防止烫伤。

(3)输送易凝固、易结晶介质的管道，为了防止介质温度下降到凝固点或结晶点以下，则应当保温，必要时还要进行伴热，如燃料重油管道。

(4)为了防止外界环境的高温对输送介质造成不利影响的管道应保温，如靠近热源的煤气管道、乙炔管道及其他特殊化工管道。

(5)为了使输送冷介质的管道表面不致结露，应尽可能减少冷量的损失，加以保冷，如冷冻系统的管道。

(6)室内上、下水管道，当在夏季高温潮湿季节有可能结露时，对水平管道的安装，应在必要的部位做防潮防结露保温。

(7)对于中、小直径的热介质管道，除室外架空敷设外，阀门、法兰一般不进行保温。蒸汽管道上的疏水阀和活接头不需要保温。

(8)对于冷介质管道，阀门、法兰均应保冷，宜采用可拆式结构，并露出阀杆、手轮。

41. 管道绝热材料有哪些种类？

管道工程中，常用的绝热材料可分为绝热层(保温层或保冷层)材料、防潮层材料、保护层材料以及绝热用辅助材料等。

(1)管道绝热层常用的材料，按材质可分为10大类：珍珠岩类、蛭石类、硅藻土类、泡沫混凝土类、软木类、石棉类、玻璃纤维类、泡沫塑料类、矿渣棉类、岩棉类。

(2)常用防潮层有石油沥青油毡防潮层，沥青胶或防水冷胶料玻璃布防潮层，沥青玛蹄脂玻璃布防潮层。常用的防潮层材料有以下几种：

1)石油沥青油毡防潮层所用的材料为石油沥青油毡和沥青玛蹄脂。沥青玛蹄脂的配合比(质量比)为：沥青：高岭土＝3：1，或沥青：橡胶粉＝95：5。

2)沥青胶或防水冷胶料玻璃布防潮层所用的材料是沥青胶或防水冷胶料及中碱粗格平纹玻璃布。沥青胶质量比为10号石油沥青50%,轻柴油25%～27%,油酸1%,熟石灰粉14%～15%,6～7级石棉7%～10%。

3)沥青玛蹄脂玻璃布防潮层所用的材料是中碱粗格平纹玻璃布及沥青玛蹄脂。

(3)保护层应具有保护保温层和防水的性能,且要求其容重轻、耐压强度高、化学稳定性好、不易燃烧、外形美观,并便于施工和检修。保护层表面涂料的防火性能,应符合现行国家有关标准、规范的规定。保护层材料的质量,除应符合防潮层材料的要求外,还应采用不燃性或阻燃性材料。

(4)绝热结构除主保温层(保冷层)、防潮层、保护层材料外,还需要大量的绑扎、紧固用辅助材料,如镀锌钢丝、钢带、镀锌钢丝网、支撑圈、抱箍、销钉、自锁垫圈、托环、活动环和胶黏剂等。

42. 管道绝热材料的选择应符合哪些要求?

(1)材料的热导率要小。用于起保温作用的绝热材料以及制品,其热导率不得大于0.12W/(m·K);用于起保冷作用的绝热材料及制品,热导率不得大于0.064W/(m·K)。

(2)材料的密度要小。用于保温的绝热材料及制品,其密度不得大于400kg/m³;用于保冷的绝热材料及制品,其密度不得大于220kg/m³。

(3)具有较高的耐热性,不至于由于温度急剧变化而丧失原来的特性;用于制冷系统的保冷材料应具有良好的抗冻性。

(4)绝热材料及其制品的化学性能应稳定,对金属不得有腐蚀作用。

(5)绝热材料及其制品应具有耐燃性能、膨胀性能和防潮性能的数据及说明书,并应符合使用要求。

(6)绝热制品应具有一定的机械强度。用于保温的硬质绝热制品,其抗压强度不得小于0.4MPa;用于保冷的硬质绝热制品,其抗压强度不得小于0.15MPa。

(7)材料吸水率低。

(8)易于施工成型,成本低,采购方便。

(9)防潮层材料必须具有良好的防水、防湿性能;应能耐大气腐蚀及生物侵袭,不应发生虫蛀、霉变等现象;不得对其他材料产生腐蚀或溶解作用。

(10)保护层材料的质量，除应符合防潮层材料的要求外，还应采用不燃性或阻燃性材料；无毒、无恶臭、外表美观，并便于施工和检修。

(11)保护层表面涂料的防火性能，应符合现行国家有关标准、规范的规定。

43. 如何进行管道绝热工程量计算？

(1)绝热层工程量按下式计算：

$$V=100\pi(D_w+\delta+\delta\times3.3\%)\times(\delta+\delta\times3.3\%)$$

(2)绝热层外防潮层或保护层工程量按下式计算：

$$S=100\pi(D_w+2\delta+2\delta\times5\%+2d_1+3d_2)$$

式中 V——绝热材料体积(m^3)；

S——防潮层或保护层面积(m^2)；

D_w——管道外径(m)；

δ——绝热层厚度(m)；

d_1——用于捆扎绝热材料的金属线直径或钢带厚度(m)，当取 16 号钢丝时，$2d_1=0.0032$m；

d_2——防潮层或保护层厚度(m)，当取 350 号油毡纸时，$3d_2=0.005$m；

π——圆周率，$\pi=3.1416$。

以上两式中的系数 3.3%及 5%，根据绝热材料允许超厚系数加权平均取定。

44. 管道绝热工程量计算应注意哪些事项？

(1)设备和管道绝热定额均按现场先安装后绝热施工考虑，若先绝热后安装时，其人工乘以系数 0.9 计算。

(2)管道绝热工程，除法兰、阀门外，其他管件均已考虑在定额内，不另行计算；设备绝热工程，除法兰、人孔外，其封头已考虑在内，不得另行计算。

(3)保护层镀锌钢板厚度按 0.8mm 以下制定定额，若采用其他规格(定额规格为：1000mm×2000mm 和 900mm×1800mm)钢板时，可按实换算调整。当厚度大于 0.8mm 时，其人工乘以系数 1.2；卧式设备保护层安装,其人工乘以系数1.05。

(4)采用不锈钢薄板保护层安装时,其人工乘以系数1.25,钻头用量乘以系数2.0,机械台班乘以系数1.15。

(5)聚氨酯泡沫塑料安装定额,是按现场直喷无模具考虑的,若采用模具浇注法施工,其模具制作安装应依据施工方案另行计算。

(6)矩形管道绝热需加防雨坡度时,其人工、材料、机械应另行计算。

45. 其他项目制作安装定额说明主要有哪些内容?

(1)一般管架制作安装定额按单件质量列项,并包括所需螺栓、螺母本身的价格。

(2)除木垫式、弹簧式管架外,其他类型管架均执行一般管架定额。

(3)木垫式管架不包括木垫质量,但木垫的安装工料已包括在定额内。

(4)弹簧式管架制作,不包括弹簧价格,其价格应另行计算。

(5)冷排管制作与安装定额中已包括钢带的轧绞、绕片,但不包括钢带退火和冲、套翅片。管架制作与安装可按本定额所列项目计算,冲、套翅片可根据实际情况自行补充。

(6)分汽缸、集气罐和空气分气筒的安装,定额内不包括附件安装,其附件可执行相应定额。

(7)空气调节器喷雾管安装,按《全国通用采暖通风标准图集》(T704—12)以六种形式分列,可按不同形式以组分别计算。

(8)管道焊接焊口充氩保护,按不同的规格分管内、管外,以“10口”为计量单位。

46. 方形补偿器安装应套用什么定额项目?

方形补偿器安装,直管部分可按延长米计算,套用“管道安装”定额相应项目;弯头可套用“管件连接”定额相应项目。

47. 如何计算波形补偿器制作工程量?

在“工业管道工程”定额中,波形补偿器制作,定额以“单波”为准,多波补偿器按下列公式计算:

$$1+0.8(n-1)$$

式中　n——波数。

48. 用成品弯头组成的方形补偿器如何套用定额和计算工程量?

用成品弯头组成的方形补偿器,直管与管件分别套用直管安装与管件连接项目。直管工程量计算时不扣除管件所占长度,工程量按设计管道中心线计算。

49. 脚手架搭拆费计算基数是什么? 什么情况下计取此项费用?

脚手架搭拆费是综合系数,在计算全装置管道工程脚手架费时,其基数应包括地上和埋地等全部工艺管道工程直接费的人工费;如果单独承担地下管道施工,埋地管道则不应计取脚手架费用。

50. 分汽缸制作定额项目包括哪些?

分汽缸制作项目包括支管 3 个、封头 2 个、本体 1 个及全部制作工序。如果设计要求与定额编制的分汽缸附件不同时,可按设计套用相应的定额项目。

51. 蒸汽分汽缸制作项目定额子目应如何区分?

由于各具体工程的设计要求制作蒸汽分汽缸的材料不同,如有采用钢板卷制作的,也有采用无缝钢管制作的,为了更切合实际,定额按制作的材质分列子目如下,可按设计选用:

(1)本体为无缝钢管,封头采用钢板现场制作。

(2)本体和封头均采用钢板。

52. 怎样计算其他项目制作安装定额工程量?

(1)一般管架制作安装以“t”为计量单位,适用于单件质量在 100kg 以内的管架制作安装;单件质量大于 100kg 的管架制作安装,应执行相应定额。

(2)木垫式管架质量中不包括木垫质量,但木垫安装已包括在定额内。

(3)弹簧式管架制作,不包括弹簧本身价格,其价格应另行计算。

(4)冷排管制作与安装,以“m”为计量单位。定额内包括煨弯、组对、焊接、钢带的轧绞、绕片等工作内容,不包括钢带退火和冲、套翘片,其工程量应另行计算。

(5)分汽缸、集气罐和空气分气筒安装中,不包括附件安装,应按相应定额另行计算。

(6)套管制作与安装，按不同规格，分一般穿墙套管和柔、刚性套管，以“个”为计量单位，所需的钢管和钢板已包括在制作定额内，执行定额时应按设计及规范要求选用项目。

(7)有色金属管、非金属管的管架制作安装，按一般管架定额乘以系数1.1。

(8)采用成型钢管焊接的异形管架制作安装，按一般管架定额乘以系数1.3，其中不锈钢用焊条可作调整。

(9)管道焊接焊口充氩保护定额，适用于各种材质氩弧焊接或氩电联焊焊接方法的项目。按不同的规格和充氩部位，不分材质，以“口”为计量单位。执行定额时，按设计及规范要求选用项目。

53. 其他项目制作安装工程量清单项目包括哪些？

其他项目制作安装工程量清单项目包括：塑料法兰制作安装、冷排管制作安装、蒸汽汽缸制作安装、集气罐制作安装、空气分气筒制作安装、空气调节喷雾管安装、钢制排水漏斗制作安装、水位计安装、手摇泵安装。

54. 怎样计算其他项目制作安装清单工程量？

(1)塑料法兰制作安装、冷排管制作安装的工程量按设计图示数量计算。

(2)蒸汽汽缸制作安装的工程量按设计图示数量计算。若蒸汽分汽缸为成品安装，则不综合分汽缸制作。

(3)集气罐制作安装的工程量按设计图示数量计算。若集气罐安装为成品安装，则不综合集气罐制作。

(4)空气分气筒制作安装、空气调节喷雾管安装的工程量按设计图示数量计算。

(5)钢制排水漏斗制作安装的工程量按设计图示数量计算。其口径规格按下口公称直径计算。

(6)水位计安装和手摇泵安装的工程量按设计图示数量计算。

【例11-1】 如图11-18所示为集气罐示意图，试计算其工程量。

【解】 由图11-18可知

集气罐制作安装　单位：个　数量：1

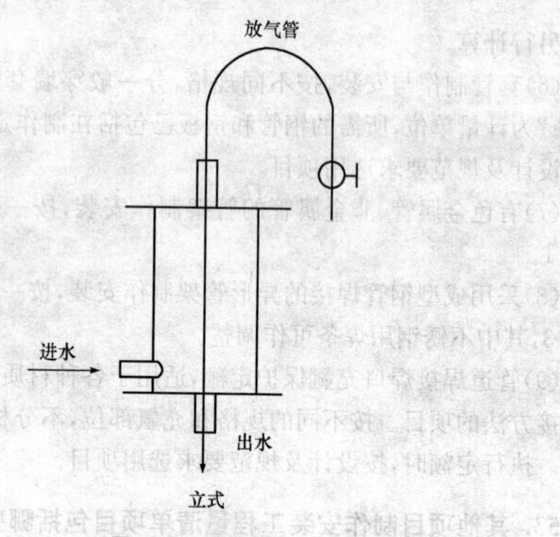

图 11-18　集气罐

清单工程量计算见表 11-6。

表 11-6　清单工程量计算表

项目编码	项目名称	项目特征描述	计量单位	工程量
030617004001	集气罐制作安装	根据实际要求	个	1

第十二章

·工业管道工程造价编制与审核·

1. 投资估算文件由哪些内容组成?

投资估算文件一般由封面、签署页、编制说明、投资估算分析、总投资估算表、单项工程估算表、主要技术经济指标等内容组成。

2. 投资估算编制说明应阐述哪些内容?

投资估算编制说明一般阐述以下内容:

(1)工程概况;

(2)编制范围;

(3)编制方法;

(4)编制依据;

(5)主要技术经济指标;

(6)有关参数、率值选定的说明;

(7)特殊问题的说明(包括采用新技术、新材料、新设备、新工艺);必须说明的价格的确定;进口材料、设备、技术费用的构成与计算参数;采用巨形结构、异形结构的费用估算方法;环保(不限于)投资占总投资的比重;未包括项目或费用的必要说明等;

(8)采用限额设计的工程还应对投资限额和投资分解做进一步说明;

(9)采用方案比选的工程还应对方案比选的估算和经济指标做进一步说明。

3. 投资分析应包括哪些内容?

(1)工程投资比例分析。

(2)分析设备购置费、建筑工程费、安装工程费、工程建设其他费用、预备费占建设总投资的比例;分析引进设备费用占全部设备费用的比例等。

(3)分析影响投资的主要因素。

(4)与国内类似工程项目的比较,分析说明投资高低的原因。

4. 总投资估算包括哪些内容?

总投资估算包括汇总单项工程估算、工程建设其他费用,估算基本预备费、价差预备费,计算建设期利息等。

5. 单项工程投资估算包括哪些内容?

单项工程投资估算,应按建设项目划分的各个单项工程分别计算组成工程费用的建筑工程费、设备购置费、安装工程费。

6. 工程建设其他费用估算包括哪些内容?

工程建设其他费用估算,应按预期将要发生的工程建设其他费用种类,逐渐详细估算其费用金额。

7. 什么是投资估算的编制依据? 主要有哪几个方面?

投资估算的编制依据是指在编制投资估算时需要计量、价格确定、工程计价有关参数、率值确定的基础资料。

投资估算的编制依据主要有以下几个方面:

(1)国家、行业和地方政府的有关规定。

(2)工程勘察与设计文件,图示计量或有关专业提供的主要工程量和主要设备清单。

(3)行业部门、项目所在地工程造价管理机构或行业协会等编制的投资估算指标、概算指标(定额)、工程建设其他费用定额(规定)、综合单价、价格指数和有关造价文件等。

(4)类似工程的各种技术经济指标和参数。

(5)工程所在地的同期的工、料、机市场价格,建筑、工艺及附属设备的市场价格和有关费用。

(6)政府有关部门、金融机构等部门发布的价格指数、利率、汇率、税率等有关参数。

(7)与建设项目相关的工程地质资料、设计文件、图纸等。

(8)委托人提供的其他技术经济资料。

8. 投资估算的编制应符合哪些要求?

(1)建设项目投资估算要根据主体专业设计的阶段和深度,结合各自行业的特点,所采用生产工艺流程的成熟性,以及编制者所掌握的国家及地区、行业或部门相关投资估算基础资料和数据的合理、可靠、完整程度(包括造价咨询机构自身统计和积累的可靠的相关造价基础资料),采用生产能力指数法、系数估算法、比例估算法、混合法(生产能力指数法与比例估算法、系数估算法与比例估算法等综合使用)、指标估算法进行建设项目投资估算。

(2)建设项目投资估算无论采用何种办法,应充分考虑拟建项目设计的技术参数和投资估算所采用的估算系数、估算指标,在质和量方面所综合的内容,应遵循口径一致的原则。

(3)建设项目投资估算无论采用何种办法,应将所采用的估算系数和估算指标价格、费用水平调整到项目建设所在地及投资估算编制年的实际水平。对于建设项目的边界条件,如建设用地费和外部交通、水、电、通信条件,或市政基础设施配套条件等差异所产生的与主要生产内容投资无必然关联的费用,应结合建设项目的实际情况修正。

9. 项目建议书阶段投资估算应符合哪些要求?

项目建议书阶段的投资估算一般要求编制总投资估算,总投资估算表中工程费用的内容应分解到主要单项工程,工程建设其他费用可在总投资估算表中分项计算。

10. 项目建议书阶段投资估算方法有哪些?

项目建议书阶段建设项目投资估算可采用生产能力指数法、系数估算法、比例估算法、混合法(生产能力指数法与比例估算法、系数估算法与比例估算法等综合使用)、指标估算法等。

11. 如何采用生产能力指数法进行建设项目投资估算?

生产能力指数法是根据已建成的类似建设项目生产能力和投资额,进行粗略估算拟建建设项目相关投资额的方法,其计算公式为

$$C = C_1 (Q/Q)^X \cdot f$$

式中　C——拟建建设项目的投资额;

C_1——已建成类似建设项目的投资额;

Q——拟建建设项目的生产能力;

Q_1——已建成类似建设项目的生产能力;

X——生产能力指数($0 \leqslant X \leqslant 1$);

f——不同的建设时期、不同的建设地点而产生的定额水平、设备购置和建筑安装材料价格、费用变更和调整等综合调整系数。

12. 如何采用系数估算法进行建设项目投资估算？

系数估算法是根据已知的拟建建设项目主体工程费或主要生产工艺设备费为基数，以其他辅助或配套工程费占主体工程费或主要生产工艺设备费的百分比为系数，进行估算拟建建设项目相关投资额的方法，其计算公式为

$$C = E(1 + f_1P_1 + f_2P_2 + f_3P_3 + \cdots) + I$$

式中 C——拟建建设项目的投资额；

E——拟建建设项目的主体工程费或主要生产工艺设备费；

P_1、P_2、P_3——已建成类似建设项目的辅助或配套工程费占主体工程费或主要生产工艺设备费的比重；

f_1、f_2、f_3——由于建设时间、地点而产生的定额水平、建筑安装材料价格、费用变更和调整等综合调整系数；

I——根据具体情况计算的拟建建设项目各项其他基本建设费用。

13. 如何采用比例估算法进行建设项目投资估算？

比例估算法是根据已知的同类建设项目主要生产工艺设备投资占整个建设项目的投资比例，先逐项估算出拟建建设项目主要生产工艺设备投资，再按比例进行估算拟建建设项目相关投资额的方法，其计算公式为

$$C = \sum_{i=1}^{n} Q_i P_i / K$$

式中 C——拟建建设项目的投资额；

K——主要生产工艺设备费占拟建建设项目投资的比例；

n——主要生产工艺设备的种类；

Q_i——第 i 种主要生产工艺设备的数量；

P_i——第 i 种主要生产工艺设备购置费（到厂价格）。

14. 如何采用指标估算法进行建设项目投资估算？

指标估算法是把拟建建设项目以单项目工程或单位工程，按建设内

容纵向划分为各个主要生产设施、辅助及公用设施、行政及福利设施以及各项其他基本建设费用，按费用性质横向划分为建筑工程、设备购置，安装工程等，根据各种具体的投资估算指标，进行各单位工程或单项工程投资的估算，在此基础上汇集编制成拟建建设项目的各个单项工程费用和拟建建设项目的工程费用投资估算。再按相关规定估算工程建设其他费用、预备费、建设期贷款利息等，形成拟建建设项目总投资。

15. 可行性研究阶段投资估算应符合哪些要求？

(1)可行性研究阶段建设项目投资估算原则上应采用指标估算法，对于对投资有重大影响的主体工程应估算出分部分项工程量，参考相关综合定额(概算指标)或概算定额编制主要单项工程的投资估算。

(2)预可行性研究阶段、方案设计阶段项目建设投资估算视设计深度，宜参照可行性研究阶段的编制办法进行。

(3)在一般的设计条件下，可行性研究投资估算深度内容上应达到规定的要求。对于子项单一的大型民用公共建筑，主要单项工程估算应细化到单位工程估算书。可行性研究投资估算深度应满足项目的可行性研究与评估，并最终满足国家和地方相关部门批复或备案的要求。

16. 什么是建设项目投资方案比选？

工程建设项目由于受资源、市场、建设条件等因素的限制，为了提高工程建设投资效果，拟建项目可能存在建设场址、建设规模、产品方案、所选用的工艺流程不同等多个整体设计方案。而在一个整体设计方案中亦可存在厂区总平面布置、建筑结构形式等不同的多个设计方案。当出现多个设计方案时，工程造价咨询机构和注册造价工程师有义务与工程设计者配合，为建设项目投资决策者提供方案比选的意见。

17. 建设项目设计方案比选应遵循哪些原则？

建设项目设计方案比选应遵循以下三个原则：

(1)建设项目设计方案比选要协调好技术选进性和经济合理性的关系，即在满足设计功能和采用合理先进技术的条件下，尽可能降低投入。

(2)建设项目设计方案比选除考虑一次性建设投资的比选，还应考虑项目运营过程中的费用比选，即项目寿命期的总费用比选。

(3)建设项目设计方案比选要兼顾近期与远期的要求，即建设项目的功能和规模应根据国家和地区远景发展规划，适当留有发展余地。

18. 建设项目设计方案比选的内容有哪些？

在宏观方面有建设规模、建设场址、产品方案等；对于建设项目本身有厂区（或居住小区）总平面布置、主体工艺流程选择、主要设备选型等；小的方面有工程设计标准、工业与民用建筑的结构形式、建筑安装材料的选择等。

19. 建设项目设计方案比选的方法有哪些？

在建设项目多方案整体宏观方面的比选，一般采用投资回收期法、计算费用法、净现值法、净年值法、内部收益率法，以及上述几种方法同时使用等。在建设项目本身局部多方案的比选，除了可用上述宏观方案比较方法外，一般采用价值工程原理或多指标综合评分法（对参与比选的设计方案设定若干评价指标，并按其各自在方案中的重要程度给定各评价指标的权重和评分标准，计算各设计方案的权加得分的方法）比选。

20. 什么是优化设计的投资估算编制？

优化设计的投资估算编制是针对在方案比选确定的设计方案基础上、通过设计招标、方案竞选、深化设计等措施，以降低成本或功能提高为目的的优化设计或深化过程中，对投资估算进行调整的过程。

21. 限额设计投资估算编制的前提条件是什么？

限额设计的投资估算编制的前提条件是严格按照基本建设程序进行，前期设计的投资估算应准确和合理，限额设计的投资估算编制进一步细化建设项目投资估算，按项目实施内容和标准合理分解投资额度和预留调节金。

22. 设计概算文件的组成内容有哪些？

（1）三级编制（总概算、综合概算、单位工程概算）形式设计概算文件的组成。

1）封面、签署页及目录；

2）编制说明；

3）总概算表；

4）其他费用表；

5)综合概算表;

6)单位工程概算表;

7)附件:补充单位估价表。

(2)二级编制(总概算、单位工程概算)形式设计概算文件的组成

1)封面、签署页及目录;

2)编制说明;

3)总概算表;

4)其他费用表;

5)单位工程概算表;

6)附件:补充单位估价表。

23. 设计概算文件的编制形式有哪几种?

设计概算文件的编制形式应视项目情况采用三级概算编制或二级概算编制形式。

24. 设计概算文件的签署应符合哪些要求?

(1)概算文件签署页按编制人、审核人、审定人、法定负责人顺序签署。

(2)表格:总概算表、综合概算表签编制人、审核人、项目负责人,其他各表均签编制人、审核人。

(3)概算文件经签署(加盖执业或从业印章)后才能生效。

25. 设计概算的编制依据有哪些?

(1)批准的可行性研究报告。

(2)设计工程量。

(3)项目涉及的概算指标或定额。

(4)国家、行业和地方政府有关法律、法规或规定。

(5)资金筹措方式。

(6)正常的施工组织设计。

(7)项目涉及的设备材料供应及价格。

(8)项目的管理(含监理)、施工条件。

(9)项目所在地区有关的气候、水文、地质地貌等自然条件。

(10)项目在地区有关的经济、人文等社会条件。

(11)项目的技术复杂程序，以及新技术、专利使用情况等。

(12)有关文件、合同、协议等。

26. 设计概算编制说明应包括哪些内容?

设计概算编制说明应包括以下主要内容：

(1)项目概况：简述建设项目的建设地点、设计规模、建设性质(新建、扩建或改建)、工程类别、建设期(年限)、主要工程内容、主要工程量、主要工艺设备及数量等。

(2)主要技术经济指标：项目概算总投资(有引进的给出所需外汇额度)及主要分项投资、主要技术经济指标(主要单位投资指标)等。

(3)资金来源：按资金来源不同渠道分别说明，发生资产租赁的说明租赁方式及租金。

(4)编制依据：见本章问题25。

(5)其他需要说明的问题。

(6)总说明附表。

1)建筑、安装工程工程费用计算程序表；

2)引进设备材料清单及从属费用计算表；

3)具体建设项目概算要求的其他附表及附件。

27. 设计概算文件的编制应符合哪些要求?

(1)设计概算文件编制的有关单位应当一起制定编制原则、方法，以及确定合理的概算投资水平，对设计概算的编制质量、投资水平负责。

(2)项目设计负责人和概算负责人对全部设计概算的质量负责；概算文件编制人员应参与设计方案的讨论；设计人员要树立以经济效益为中心的观念，严格按照批准的工程内容及投资额度设计，提出满足概算文件编制深度的技术资料；概算文件编制人员对投资的合理性负责。

(3)概算文件需经编制单位自审，建设单位(项目业主)复审，工程造价主管部门审批。

(4)概算文件的编制与审查人员必须具有国家注册造价工程师资格，或者具有省市(行业)颁发的造价员资格证，并根据工程项目大小按持证专业承担相应的编审工作。

(5)各造价协会(或者行业)、造价主管部门可根据所主管的工程特点制定概算编制质量的管理办法，并对编制人员采取相应的措施进行考核。

28. 审核设计概算的编制依据主要包括哪些?

审核设计概算的编制依据主要包括国家综合部门的文件，国务院主管部门和各省、市、自治区根据国家规定或授权制定的各种规定及办法，以及建设项目的设计文件等重点审核。

(1)审核编制依据的合法性。采用的各种编制依据必须经过国家或授权机关的批准，符合国家的编制规定，未经批准的不能采用。也不能强调情况特殊，擅自提高概算定额、指标或费用标准。

(2)审核编制依据的时效性。各种依据，如定额、指标、价格、取费标准等，都应根据国家有关部门的现行规定进行，注意有无调整和新的规定。有的虽然颁发时间较长，但不能全部适用；有的应按有关部门作的调整系数执行。

(3)审核编制依据的适用范围。各种编制依据都有规定的适用范围，如各主管部门规定的各种专业定额及其取费标准，只适用于该部门的专业工程；各地区规定的各种定额及其取费标准，只适用于该地区的范围以内。特别是地区的材料预算价格区域性更强，如某市有该市区的材料预算价格，又编制了郊区内一个矿区的材料预算价格，如在该市的矿区建设时，其概算采用的材料预算价格，则应用矿区的价格，而不能采用该市的价格。

29. 审核设计概算编制深度应符合哪些要求?

(1)审核编制说明。它可以检查概算的编制方法、深度和编制依据等重大原则问题。

(2)审核概算编制深度。一般大中型项目的设计概算，应有完整的编制说明和“三级概算”(即总概算表、单项工程综合概算表、单位工程概算表)，并按有关规定的深度进行编制。审核是否有符合规定的“三级概算”，各级概算的编制、校对、审核是否按规定签署。

(3)审核概算的编制范围。审核概算编制范围及具体内容是否与主管部门批准的建设项目范围及具体工程内容一致；审核分期建设项目的建筑范围及具体工程内容有无重复交叉，是否重复计算或漏算；审核其他费用所列的项目是否都符合规定,静态投资、动态投资和经营性项目铺底流动资金是否分部列出等。

30. 设计概算审核主要包括哪些内容?

(1)审核建设规模、标准。审核概算的投资规模、生产能力、设计标准、建设用地、建筑面积、主要设备、配套工程、设计定员等是否符合原批准可行性研究报告或立项批文的标准。如概算总投资超过原批准投资估算10%以上,应进一步审核超估算的原因。

(2)审核设备规格、数量和配置。工业建设项目设备投资比重大,一般占总投资的30%~50%,要认真审核。审核所选用的设备规格、台数是否与生产规模一致,材质、自动化程度有无提高标准,引进设备是否配套、合理,备用设备台数是否适当,消防、环保设备是否计算等等。还要重点审核价格是否合理、是否符合有关规定,如国产设备应按当时询价资料或有关部门发布的出厂价、信息价,引进设备应依据询价或合同价编制概算。

(3)审核工程费。建筑安装工程投资是随工程量增加而增加的,要认真审核。要根据初步设计图纸、概算定额及工程量计算规则、专业设备材料表、建构筑物和总图运输一览表进行审核,有无多算、重算、漏算。

(4)审核计价指标。审核建筑工程采用工程所在地区的计价定额、费用定额、价格指数和有关人工、材料、机械台班单价是否符合现行规定;审核安装工程所采用的专业部门或地区定额是否符合工程所在地区的市场价格水平,概算指标调整系数、主材价格、人工、机械台班和辅材调整系数是否按当地最新规定执行;审核引进设备安装费率或计取标准、部分行业专业设备安装费率是否按有关规定计算等。

(5)审核其他费用。工程建设其他费用投资约占项目总投资25%以上,必须认真逐项审核。审核费用项目是否按国家统一规定计列,具体费率或计取标准、部分行业专业设备安装费率是否按有关规定计算等。

31. 设计概算审核应按哪些步骤进行?

(1)概算审核的准备。概算审核的准备工作包括了解设计概算的内容组成、编制依据和方法;了解建设规模、设计能力和工艺流程;熟悉设计图纸和说明书、掌握概算费用的构成和有关技术经济指标;明确概算各种表格的内涵;收集概算定额、概算指标、取费标准等有关规定的文件资料等。

(2)进行概算审核。根据审核的主要内容,分别对设计概算的编制依据、单位工程设计概算、综合概算、总概算进行逐级审核。

(3)进行技术经济对比分析。利用规定的概算定额或指标以及有关技术经济指标与设计概算进行分析对比,根据设计和概算列明的工程性质、结构类型、建设条件、费用构成、投资比例、占地面积、生产规模、设备数量、造价指标、劳动定员等与国内外同类型工程规模进行对比分析,从大的方面找出和同类型工程的距离,为审核提供线索。

(4)研究、定案、调整概算。对概算审核中出现的问题要在对比分析、找出差距的基础上深入现场进行实际调查研究。了解设计是否经济合理、概算编制依据是否符合现行规定和施工现场实际、有无扩大规模、多估投资或预留缺口等情况,并及时核实概算投资。对于当地没有同类型的项目而不能进行对比分析时,可向国内同类型企业进行调查,收集资料,作为审核的参考。经过会审决定的定案问题应及时调整概算,并经原批准单位下发文件。

32. 设计概算审核方法有哪些?

(1)全面审核法。全面审核法是指按照全部施工图的要求,结合有关预算定额分项工程中的工程细目,逐一、全部地进行审核的方法。这种方法的优点是全面、细致,所审核过的工程预算质量高,差错比较少;缺点是工作量太大。它一般适用于一些工程量较小、工艺比较简单、编制工程预算力量较薄弱的设计单位所承包的工程。

(2)重点审核法。抓住工程预算中的重点进行审核的方法称重点审核法,一般情况下,重点审核法的内容如下。

1)选择工程量大或造价较高的项目进行重点审核。

2)对补充单价进行重点审核。

3)对计取的各项费用的费用标准和计算方法进行重点审核。

这种方法应灵活掌握。例如在重点审核中,如发现问题较多,应扩大审核范围;反之,如没有发现问题,或者发现的差错很小,应考虑适当缩小审核范围。

(3)经验审核法。经验审核法是指监理工程师根据以前的实践经验,审核容易发生差错的哪些部分工程细目的方法。

(4)分解对比审核法。把一个单位工程，按直接费与间接费进行分解，然后再把直接费按工种工程和分部工程进行分解，分别与审定的标准图预算进行对比分析的方法，称为分解对比审核法。这种方法是把拟审的预算造价与同类型的定型标准施工图或复用施工图的工程预算造价相比较，如果出入不大，就可以认为本工程预算问题不大，不再审核。如果出入较大，比如超过或少于已审定的标准设计施工图预算造价的 1%或 3%以上(根据本地区要求)，再按分部分项工程进行分解，边分解边对比，哪里出入较大，就进一步审核那一部分工程项目的预算价格。

33. 施工图预算的编制依据有哪些?

(1)各专业设计施工图和文字说明、工程地质勘察资料。

(2)当地和主管部门颁布的现行建筑工程和专业安装工程预算定额(基础定额)、单位估价表、地区资料、构配件预算价格(或市场价格)、间接费用定额和有关费用规定等文件。

(3)现行的有关设备原价(出厂价或市场价)及运杂费率。

(4)现行的有关其他费用定额、指标和价格。

(5)建设场地中的自然条件和施工条件，并据以确定的施工方案或施工组织设计。

34. 什么是工料单价法?

工料单价法指分部分项工程量的单价为直接费，直接费以人工、材料、机械的消耗量及其相应价格与措施费确定。间接费、利润、税金按照有关规定另行计算。

35. 如何采用工料单价法编制施工图预算?

传统施工图预算使用工料单价法，其编制步骤如下：

(1)准备资料，熟悉施工图。准备的资料包括施工组织设计、预算定额、工程量计算标准、取费标准、地区材料预算价格等。

(2)计算工程量。首先要根据工程内容和定额项目，列出分项工程目录；其次根据计算顺序和计算规划列出计算式；第三，根据图纸上的设计尺寸及有关数据，代入计算式进行计算；第四，对计算结果进行整理，使之与定额中要求的计量单位保持一致，并予以核对。

(3)套工料单价。核对计算结果后,按单位工程施工图预算直接费计算公式求得单位工程人工费、材料费和机械使用费之和。同时注意以下几项内容。

1)分项工程的名称、规格、计量单位必须与预算定额工料单价或单位计价表中所列内容完全一致。以防重套、漏套或错套工料单价而产生偏差;

2)进行局部换算或调整时,换算指定额中已计价的主要材料品种不同而进行的换价,一般不调量;调整指施工工艺条件不同而对人工、机械的数量增减,一般调量不换价;

3)若分项工程不能直接套用定额、不能换算和调整时,应编制补充单位计价表;

4)定额说明允许换算与调整以外部分不得任意修改。

(4)编制工料分析表。根据各分部分项工程项目实物工程量和预算定额中项目所列的用工及材料数量,计算各分部分项工程所需人工及材料数量,汇总后算出该单位工程所需各类人工、材料的数量。

(5)计算并汇总造价。根据规定的税、费率和相应的计取基础,分别计算措施费、间接费、利润、税金等。

(6)复核。对项目填列、工程量计算公式、计算结果、套用的单价、采用的各项取费费率、数字计算、数据精确度等进行全面复核,以便及时发现差错,及时修改,提高预算的准确性。

(7)填写封面、编制说明。封面应写明工程编号、工程名称、工程量、预算总造价和单方造价、编制单位名称、负责人和编制日期以及审核单位的名称、负责人和审核日期等。编制说明主要应写明预算所包括的工程内容范围、依据的图纸编号、承包企业的等级和承包方式、有关部门现行的调价文件号、套用单价需要补充说明的问题及其他需说明的问题等。

现在编制施工图预算时特别要注意,所用的工程量和人工、材料量是统一的计算方法和基础定额;所用的单价是地区性的(定额、价格信息、价格指数和调价方法)。由于在市场条件下价格是变动的,要特别重视定额价格的调整。用累计后进行汇总,求出单位工程预算造价。

36. 如何采用实物法编制施工图预算？

实物法编制施工图预算是先算工程量、人工、材料量、机械台班（即实物量），然后再计算费用和价格的方法。这种方法适应市场经济条件下编制施工图预算的需要，在改革中应当努力实现这种方法的普遍应用。其编制步骤如下：

(1)准备资料，熟悉施工图纸。

(2)计算工程量。

(3)套基础定额，计算人工、材料、机械数量。

(4)根据当时、当地的人工、材料、机械单价，计算并汇总人工费、材料费、机械使用费，得出单位工程直接工程费。

(5)计算措施费、间接费、利润和税金，并进行汇总，得出单位工程造价（价格）。

(6)复核。

(7)填写封面、编写说明。

37. 什么是综合单价法？有哪几种表达形式？

综合单价法指分部分项工程量的单价为全费用单价，既包括直接费、间接费、利润（酬金）、税金，也包括合同约定的所有工料价格变化风险等一切费用，是一种国际上通行的计价方式。综合单价法按其所包含项目工作的内容及工程计量方法的不同，又可分为以下三种表达形式：

(1)参照现行预算定额（或基础定额）对应子目所约定的工作内容、计算规则进行报价。

(2)按招标文件约定的工程量计算规则，以及按技术规范规定的每一分部分项工程所包括的工作内容进行报价。

(3)由投标者依据招标图纸、技术规范，按其计价习惯，自主报价，即工程量的计算方法、投标价的确定，均由投标者根据自身情况决定。

按照《建筑工程施工发包承包管理办法》的规定，综合单价是由分项工程的直接费、间接费、利润和税金组成的，而直接费是以人工、材料、机械的消耗量及相应价格与措施费确定的。

38. 施工图预算的审核内容有哪些？

审核施工图预算的重点是：工程量计算是否准确；分部、分项单价套用是否正确；各项取费标准是否符合现行规定等方面。

(1)审核定额或单价的套用。

1)预算中所列各分项工程单价是否与预算定额的预算单价相符；其名称、规格、计量单位和所包括的工程内容是否与预算定额一致。

2)有单价换算时应审核换算的分项工程是否符合定额规定及换算是否正确。

3)对补充定额和单位计价表的使用应审核补充定额是否符合编制原则、单位计价表计算是否正确。

(2)审核其他有关费用。其他有关费用包括的内容各地不同，具体审核时应注意是否符合当地规定和定额的要求。

1)是否按本项目的工程性质计取费用、有无高套取费标准。

2)间接费的计取基础是否符合规定。

3)预算外调增的材料差价是否计取间接费；直接费或人工费增减后，有关费用是否做了相应调整。

4)有无将不需安装的设备计取在安装工程的间接费中。

5)有无巧立名目、乱摊费用的情况。

利润和税金的审核，重点应放在计取基础和费率是否符合当地有关部门的现行规定、有无多算或重算方面。

39. 施工图预算的审核应按哪些步骤进行?

(1)做好审核前的准备工作。

1)熟悉施工图纸。施工图纸是编制预算分项工程数量的重要依据，必须全面熟悉了解。一是核对所有的图纸，清点无误后，依次识读；二是参加技术交底，解决图纸中的疑难问题，直至完全掌握图纸。

2)了解预算包括的范围。根据预算编制说明，了解预算包括的工程内容，例如配套设施，室外管线，道路以及会审图纸后的设计变更等。

3)弄清编制预算采用的单位工程估价表。任何单位估价表或预算定额都有一定的适用范围。根据工程性质，搜集熟悉相应的单价、定额资料。特别是市场材料单价和取费标准等。

(2)选择合适的审核方法，按相应内容审核。由于工程规模、繁简程度不同，施工企业情况也不同，所编工程预算繁简和质量也不同，因此需针对情况选择相应的审核方法进行审核。

(3)综合整理审核资料,编制调整预算。经过审核,如发现有差错,需要进行增加或核减的,经与编制单位逐项核实,统一意见后,修正原施工图预算,汇总核减量。

40. 施工图预算的审核有哪几种方法?

(1)逐项审核法。逐项审核法又称全面审核法,即按定额顺序或施工顺序,对各分项工程中的工程细目逐项全面详细审核的一种方法。其优点是全面、细致,审核质量高、效果好。缺点是工作量大,时间较长。这种方法适合于一些工程量较小、工艺比较简单的工程。

(2)标准预算审核法。标准预算审核法就是对利用标准图纸或通用图纸施工的工程,先集中力量编制标准预算,以此为准来审核工程预算的一种方法。按标准设计图纸或通用图纸施工的工程,一般上部结构和做法相同,只是根据现场施工条件或地质情况不同,仅对基础部分做局部改变。凡这样的工程,以标准预算为准,对局部修改部分单独审核即可,不需逐一详细审核。该方法的优点是时间短、效果好、易定案。其缺点是适用范围小,仅适用于采用标准图纸的工程。

(3)分组计算审核法。分组计算审核法就是把预算中有关项目按类别划分若干组,利用同组中的一组数据审核分项工程量的一种方法。这种方法首先将若干分部分项工程按相邻且有一定内在联系的项目进行编组,利用同组分项工程间具有相同或相近计算基数的关系,审核一个分项工程数量,由此判断同组中其他几个分项工程的准确程度。该方法特点是审核速度快、工作量小。

(4)对比审核法。对比审核法是当工程条件相同时,用已完工程的预算或未完但已经过审核修正的工程预算对比审核拟建工程的同类工程预算的一种方法。

(5)"筛选"审核法。"筛选法"是能较快发现问题的一种方法。建筑工程虽面积和高度不同,但其各分部分项工程的单位建筑面积指标变化却不大。将这样的分部分项工程加以汇集、优选,找出其单位建筑面积工程量、单价、用工的基本数值,归纳为工程量、价格、用工三个单方基本指标,并注明基本指标的适用范围。这些基本指标用来筛分各分部分项工程,对不符合条件的应进行详细审核,若审核对象的预算标准与基本指标的标准不符,就应对其进行调整。"筛选法"的优点是简单易懂,便于掌握，审核速度快，便于发现问题。但问题出现的原因尚需继续审核。该方法适用于审核住宅工程或不具备全面审核条件的工程。

(6)重点审核法。重点审核法就是抓住工程预算中的重点进行审核的方法。审核的重点一般是工程量大或者造价较高的各种工程、补充定额、计取的各项费用(计取基础、取费标准)等。这种方法的优点是突出重点、审核时间短、效果好。

41. 怎样采用价格指数调整工程价格差额?

(1)价格调整公式。因人工、材料和设备等价格波动影响合同价格时，根据投标函附录中的价格指数和权重表约定的数据，按以下公式计算差额并调整合同价格：

$$\Delta P=P_0\left[A+\left(B_1\times\frac{F_{t1}}{F_{01}}+B_2\times\frac{F_{t2}}{F_{02}}+B_3\times\frac{F_{t3}}{F_{03}}+\cdots+B_n\times\frac{F_{tn}}{F_{0n}}\right)-1\right]$$

式中　ΔP——需调整的价格差额；

P_0——约定的付款证书中承包人应得到的已完成工程量的金额。此项金额应不包括价格调整、不计质量保证金的扣留和支付、预付款的支付和扣回。约定的变更及其他金额已按现行价格计价的，也不计在内；

A——定值权重(即不调部分的权重)；

$B_1,B_2,B_3,\cdots,B_n$——各可调因子的变值权重(即可调部分的权重)，为各可调因子在投标函投标总报价中所占的比例；

$F_{t1},F_{t2},F_{t3},\cdots,F_{tn}$——各可调因子的现行价格指数，指约定的付款证书相关周期最后一天的前42天各可调因子的价格指数；

$F_{01},F_{02},F_{03},\cdots,F_{0n}$——各可调因子的基本价格指数，指基准日期的各可调因子的价格指数。

以上价格调整公式中的各可调因子、定值和变值权重，以及基本价格指数及其来源在投标函附录价格指数和权重表中约定。价格指数应首先采用有关部门提供的价格指数，缺乏上述价格指数时，可采用有关部门提供的价格代替。

(2)暂时确定调整差额。在计算调整差额时得不到现行价格指数的，可暂用上一次价格指数计算,并在以后的付款中再按实际价格指数进行调整。

(3)权重的调整。约定的变更导致原定合同中的权重不合理时,由监理人与承包人和发包人协商后进行调整。

(4)承包人工期延误后的价格调整。由于承包人原因未在约定的工期内竣工的,则对原约定竣工日期后继续施工的工程,在使用价格调整公式时,应采用原约定竣工日期与实际竣工日期的两个价格指数中较低的一个作为现行价格指数。

42. 怎样采用造价信息调整工程价格差额?

施工期内,因人工、材料、设备和机械台班价格波动影响合同价格时,人工、机械使用费按照国家或省、自治区、直辖市建设行政管理部门、行业建设管理部门或其授权的工程造价管理机构发布的人工成本信息、机械台班单价或机械使用费系数进行调整;需要进行价格调整的材料,其单价和采购数应由监理人复核,监理人确认需调整的材料单价及数量,作为调整工程合同价格差额的依据。

43. 如何进行工程综合单价调整?

(1)若施工中出现施工图纸(含设计变更)与工程量清单项目特征描述不符的,发、承包双方应按新的项目特征确定相应工程量清单项目的综合单价。如工程招标时,工程量清单对某实心砖墙砌体进行项目特征描述时,砂浆强度等级为M2.5混合砂浆,但施工过程中发包方将其变更为(或施工图纸原本就采用)砂浆强度等级为M5.0混合砂浆,显然这时应重新确定综合单价,因为M2.5和M5.0混合砂浆的价格是不一样的。

(2)因分部分项工程量清单漏项或非承包人原因的工程变更,造成增加新的工程量清单项目,其对应的综合单价按下列方法确定:

1)合同中有已有适用的综合单价,按合同中已有综合单价确定。前提条件是其采用的材料、施工工艺和方法相同,亦不因此增加关键线路上工程的施工时间;

2)合同中类似的综合单价,参照类似的综合单价确定。前提条件是其采用的材料、施工工艺和方法基本相似,不增加关键线路上工程的施工时间,可仅就其变更后的差异部分,参考类似的项目单价由发、承包双方协商新的项目单价；

3)合同中没有适用或类似的综合单价，由承包人提出综合单价，经发包人确认后执行。

(3)因非承包人原因引起的工程量增减，该项工程量变化在合同约定幅度以内的，应执行原有的综合单价；该项工程量变化在合同约定幅度以外的，其综合单价及措施项目费应予以调整，如何进行调整应在合同中约定。如合同中未作约定，按以下原则：

1)当工程量清单项目工程量的变化幅度在10%以内时，其综合单价不做调整，执行原有综合单价。

2)当工程量清单项目工程量的变化幅度在10%以外，且其影响分部分项工程费超过0.1%时，其综合单价以及对应的措施费(如有)均应作调整。调整的方法是由承包人对增加的工程量或减少后剩余的工程量提出新的综合单价和措施项目费，经发包人确认后调整。

44. 如何进行工程措施费的调整?

因分部分项工程量清单漏项或非承包人原因的工程变更，引起措施项目发生变化，造成施工组织设计或施工方案变更，原措施费中已有的措施项目，按原措施费的组价方法调整；原措施费中没有的措施项目，由承包人根据措施项目变更情况，提出适当的措施费变更，经发包人确认后调整。

45. 工程价款调整应注意哪些事项?

(1)若施工期内市场价格波动超出一定幅度时，应按合同约定调整工程价款；合同没有约定或约定不明确的，可按以下规定执行：

1)人工单价发生变化时，发、承包双方应按省级或行业建设主管部门或其授权的工程造价管理机构发布的人工成本文件调整工程价款。

2)材料价格变化超过省级和行业建设主管部门或其授权的工程造价管理机构规定的幅度时应当调整，承包人应在采购材料前将采购数量和新的材料单价报发包人核对，确认用于本合同工程时，发包人应确认采购材料的数量和单价。发包人在收到承包人报送的确认资料后3个工作日不予答复的视为已经认可，作为调整工程价款的依据。如果承包人未报经发包人核对即自行采购材料，再报发包人确认调整工程价款的，如发包人不同意，则不做调整。

3)施工机械台班单价或施工机械使用费发生变化超过省级或行业建设主管部门或其授权的工程造价管理机构规定的范围时，按其规定进行调整。

(2)因不可抗力事件导致的费用，发、承包双方分别承担并调整工程价款的原则如下：

1)工程本身的损害、因工程损害导致第三方人员伤亡和财产损失以及运至施工场地用于施工的材料和待安装的设备损害，由发包人承担；

2)发包人、承包人人员伤亡由其所在单位负责，并承担相应费用；

3)承包人的施工机械设备损坏及停工损失，由承包人承担；

4)停工期间，承包人应发包人要求留在施工场地的必要管理人员及保卫人员的费用，由发包人承担；

5)工程所需清理、修复费用，由发包人承担。

(3)工程价款调整报告应由受益方在合同约定时间内向合同的另一方提出，经对方确认后调整合同价款。受益方未在合同约定时间内提出工程价款调整报告的，视为不涉及合同价款的调整。收到工程价款调整报告的一方应在合同约定时间内确认或提出协商意见，否则，视为工程价款调整报告已经确认。

当合同中未就工程价款调整报告作出约定或《建设工程工程量清单计价规范》(GB 50500—2008)中有关条款未作规定时，按以下规定处理：

1)调整因素确定后14天内，由受益方向对方递交调整工程价款报告。受益方在14天内未递交调整工程价款报告的，视为不调整工程价款。

2)收到调整工程价款报告的一方，应在收到之日起14天内予以确认或提出协商意见，如在14天内未作确定也未提出协商意向时，视为调整工程价款报告已被确认。

(4)经发、承包双方确定调整的工程价款，作为追加(减)合同价款与工程进度款同期支付。

46. 什么是工程索赔与反索赔？

工程索赔是指在工程合同履行过程中，合同当事人一方因非自身因素或对方不履行或未能正确履行合同而受到经济损失或权利损害时，通过一定的合法程序向对方提出经济或时间补偿的要求。

只要承包商认为自己在时间上、经济上的损失不是由于自己故意或过失造成的，又不能从原合同规定中获得支付的额外开支，就可向发包人提出索赔。同时，发包人为维护自身的利益也可以以正当而充分的理由，向承包商提出赔偿经济损失或延期竣工的要求，这属于发包人对承包人的一种防卫行为，通常称之为反索赔。

工程索赔和反索赔是一种很平常、很普遍的社会经济现象，是建设工程合同当事人的一项正当权利，是业主、监理工程师和承包商之间一项正常的、大量发生而且普遍存在的合同管理业务，是一种以法律和合同为依据的、合情合理的行为。

47. 索赔按其目的不同可分为哪些种类？

(1)工期索赔。由于非承包人责任的原因而导致施工进程延误，要求批准顺延合同工期的索赔，称之为工期索赔。工期索赔形式上是对权利的要求，以避免在原定合同竣工日不能完工时，被发包人追究拖期违约责任。一旦获得批准合同工期顺延后，承包人不仅免除了承担拖期违约赔偿费的严重风险，而且可能提前工期得到奖励，最终仍反映在经济收益上。

(2)费用索赔。费用索赔的目的是要求经济补偿。当施工的客观条件改变导致承包人增加开支，要求对超出计划成本的附加开支给予补偿，以挽回不应由他承担的经济损失。

48. 索赔按其当事人不同可分为哪些种类？

(1)承包商与发包人间索赔。这类索赔大都是有关工程量计算、变更、工期、质量和价格方面的争议，也有中断或终止合同等其他违约行为的索赔。

(2)承包商与分包商间索赔。其内容与前一种大致相似，但大多数是分包商向总包商索要付款和赔偿及承包商向分包商罚款或扣留支付款等。

(3)承包商与供货商间索赔。其内容多系商贸方面的争议，如货品质量不符合技术要求、数量短缺、交货拖延、运输损坏等。

49. 索赔按其发生的原因不同可分为哪些种类?

(1)工程延误索赔。因发包人未按合同要求提供施工条件,如未及时交付设计图纸、施工现场、道路等,或因发包人指令工程暂停或不可抗力事件等原因造成工期拖延的,承包商对此提出索赔。

(2)工程范围变更索赔。工作范围的索赔是指发包人和承包商对合同中规定工作理解的不同而引起的索赔。其责任和损失不如延误索赔那么容易确定,如某分项工程所包含的详细工作内容和技术要求,施工要求很难在合同文件中用语言描述清楚,设计图纸也很难对每一个施工细节的要求都说得清清楚楚。另外设计的错误和遗漏,或发包人和设计者主观意志的改变都会向承包商发布变更设计的命令。

工作范围的索赔很少能独立于其他类型的索赔,例如,工作范围的索赔通常导致延期索赔。如设计变更引起的工作量和技术要求的变化都可能被认为是工作范围的变化,为完成此变更可能增加时间,并影响原计划工作的执行,从而可能导致随之而来的延期索赔。

(3)施工加速索赔。施工加速索赔经常是延期或工作范围索赔的结果,有时也被称为"赶工索赔"。而加速施工索赔与劳动生产率的降低关系极大,因此又可称为劳动生产率损失索赔。

如果发包人要求承包商比合同规定的工期提前,或者因工程前段的承包商的工程拖期,要后一阶段工程的另一位承包商弥补已经损失的工期,使整个工程按期完工。这样,承包商可以因施工加速成本超过原计划的成本而提出索赔,其索赔的费用一般应考虑加班工资,雇用额外劳动力,采用额外设备,改变施工方法,提供额外监督管理人员和由于拥挤,干扰加班引起的疲劳造成的劳动生产率损失等所引起的费用增加。在国外的许多索赔案例中对劳动生产率损失通常数量很大,但一般不易被发包人接受。这就要求承包商在提交施工加速索赔报告中提供施工加速对劳动生产率消极影响的证据。

(4)不利现场条件索赔。不利的现场条件是指合同的图纸和技术规范中所描述的条件与实际情况有实质性的不同或虽合同中未作描述,是一个有经验的承包商无法预料的。一般是地下的水文地质条件,但也包括某些隐藏着的不可知的地面条件。

不利现场条件索赔近似于工作范围索赔，然而又不大像大多数工作范围索赔。不利现场条件索赔应归咎于确实不易预知的某个事实。如现场的水文、地质条件在设计时全部弄得一清二楚几乎是不可能的，只能根据某些地质钻孔和土样试验资料来分析和判断。要对现场进行彻底全面的调查将会耗费大量的成本和时间，一般发包人不会这样做，承包商在短短投标报价的时间内更不可能做这种现场调查工作。这种不利现场条件的风险由发包人来承担是合理的。

50. 索赔按其合同依据不同可分为哪些种类？

(1)合同内索赔。此种索赔是以合同条款为依据，在合同中有明文规定的索赔，如工期延误、工程变更、工程师提供的放线数据有误、发包人不按合同规定支付进度款等。这种索赔由于在合同中有明文规定，往往容易成功。

(2)合同外索赔。此种索赔在合同文件中没有明确的叙述，但可以根据合同文件的某些内容合理推断出可以进行此类索赔，而且此索赔并不违反合同文件的其他任何内容。例如在国际工程承包中，当地货币贬值可能给承包商造成损失，对于合同工期较短的，合同条件中可能没有规定如何处理。当由于发包人原因使工期拖延，而又出现汇率大幅度下跌时，承包商可以提出这方面的补偿要求。

(3)道义索赔(又称额外支付)。道义索赔是指承包商在合同内或合同外都找不到可以索赔的合同依据或法律根据，因而没有提出索赔的条件和理由，但承包商认为自己有要求补偿的道义基础，而对其遭受的损失提出具有优惠性质的补偿要求，即道义索赔。道义索赔的主动权在发包人手中，发包人在下面 4 种情况下，可能会同意并接受这种索赔：第一，若另找其他承包商，费用会更大；第二，为了树立自己的形象；第三，出于对承包商的同情和信任；第四，谋求与承包商更理解或更长久的合作。

51. 索赔按其处理方式不同可分为哪些种类？

(1)单项索赔。单项索赔是针对某一干扰事件提出的，在影响原合同正常运行的干扰事件发生时或发生后，由合同管理人员立即处理，并在合同规定的索赔有效期内向发包人或监理工程师提交索赔要求和报告。单项索赔通常原因单一，责任单一，分析起来相对容易，由于涉及的金额一般较小，双方容易达成协议，处理起来也比较简单。因此合同双方应尽可能用此种方式来处理索赔。

(2)综合索赔。综合索赔又称一揽子索赔，一般在工程竣工前和工程移交前，承包商将工程实施过程中因各种原因未能及时解决的单项索赔集中起来进行综合考虑，提出一份综合索赔报告，由合同双方在工程交付前后进行最终谈判，以一揽子方案解决索赔问题。在合同实施过程中，有些单项索赔问题比较复杂，不能立即解决，为不影响工程进度，经双方协商同意后留待以后解决。有的是发包人或监理工程师对索赔采用拖延办法，迟迟不作答复，使索赔谈判旷日持久。还有的是承包商因自身原因，未能及时采用单项索赔方式等，都有可能出现一揽子索赔。由于在一揽子索赔中许多干扰事件交织在一起，影响因素比较复杂而且相互交叉，责任分析和索赔值计算都很困难，索赔涉及的金额往往又很大，双方都不愿或不容易作出让步，使索赔的谈判和处理都很困难。因此综合索赔的成功率比单项索赔要低得多。

52. 有效索赔证据有哪些特征？

一般有效的索赔证据都具有以下几个特征：

(1)及时性：既然干扰事件已发生，又意识到需要索赔，就应在有效时间内提出索赔意向。在规定的时间内报告事件的发展影响情况，在规定时间内提交索赔的详细额外费用计算账单，对发包人或工程师提出的疑问及时补充有关材料。如果拖延太久，将增加索赔工作的难度。

(2)真实性：索赔证据必须是在实际过程中产生，完全反映实际情况，能经得住对方的推敲。由于在工程过程中合同双方都在进行合同管理，收集工程资料，所以双方应有相同的证据。使用不实的、虚假证据是违反商业道德甚至法律的。

(3)全面性：所提供的证据应能说明事件的全过程。索赔报告中所涉及的干扰事件、索赔理由、索赔值等都应有相应的证据，不能凌乱和支离破碎,否则发包人将退回索赔报告,要求重新补充证据。这会拖延索赔的解决,损害承包商在索赔中的有利地位。

(4)关联性:索赔的证据应当能互相说明,相互具有关联性,不能互相矛盾。

(5)法律证明效力:索赔证据必须有法律证明效力,特别对准备递交仲裁的索赔报告更要注意这一点。

1)证据必须是当时的书面文件,一切口头承诺、口头协议都不算。

2)合同变更协议必须由双方签署,或以会谈纪要的形式确定,且为决定性决议。一切商讨性、意向性的意见或建议都不算。

3)工程中的重大事件、特殊情况的记录应由工程师签署认可。

53. 索赔证据有哪些种类?

可以直接或间接作为索赔证据的资料很多,详见表12-1。

表 12-1 索赔的证据

施工记录方面	财务记录方面
(1)施工日志。	(1)施工进度款支付申请单。
(2)施工检查员的报告。	(2)工人劳动计时卡。
(3)逐月分项施工纪要。	(3)工人分布记录。
(4)施工工长日报。	(4)材料、设备、配件等采购单。
(5)每日工时记录。	(5)工人工资单。
(6)同发包人代表的往来信函及文件。	(6)付款收据。
(7)施工进度及特殊问题的照片或录像带。	(7)收款单据。
(8)会议记录或纪要。	(8)标书中财务部分章节。
(9)施工图纸。	(9)工地施工预算。
(10)发包人或其代表的电话记录。	(10)工地开支报告。
(11)投标时的施工进度表。	(11)会计日报表

续表

施工记录方面	财务记录方面
(12)修正后的施工进度表。	(12)会计总账。
(13)施工质量检查记录。	(13)批准的财务报告。
(14)施工设备使用记录。	(14)会计往来信函及文件。
(15)施工材料使用记录。	(15)通用货币汇率变化表。
(16)气象报告。	(16)官方的物价指数、工资指数
(17)验收报告和技术鉴定报告	

54. 索赔应符合哪些要求?

索赔既可要求经济补偿,亦可要求工期延长,或兼而要求经济补偿和工期延长。

(1)工期延长。承包合同中都有工期(开始期和持续时间)和工程拖延的罚款条款。如果工程拖期是由承包商管理不善造成的,则他必须承担责任,接受合同规定的处罚。而对外界干扰引起的工期拖延,承包商可以通过索赔,取得发包人对合同工期延长的认可,则在这个范围内可免去对他的合同处罚。

(2)经济补偿。由于非承包商自身责任造成工程成本增加,使承包商增加额外费用,蒙受经济损失,他可以根据合同规定提出费用赔偿要求。如果该要求得到发包人的认可,发包人应向他追加支付这笔费还以补偿损失。这样,实质上承包商通过索赔提高了合同价格,这样不仅可以弥补损失,而且还能增加工程利润。

55. 索赔应按什么程序进行?

工程索赔的程序,一般包括发出索赔意向通知、提供索赔证据、编制和提交索赔报告、索赔报告的审查、索赔的处理与解决索赔等步骤,见图12-1。

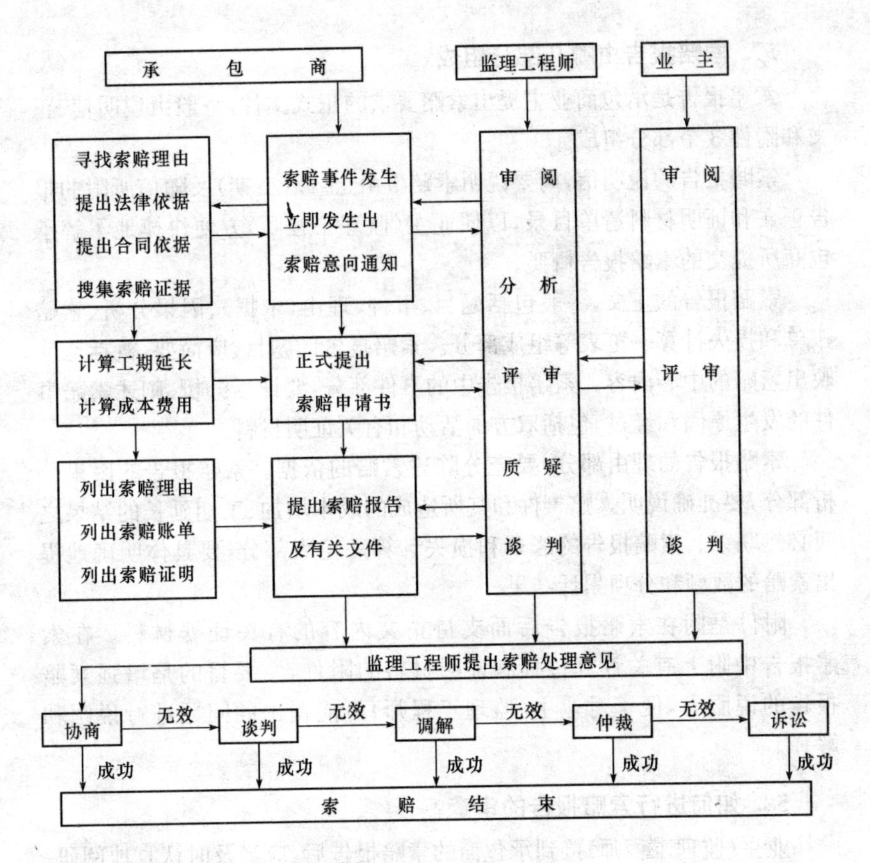

图 12-1 施工索赔程序示意图

56. 索赔意向通知包括哪些内容?

一般索赔意向通知仅仅是表明意向,应写得简明扼要,涉及索赔内容但不涉及索赔数额。通常包括以下几个方面的内容:

(1)事件发生的时间和情况的简单描述。

(2)合同依据的条款和理由。

(3)有关后续资料的提供,包括及时记录和提供事件发展的动态。

(4)对工程成本和工期产生的不利影响的严重程度,以期引起工程师(发包人)的注意。

57. 索赔报告由哪几部分组成?

索赔报告是承包商业主提出索赔要求的正式文件,一般由说明信、正文和附件3个部分组成。

索赔报告的说明信,简要说明索赔事由、金额(工期)及随信所附的报告正文和证明材料清单目录,以便业主(监理工程师)方便快捷地了解承包商所提交的索赔报告概要。

索赔报告的正文,一般包括题目、事件、理由(依据)、因果分析、索赔账单和损失计算一览表等组成部分。索赔报告的题目,应简要、概括地反映出索赔的中心内容。索赔报告中的事件部分,要详尽分析、阐述索赔事件的发生原因和经过,包括双方的活动和有关证明材料。

索赔报告的理由部分,要充分陈述索赔的依据。索赔报告的因果分析部分,要准确说明索赔事件和其所造成的成本增加、工期延长的结果之间必然联系。索赔报告的账单和损失计算一览表部分,要具体明确地提出索赔的数额和分项累计结果。

附件是附在索赔报告后面支持正文内容的有关证据材料。在索赔报告中附上有关计算过程和证明材料的附件,主要目的是增强索赔报告的说服力,便于对业主(监理工程师)可能提出的问题进行说明和解释。

58. 如何进行索赔报告的审查?

业主(监理工程师)接到承包商的索赔报告后,应当及时认真地阅研、评审,并对不合理的索赔要求提出质疑。一般说来,业主(监理工程师)对索赔报告的质疑,可以围绕以下几个方面进行:

(1)承包商违背了索赔意向通知的要求。

(2)索赔事件属于第三方的责任,而不属于业主和监理工程师的责任。

(3)合同中的免责条款已经免除了业主的责任。

(4)对因不可抗力引起的索赔,承包商未划分和证明各方的责任大小。

(5)索赔的依据不足。

(6)索赔证据不足。

(7)损失计算不准。

(8)承包商没有采取措施防止损失的扩大。

(9)承包商曾表示放弃索赔要求。

在对索赔报告评审过程中,承包商应对监理工程师提出的质疑作出解释和说明。

59. 索赔的处理解决应按什么程序进行?

如果索赔在发包人和承包商之间未能通过谈判得以解决,可将有争议的问题进一步提交工程师决定,如果一方对工程师的决定不满意,双方可寻求其他友好解决方式,如中间人调解、争议评审团评议等,友好解决无效,一方可将争端提交仲裁或诉讼。

一般合同条件规定争端的解决程序如下:

(1)合同的一方就其争端的问题书面通知工程师,并将一份副本提交对方。

(2)工程师应在收到有关争端的通知后在合同规定的时间内作出决定,并通知发包人和承包商。

(3)发包人和承包商在收到工程师决定的通知后均未在合同规定的时间内发出要将该争端提交仲裁的通知,则该决定视为最后决定,对发包人和承包商均有约束力。若一方不执行此决定,另一方可按对方违约提出仲裁通知,并开始仲裁。

(4)如果发包人或承包商对工程师的决定不同意,或在要求工程师作决定的书面通知发出后,未在合同规定的时间内得到工程师决定的通知,任何一方可在其后按合同规定的时间内就其所争端的问题向对方提出仲裁意向通知,将一份副本送交工程师。在仲裁开始前应设法友好协商解决双方的争端。

60. 反索赔有哪几种情况?

由发包人向承包商提出的索赔,一般有以下3种情况:

(1)工程质量问题。发包人在工程施工期间和缺陷责任期(保修期)内认为工程质量没有达到合同要求,并且这种质量缺陷是由于承包商的责任造成的,而承包商又没有采取适当的补救措施,发包人可以向承包商要求赔偿,这种赔偿一般采用从工程款或保留金(保修金)中扣除的办法。

(2)工程拖期。由于承包商原因,部分或整个工程未能按合同规定的日期(包括已批准的工期延长时间)竣工,则发包人有权索取拖期赔偿。一般合同中已规定了工程拖期赔偿的标准,在此基础上按拖期天数计算即可。如果仅是部分工程拖期,而其他部分已颁发移交证书,则应按拖期部分在整个工程中所占价值比重进行折算。如果拖期部分是关键工程,即该部分工程的拖期将影响整个工程的主要使用功能,则不应进行折算。

(3)其他损失索赔。根据合同条款,如果由于承包商的过失给发包人造成其他经济损失时,发包人也可提出索赔要求。常见的有以下几项:

1)承包商运送自己的施工设备和材料时,损坏了沿途的公路或桥梁,引起相应管理机构索赔。

2)承包商的建筑材料或设备不符合合同要求而进行重复检验时,所带来的费用开支。

3)工程保险失效,带给发包人员的物质损失。

4)由于承包商的原因造成工程拖期时,在超出计划工期的拖期时段内的工程师服务费用等。

61. 反索赔主要包括哪些方面?

依据工程承包的惯例和实践,常见的发包人反索赔及具体内容主要有以下几个方面:

(1)工程质量缺陷反索赔。在工程施工过程中,若承包商所使用的材料或设备不符合合同规定或工程质量不符合施工技术规范和验收规范的要求,或出现缺陷而未在缺陷责任期满之前完成修复工作,发包人均有权追究承包商的责任,并提出由承包商所造成的工程质量缺陷所带来的经济损失的反索赔。另外,发包人向承包商提出工程质量缺陷的反索赔要求时,往往不仅仅包括工程缺陷所产生的直接经济损失,也包括该缺陷带来的间接经济损失。

(2)拖延工期反索赔。如果由于承包商的原因造成不可原谅的完工日期拖延,则影响到发包人对该工程的使用和运营生产计划,从而给发包人带来了经济损失。此项发包人的索赔,并不是发包人对承包商的违约罚款,而只是发包人要求承包商补偿拖期完工给发包人造成的经济损失。承包商则应按签订合同时双方约定的赔偿金额以及拖延时间长短向发包人支付这种赔偿金，而不再需要去寻找和提供实际损失的证据去详细计算。

(3)经济担保的反索赔。经济担保是国际工程承包活动中的不可缺少部分，担保人要承诺在其委托人不适当履约的情况下代替委托人来承担赔偿责任或原合同所规定的权利与义务。当承包商违约或不能履行施工合同时，持有履约担保文件的发包人，可以很方便地在承包商的担保人银行中取得金钱补偿。常见的经济担保有：预付款担保和履约担保等。

(4)保留金的反索赔。保留金的作用是对履约担保的补充形式。一般的工程合同中都规定有保留金的数额，为合同价的5%左右，保留金是从应支付给承包商的月工程进度款中扣下一笔合同价百分比的基金，由发包人保留下来，以便在承包商一旦违约时直接补偿发包人的损失。所以说保留金也是发包人向承包商索赔的手段之一。保留金一般应在整个工程或规定的单项工程完工时退还保留金款额的50%，最后在缺陷责任期满后再退还剩余的50%。

(5)发包人其他损失的反索赔。依据合同规定，除了上述发包人的反索赔外，当发包人在受到其他由于承包商原因造成的经济损失时，发包人仍可提出反索赔要求。

62. 什么是竣工结算？

工程竣工结算简称"工程结算"。是指承包人在所承包的工程按照合同规定的内容全部完工，并通过竣工验收之后，与发包人进行的最终工程价款的结算文件。这是建设工程施工合同双方围绕合同最终总的结算价款的确定所开展的工作。单价工程竣工结算是调整工程计划，确定工程进度，考核工程建设投资效果和进行成本分析的依据。

63. 竣工结算的办理应遵循哪些原则？

(1)以单位工程或施工合同约定为基础，对工程量清单报价的主要内容，包括项目名称、工程量、单价及计算结果进行认真的检查和核对，若是根据中标价订立合同，应对原报价单的主要内容进行检查和核对。

(2)在检查和核对中若发现有不符合有关规定，单位工程结算书与单项工程综合结算书有不相符的地方，有多算、漏算或计算误差等情况时，均应及时进行纠正调整。

(3)建设工程项目由多个单项工程构成的,应按建设项目划分标准的规定,将各单位工程竣工结算书汇总,编制单项工程竣工综合结算书。

(4)若建设工程是由多个单位工程构成的项目,实行分段结算并办理了分段验收计价手续的,应将各单项工程竣工综合结算书汇总编制成建设项目总结算书,并撰写编制说明。

64. 竣工结算的办理应符合哪些规定?

建设工程项目竣工结算的办理应符合下列规定:

(1)工程竣工验收报告经发包人认可后28天内,承包人向发包人递交竣工结算报告及完整的结算资料,双方按照协议书约定的合同价款及专用条款约定的合同价款调整内容,进行工程竣工结算。

(2)发包人收到承包人递交的竣工结算报告及结算资料后28天内进行核实,给予确认或提出修改意见。发包人确认竣工结算报告后通知经办银行向承包人支付工程竣工结算价款。承包人收到竣工价款后14天内将竣工工程交付发包人。

(3)发包人收到竣工结算报告及结算资料后28天内无正当理由不支付工程竣工结算价款,从第29天起按同期银行贷款利率向承包人支付拖欠工程价款的利息,并承担违约责任。

(4)发包人收到竣工结算报告及结算资料后28天内不支付工程竣工结算价款,承包人可以催告发包人支付结算价款。发包人在收到竣工结算报告及结算资料后56天内仍不支付的,承包人可以与发包人协议将该工程折价转让,也可以由承包人申请人民法院将该工程依法拍卖,承包人就该工程折价或者拍卖的价款优先受偿。

(5)工程竣工验收报告经发包人认可后28天内,承包人未向发包人递交竣工结算报告及完整的结算资料,造成工程竣工结算不能正常进行或工程竣工结算价款不能及时支付,发包人要求交付工程的,承包人应当交付;发包人不要求交付工程的,承包人承担保管责任。

(6)发包人、承包人对工程竣工结算价款发生争议时,按争议的约定处理。

65. 竣工结算的办理依据有哪些?

(1)《建设工程工程量清单计价规范》(GB 50500—2008)。

(2)施工合同。

(3)工程竣工图纸及资料。

(4)双方确认的工程量。

(5)双方确认追加(减)的工程价款。

(6)双方确认的索赔、现场签证事项及价款。

(7)投标文件。

(8)招标文件。

(9)其他依据。

66. 清单计价下竣工结算各类费用应如何计算?

(1)分部分项工程费的计算。分部分项工程费应依据发、承包双方确认的工程量、合同约定的综合单价计算。如发生调整的,以发、承包双方确认的综合单价计算。

(2)措施项目费的计算。措施项目费应依据合同中约定的项目和金额计算,如合同中规定采用综合单价计价的措施项目,应依据发、承包双方确认的工程量和综合单价计算,规定采用"项"计价的措施项目,应依据合同约定的措施项目和金额或发、承包双方确认调整后的措施项目费金额计算。如发生调整的,以发、承包双方确认调整的金额计算。

措施项目费中的安全文明施工费应按照国家或省级、行业建设主管部门的规定计算。

施工过程中,国家或省级、行业建设主管部门对安全文明施工费进行了调整的,措施项目费中的安全文明施工费应作相应调整。

(3)其他项目费的计算。办理竣工结算时,其他项目费的计算应按以下要求进行:

1)计日工的费用应按发包人实际签证确认的数量和合同约定的相应单价计算。

2)当暂估价中的材料是招标采购的,其单价按中标在综合单价中调整。当暂估价中的材料为非招标采购的,其单价按发、承包双方最终确认的单价在综合单价中调整。

当暂估价中的专业工程是招标采购的,其金额按中标价计算。当暂估价中的专业工程为非招标采购的,其金额按发、承包双方与分包人最终确认的金额计算。

3)总承包服务费应依据合同约定的金额计算,发、承包双方依据合同约定对总承包服务进行了调整,应按调整后的金额计算。

4)索赔事件产生的费用在办理竣工结算时应在其他项目费中反映。索赔费用的金额应依据发、承包双方确认的索赔事项和金额计算。

5)现场签证发生的费用在办理竣工结算时应在其他项目费中反映。现场签证费用金额依据发、承包双方签证资料确认的金额计算。

6)合同价款中的暂列金额在用于各项价款调整、索赔与现场签证后,若有余额,则余额归发包人,若出现差额,则由发包人补足并反映在相应的工程价款中。

(4)规费和税金的计算。办理竣工结算时,规费和税金应按照国家或省级、行业建设主管部门规定的计取标准计算。

67. 竣工结算的程序应按哪些方式进行?

建设工程项目竣工结算的程序可按以下三种方式进行。

(1)一般工程结算程序,如图12-2所示。

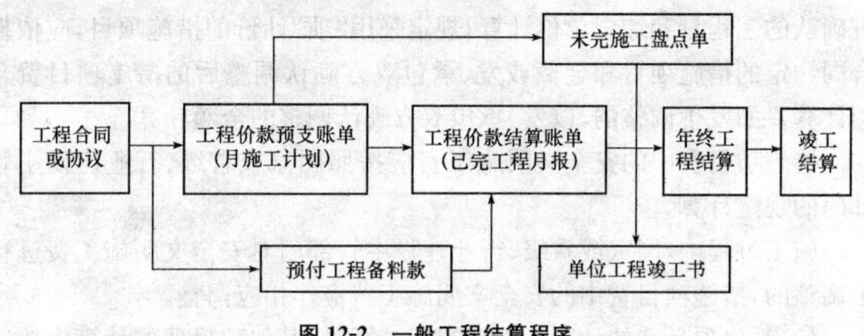

图12-2　一般工程结算程序

(2)竣工验收一次结算程序,如图12-3所示。

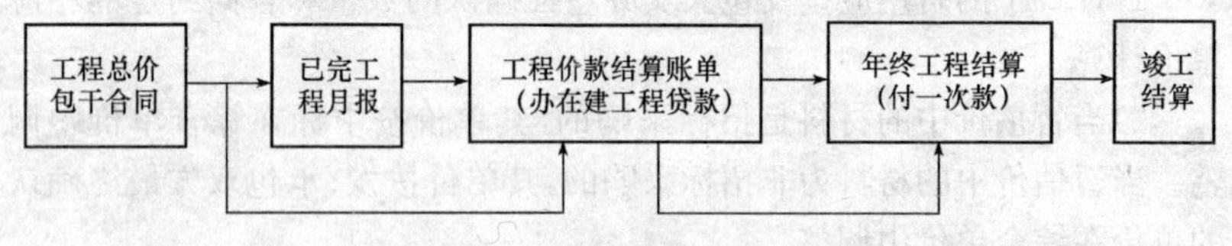

图12-3　竣工验收一次结算程序

(3)分包工程结算程序,如图12-4所示。

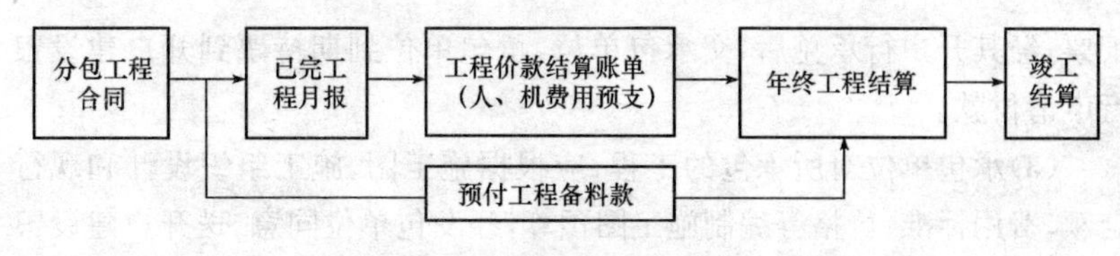

图 12-4 分包工程结算程序

68. 工程价款结算方式有哪几种?

建设工程项目工程价款的结算一般有以下几种方式。

(1)按月结算。实行旬末或月中预支,月终结算,竣工后清算的办法。跨年度竣工的工程,在年终进行工程盘点,办理年度结算。

(2)竣工后一次结算。建设项目或单位工程全部建筑安装工程建设期在 12 个月以内,或者工程承包合同价值在 100 万元以下的,可实行工程价款每月月中预支,竣工后一次结算。

(3)分段结算。分段的划分标准,由各部门、自治区、直辖市、计划单列市规定。

(4)目标结款方式。目标结款方式是指即在工程合同中,将承包工程的内容分解成不同的控制界面,以业主验收控制界面作为支付工程价款的前提条件。也就是说,将合同中的工程内容分解成不同的验收单元,当承包商完成单元工程内容并经业主(或其委托人)验收后,业主支付构成单元工程内容的工程价款。

(5)结算双方约定的其他结算方式。结算双方约定并经开户建设银行同意的其他结算方式。实行竣工后一次结算和分段结算的工程,当年结算的工程价款应与年度工作量一致,年终不另清算。

69. 如何进行工程价款结算?

(1)承包单位办理工程价款结算时,应填制统一规定的“工程价款结算账单”,经发包单位审查签证后,通过开户银行办理结算。发包单位审查签证期一般不超过 5 天。

(2)建设工程价款可以使用期票结算。发包单位按发包工程投资总额将资金一次或分次存入开户银行,在存款总额内开出一定期限的商业汇票，经其开户行承兑后，交承包单位，承包单位到期持票到开户建设银行申请付款。

(3)承包单位对所承包的工程，应根据施工图、施工组织设计和现行定额、费用标准、价格等编制施工图预算，经发包单位同意，送开户建设银行审定后，作为结算工程价款的依据。

对于编有施工图修正概算或中标价格的，经工程发、承包双方和开户建设银行同意，可据以结算工程价款，不再编制施工图预算。开工后没有编出施工图预算的，可以暂按批准的设计概算办理工程款结算，开户建设银行应要求承包单位限期编送。

(4)承包单位将承包的工程分包给其他分包单位的，其工程款由总包单位统一向发包单位办理结算。

(5)承包单位预支工程款时，应根据工程进度填列“工程价款预支账单”，送发包单位和建设银行办理付款手续，预支的款项，应在月终和竣工结算时抵充应收的工程款。

(6)实行预付款结算，每月终了，建筑安装企业应根据当月实际完成的工程量以及施工图预算所列工程单价和取费标准，计算已完工程价值，编制“工程价款结算账单”和“已完工程月报表”，送建设单位和银行办理结算。

(7)施工期间，不论工期长短，其结算价款一般不得超过承包工程合同价值的95%，结算双方可以在5%的幅度内协商确认尾款比例，并在工程承包合同中订明，尾款应专户存入建设银行，等到工程竣工验收后清算。

(8)承包单位收取备料款和工程款时，可以按规定采用汇兑、委托收款、汇票、本票、支票等各种结算手段。

(9)工程发、承包双方必须遵守结算纪律，不准虚报冒领，不准相互拖欠。对无故拖欠工程款的单位，建设银行应督促拖欠单位及时清偿。对于承包单位冒领、多领的工程款，按多领款额每日万分之五处以罚款；发包单位违约拖延结算期的，按延付款额每日万分之五处以罚款。

(10)工程承发包双方应严格履行工程承包合同。工程价款结算中的经济纠纷，应协商解决。协商不成，可向双方主管部门或国家仲裁机关申请裁决或向法院起诉。对产生纠纷的结算款额，在有关方面仲裁或判决以前，银行不办理结算手续。

70. 如何进行工程计价争议处理？

（1）在工程计价中，对工程造价计价依据、办法以及相关政策规定发生争议事项的，由工程造价管理机构负责解释。工程造价管理机构是工程造价计价依据、办法以及相关政策的制定和管理机构。对发包人、承包人或工程造价咨询人在工程计价中，对计价依据、办法以及相关政策规定发生的争议进行解释是工程造价管理机构的职责。

（2）发包人对工程质量有异议，拒绝办理工程竣工结算的，已竣工验收或已竣工未验收但实际投入使用的工程，其质量争议按该工程保修合同执行，竣工结算按合同约定办理。

已竣工未验收且未实际投入使用的工程以及停工、停建工程的质量争议，双方应对有争议的部分委托有资质的检测鉴定机构进行检测，根据检测结果确定解决方案，或按工程质量监督机构的处理决定执行后办理竣工结算，无争议部分的竣工结算按合同约定办理。

（3）发、承包双方发生工程造价合同纠纷时，应通过下列办法解决：

1）双方协商。

2）提请调解，工程造价管理机构负责调解工程造价问题。

3）按合同约定向仲裁机构申请仲裁或向人民法院起诉。协议仲裁时，应遵守《中华人民共和国仲裁法》第四条“当事人采用仲裁方式解决纠纷，应当双方自愿，达成仲裁协议。没有仲裁协议，一方申请仲裁的，仲裁委员会不予受理”、第五条“当事人达成仲裁协议，一方向人民法院起诉的，人民法院不予受理，但仲裁协议无效的除外”、第六条“仲裁委员会应当由当事人协议选定。仲裁不实行级别管辖和地域管辖”的规定。

（4）在合同纠纷案件处理中，需作工程造价鉴定的，应委托具有相应资质的工程造价咨询人进行。

71. 工程竣工结算的编制依据有哪些？

（1）经批准的可行性研究报告及其投资估算。

（2）经批准的初步设计或扩大初步设计及其概算或修正概算。

(3)经批准的施工图设计及其施工图预算。

(4)设计交底或图纸会审纪要。

(5)招标投标的投标报价、承包合同、工程结算资料。

(6)施工记录或施工签证单,以及其他施工中发生的费用记录,如索赔报告与记录、停(交)工报告等。

(7)竣工图及各种竣工验收资料。

(8)历年基建资料、历年财务决算及批复文件。

(9)设备、材料调价文件和调价记录。

(10)有关财务核算制度、办法和其他有关资料、文件等。

72. 工程竣工结算的编制应按什么程序进行?

(1)工程竣工结算应按准备、编制和定稿三个工作阶段进行,并实行编制人、校对人和审核人分别署名盖章确认的内部审核制度。

(2)竣工结算编制准备阶段。

1)收集与工程结算编制相关的原始资料。

2)熟悉工程结算资料内容,进行分类、归纳、整理。

3)召集相关单位或部门的有关人员参加工程结算预备会议,对结算内容和结算资料进行核对与充实完善。

4)收集建设期内影响合同价格的法律和政策性文件。

(3)竣工结算编制阶段。

1)根据竣工图及施工图以及施工组织设计进行现场踏勘,对需要调整的工程项目进行观察、对照、必要的现场实测和计算,做好书面或影像记录。

2)按既定的工程量计算规则计算需调整的分部分项、施工措施或其他项目工程量。

3)按招标投标文件、施工发承包合同规定的计价原则和计价办法对分部分项、施工措施或其他项目进行计价。

4)对于工程量清单或定额缺项以及采用新材料、新设备、新工艺的,应根据施工过程中的合理消耗和市场价格,编制综合单价或单位估价分析表。

5)工程索赔应按合同约定的索赔处理原则、程序和计算方法,提出索赔费用，经发包人确认后作为结算依据。

6)汇总计算工程费用，包括编制分部分项工程费、施工措施项目费、其他项目费、规费和税金等表格，初步确定工程结算价格。

7)编写编制说明。

8)计算主要技术经济指标。

9)提交结算编制的初步成果文件待校对、审核。

(4)竣工结算编制定稿阶段。

1)由结算编制受托人单位的部门负责人对初步成果文件进行检查、校对。

2)由结算编制受托人单位的主管负责人审核批准。

3)在合同约定的期限内，向委托人提交经编制人、校对人、审核人和受托人单位盖章确认的正式的结算编制文件。

73. 工程竣工结算的编制内容有哪些?

(1)工程结算采用工程量清单计价的应包括：

1)工程项目的所有分部分项工程量，以及实施工程项目采用的措施项目工程量；为完成所有工程量并按规定计算的人工费、材料费和机械费、管理费和利润。

2)分部分项和措施项目以外的其他项目所需计算的各项费用。

(2)工程结算采用定额计价的应包括：套用定额的分部分项工程量、措施项目工程量和其他项目，以及为完成所有工程量和其他项目并按规定计算的人工费、材料费和设备费、机械费、间接费、利润和税金。

(3)采用工程量清单或定额计价的工程结算还应包括：

1)设计变更和工程变更费用。

2)索赔费用。

3)合同约定的其他费用。

74. 如何进行工程竣工结算的编制?

(1)工程结算的编制应区分施工发承包合同类型，采用相应的编制方法。

1)采用总价合同的，应在合同价基础上对设计变更、工程洽商以及工程索赔等合同约定可以调整的内容进行调整；

2)采用单价合同的，应计算或核定竣工图或施工图以内的各个分部分项工程量，依据合同约定的方式确定分部分项工程项目价格，并对设计变更、工程洽商、施工措施以及工程索赔等内容进行调整；

3)采用成本加酬金合同的，应依据合同约定的方法计算各个分部分项工程以及设计变更、工程洽商、施工措施等内容的工程成本，并计算酬金及有关税费。

(2)工程结算中涉及工程单价调整时，应当遵循以下原则：

1)合同中已有适用于变更工程、新增工程单价的，按已有的单价结算。

2)合同中有类似变更工程、新增工程单价的，可以参照类似单价作为结算依据。

3)合同中没有适用或类似变更工程、新增工程单价的，结算编制受托人可商洽承包人或发包人提出适当的价格，经对方确认后作为结算依据。

(3)工程结算编制中涉及的工程单价应按合同要求分别采用综合单价或工料单价。工程量清单计价的工程项目应采用综合单价；定额计价的工程项目可采用工料单价。

1)综合单价。把分部分项工程单价综合成全费用单价，其内容包括人工费、材料费、机械费、管理费、利润，经综合计算后生成。各分项工程量乘以综合单价的合价汇总后，生成工程结算价。

2)工料单价。把分部分项工程量乘以单价形成直接工程费，加上按规定标准计算的措施费，构成直接费。直接工程费由人工、材料、机械的消耗量及其相应价格确定。直接费汇总后另计算间接费、利润、税金，生成工程结算价。

75. 工程竣工结算审核依据有哪些？

(1)建设工程施工合同(协议)、补充合同(协议)。

(2)《中华人民共和国合同法》、《中华人民共和国建筑法》。

(3)住建部、省、市建筑市场管理规定。

(4)现行计价定额、补充定额、定额解释及预(结)算规定。

76. 工程竣工结算审核需提供哪些工程资料？

(1)施工图纸。

(2)图纸会审记录。

(3)设计变更资料。

(4)现场签证资料(零星用工、材料价格签证)。

(5)施工合同(协议)、补充合同(协议)。

(6)招标的工程招标文件。

(7)经建设单位批准的施工组织设计或施工方案。

(8)工程结算书。

(9)工程量计算书。

(10)主要材料分析表、钢材耗用明细表(附简图及计算公式)。

(11)调价部分的材料进货原始发票及运杂费单据,或列明材料品名、规格、数量、单价、金额的明细表,并有建设单位、施工单位双方签章。

(12)建设单位供应材料名称、规格、数量、单价汇总表,并经建设单位、施工单位双方核对签章。

(13)交验施工企业的等级证书、经济所有制证明原件及纳税所在地址。

(14)施工企业工程取费许可证(外埠施工企业临时取费许可证)。

(15)有关影响工程造价、工期的签证材料。

77. 工程竣工结算审核应遵循哪些原则？

全面审核竣工结算,既包括量的审核,又包括价的核定,不仅要审核各个专业工程,审核各专业的分部分项,而且还要审核整个施工过程中量的增减、价的调整。面对上百个子目的工程量计算审核,工作量很大,加上材料单价的核定,定额子目的套用,审核工作相当繁琐。审核中还必须有根有据,因而政策性也很强。以上这些特点,要求我们负责竣工结算审核的监理人员,必须有认真负责的工作态度,深入细致的工作精神。

78. 工程竣工结算审核的内容包括哪些？

(1)审核工程量计算;审核直接费定额的套价及计算。

(2)审核人工、材料(包括钢材)、施工机械台班用量分析。

(3)审核人工、材料、施工机械台班价格。

(4)审核结构类型、工程类别的确定。

(5)审核施工企业《工程取费许可证》(外埠施工企业审核《临时取费许可证》)原件情况。

(6)审核各种费率(调价)标准、计费(调价)基数及工程造价计算。

(7)审核建设单位供料扣款(专账)及采购保管费分成计算;审核扣除建设单位供料款的工程结算净值计算。

(8)审核其他有关工程造价构成项目。

79. 工程竣工结算的审核方法有哪几种?

(1)高位数法:着重审查高位数,诸如整数部分或者十位以前的高位数。单价低的项目从十位甚至百位开始查对;单价高总金额大的项目从个位起查对。

(2)抽查法:抽查建设项目中的单项工程,单项工程中的单位工程。抽查的数量,可以根据已经掌握的大致情况决定一个百分率,如果抽查未发现大的原则性问题,其他未查的就不必再查。

(3)对比法:根据历史资料,用统计法编写出各种类型建筑物分项工程量指标值。用统计指标值去对比结算数值,一般可以判断对错。

(4)造价审查法:结算总造价对比计划造价(或设计预算、计划投资额)。对比相差大小一般可以判断结算的准确度。

80. 如何进行工程造价结算审核控制?

(1)搜集、整理好竣工资料。竣工资料包括工程竣工图、设计变更通知、各种签证,主材的合格证,单价等。

(2)深入工地,全面掌握工程实况。由于从事预决算工程的预算员,对某单位工程可能不十分了解,而一些体形较为复杂或装潢复杂的工程,竣工图不可能面面俱到,逐一标明,因此在工程量计算阶段必须要深入工地现场核对、丈量、记录才能准确无误。有经验的预算人员在编制结算时,往往是先查阅所有资料,再粗略地计算工程量,发现问题,出现疑问逐一到工地核实。一个优秀的预算员不仅要深入工程实地掌握实际,还要深入市场了解建筑材料的品种及价格。做到胸中有数,避免造成计算误差较大,使自己处于被动。

(3)熟悉掌握专业知识,讲究职业道德。预算人员不仅要全面熟悉定额计算,掌握上级下达的各种费用文件。还要全面了解工程预算定额的组成,以便进行定额的换算和增补。预算员还要掌握一定的施工规范与建筑构造方面的知识。

竣工结算是工程造价控制的最后一关,若不能严格把关的话将会造成不可挽回的损失。这是一项细致具体的工作,计算时要认真、细致、不少算、不漏算。同时要尊重实际,不多算,不高估冒算,不存侥幸心理。编制时,不依编制对象与自己亲、熟、好、坏而因人而异。要服从道理,不固执己见,保持良好的职业道德与自身信誉。在以上基础上保证“量”与“价”的准确合同,做好工程结算去虚存实,促使竣工结算的良性循环。

81. 什么是竣工决算?

建设项目竣工决算是指所有建设项目竣工后,并经建设单位和工程质量监督部门等验收合格交工后,由建设单位按照国家有关规定在新建、改建和扩建工程建设项目竣工验收阶段所编制的竣工决算报告。竣工决算是建设项目竣工验收报告的重要组成部分;是单项工程验收和全部验收的依据之一;是建设项目全面清理财务,做到工完账清的财务总结和财务监督的依据;是正确核定新增固定资产价值,考核和分析投资效果的依据。竣工决算是以实物数量和货币指标为计量单位,综合反映竣工项目从筹建开始到项目竣工交付使用为止的全部建设费用、建设成果和财务情况的总结性文件,是竣工验收报告的重要组成部分,竣工决算是正确核定新增固定资产价值,考核分析投资效果,建立健全经济责任制的依据,是反映建设项目实际造价和投资效果的文件。

82. 竣工结算与竣工决算有什么联系和区别?

竣工结算与竣工决算的联系与区别主要表现在以下几个方面:

(1)竣工结算是由施工单位编制的,一般以单位工程为对象;竣工决算是由建设单位编制的,一般以一个建设项目或单项工程为对象。

(2)竣工结算如实反映了单位工程竣工后的工程造价;竣工决算综合反映了竣工项目建设成果和财务情况。

(3)竣工结算主要是针对单位工程编制的,每个单位工程竣工后,便可以进行编制,而竣工决算是针对建设项目编制的,必须在整个建设项目全部竣工后,才可以进行编制。

(4)竣工结算是建设单位与施工单位结算工程价款的依据,是核对施工企业生产成果和考核工程成本的依据,是建设单位编制建设项目竣工决算的依据。而竣工决算是建设单位考核基本建设投资效果的依据;是正确确定固定资产价值和正确计算固定资产折旧费的依据。

(5)竣工决算由若干个工程结算和费用概算汇总而成。

83. 如何编制竣工决算?

竣工决算分大、中型建设项目和小型建设项目进行编制,建筑项目竣工决算一般由文字说明和决算报表两部分组成。

84. 竣工结算报告说明书主要包括哪些内容?

(1)建设项目概况以及对工程总的评价。从工程的进度、质量、安全和造价等方面进行分析说明。

1)进度:主要说明开工和竣工时间、对照合理工期和要求工期是提前还是延期。

2)质量:要根据竣工验收委员会或相当一级质量监督部门的验收评定等级,对合格率和优良品率进行说明。

3)安全:根据劳动工资和施工部门记录,对有无设备和人身事故进行说明。

4)造价:应对照概算造价,说明节约还是超支,用金额和百分率进行分析说明。

(2)各项财务和技术经济指标的分析。概算执行情况分析:根据实际投资完成额与概算进行对比分析。新增生产能力的效益分析:说明交付使用财产占总投资额的比例;固定资产占交付使用财产的比例;递延资产占投资总数的比例,分析有机构成和成果。

基本建设项目管理及投资包干情况的分析:说明投资包干数,实际支用数和节约额,投资包干节余的有机构成和包干节余的分配情况。资金节余基建结余资金的上交分配情况,列出历年资金来源和资金占用情况及资金分配情况。

工程建设的经验教训及有待解决的问题。

85. 如何编制竣工决算表？

竣工决算报表应根据建设项目的规模，分别编制大中型建设项目竣工决算表和小型项目竣工决算表。

(1)大中型建设项目竣工决算表包括建设项目竣工财务决算审批表；大、中型建设项目竣工工程概况表；大、中型建设项目竣工财务决算表；大、中型建设项目交付使用财产总表；建设项目交付使用财产明细表。

其中：

竣工工程概况表是用设计概算所确定的主要指标与实际完成的各项主要指标进行对比，以说明大中型建设项目概况。其内容一般有占地面积、新增生产能力、建设时间、完成主要工程量、建筑面积和设备、收尾工程、建设成本、主要材料消耗、主要技术经济指标等。

竣工财务决算表采用基建资金来源合计等于基建资金运用合计的平衡表形式，来反映竣工的大中型建设项目的全部资金来源和资金运用情况。

交付使用财产总表反映竣工大中型建设项目交付使用固定资产和流动资产的详细内容。

(2)小型建设项目竣工决算表：包括建设项目竣工财务决算审批表，竣工决算总表和交付使用财产明细表。

86. 如何进行工程造价比较分析？

竣工决算是用来综合反映竣工建设项目或单项工程的建设成果和财务情况的总结性文件。在竣工决算报告中必须对控制工程造价所采取的措施、效果以及其动态的变化进行认真的比较分析，总结经验教训。

批准的概算是考核建设工程造价的依据。为考核概算执行情况，正确核实建设工程造价，财务部门首先必须积累概算动态变化资料，包括材料价差、设备价差、人工费价差、费率价差等。同时还要收集设计方案变化资料以及对工程造价有重大影响的设计变更资料；在此基础上，考查竣工形成的实际工程造价节约或超支的数额。

为考核概算执行情况，正确核实建设工程造价，财务部门首先必须积累概算动态变化资料(如材料价差、设备价差、人工价差、费率价差等等)和设计方案变化,以及对工程造价有重大影响的设计变更资料;其次,考查竣工形成的实际工程造价节约或超支的数额,为了便于进行比较,可先对比整个项目的总概算之后对比工程项目(或单项工程)的综合概算和其他工程费用概算,最后再对比单位工程概算,并分别将建筑安装工程、设备、工、器具购置和其他基建费用逐一与项目竣工决算编制的实际工程造价进行对比,找出节约或超支的具体环节。

根据经审定竣工结算等原始资料,对原概预算进行调整,重新核定各单项工程的单位工程造价。属于增加固定资产价值的其他投资,如建设单位管理费、研究试验费、土地征用及拆迁补偿费等应分摊于受益工程,随同受益工程交付使用的同时,一并计入新增资产固定价值。

参考文献

[1] 中华人民共和国住房和城乡建设部 . GB 50500—2008 建设工程工程量清单计价规范[S]. 北京:中国计划出版,2008.

[2]《建设工程工程量清单计价规范》编制组 .《建设工程工程量清单计价规范 GB 50500—2008》宣贯辅导教材[M]. 北京:中国计划出版社,2008.

[3] 中华人民共和国建设部 . GYD_{GZ}—2000 全国统一安装工程预算工程量计算规则[S]. 2 版 . 北京:中国计划出版,2001.

[4] 中华人民共和国建设部 . GYD—206—2000 全国统一安装工程预算定额(第六册)工业管道工程[S]. 2 版 . 北京:中国计划出版,2000.

[5]《造价员一本通(安装工程)》编委会 . 造价员一本通(安装工程)[M]. 2 版 . 北京:中国建材工业出版社,2009.

[6] 丁云飞,等 . 安装工程预算与工程量清单计价[M]. 北京:化学工业出版社,2005.

[7]《工程量清单计价编制与典型实例应用图解(安装工程)》编委会 . 工程量清单计价编制与典型实例应用图解(安装工程)[M]. 北京:中国建材工程出版社,2005.

[8] 张月明,赵乐宁,等 . 工程量清单计价与示例[M]. 北京:中国建筑工业出版社,2004.

[9] 柯洪 . 工程造价计价与控制[M]. 北京:中国计划出版社,2009.

[10] 朱亮,陈饶 . 工业管道工程预算知识问答[M]. 2 版 . 北京:机械工业出版社,2006.

[11] 蒋玉翠 . 工业管道工程概预算手册[M]. 北京:中国建筑工业出版社,2003.

[12] 刘钦,夏晖 . 安装造价员 1000 问[M]. 北京:中国电力出版社,2011.